电气工程、自动化专业规划教材

开关型变换器建模与分析

高锋阳　编著

章宝歌　王　黎　杨剑锋　徐顺刚　参编

電子工業出版社
Publishing House of Electronics Industry
北京 · BEIJING

内容简介

开关型变换器的建模与分析是研究开关型变换器动态特性的基础。本书从开关型变换器的电网络理论基础开始，把开关型变换器作为一非线性负载讨论瞬时功率理论；又对经典的开关型变换器电路拓扑进行分析、研究，得出一些可以遵循的规律，同时从能量回路、能量器件和能量控制的角度对开关型变换器系统瞬态特性进行阐述；然后重点讨论了基本开关型变换器的建模方法和闭环控制设计。希望本书能够启发学生和工程人员从宏观和微观两方面来理解开关型变换器模型和分析。

本书可作为普通高等学校电气工程、自动化以及能源工程等专业的研究生教材或参考书，也可为工程技术人员进行电力电子系统的研究设计提供参考。

图书在版编目(CIP)数据

开关型变换器建模与分析 / 高锋阳编著. — 北京：电子工业出版社，2017.2
电气工程、自动化专业规划教材
ISBN 978-7-121-30673-0

Ⅰ. ①开… Ⅱ. ①高… Ⅲ. ①开关－变换器－高等学校－教材 Ⅳ. ①TN624

中国版本图书馆 CIP 数据核字(2016)第 311328 号

策划编辑：凌　毅
责任编辑：凌　毅
印　　刷：三河市鑫金马印装有限公司
装　　订：三河市鑫金马印装有限公司
出版发行：电子工业出版社
　　　　　北京市海淀区万寿路 173 信箱　邮编 100036
开　　本：787×1 092　1/16　印张：13.25　字数：340 千字
版　　次：2017 年 2 月第 1 版
印　　次：2017 年 2 月第 1 次印刷
定　　价：39.80 元

前　言

开关型变换器系统是一个带有闭环控制的高阶、非线性、时变系统，不能利用经典控制理论进行分析与设计，这给开关型变换器系统的动态分析和设计带来了很大的困难。开关型变换器系统理论是涉及半导体物理学、信号处理、控制理论、电路理论、计算机、机械设计、热现象和电磁现象等多门学科的交叉学科，理解开关型变换器系统理论需要从宏观角度和微观因素两方面进行理解。开关型变换器的建模与控制是研究开关型变换器动态特性的基础。然而，大多数人仅停留在控制、电路和拓扑的宏观领域里。开关型变换器设计常常是在经验参数、令人难以信服的仿真、简单的电气和机械概念以及大量测试的指导下进行的，常被认为是一种纯粹的应用工程甚至是一门技术。实现高性能、高可靠性和高设计准确度的唯一途径是将对宏观控制的分析和对微观瞬态过程的分析结合起来。为了建立一个精确的、有指导意义的理论框架，从各种开关型变换器拓扑中收集拓扑和控制分析数据是建立宏观与微观相结合的理论框架的第一步。因此，开关型变换器的建模与分析是电力电子学研究领域的重要内容之一。作者希望本书能够启发学生与工程人员从宏观和微观两方面来理解开关型变换器的模型和分析。

本书共 7 章。第 1 章介绍开关型变换器的电网络基础，这有助于读者理解开关型变换器系统电路。第 2 章讨论瞬时功率理论，开关型变换器作为一非线性负载，只有使用瞬时功率理论对其产生的功率和谐波分量才可以比较清楚地进行分析。第 3 章讨论开关型变换器拓扑理论，对经典的电路拓扑进行分析、研究，得出一些可以遵循的规律。第 4 章分析一些常见的瞬态过程，从能量回路、能量器件和能量控制的角度对开关型变换器系统进行阐述。第 5 章从基本变换器 3 种建模方法入手，讨论基本开关型变换器的建模方法。通过对整流器和逆变器的线性建模讨论，以期引导产生大信号系统建模方法和分析方法。第 6 章讲述开关型变换器的 SVPWM 调制技术。第 7 章以逆变器为例阐述开关型变换器的控制系统设计。

本书由高锋阳担任主编，编写了第 2、3、4、5 章，并和杨剑锋制订了编写提纲，杨剑锋完成了统稿和第 7 章的审稿，章宝歌编写第 1 章，王黎编写第 6 章，徐顺刚和高锋阳共同编写第 7 章。博士生导师庄圣贤教授对本书进行了详细、全面的审核，并提出了许多宝贵的修改意见。路颜、乔垚、杜强、强国栋等研究生参加了本书的绘图工作。作者对曾为本书提供支撑材料的工作人员和研究生表示感谢。

特别要指出的是，书中部分资料来源于已经出版的文献和发表的论文以及作者的工作成果。作者对本书使用其他作者公开发表的资料表示感谢。如果有任何资料来源被遗漏，作者对此表示诚挚的歉意，并将十分愿意在新版本中对这一疏漏加以纠正。

本书的内容体系是作者的一次大胆尝试，错误在所难免。而且，作者在本书中提出了许多新概念，这些概念很可能还不够严谨，有待进一步完善。作者欢迎读者提出宝贵意见，这将有助于在本书再版时提高内容的质量。

高锋阳

2016 年 12 月

目　录

第 1 章　电网络图论基础

1.1　图的基本概念

1.1.1　图

图(Graph，简称 G)是一些点和线段(边)的集合，其中每一线段连于两个不同的点或一个相同的点，点称为顶点或节点，没有线段相连的点称为孤点，线段则称为边或支路，每条支路都连接在两个节点之间。因此一个图 G 可定义为点和线段的一个集合，如图 1-1 所示。在图 1-1中，图 G 共有 4 个节点(a,b,c,d)和 6 条边(1,2,3,4,5,6)，与支路相连的节点称为关联节点，如支路 1 关联节点 a 和 b，支路 6 的关联节点只有 a，支路 6 又称为自环。一个图可以用 $G=(V,E)$表示，其中 V 是节点的集合，E 是支路的集合。需要注意的是，孤点 d 虽然没有支路相连，但仍属于图 G；通常图中只有直线和曲线，一般不采用折线。

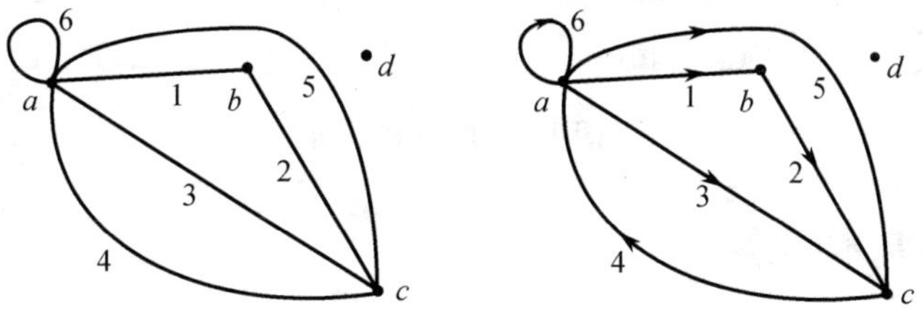

(a) 无向图　　(b) 有向图

图 1-1　图 G

如果图 G 中的各支路没有方向(支路无箭头)，则称为无向图，如图 1-1a 所示。反之，如果给图中的各支路都规定了方向(支路有箭头)，则称其为有向图，如图 1-1b 所示。电网络理论是最早应用图论的学科之一，图论在电路中的应用称为网络图论，在电路理论中用到的图主要是描述支路电流和电压的参考方向，因此各支路赋予一个方向，通常支路的方向即代表了对应电网络中支路的方向。任何一个电路都可以用一个有向图来说明其结构的特点，如图 1-2a 所示为一电路结构图，图 1-2b 是该电路抽象出来的有向图。一个电路的图可以表示一个电网络的连接性质，即拓扑性质，因此，又称电路的拓扑图。

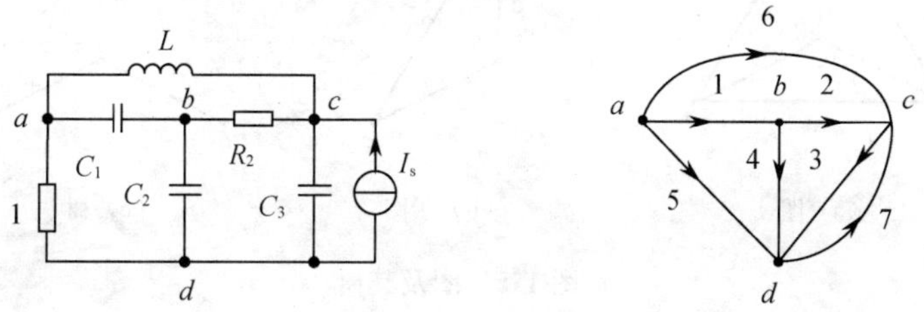

(a) 电路　　(b) 电路的图

图 1-2　电路及其图

如果图 G 的任意两个节点之间至少有一条通路，则称图 G 为连通图，否则称为非连通图。图 1-3a 为连通图，图 1-3b 为非连通图。

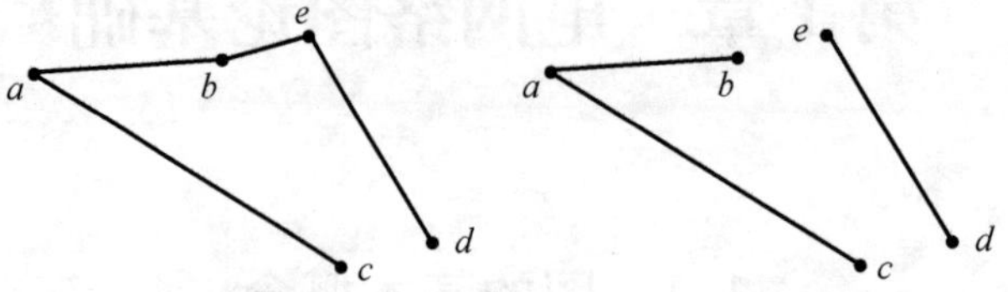

（a）连通图　　　　（b）非连通图

图 1-3　连通图和非连通图

如果图 G_1 的每个节点和支路都是图 G 中的节点和支路的子集，则称图 G_1 是图 G 的一个子图。一个图有很多子图，每一个图也是它自己的子图。如图 1-4a 和图 1-4b 均为图 1-1a 的子图。

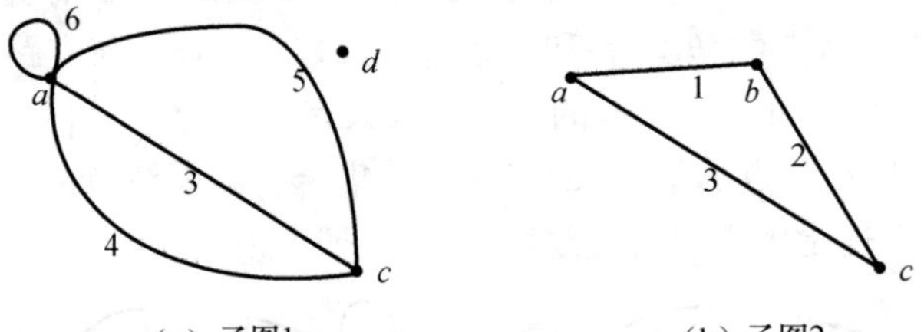

（a）子图1　　　　（b）子图2

图 1-4　图及其子图

1.1.2　树和基本回路

树在图论中非常重要，一棵树是连通图 G 的一个连通子图。如果一个连通子图满足如下两个条件：

① 包含连通图 G 的全部节点；

② 不包含任何回路。

满足上述两个条件的连通子图就是图 G 的一棵生成树（Tree），简称为树 T。

一个图的树 T 有很多种，如图 1-5c 是图 1-5a 的一棵树，而图 1-5b 则不是图 1-5a 的树，只是图 1-5a 的一个子图。

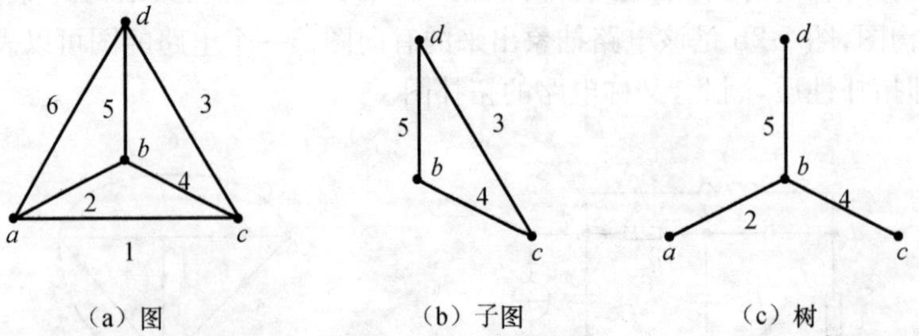

（a）图　　　　（b）子图　　　　（c）树

图 1-5　图及其树

树的支路称为树支，其余的支路则称为连支。树的补图称为补树，补树的支路就是连支。对

于具有 n 个节点、b 条支路的连通图的树支数是相等的，任何一棵树的树支数 n_t 和连支数 l 为

$$\begin{cases} n_t = n-1 \\ l = b - n_t = b-(n-1) \end{cases} \tag{1-1}$$

在图 1-5c 中，共有 4 个节点、6 条支路，根据式(1-1)，则树支数为 3(即支路 2、4、5 为树支)，连支数为 3(即支路 1、3、6 为连支)。

树的任意两节点间必有且仅有一条通路。若在任意两节点间加上连支，必存在一个唯一的包含该连支的回路，称为单连支回路，通常又称为基本回路。如图 1-6 所示的树，就存在一个连支 ab 和 a、b 间的树路径构成的基本回路。

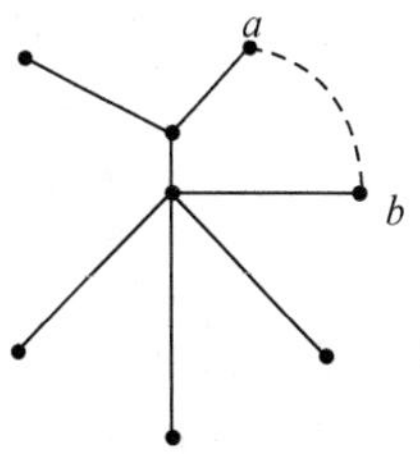

图 1-6　基本回路

1.1.3　割集和基本割集

割集是连通图 G 的一些支路的集合，如果一个支路集合满足如下两个条件：

① 把这些支路移去(移去的只是支路，该支路关联的两个节点不能移去)，将使图 G 分离为两个部分(孤立节点也是一个图)；

② 如果少移去其中任一条支路，图 G 仍将是连通的。

满足上述两个条件的部分支路集合就是图 G 的一个割集。割集是使图分成两个子图所需要的最少支路的集合，一个图可以有多个割集，连通图 G 的一个割集至少包含 G 的一条树支。在如图 1-7 所示的连通图中，根据割集的定义条件，可以判断 $C_1(7)$、$C_2(1,3,4)$是割集，而$C_3(2,5)$却不是割集。

只含有一条树支和若干连支可以构成一个割集，称这样的割集为单树支割集，也被称为基本割集。对于同一个连通图，选定的树不同，其对应的基本割集也不一样，如图 1-8 中的连通图，如果选取支路 3、5、6 为树支，则对应的基本割集为 $C_1(1,2,6)$、$C_2(1,3,4)$、$C_3(2,4,5)$。而如果选取支路 2、4、5 为树支，其对应的基本割集为 $C_1(3,5,6)$、$C_2(1,3,4)$、$C_3(1,2,6)$。

需要注意的是，同一个连通图的基本割集的个数是相等的，等于树支数；同时因为树是连通的，因此没有树支的连支支路是不可能构成割集的。

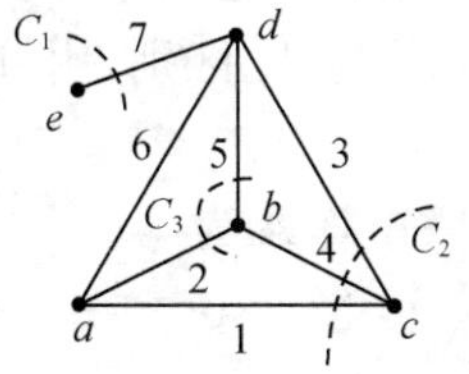

图 1-7　图和割集

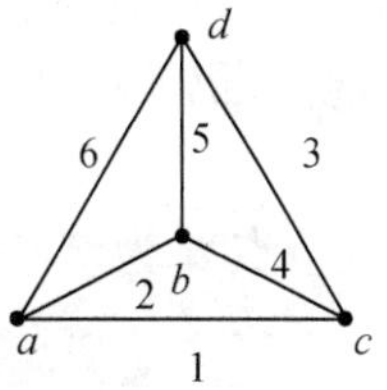

图 1-8　图和基本割集

1.2　图的矩阵表示及关系

1.2.1　矩阵表示

在电网络理论中，图的节点、回路、割集与支路之间的关系，通常可以用不同的矩阵进行描述。

1. 关联矩阵

表明连通图的节点与支路之间的关系的矩阵称为节点－支路关联矩阵，简称关联矩阵，用符号 $\boldsymbol{A}_\mathrm{a}$ 表示。假设有一个连通有向图具有支路数 b、n 个节点，在其关联矩阵 $\boldsymbol{A}_\mathrm{a}$ 中，以行对应点、以列对应支路，则 $\boldsymbol{A}_\mathrm{a}$ 是 $n\times b$ 阶矩阵，其中的元素 a_{ij} 定义为

$$a_{ij}=\begin{cases}1\\-1\\0\end{cases} \tag{1-2}$$

式中，$i=1,\ 2,\cdots,n;j=1,\ 2,\cdots,b$。元素 a_{ij} 的取值满足如下原则：①当支路 j 和节点 i 关联，同时支路 j 的方向离开节点 i，此时元素 a_{ij} 的取值为 1；②当支路 j 和节点 i 关联，同时支路 j 的方向指向节点 i，此时元素 a_{ij} 的取值为－1；③当支路 j 和节点 i 无关联，此时元素 a_{ij} 的取值为 0。

任何一个有向图与其关联矩阵是一一对应的，当有向图确定时，且其关联矩阵是唯一的；反之，当关联矩阵确定时，有向图是唯一的。

【例 1-1】 对于图 1-9 所示的有向图，试写出其关联矩阵 $\boldsymbol{A}_\mathrm{a}$。

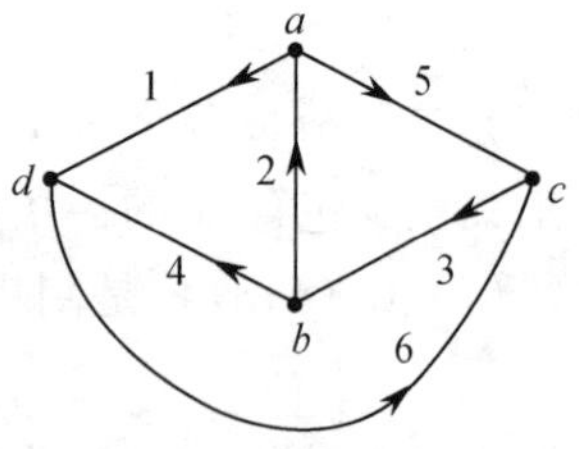

图 1-9　例 1-1 的图

【解】 根据式(1-2)可写出其关联矩阵 $\boldsymbol{A}_\mathrm{a}$ 为

$$\boldsymbol{A}_\mathrm{a}=\begin{bmatrix}1 & -1 & 0 & 0 & 1 & 0\\0 & 1 & -1 & 1 & 0 & 0\\0 & 0 & 1 & 0 & -1 & -1\\-1 & 0 & 0 & -1 & 0 & 1\end{bmatrix}$$

显然，$\boldsymbol{A}_\mathrm{a}$ 的每一列只有一个＋1 和－1，其余均为 0，这是因为一条支路只能关联两个节点，从其中一个节点离开必定指向另一个节点。因此又可得 $\boldsymbol{A}_\mathrm{a}$ 的每一列元素之和必为零，这就意味着 $\boldsymbol{A}_\mathrm{a}$ 的所有行的元素之和为零，即 $\boldsymbol{A}_\mathrm{a}$ 的行不是彼此独立的，且其秩不超过 $n-1$。

事实上，可以划去 $\boldsymbol{A}_\mathrm{a}$ 的任意一行，此时所得的 $(n-1)\times b$ 阶矩阵的行将是彼此独立的，称这样的矩阵为降阶关联矩阵。因为降阶关联矩阵实质上包含了 $\boldsymbol{A}_\mathrm{a}$ 的全部内容，同样能描述图的拓扑关系，被划去的一行所对应的节点称为参考节点。在电网络分析中常用的是降阶关联矩阵，因此为了不至于混淆，仍简称其为关联矩阵，为了与 $\boldsymbol{A}_\mathrm{a}$ 区别，用符号 $\boldsymbol{A}$ 表示，$\boldsymbol{A}_\mathrm{a}$ 和 $\boldsymbol{A}$ 具有相同的秩。

对于图 1-9，假设取节点 d 为参考节点，则其关联矩阵 $\boldsymbol{A}$ 为

$$\boldsymbol{A}=\begin{bmatrix}1 & -1 & 0 & 0 & 1 & 0\\0 & 1 & -1 & 1 & 0 & 0\\0 & 0 & 1 & 0 & -1 & -1\end{bmatrix}$$

2. 回路矩阵

表明连通图的回路与支路之间的关系的矩阵称为回路矩阵，用符号 $\boldsymbol{B}_\mathrm{a}$ 表示。假设有一个连通有向图具有支路数 b、n 个节点、回路总数 s，在其回路矩阵 $\boldsymbol{B}_\mathrm{a}$ 中，以行对应回路、以列对应支路，则 $\boldsymbol{B}_\mathrm{a}$ 是 $s\times b$ 阶矩阵，其中的元素 b_{ij} 定义为

$$b_{ij}=\begin{cases}1\\-1\\0\end{cases} \tag{1-3}$$

式中，$i=1, 2, \cdots, s$；$j=1, 2, \cdots, b$。元素 b_{ij} 的取值满足如下原则：①当支路 j 在回路 i 中，同时支路 j 的方向与回路 i 的方向一致，此时元素 b_{ij} 的取值为 1；②当支路 j 在回路 i 中，同时支路 j 的方向与回路 i 的方向相反，此时元素 b_{ij} 的取值为 -1；③当支路 j 不在回路 i 中，此时元素 b_{ij} 的取值为 0。

【例 1-2】 对于图 1-10 所示的有向图，试写出其回路矩阵 $\boldsymbol{B}_a$。

【解】 选取回路(回路方向为回路所含支路的出现顺序)为：164，2546，354，1234，125，236，1635，根据式(1-3)，则其回路矩阵 $\boldsymbol{B}_a$ 为

$$\boldsymbol{B}_a=\begin{bmatrix} 1 & 0 & 0 & -1 & 0 & -1 \\ 0 & 1 & 0 & 1 & -1 & 1 \\ 0 & 0 & 1 & 1 & -1 & 0 \\ 1 & 1 & -1 & -1 & 0 & 0 \\ 1 & 1 & 0 & 0 & -1 & 0 \\ 0 & 1 & -1 & 0 & 0 & 1 \\ 1 & 0 & 1 & 0 & -1 & -1 \end{bmatrix}$$

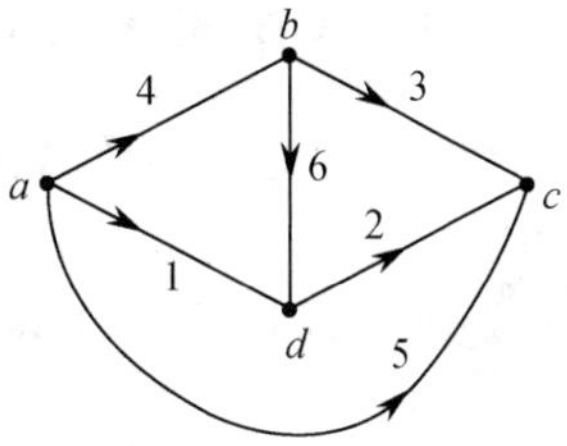

图 1-10　例 1-2 的图

由行的初等变换可知，上述回路矩阵 $\boldsymbol{B}_a$ 的行间并不是线性独立的，即部分回路不是独立的，对于具有支路数 b、n 个节点的连通图，回路矩阵的秩为 $b-(n-1)$，其值刚好即为连支数 l。因此没有必要把回路矩阵 $\boldsymbol{B}_a$ 的全部行都写出来，只要选取 l 个独立回路并写出相应的 $l\times b$ 阶矩阵，就可以表示出 $\boldsymbol{B}_a$ 的全部内容。通常情况下，选取 l 个基本回路，对应的矩阵称为基本回路矩阵，为了不至于混淆，仍简称其为回路矩阵，为了与 $\boldsymbol{B}_a$ 区别，用符号 $\boldsymbol{B}$ 表示，$\boldsymbol{B}_a$ 和 $\boldsymbol{B}$ 具有相同的秩。

在图 1-10 所示的有向图中，若选取支路数 4、5、6 为树支，经计算 l 的值为 3，因此只需选取 3 个基本回路，则对应的基本回路矩阵 $\boldsymbol{B}$ 为

$$\boldsymbol{B}=\begin{bmatrix} 1 & 0 & 0 & -1 & 0 & -1 \\ 0 & 1 & 0 & 1 & -1 & 1 \\ 0 & 0 & 1 & 1 & -1 & 0 \end{bmatrix}$$

3. 割集矩阵

表明连通图的割集与支路之间的关系的矩阵称为割集矩阵，用符号 $\boldsymbol{Q}_a$ 表示。假设有一个连通有向图具有支路数 b、n 个节点、割集总数 q，在其割集矩阵 $\boldsymbol{Q}_a$ 中，以行对应割集、以列对应支路、则 $\boldsymbol{Q}_a$ 是 $q\times b$ 阶矩阵，其中的元素 q_{ij} 定义为

$$q_{ij}=\begin{cases} 1 \\ -1 \\ 0 \end{cases} \tag{1-4}$$

式中，$i=1, 2, \cdots, q$；$j=1, 2, \cdots, b$。元素 q_{ij} 的取值满足如下原则：①当支路 j 在割集 i 中，同时支路 j 的方向与割集 i 的方向一致，此时元素 q_{ij} 的取值为 1；②当支路 j 在割集 i 中，同时支路 j 的方向与割集 i 的方向相反，此时元素 q_{ij} 的取值为 -1；③当支路 j 不在割集 i 中，此时元素 q_{ij} 的取值为 0。一个割集把节点分为两个互不相交的集合 (W, W')，割集方向为以 (W, W') 或 (W', W) 来确定，直观上可以用一个箭头来表示，在实际中一般取树支方向为割集方向。

通常情况下，选取基本割集，对应的矩阵称为基本割集矩阵，为了不至于混淆，仍简称其为割集矩阵，为了与 $\boldsymbol{Q}_a$ 区别，用符号 $\boldsymbol{Q}$ 表示。

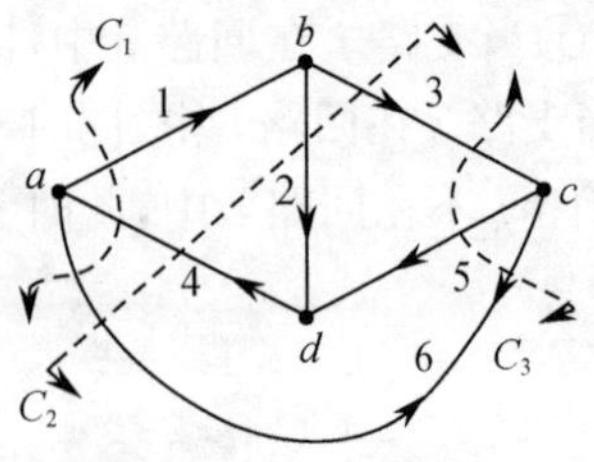

图 1-11　例 1-3 的图

【例 1-3】 对于图 1-11 所示的有向图，试写出其割集矩阵 $\boldsymbol{Q}$。

【解】 选取基本割集为：146，3246，356，割集方向如图 1-11 所示，根据式(1-4)，则其割集矩阵 $\boldsymbol{Q}$ 为

$$\boldsymbol{Q}=\begin{bmatrix} 1 & 0 & 0 & -1 & 0 & -1 \\ 0 & 1 & 0 & -1 & 1 & -1 \\ 0 & 0 & 1 & 0 & -1 & 1 \end{bmatrix}$$

1.2.2　矩阵 A、B、Q 之间的关系

在书写上述的矩阵 $\boldsymbol{A}$、$\boldsymbol{B}$、$\boldsymbol{Q}$ 时，若树支号和连支号分开编号，采用先连支号后树支号的原则，用 $\boldsymbol{A}_t$、$\boldsymbol{B}_t$、$\boldsymbol{Q}_t$ 表示树支列，用 $\boldsymbol{A}_l$、$\boldsymbol{B}_l$、$\boldsymbol{Q}_l$ 表示连支列，而且 $\boldsymbol{B}_l$ 恰好为单位矩阵 $\boldsymbol{1}_l$ 和 $\boldsymbol{Q}_t$ 恰好为单位矩阵 $\boldsymbol{1}_t$，则可得如下表达式

$$\boldsymbol{A}=[\boldsymbol{A}_l,\boldsymbol{A}_t] \tag{1-5}$$

$$\boldsymbol{B}=[\boldsymbol{B}_l,\boldsymbol{B}_t]=[\boldsymbol{1}_l,\boldsymbol{B}_t] \tag{1-6}$$

$$\boldsymbol{Q}=[\boldsymbol{Q}_l,\boldsymbol{Q}_t]=[\boldsymbol{Q}_l,\boldsymbol{1}_t] \tag{1-7}$$

矩阵 $\boldsymbol{B}$ 表示了一个连通图 G 中基本回路与各支路之间的关系，而一个确定的连通图 G，即确定了矩阵 $\boldsymbol{A}$ 的唯一性，因此 $\boldsymbol{A}$ 和 $\boldsymbol{B}$ 之间必定存在一定的联系。

根据定理(证明可参看文献[3])：如果同一连通图的 $\boldsymbol{A}$ 和 $\boldsymbol{B}$ 的列具有相同的支路排列次序，则

$$\boldsymbol{A}\boldsymbol{B}^{\mathrm{T}}=0 \text{ 或 } \boldsymbol{B}\boldsymbol{A}^{\mathrm{T}}=0 \tag{1-8}$$

将式(1-5)和式(1-6)代入式(1-8)整理得

$$\boldsymbol{A}=[\boldsymbol{A}_l,\boldsymbol{A}_t]\cdot[\boldsymbol{1}_l,\boldsymbol{B}_t]^{\mathrm{T}}=\boldsymbol{A}_l+\boldsymbol{A}_t\boldsymbol{B}_t^{\mathrm{T}}=0$$

进一步得

$$\boldsymbol{B}_t^{\mathrm{T}}=-\boldsymbol{A}_t^{-1}\boldsymbol{A}_l \tag{1-9}$$

即

$$\boldsymbol{B}_t=-(\boldsymbol{A}_t^{-1}\boldsymbol{A}_l)^{\mathrm{T}}=-\boldsymbol{A}_l^{\mathrm{T}}(\boldsymbol{A}_t^{-1})^{\mathrm{T}} \tag{1-10}$$

根据式(1-10) 即可推出回路矩阵 $\boldsymbol{B}$。

再如，推论(证明可参看文献[3])：如果同一连通图的 $\boldsymbol{Q}$ 和 $\boldsymbol{B}$ 的列具有相同的支路排列次序，则

$$\boldsymbol{B}_t=-\boldsymbol{Q}_l^{\mathrm{T}} \text{ 或 } \boldsymbol{Q}_l=-\boldsymbol{B}_t^{\mathrm{T}} \tag{1-11}$$

将式(1-9)代入式(1-11)可得

$$\boldsymbol{Q}_l=-\boldsymbol{B}_t^{\mathrm{T}}=\boldsymbol{A}_t^{-1}\boldsymbol{A}_l \tag{1-12}$$

根据式(1-12)即可推出割集矩阵 $\boldsymbol{Q}$。

1.2.3　电路方程的矩阵表示

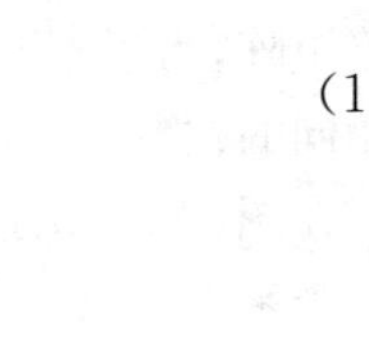

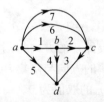

图 1-12　电路有向图

如图 1-12 所示为用一个连通有向图表示的一个电路，在有向图中支路的方向即代表该支路电流和电压的参考方向。

对于图 1-12，选节点 d 为参考节点，共有 7 个支路电流，3 个独立节点，根据电路的基尔霍夫电流定律可得

$$\begin{cases} i_1+i_5+i_6+i_7=0 \\ -i_1+i_2+i_3=0 \\ -i_2+i_3-i_6-i_7=0 \end{cases} \tag{1-13}$$

在图论中，能够表示节点与支路关系的是关联矩阵 $\boldsymbol{A}$，选节点 d 为参考节点，因此可得图 1-12的关联矩阵 $\boldsymbol{A}$ 为

$$\boldsymbol{A}=\begin{bmatrix} 1 & 0 & 0 & 0 & 1 & 1 & 1 \\ -1 & 1 & 0 & 1 & 0 & 0 & 0 \\ 0 & -1 & 1 & 0 & 0 & -1 & -1 \end{bmatrix}$$

如果用 7 阶列向量 $\boldsymbol{i}$ 表示 7 个支路电流，即

$$\boldsymbol{i}=[i_1 \quad i_2 \quad i_3 \quad i_4 \quad i_5 \quad i_6 \quad i_7]^{\mathrm{T}}$$

对于式(1-13)容易发现，下述关系成立

$$\boldsymbol{Ai}=0 \tag{1-14}$$

因此在电网络理论中，设一个电路用具有支路数 b、n 个节点的一个连通有向图进行表示，用 b 阶列向量 $\boldsymbol{i}$ 表示 b 个支路电流，则对于 n 个节点的 KCL 可以得到其矩阵表示形式为

$$\boldsymbol{Ai}=0 \tag{1-15}$$

由于关联矩阵 $\boldsymbol{A}$ 和割集矩阵 $\boldsymbol{Q}$ 可以通过非奇异变换联系起来，即

$$\boldsymbol{Q}=\boldsymbol{DA}$$

其中，$\boldsymbol{D}$ 为元素 1，-1，0 的非奇异矩阵。所以 KCL 可以得到其矩阵表示的另一种形式

$$\boldsymbol{Qi}=0 \tag{1-16}$$

在图论中，能够表示回路与支路关系的是回路矩阵 $\boldsymbol{B}$，采用同样的方法先写出电路状态下的 KVL 方程组和有向图的回路矩阵 $\boldsymbol{B}$，用 b 阶列向量 $\boldsymbol{u}$ 表示 b 个支路电压，可以得到 KVL 其矩阵表示的一种形式

$$\boldsymbol{Bu}=0 \tag{1-17}$$

对于图 1-12，用列向量 $\boldsymbol{u}_{\mathrm{n}}$ 表示 3 个节点电压，因为任意一支路电压可表示为两节点电压之差，因此有

$$\boldsymbol{u}=\begin{bmatrix} u_1 \\ u_2 \\ u_3 \\ u_4 \\ u_5 \\ u_6 \\ u_7 \end{bmatrix}=\begin{bmatrix} u_{\mathrm{n1}}-u_{\mathrm{n2}} \\ u_{\mathrm{n2}}-u_{\mathrm{n3}} \\ u_{\mathrm{n3}} \\ u_{\mathrm{n2}} \\ u_{\mathrm{n1}} \\ u_{\mathrm{n1}}-u_{\mathrm{n3}} \\ u_{\mathrm{n1}}-u_{\mathrm{n3}} \end{bmatrix}=\begin{bmatrix} 1 & -1 & 0 \\ 0 & 1 & -1 \\ 0 & 0 & 1 \\ 0 & 1 & 0 \\ 1 & 0 & 0 \\ 1 & 0 & -1 \\ 1 & 0 & -1 \end{bmatrix}\begin{bmatrix} u_{\mathrm{n1}} \\ u_{\mathrm{n2}} \\ u_{\mathrm{n3}} \end{bmatrix}=\boldsymbol{A}^{\mathrm{T}}\boldsymbol{u}_{\mathrm{n}}=0$$

进一步 KVL 可以得到其矩阵表示的另一种形式

$$\boldsymbol{u}=\boldsymbol{A}^{\mathrm{T}}\boldsymbol{u}_{\mathrm{n}} \tag{1-18}$$

将式(1-6)和式(1-7)分别代入式(1-16)和式(1-17)有

$$\boldsymbol{Bu}=[\boldsymbol{1}_{\mathrm{l}} \quad \boldsymbol{B}_{\mathrm{t}}]\begin{bmatrix} \boldsymbol{u}_{\mathrm{l}} \\ \boldsymbol{u}_{\mathrm{t}} \end{bmatrix}=\boldsymbol{u}_{\mathrm{l}}+\boldsymbol{B}_{\mathrm{t}}\boldsymbol{u}_{\mathrm{t}}=0$$

$$\boldsymbol{Qi}=[\boldsymbol{Q}_{\mathrm{l}} \quad \boldsymbol{1}_{\mathrm{t}}]\begin{bmatrix} \boldsymbol{i}_{\mathrm{l}} \\ \boldsymbol{i}_{\mathrm{t}} \end{bmatrix}=\boldsymbol{Q}_{\mathrm{l}}\boldsymbol{i}_{\mathrm{l}}+\boldsymbol{i}_{\mathrm{t}}=0$$

所以

$$\boldsymbol{u}_{\mathrm{l}}=-\boldsymbol{B}_{\mathrm{t}}\boldsymbol{u}_{\mathrm{t}} \tag{1-19}$$

$$\boldsymbol{i}_{\mathrm{t}}=-\boldsymbol{Q}_{\mathrm{l}}\boldsymbol{i}_{\mathrm{l}} \tag{1-20}$$

式(1-19)和式(1-20)分别称为 KVL 和 KCL 的另一种表示形式。

又根据式(1-11)和式(1-12),代入式(1-19)和式(1-20)可得

$$\boldsymbol{u}_{\mathrm{l}}=-\boldsymbol{B}_{\mathrm{t}}\boldsymbol{u}_{\mathrm{t}}=\boldsymbol{Q}_{\mathrm{l}}^{\mathrm{T}}\boldsymbol{u}_{\mathrm{t}} \quad 或 \quad \boldsymbol{u}=\boldsymbol{Q}^{\mathrm{T}}\boldsymbol{u}_{\mathrm{t}}$$

$$\boldsymbol{i}_{\mathrm{t}}=-\boldsymbol{Q}_{\mathrm{l}}\boldsymbol{i}_{\mathrm{l}}=\boldsymbol{B}_{\mathrm{t}}^{\mathrm{T}}\boldsymbol{i}_{\mathrm{l}} \quad 或 \quad \boldsymbol{i}=\boldsymbol{B}^{\mathrm{T}}\boldsymbol{i}_{\mathrm{l}}$$

上述结果也是 KVL 和 KCL 的另一种表示形式。

综上所述,对于矩阵形式的 KCL 和 KVL 的表示形式,总结如表 1-1 所示。表 1-1 所示 KCL 和 KVL 的矩阵形式对于任何网络元件均适合,与网络内容无关。对于大型网络的计算,可以借助计算机进行辅助分析。

表 1-1 KCL、KVL 的矩阵形式

	KCL	KVL
$\boldsymbol{A}$	$\boldsymbol{A}\boldsymbol{i}=0$	$\boldsymbol{u}=\boldsymbol{A}^{\mathrm{T}}\boldsymbol{u}_{\mathrm{n}}$
$\boldsymbol{B}$	$\boldsymbol{i}=\boldsymbol{B}^{\mathrm{T}}\boldsymbol{i}_{\mathrm{l}}$ 或 $\boldsymbol{i}_{\mathrm{t}}=\boldsymbol{B}_{\mathrm{t}}^{\mathrm{T}}\boldsymbol{i}_{\mathrm{l}}$	$\boldsymbol{B}\boldsymbol{u}=0$ 或 $\boldsymbol{u}_{\mathrm{l}}=-\boldsymbol{B}_{\mathrm{t}}\boldsymbol{u}_{\mathrm{t}}$
$\boldsymbol{Q}$	$\boldsymbol{Q}\boldsymbol{i}=0$ 或 $\boldsymbol{i}_{\mathrm{t}}=-\boldsymbol{Q}_{\mathrm{l}}\boldsymbol{i}_{\mathrm{l}}$	$\boldsymbol{u}=\boldsymbol{Q}^{\mathrm{T}}\boldsymbol{u}_{\mathrm{t}}$ 或 $\boldsymbol{u}_{\mathrm{l}}=\boldsymbol{Q}_{\mathrm{l}}^{\mathrm{T}}\boldsymbol{u}_{\mathrm{t}}$

1.3 网络的矩阵分析

1.3.1 支路的伏安特性

在电网络中,通常无源的二端元件 R、L、C 可看作一条支路。如果一个二端元件有与其相接的独立电源或受控源,则支路通常是对二端元件的等效复合支路。在电网络中建立网络矩阵方程,应首先获得每个支路的伏安关系或约束关系。下面以正弦稳态电路进行分析,获得各种支路的伏安关系,该关系对直流电路同样适用,因为直流稳态是其特例。

1. 含独立电源的二端元件支路

含独立电源的二端元件的标准支路组合如图 1-13 所示。其中,$Z_k(Y_k)$为第 k 条支路的元件阻抗或导纳,$\dot{U}_{ek}$为第 k 条支路二端元件 Z_k 的电压;$\dot{I}_{ek}$为流过第 k 条支路二端元件 Z_k 的电流;$\dot{U}_{sk}$为第 k 条支路中电压源电压;$\dot{I}_{sk}$为第 k 条支路中电流源电流;$\dot{U}_k$为第 k 条支路电压;$\dot{I}_k$为第 k 条支路电流。

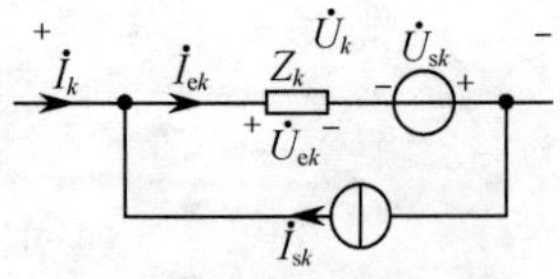

图 1-13 含独立电源的标准复合支路

假设共有 b 条支路,则 k 的范围是 $1\sim b$,则图 1-13 中的各个物理量矩阵如下。

b 条支路的元件阻抗和导纳分别用 $b\times b$ 阶对角矩阵 $\boldsymbol{Z}_b$ 和 $\boldsymbol{Y}_b$ 表示,并称为支路阻抗矩阵和支路导纳矩阵

$$\boldsymbol{Z}_b=\mathrm{diag}[Z_1 \quad Z_2 \quad \cdots \quad Z_k \quad \cdots \quad Z_b]$$

$$\boldsymbol{Y}_b=\mathrm{diag}[Y_1 \quad Y_2 \quad \cdots \quad Y_k \quad \cdots \quad Y_b]$$

且

$$\boldsymbol{Z}_b=\boldsymbol{Y}_b^{-1}$$

所有二端元件 Z_k 的电压矩阵：$\dot{\boldsymbol{U}}_e=[\dot{U}_{e1}\quad \dot{U}_{e2}\quad \cdots\quad \dot{U}_{ek}\quad \cdots\quad \dot{U}_{eb}]^T$

所有二端元件 Z_k 的电流矩阵：$\dot{\boldsymbol{I}}_e=[\dot{I}_{e1}\quad \dot{I}_{e2}\quad \cdots\quad \dot{I}_{ek}\quad \cdots\quad \dot{I}_{eb}]^T$

所有二端元件 Z_k 的支路中电压源矩阵：$\dot{\boldsymbol{U}}_s=[\dot{U}_{s1}\quad \dot{U}_{s2}\quad \cdots\quad \dot{U}_{sk}\quad \cdots\quad \dot{U}_{sb}]^T$

所有二端元件 Z_k 的支路中电流源矩阵：$\dot{\boldsymbol{I}}_s=[\dot{I}_{s1}\quad \dot{I}_{s2}\quad \cdots\quad \dot{I}_{sk}\quad \cdots\quad \dot{I}_{sb}]^T$

b 条支路电压矩阵：$\dot{\boldsymbol{U}}=[\dot{U}_1\quad \dot{U}_2\quad \cdots\quad \dot{U}_k\quad \cdots\quad \dot{U}_b]^T$

b 条支路电流矩阵：$\dot{\boldsymbol{I}}=[\dot{I}_1\quad \dot{I}_2\quad \cdots\quad \dot{I}_k\quad \cdots\quad \dot{I}_b]^T$

在电压源矩阵$\dot{\boldsymbol{U}}_s$和电流源矩阵$\dot{\boldsymbol{I}}_s$中各元素的正负号原则：当电压源(电压降的方向)、电流源的方向与所在支路方向相反时，取“+”，一致时，取“−”。

注意：本书仅对网络中标准支路间的电感之间无耦合时，支路阻抗矩阵和支路导纳矩阵 $\boldsymbol{Z}_b$ 和 $\boldsymbol{Y}_b$ 均是对角矩阵。如果电感之间有耦合，则 $\boldsymbol{Z}_b$ 和 $\boldsymbol{Y}_b$ 将不再是对角矩阵，需要对 $\boldsymbol{Z}_b$ 和 $\boldsymbol{Y}_b$ 进行修正，可以参考有关书籍，在此不予讨论。

由元件的欧姆定律可得

$$\dot{I}_{ek}=Y_k\dot{U}_{ek} \tag{1-21}$$

$$\dot{U}_{ek}=Z_k\dot{I}_{ek} \tag{1-22}$$

则矩阵形式为

$$\dot{\boldsymbol{I}}_e=\boldsymbol{Y}_b\dot{\boldsymbol{U}}_e \tag{1-23}$$

$$\dot{\boldsymbol{U}}_e=\boldsymbol{Z}_b\dot{\boldsymbol{I}}_e \tag{1-24}$$

根据电路的 KCL 和 KVL 理论，由图 1-13 可得

$$\dot{I}_k=\dot{I}_{ek}-\dot{I}_{sk} \tag{1-25}$$

$$\dot{U}_k=\dot{U}_{ek}-\dot{U}_{sk} \tag{1-26}$$

矩阵形式为

$$\dot{\boldsymbol{I}}=\dot{\boldsymbol{I}}_e-\dot{\boldsymbol{I}}_s \tag{1-27}$$

$$\dot{\boldsymbol{U}}=\dot{\boldsymbol{U}}_e-\dot{\boldsymbol{U}}_s \tag{1-28}$$

将式(1-23)和式(1-24)分别代入式(1-27)和式(1-28)，则得

$$\dot{\boldsymbol{I}}=\boldsymbol{Y}_b\dot{\boldsymbol{U}}_e-\dot{\boldsymbol{I}}_s=\boldsymbol{Y}_b(\dot{\boldsymbol{U}}+\dot{\boldsymbol{U}}_s)-\dot{\boldsymbol{I}}_s=\boldsymbol{Y}_b\dot{\boldsymbol{U}}-\dot{\boldsymbol{I}}_s+\boldsymbol{Y}_b\dot{\boldsymbol{U}}_s \tag{1-29}$$

$$\dot{\boldsymbol{U}}=\boldsymbol{Z}_b\dot{\boldsymbol{I}}_e-\dot{\boldsymbol{U}}_s=\boldsymbol{Z}_b(\dot{\boldsymbol{I}}+\dot{\boldsymbol{I}}_s)-\dot{\boldsymbol{U}}_s=\boldsymbol{Z}_b\dot{\boldsymbol{I}}-\dot{\boldsymbol{U}}_s+\boldsymbol{Z}_b\dot{\boldsymbol{I}}_s \tag{1-30}$$

2. 含受控电源的二端元件支路

含受控电源的二端元件的标准支路组合如图 1-14 所示。

图 1-14 中增加的各个受控物理量矩阵如下。

所有二端元件 Z_k 的受控电压源矩阵：$\dot{\boldsymbol{U}}_d=[\dot{U}_{d1}\quad \dot{U}_{d2}\quad \cdots\quad \dot{U}_{dk}\quad \cdots\quad \dot{U}_{db}]^T$

所有二端元件 Z_k 的受控电流源矩阵：$\dot{\boldsymbol{I}}_d=[\dot{I}_{d1}\quad \dot{I}_{d2}\quad \cdots\quad \dot{I}_{dk}\quad \cdots\quad \dot{I}_{db}]^T$

根据电路的 KCL 和 KVL 理论，由图 1-14 可得

$$\dot{I}_k+\dot{I}_{sk}=\dot{I}_{ek}+\dot{I}_{dk} \tag{1-31}$$

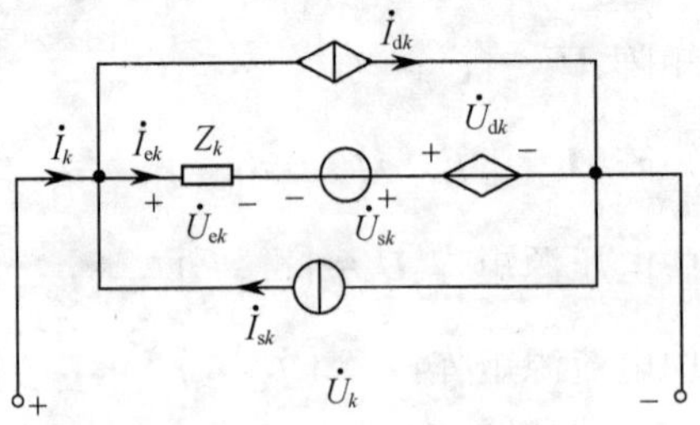

图 1-14　含受控电源的标准复合支路

$$\dot{U}_k=\dot{U}_{ek}+\dot{U}_{dk}-\dot{U}_{sk} \tag{1-32}$$

矩阵形式为

$$\dot{\boldsymbol{I}}=\dot{\boldsymbol{I}}_{e}+\dot{\boldsymbol{I}}_{d}-\dot{\boldsymbol{I}}_{s} \tag{1-33}$$

$$\dot{\boldsymbol{U}}=\dot{\boldsymbol{U}}_{e}+\dot{\boldsymbol{U}}_{d}-\dot{\boldsymbol{U}}_{s} \tag{1-34}$$

由于受控电压源的电压可能是控制支路的电压，也可能是控制支路的电流，因此，可以假设受控电压源的电压是控制支路元件的电压$\dot{\boldsymbol{U}}_e$和电流$\dot{\boldsymbol{I}}_e$的线性组合，因此

$$\dot{\boldsymbol{U}}_{d}=\boldsymbol{\mu}\dot{\boldsymbol{U}}_{e}+\boldsymbol{R}\dot{\boldsymbol{I}}_{e} \tag{1-35}$$

式中，$\boldsymbol{\mu}$ 和 $\boldsymbol{R}$ 均是 b 阶系数方阵，分别由元件电压控制电压源的系数和元件电流控制电压源的系数组成。

将式(1-35)、式(1-23)代入式(1-34)可得

$$\dot{\boldsymbol{U}}+\dot{\boldsymbol{U}}_{s}=\dot{\boldsymbol{U}}_{e}+\dot{\boldsymbol{U}}_{d}=\dot{\boldsymbol{U}}_{e}+\boldsymbol{\mu}\dot{\boldsymbol{U}}_{e}+\boldsymbol{R}\dot{\boldsymbol{I}}_{e}=(1+\boldsymbol{\mu}+\boldsymbol{R}\boldsymbol{Y}_{b})\dot{\boldsymbol{U}}_{e} \tag{1-36}$$

或者

$$\dot{\boldsymbol{U}}_{e}=(1+\boldsymbol{\mu}+\boldsymbol{R}\boldsymbol{Y}_{b})^{-1}(\dot{\boldsymbol{U}}+\dot{\boldsymbol{U}}_{s}) \tag{1-37}$$

同样，受控电流源的电流可能是控制支路的电压，也可能是控制支路的电流，因此，可以假设受控电流源的电流是控制支路元件的电压$\dot{\boldsymbol{U}}_e$和电流$\dot{\boldsymbol{I}}_e$的线性组合，因此

$$\dot{\boldsymbol{I}}_{d}=\boldsymbol{G}\dot{\boldsymbol{U}}_{e}+\boldsymbol{H}\dot{\boldsymbol{I}}_{e} \tag{1-38}$$

式中，$\boldsymbol{G}$ 和 $\boldsymbol{H}$ 均是 b 阶系数方阵，分别由元件电压控制电流源的系数和元件电流控制电流源的系数组成。

将式(1-38)、式(1-24)代入式(1-33)可得

$$\dot{\boldsymbol{I}}+\dot{\boldsymbol{I}}_{s}=\dot{\boldsymbol{I}}_{e}+\dot{\boldsymbol{I}}_{d}=\dot{\boldsymbol{I}}_{e}+\boldsymbol{G}\boldsymbol{Z}_{b}\dot{\boldsymbol{I}}_{e}+\boldsymbol{H}\dot{\boldsymbol{I}}_{e}=(1+\boldsymbol{H}+\boldsymbol{G}\boldsymbol{Z}_{b})\dot{\boldsymbol{I}}_{e} \tag{1-39}$$

将式(1-23)代入式(1-39)可得

$$\dot{\boldsymbol{I}}+\dot{\boldsymbol{I}}_{s}=(1+\boldsymbol{H}+\boldsymbol{G}\boldsymbol{Z}_{b})\boldsymbol{Y}_{b}\dot{\boldsymbol{U}}_{e} \tag{1-40}$$

将式(1-37)代入式(1-40)可得伏安关系

$$\dot{\boldsymbol{I}}+\dot{\boldsymbol{I}}_{s}=(1+\boldsymbol{H}+\boldsymbol{G}\boldsymbol{Z}_{b})\boldsymbol{Y}_{b}(1+\boldsymbol{\mu}+\boldsymbol{R}\boldsymbol{Y}_{b})^{-1}(\dot{\boldsymbol{U}}+\dot{\boldsymbol{U}}_{s}) \tag{1-41}$$

需要注意的是，b 阶系数方阵 $\boldsymbol{\mu}$、$\boldsymbol{R}$、$\boldsymbol{G}$ 和 $\boldsymbol{H}$ 均是根据网络受控源的情况直接生成的。生成原则：它们的主对角元素均为零，只在受控支路 k 所对应的 k 行和控制支路 j 所对应的列 j 的位置有元素；元素的值是受控源的受控系数大小，当受控源的方向和所在复合支路方向一致时取正，反之取负；当网络中系数方阵 $\boldsymbol{\mu}$、$\boldsymbol{R}$、$\boldsymbol{G}$ 和 $\boldsymbol{H}$ 没有对应的控制关系时，相应的 $\boldsymbol{\mu}$、$\boldsymbol{R}$、$\boldsymbol{G}$ 和 $\boldsymbol{H}$

矩阵为0。比如，网络中没有元件电压控制电流源的关系，即没有受控电流源的电流是由控制支路元件的电压$\dot{\boldsymbol{U}}_e$控制的，则$\boldsymbol{G}=0$，其他情况以此类推。

当电网络中电压源、电流源或无源元件两端的电压或电流的电压极性或电流方向与图1-13和图1-14标准支路中所示的极性或方向相反时，式(1-29)、式(1-30)和式(1-41)的形式不变，只是相应的各项前的正负号发生改变。

1.3.2 节点电压法

由1.2节获得的对于n个节点的KCL的矩阵表示形式即式(1-15)，其相量形式为

$$\boldsymbol{A}\dot{\boldsymbol{I}}=0 \tag{1-42}$$

1. 对于不含受控源的电网络

将式(1-29)的关于支路电流$\dot{\boldsymbol{I}}$的表达式代入式(1-42)得

$$\boldsymbol{A}\dot{\boldsymbol{I}}=\boldsymbol{A}\boldsymbol{Y}_b\dot{\boldsymbol{U}}-\boldsymbol{A}\dot{\boldsymbol{I}}_s+\boldsymbol{A}\boldsymbol{Y}_b\dot{\boldsymbol{U}}_s=0$$

整理得

$$\boldsymbol{A}\boldsymbol{Y}_b\dot{\boldsymbol{U}}=\boldsymbol{A}\dot{\boldsymbol{I}}_s-\boldsymbol{A}\boldsymbol{Y}_b\dot{\boldsymbol{U}}_s \tag{1-43}$$

将KVL矩阵的另一种形式表示即$\boldsymbol{u}=\boldsymbol{A}^{\mathrm{T}}\boldsymbol{u}_n$的相量形式代入式(1-43)得

$$\boldsymbol{A}\boldsymbol{Y}_b\boldsymbol{A}^{\mathrm{T}}\dot{\boldsymbol{U}}_n=\boldsymbol{A}\dot{\boldsymbol{I}}_s-\boldsymbol{A}\boldsymbol{Y}_b\dot{\boldsymbol{U}}_s \tag{1-44}$$

式(1-44)是电网络的节点电压矩阵$\dot{\boldsymbol{U}}_n$与关联矩阵$\boldsymbol{A}$、支路导纳矩阵$\boldsymbol{Y}_b$和独立电源矩阵$\dot{\boldsymbol{U}}_s$、$\dot{\boldsymbol{I}}_s$的关系式，其中只有节点电压$\dot{\boldsymbol{U}}_n$为未知数，因此将式(1-44)称为节点电压方程的矩阵形式。

令

$$\boldsymbol{Y}_n=\boldsymbol{A}\boldsymbol{Y}_b\boldsymbol{A}^{\mathrm{T}}\text{和}\ \dot{\boldsymbol{J}}_n=\boldsymbol{A}\dot{\boldsymbol{I}}_s-\boldsymbol{A}\boldsymbol{Y}_b\dot{\boldsymbol{U}}_s$$

则式(1-44)可简化为

$$\boldsymbol{Y}_n\dot{\boldsymbol{U}}_n=\dot{\boldsymbol{J}}_n \tag{1-45}$$

将$\boldsymbol{Y}_n=\boldsymbol{A}\boldsymbol{Y}_b\boldsymbol{A}^{\mathrm{T}}$称为节点导纳矩阵，同时将$\dot{\boldsymbol{J}}_n=\boldsymbol{A}\dot{\boldsymbol{I}}_s-\boldsymbol{A}\boldsymbol{Y}_b\dot{\boldsymbol{U}}_s$称为注入节点的电流源向量，其含义是由支路独立电压源注入节点的等效电流$-\boldsymbol{A}\boldsymbol{Y}_b\dot{\boldsymbol{U}}_s$和支路独立电流源引起的注入节点的电流$\boldsymbol{A}\dot{\boldsymbol{I}}_s$的总和电流向量。

2. 对于含受控源的电网络

将式(1-41)的关于支路电流$\dot{\boldsymbol{I}}$的表达式代入式(1-42)得

$$\boldsymbol{A}\dot{\boldsymbol{I}}=\boldsymbol{A}(1+\boldsymbol{H}+\boldsymbol{G}\boldsymbol{Z}_b)\boldsymbol{Y}_b(1+\boldsymbol{\mu}+\boldsymbol{R}\boldsymbol{Y}_b)^{-1}(\dot{\boldsymbol{U}}+\dot{\boldsymbol{U}}_s)-\boldsymbol{A}\dot{\boldsymbol{I}}_s=0 \tag{1-46}$$

将KVL矩阵的另一种形式表示即$\boldsymbol{u}=\boldsymbol{A}^{\mathrm{T}}\boldsymbol{u}_n$的相量形式代入式(1-46)得

$$\boldsymbol{A}(1+\boldsymbol{H}+\boldsymbol{G}\boldsymbol{Z}_b)\boldsymbol{Y}_b(1+\boldsymbol{\mu}+\boldsymbol{R}\boldsymbol{Y}_b)^{-1}\boldsymbol{A}^{\mathrm{T}}\dot{\boldsymbol{U}}_n=\boldsymbol{A}\dot{\boldsymbol{I}}_s-\boldsymbol{A}(1+\boldsymbol{H}+\boldsymbol{G}\boldsymbol{Z}_b)\boldsymbol{Y}_b(1+\boldsymbol{\mu}+\boldsymbol{R}\boldsymbol{Y}_b)^{-1}\dot{\boldsymbol{U}}_s$$

令

$$\boldsymbol{Y}_n=\boldsymbol{A}(1+\boldsymbol{H}+\boldsymbol{G}\boldsymbol{Z}_b)\boldsymbol{Y}_b(1+\boldsymbol{\mu}+\boldsymbol{R}\boldsymbol{Y}_b)^{-1}\boldsymbol{A}^{\mathrm{T}}$$

$$\dot{\boldsymbol{J}}_n=\boldsymbol{A}\dot{\boldsymbol{I}}_s-\boldsymbol{A}(1+\boldsymbol{H}+\boldsymbol{G}\boldsymbol{Z}_b)\boldsymbol{Y}_b(1+\boldsymbol{\mu}+\boldsymbol{R}\boldsymbol{Y}_b)^{-1}\dot{\boldsymbol{U}}_s$$

则式(1-46)可简化为

$$\boldsymbol{Y}_n\dot{\boldsymbol{U}}_n=\dot{\boldsymbol{J}}_n \tag{1-47}$$

显然，式(1-45)和式(1-47)具有完全相同的节点电压方程的矩阵形式和含义。但是，称为节点导纳矩阵 $\boldsymbol{Y}_{\mathrm{n}}$ 和注入节点的电流源向量 $\dot{\boldsymbol{J}}_{\mathrm{n}}$ 的计算内容不同。

【例 1-4】 如图 1-15a 所示的电路中，各支路中元件参数的值分别为 $R_1=R_3=R_5=0.5\Omega$，$R_2=R_4=R_6=0.2\Omega$，$I_{s1}=3\mathrm{A}$，$I_{s3}=1\mathrm{A}$，$U_{s3}=2\mathrm{V}$，$U_{s5}=6\mathrm{V}$，试写出节点电压方程的矩阵形式。

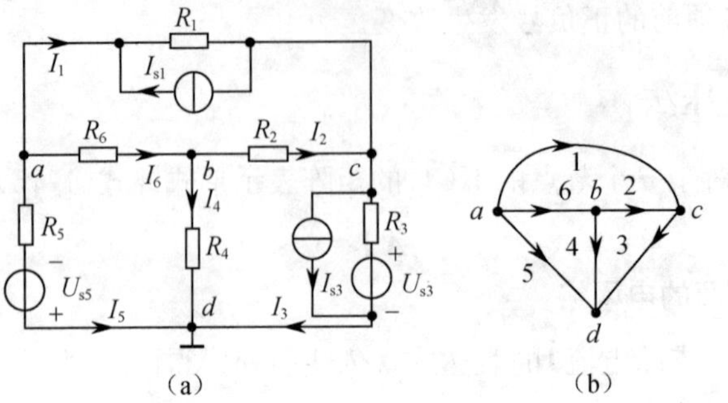

图 1-15　例 1-4 的电路及其图

【解】 画出图 1-15a 所示电路网络的有向图为图 1-15b，选节点 d 为参考节点，对 6 条支路进行编号，如图 1-15b 所示。根据关联矩阵的定义可得 $\boldsymbol{A}$ 为

$$\boldsymbol{A}=\begin{bmatrix}1 & 0 & 0 & 0 & 1 & 1\\ 0 & 1 & 0 & 1 & 0 & -1\\ -1 & -1 & 1 & 0 & 0 & 0\end{bmatrix}$$

6 条支路对应的导纳矩阵为

$$\boldsymbol{Y}_b=\mathrm{diag}\begin{bmatrix}\frac{1}{R_1} & \frac{1}{R_2} & \frac{1}{R_3} & \frac{1}{R_4} & \frac{1}{R_5} & \frac{1}{R_6}\end{bmatrix}$$
$$=\mathrm{diag}\begin{bmatrix}\frac{1}{0.5} & \frac{1}{0.2} & \frac{1}{0.5} & \frac{1}{0.2} & \frac{1}{0.5} & \frac{1}{0.2}\end{bmatrix}$$

支路中电压源矩阵：$\boldsymbol{U}_{\mathrm{s}}=[0\quad 0\quad -2\quad 0\quad 6\quad 0]^{\mathrm{T}}$

支路中电流源矩阵：$\boldsymbol{I}_{\mathrm{s}}=[3\quad 0\quad -1\quad 0\quad 0\quad 0]^{\mathrm{T}}$

根据式(1-45)、$\boldsymbol{Y}_{\mathrm{n}}=\boldsymbol{A}\boldsymbol{Y}_b\boldsymbol{A}^{\mathrm{T}}$ 和 $\boldsymbol{J}_{\mathrm{n}}=\boldsymbol{A}\boldsymbol{I}_{\mathrm{s}}-\boldsymbol{A}\boldsymbol{Y}_b\boldsymbol{U}_{\mathrm{s}}$ 得

$$\boldsymbol{Y}_{\mathrm{n}}=\begin{bmatrix}9 & -5 & -2\\ -5 & 10 & -5\\ -2 & -5 & 7\end{bmatrix}$$

$$\boldsymbol{J}_{\mathrm{n}}=\begin{bmatrix}-9\\ 0\\ 0\end{bmatrix}$$

则节点电压方程 $\boldsymbol{Y}_{\mathrm{n}}\boldsymbol{U}_{\mathrm{n}}=\boldsymbol{J}_{\mathrm{n}}$ 具体为

$$\begin{bmatrix}9 & -5 & -2\\ -5 & 10 & -5\\ -2 & -5 & 7\end{bmatrix}\begin{bmatrix}U_{\mathrm{a}}\\ U_{\mathrm{b}}\\ U_{\mathrm{c}}\end{bmatrix}=\begin{bmatrix}-9\\ 0\\ 0\end{bmatrix}$$

【例 1-5】 如图 1-16a 所示电路，各支路中元件参数的值均已知，试写出节点电压方程的矩阵形式。

【解】 图 1-16a 和图 1-15a 的区别是图 1-16a 中各个元件参数的值均是正弦量，因此应该

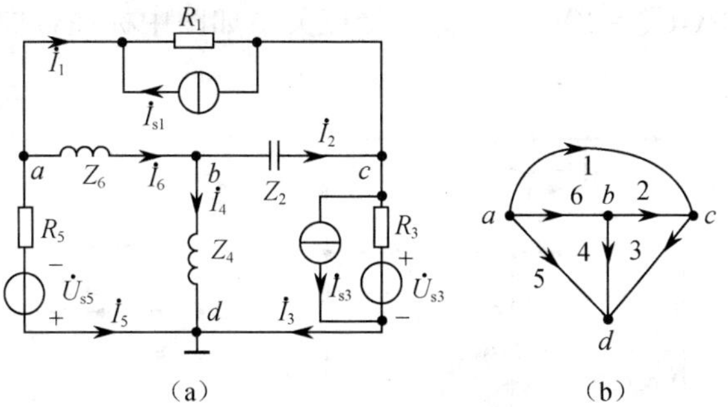

图 1-16　例 1-5 电路及其图

用相量矩阵运算。图 1-16a 的有向图和图 1-15b 的有向图一样，依然选节点 d 为参考节点，对 6 条支路进行编号，如图 1-16b 所示。因为有向图不变，因此关联矩阵不变，则 $\boldsymbol{A}$ 为

$$\boldsymbol{A}=\begin{bmatrix}1 & 0 & 0 & 0 & 1 & 1\\ 0 & 1 & 0 & 1 & 0 & -1\\ -1 & -1 & 1 & 0 & 0 & 0\end{bmatrix}$$

6 条支路对应的导纳矩阵为

$$\boldsymbol{Y}_b=\mathrm{diag}\begin{bmatrix}\frac{1}{R_1} & \frac{1}{Z_2} & \frac{1}{R_3} & \frac{1}{Z_4} & \frac{1}{R_5} & \frac{1}{Z_6}\end{bmatrix}$$

支路中电压源矩阵：$\dot{\boldsymbol{U}}_s=[0\quad 0\quad \dot U_{s3}\quad 0\quad -\dot U_{s5}\quad 0]^{\mathrm T}$

支路中电流源矩阵：$\dot{\boldsymbol{I}}_s=[-\dot I_{s1}\quad 0\quad \dot I_{s3}\quad 0\quad 0\quad 0]^{\mathrm T}$

根据式(1-45)、$\boldsymbol{Y}_n=\boldsymbol{A}\boldsymbol{Y}_b\boldsymbol{A}^{\mathrm T}$ 和 $\dot{\boldsymbol{J}}_n=\boldsymbol{A}\dot{\boldsymbol{I}}_s-\boldsymbol{A}\boldsymbol{Y}_b\dot{\boldsymbol{U}}_s$ 得

$$\boldsymbol{Y}_n=\begin{bmatrix}\frac{1}{R_1}+\frac{1}{R_5}+\frac{1}{Z_6} & -\frac{1}{Z_6} & -\frac{1}{R_1}\\ -\frac{1}{Z_6} & \frac{1}{Z_2}+\frac{1}{Z_6}+\frac{1}{Z_4} & -\frac{1}{Z_2}\\ -\frac{1}{R_1} & -\frac{1}{Z_2} & \frac{1}{R_1}+\frac{1}{Z_2}+\frac{1}{R_3}\end{bmatrix}$$

$$\dot{\boldsymbol{J}}_n=\begin{bmatrix}\dot I_{s1}-\frac{\dot U_{s5}}{R_5}\\ 0\\ \frac{\dot U_{s3}}{R_3}-\dot I_{s1}-\dot I_{s3}\end{bmatrix}$$

则节点电压方程 $\boldsymbol{Y}_n\dot{\boldsymbol{U}}_n=\dot{\boldsymbol{J}}_n$ 具体为

$$\begin{bmatrix}\frac{1}{R_1}+\frac{1}{R_5}+\frac{1}{Z_6} & -\frac{1}{Z_6} & -\frac{1}{R_1}\\ -\frac{1}{Z_6} & \frac{1}{Z_2}+\frac{1}{Z_6}+\frac{1}{Z_4} & -\frac{1}{Z_2}\\ -\frac{1}{R_1} & -\frac{1}{Z_2} & \frac{1}{R_1}+\frac{1}{Z_2}+\frac{1}{R_3}\end{bmatrix}\begin{bmatrix}\dot U_a\\ \dot U_b\\ \dot U_c\end{bmatrix}=\begin{bmatrix}\dot I_{s1}-\frac{\dot U_{s5}}{R_5}\\ 0\\ \frac{\dot U_{s3}}{R_3}-\dot I_{s1}-\dot I_{s3}\end{bmatrix}$$

【例 1-6】如图 1-17a 所示电路，各支路中元件参数的值分别为 $R_1=R_3=R_5=0.5\Omega$，$R_2=$

$R_4=R_6=0.2\Omega$，$I_{s1}=3A$，$U_{s3}=2V$，受控源的受控关系如图中标注，试写出节点电压方程的矩阵形式。

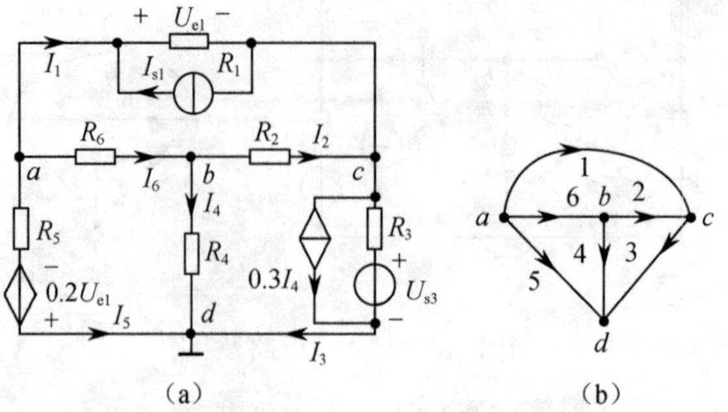

图 1-17　例 1-6 电路及其图

【解】 画出图 1-17a 所示电路网络的有向图为图 1-17b，选节点 d 为参考节点，对 6 条支路进行编号，如图 1-17b 所示。根据关联矩阵的定义可得 $\boldsymbol{A}$ 为

$$\boldsymbol{A}=\begin{bmatrix}1 & 0 & 0 & 0 & 1 & 1\\ 0 & 1 & 0 & 1 & 0 & -1\\ -1 & -1 & 1 & 0 & 0 & 0\end{bmatrix}$$

6 条支路对应的导纳和阻抗矩阵为

$$\boldsymbol{Y}_b=\text{diag}\left[\frac{1}{R_1}\quad\frac{1}{R_2}\quad\frac{1}{R_3}\quad\frac{1}{R_4}\quad\frac{1}{R_5}\quad\frac{1}{R_6}\right]$$
$$=\text{diag}\left[\frac{1}{0.5}\quad\frac{1}{0.2}\quad\frac{1}{0.5}\quad\frac{1}{0.2}\quad\frac{1}{0.5}\quad\frac{1}{0.2}\right]$$
$$\boldsymbol{Z}_b=\boldsymbol{Y}_b^{-1}=\text{diag}[0.5\quad 0.2\quad 0.5\quad 0.2\quad 0.5\quad 0.2]$$

支路中电压源矩阵：$\boldsymbol{U}_s=[0\quad 0\quad -2\quad 0\quad 0\quad 0]^T$

支路中电流源矩阵：$\boldsymbol{I}_s=[3\quad 0\quad 0\quad 0\quad 0\quad 0]^T$

由于本题是含受控源的电路，因此还需要写出网络中系数方阵 $\boldsymbol{\mu}$、$\boldsymbol{R}$、$\boldsymbol{G}$ 和 $\boldsymbol{H}$。

经过观察，发现没有受控电压源的电压是由控制支路元件的电流 $\dot{\boldsymbol{I}}_e$ 控制的，因此 $\boldsymbol{R}=0$，则系数方阵 $\boldsymbol{\mu}$ 的矩阵为

$$\boldsymbol{\mu}=\begin{bmatrix}0 & 0 & 0 & 0 & 0 & 0\\ 0 & 0 & 0 & 0 & 0 & 0\\ 0 & 0 & 0 & 0 & 0 & 0\\ 0 & 0 & 0 & 0 & 0 & 0\\ -0.2 & 0 & 0 & 0 & 0 & 0\\ 0 & 0 & 0 & 0 & 0 & 0\end{bmatrix}$$

同时，没有受控电流源的电流是由控制支路元件的电压 $\dot{\boldsymbol{U}}_e$ 控制的，因此 $\boldsymbol{G}=0$。则系数方阵 $\boldsymbol{H}$ 的矩阵为

$$\boldsymbol{H}=\begin{bmatrix}0 & 0 & 0 & 0 & 0 & 0\\ 0 & 0 & 0 & 0 & 0 & 0\\ 0 & 0 & 0 & 0.3 & 0 & 0\\ 0 & 0 & 0 & 0 & 0 & 0\\ 0 & 0 & 0 & 0 & 0 & 0\\ 0 & 0 & 0 & 0 & 0 & 0\end{bmatrix}$$

根据

$$\boldsymbol{Y}_{\mathrm{n}}=\boldsymbol{A}(1+\boldsymbol{H}+\boldsymbol{G}\boldsymbol{Z}_b)\boldsymbol{Y}_b(1+\boldsymbol{\mu}+\boldsymbol{R}\boldsymbol{Y}_b)^{-1}\boldsymbol{A}^{\mathrm{T}}$$

$$\boldsymbol{J}_{\mathrm{n}}=\boldsymbol{A}\boldsymbol{I}_{\mathrm{s}}-\boldsymbol{A}(1+\boldsymbol{H}+\boldsymbol{G}\boldsymbol{Z}_b)\boldsymbol{Y}_b(1+\boldsymbol{\mu}+\boldsymbol{R}\boldsymbol{Y}_b)^{-1}\boldsymbol{U}_{\mathrm{s}}$$

得到

$$\boldsymbol{Y}_{\mathrm{n}}=\begin{bmatrix}9.4 & -5 & -2.4\\ -5 & 15 & -5\\ -2 & -3.5 & 9\end{bmatrix}$$

$$\boldsymbol{J}_{\mathrm{n}}=\begin{bmatrix}3\\ 0\\ 1\end{bmatrix}$$

则节点电压方程 $\boldsymbol{Y}_{\mathrm{n}}\boldsymbol{U}_{\mathrm{n}}=\boldsymbol{J}_{\mathrm{n}}$ 整理为

$$\begin{bmatrix}9.4 & -5 & -2.4\\ -5 & 15 & -5\\ -2 & -3.5 & 9\end{bmatrix}\boldsymbol{U}_{\mathrm{n}}=\begin{bmatrix}3\\ 0\\ 1\end{bmatrix}$$

综上所述，要对一个电网络建立节点电压方程方法和对电路进行分析的基本步骤总结如下。

基本方法是：先根据给定的网络结构和元件参数写出矩阵 $\boldsymbol{A}$、$\boldsymbol{Y}_b$、$\dot{\boldsymbol{I}}_{\mathrm{s}}$、$\dot{\boldsymbol{U}}_{\mathrm{s}}$，然后利用式(1-45)求出节点电压 $\dot{U}_{\mathrm{n}}$，再由式(1-18)求出各支路电压$\dot{\boldsymbol{U}}$，最后根据式(1-29)或式(1-41)求出各支路电流。下面将利用节点电压法分析电路的基本步骤总结如下：

(1) 对节点和支路进行编号，并选定支路的参考方向，画出对应电网络的有向图；

(2) 确定参考节点，写出相应的关联矩阵 $\boldsymbol{A}$；

(3) 写出支路导纳矩阵$\boldsymbol{Y}_b$、支路中电压源矩阵$\dot{I}_{\mathrm{s}}$和支路中电流源矩阵$\dot{U}_{\mathrm{s}}$，如果是含受控源网络，还需写出支路阻抗矩阵 $\boldsymbol{Z}_b$ 和网络中系数方阵 $\boldsymbol{\mu}$、$\boldsymbol{R}$、$\boldsymbol{G}$ 和 $\boldsymbol{H}$；

(4) 根据相应公式求出节点导纳矩阵 $\boldsymbol{Y}_n$ 和等效注入节点的电流源向量$\dot{\boldsymbol{J}}_{\mathrm{n}}$；

(5) 根据公式 $\boldsymbol{Y}_{\mathrm{n}}\dot{\boldsymbol{U}}_{\mathrm{n}}=\dot{\boldsymbol{J}}_{\mathrm{n}}$ 写出节点电压方程，求解方程可得到节点电压$\dot{\boldsymbol{U}}_{\mathrm{n}}$ 的值。

在实际中，有时还需要求解支路电压$\dot{\boldsymbol{U}}$，此时根据公式$\dot{\boldsymbol{U}}=\boldsymbol{A}^{\mathrm{T}}\dot{\boldsymbol{U}}_{\mathrm{n}}$ 可求出各支路电压的值；如果要求解支路电流$\dot{\boldsymbol{I}}$，则根据支路的伏安特性公式可求出各支路电流的值。两种情况的伏安特性公式如下：

不含受控源电网络 $\dot{\boldsymbol{I}}=\boldsymbol{Y}_b\dot{\boldsymbol{U}}_{\mathrm{e}}-\dot{\boldsymbol{I}}_{\mathrm{s}}=\boldsymbol{Y}_b(\dot{\boldsymbol{U}}+\dot{\boldsymbol{U}}_{\mathrm{s}})-\dot{\boldsymbol{I}}_{\mathrm{s}}=\boldsymbol{Y}_b\dot{\boldsymbol{U}}-\dot{\boldsymbol{I}}_{\mathrm{s}}+\boldsymbol{Y}_b\dot{\boldsymbol{U}}_{\mathrm{s}}$

含受控源电网络 $\dot{\boldsymbol{I}}+\dot{\boldsymbol{I}}_{\mathrm{s}}=(1+\boldsymbol{H}+\boldsymbol{G}\boldsymbol{Z}_b)\boldsymbol{Y}_b(1+\boldsymbol{\mu}+\boldsymbol{R}\boldsymbol{Y}_b)^{-1}(\dot{\boldsymbol{U}}+\dot{\boldsymbol{U}}_{\mathrm{s}})$

1.3.3 移源法

电网络中对于组合支路而言，如果网络中包含纯电压源，即此支路中电压源串联的阻抗为零；如果网络中包含纯电流源支路，即此支路中只有电流源支路；利用前面的节点电压法建立方程时，会带来困难。因此，此种电网络在建立节点电压方程时，一般要进行网络等效变换，称为移源法。移源法的基本思路是设法把纯电压源支路中的电压源和纯电流源支路中的电流源转移到与其相邻的其他支路中，但不能改变网络中其他支路中的各节点彼此之间的电压和各节点的 KCL 方程。

1. **纯电压源支路**

根据移源法原理,其转移的基本思路是:将仅含有纯电压源的支路中的电压源转移到与该支路有公共节点的其他支路上,该支路以短路线代替,电压源转移到其他支路上的极性是根据KVL定律来获得的。具体过程是要求与该支路有公共节点的其他支路上的节点、该支路的节点(非公共节点)彼此间的电压值在电压源转移前后保持不变。

【例1-7】如图1-18a所示电路,各支路中元件参数的值均已知,试求解各节点电压值。

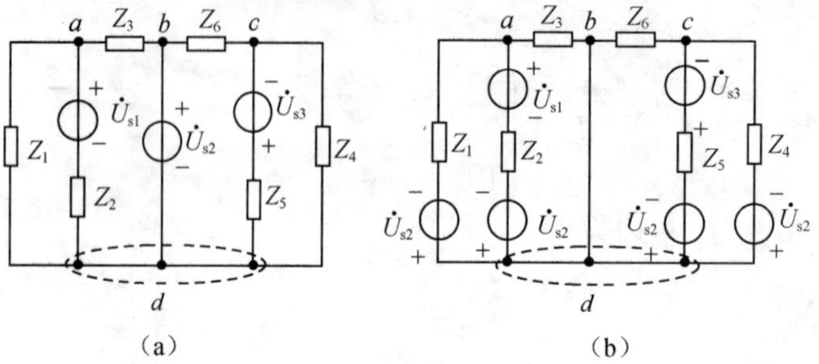

图1-18　例1-7电压源转移电路的等效

【解】图1-18a所示电路是含有纯电压源支路的电路,需要用移源法进行网络等效。节点d是公共节点,因此根据移源法进行电压源转移时,将电压源$\dot{U}_{s2}$转移到与节点d相连的另外4条支路中,为了保证节点a、b、c彼此之间的电压在转移前后不变,根据KVL定律,可以得到被转移的电压源$\dot{U}_{s2}$在4条支路中的极性,如图1-18b所示。由于节点a、b、c彼此之间的电压在转移前后不变,因此转移前后各支路电流也不会发生变化,节点a、b、c的KCL也没有改变。不同的是,节点b、d成为等电位点,原电路网络的节点数少了一个,此时,可以将节点b、d合成为一个电位点,记为节点d,那么,支路数也减少了一个。

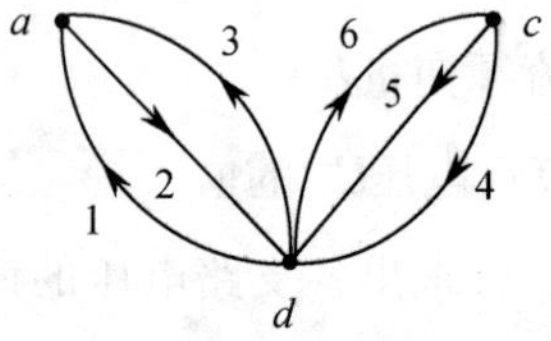

图1-19　图1-18b的有向图

画出图1-18b的有向图,选节点d为参考节点,并对6条支路进行编号,如图1-19所示。

因此关联矩阵$\boldsymbol{A}$为

$$\boldsymbol{A}=\begin{bmatrix}-1 & 1 & -1 & 0 & 0 & 0\\ 0 & 0 & 0 & 1 & 1 & -1\end{bmatrix}$$

6条支路对应的导纳矩阵为

$$\boldsymbol{Y}_b=\mathrm{diag}\begin{bmatrix}\frac{1}{Z_1} & \frac{1}{Z_2} & \frac{1}{Z_3} & \frac{1}{Z_4} & \frac{1}{Z_5} & \frac{1}{Z_6}\end{bmatrix}$$

支路中电压源矩阵:$\dot{\boldsymbol{U}}_s=[-\dot{U}_{s2}\quad \dot{U}_{s2}-\dot{U}_{s1}\quad 0\quad \dot{U}_{s2}\quad \dot{U}_{s3}+\dot{U}_{s2}\quad 0]^{\mathrm{T}}$

支路中电流源矩阵:$\dot{\boldsymbol{I}}_s=[0\quad 0\quad 0\quad 0\quad 0\quad 0]^{\mathrm{T}}$

根据式(1-45)、$\boldsymbol{Y}_n=\boldsymbol{A}\boldsymbol{Y}_b\boldsymbol{A}^{\mathrm{T}}$和$\dot{\boldsymbol{J}}_n=\boldsymbol{A}\dot{\boldsymbol{I}}_s-\boldsymbol{A}\boldsymbol{Y}_b\dot{\boldsymbol{U}}_s$得

$$\boldsymbol{Y}_n=\begin{bmatrix}\frac{1}{Z_1}+\frac{1}{Z_2}+\frac{1}{Z_3} & 0\\ 0 & \frac{1}{Z_4}+\frac{1}{Z_5}+\frac{1}{Z_6}\end{bmatrix}$$

$$\dot{\boldsymbol{J}}_{\mathrm{n}}=\begin{bmatrix}-\dfrac{\dot{U}_{s2}}{Z_1}+\dfrac{\dot{U}_{s1}-\dot{U}_{s2}}{Z_2}\\ -\dfrac{\dot{U}_{s2}}{Z_4}+\dfrac{-\dot{U}_{s3}-\dot{U}_{s2}}{Z_5}\end{bmatrix}$$

则节点电压方程 $\boldsymbol{Y}_{\mathrm{n}}\dot{\boldsymbol{U}}_{\mathrm{n}}=\dot{\boldsymbol{J}}_{\mathrm{n}}$ 具体为

$$\begin{bmatrix}\dfrac{1}{Z_1}+\dfrac{1}{Z_2}+\dfrac{1}{Z_3} & 0\\ 0 & \dfrac{1}{Z_4}+\dfrac{1}{Z_5}+\dfrac{1}{Z_6}\end{bmatrix}\begin{bmatrix}\dot{U}_{a}\\ \dot{U}_{c}\end{bmatrix}=\begin{bmatrix}-\dfrac{\dot{U}_{s2}}{Z_1}+\dfrac{\dot{U}_{s1}-\dot{U}_{s2}}{Z_2}\\ -\dfrac{\dot{U}_{s2}}{Z_4}+\dfrac{-\dot{U}_{s3}-\dot{U}_{s2}}{Z_5}\end{bmatrix}$$

可求解出 $\dot{U}_{a}$ 和 $\dot{U}_{c}$ 的值，再根据图 1-18a 中的回路关系，就可求出 $\dot{U}_{b}$ 的值。

2. 纯电流源支路

根据移源法原理，其转移的基本思路是：将仅含有纯电流源的支路中的电流源并联到与该支路构成回路的其他支路上，该支路以开路代替，并联的电流源的方向是根据 KCL 定律来获得的，具体过程是应保证其他支路上节点的 KCL 在转移中前后保持不变。

【例 1-8】 如图 1-20a 所示电路，各支路中元件参数的值均已知，试求解各节点电压值。

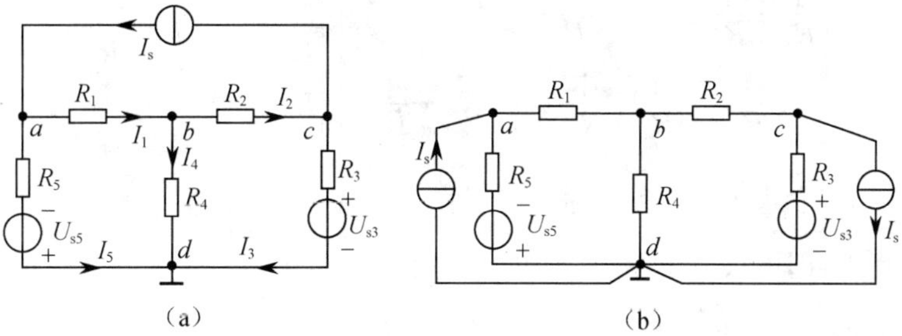

图 1-20　例 1-8 电流源转移电路的等效

【解】 图 1-20a 所示电路是含有纯电流源支路的电路，需要用移源法进行网络等效。

支路 ac 开路，将电流源 I_s 分别并联在 ad 支路和 cd 支路，为了保证节点 a、b、c、d 上的 KCL 在转移中前后保持不变，根据 KCL 定理，电流源的方向如图 1-20b 所示。根据 KCL，电流源按照上述方法转移后，除电流源支路外，连接于节点 a、b、c、d 上的其他支路电流没有发生改变，所以，节点 a、b、c、d 之间的电压也不会发生改变，因此，移源后对网络的其他部分并没有影响。不同的是，网络的支路减少了一个，因为只有电流源支路的电流源被转移到与其他两条支路进行并联，节点数没有改变。

画出图 1-20b 的有向图，选节点 d 为参考节点，并对 5 条支路进行编号，如图 1-21 所示。

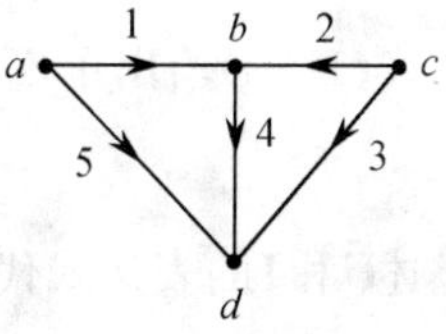

图 1-21　图 1-20b 的有向图

因此关联矩阵 $\boldsymbol{A}$ 为

$$\boldsymbol{A}=\begin{bmatrix}1 & 0 & 0 & 0 & 1\\ -1 & -1 & 0 & 1 & 0\\ 0 & 1 & 1 & 0 & 0\end{bmatrix}$$

5 条支路对应的导纳矩阵为

$$\boldsymbol{Y}_b=\mathrm{diag}\begin{bmatrix}\frac{1}{R_1} & \frac{1}{R_2} & \frac{1}{R_3} & \frac{1}{R_4} & \frac{1}{R_5}\end{bmatrix}$$

支路中电压源矩阵：$\boldsymbol{U}_s=[0\quad 0\quad -U_{s3}\quad 0\quad U_{s5}]^T$

支路中电流源矩阵：$\boldsymbol{I}_s=[0\quad 0\quad -I_s\quad 0\quad I_s]^T$

根据式(1-45)、$\boldsymbol{Y}_n=\boldsymbol{A}\boldsymbol{Y}_b\boldsymbol{A}^T$和$\boldsymbol{J}_n=\boldsymbol{A}\boldsymbol{I}_s-\boldsymbol{A}\boldsymbol{Y}_b\boldsymbol{U}_s$得

$$\boldsymbol{Y}_n=\begin{bmatrix}\frac{1}{R_1}+\frac{1}{R_5} & -\frac{1}{R_1} & 0\\ -\frac{1}{R_1} & \frac{1}{R_1}+\frac{1}{R_2}+\frac{1}{R_4} & -\frac{1}{R_2}\\ 0 & -\frac{1}{R_2} & \frac{1}{R_2}+\frac{1}{R_3}\end{bmatrix}$$

$$\boldsymbol{J}_n=\begin{bmatrix}I_s-\frac{U_{s5}}{R_5}\\ 0\\ -I_s+\frac{U_{s3}}{R_3}\end{bmatrix}$$

则代入节点电压方程$\boldsymbol{Y}_n\boldsymbol{U}_n=\boldsymbol{J}_n$得

$$\begin{bmatrix}\frac{1}{R_1}+\frac{1}{R_5} & -\frac{1}{R_1} & 0\\ -\frac{1}{R_1} & \frac{1}{R_1}+\frac{1}{R_2}+\frac{1}{R_4} & -\frac{1}{R_2}\\ 0 & -\frac{1}{R_2} & \frac{1}{R_2}+\frac{1}{R_3}\end{bmatrix}\begin{bmatrix}U_a\\ U_b\\ U_c\end{bmatrix}=\begin{bmatrix}I_s-\frac{U_{s5}}{R_5}\\ 0\\ -I_s+\frac{U_{s3}}{R_3}\end{bmatrix}$$

解线性方程组，即可求解出U_a、U_b和U_c的值。

1.3.4 回路电流法

以回路电流为变量列写方程进行电路求解的方法，称为回路电流法。在实际电网络分析中，通常选取独立回路即基本回路，因此回路电流法主要是针对独立回路（基本回路）的回路电流为变量列写方程的。

本节仅推导不含受控源的电网络的回路电流方程，对于含受控源的电网络的回路电流方程方法和该过程基本一致，不同之处是在推导过程中使用的复合标准支路的伏安关系表达式不同。

表 1-1 中给出了以回路矩阵表示的 KCL 和 KVL 矩阵形式

$$\dot{\boldsymbol{I}}=\boldsymbol{B}^T\dot{\boldsymbol{I}}_l\text{和 }\boldsymbol{B}\dot{\boldsymbol{U}}=0$$

式(1-30)给出了不含受控源的电网络复合标准支路的伏安关系

$$\dot{\boldsymbol{U}}=\boldsymbol{Z}_b\dot{\boldsymbol{I}}-\dot{\boldsymbol{U}}_s+\boldsymbol{Z}_b\dot{\boldsymbol{I}}_s$$

将上述$\dot{\boldsymbol{U}}$和$\dot{\boldsymbol{I}}$的表达式代入回路的 KVL 矩阵形式中，可得

$$\boldsymbol{B}\boldsymbol{Z}_b\boldsymbol{B}^T\dot{\boldsymbol{I}}_l-\boldsymbol{B}\dot{\boldsymbol{U}}_s+\boldsymbol{B}\boldsymbol{Z}_b\dot{\boldsymbol{I}}_s=0$$

整理得回路电流方程的矩阵形式为

$$\boldsymbol{B}\boldsymbol{Z}_b\boldsymbol{B}^T\dot{\boldsymbol{I}}_l=\boldsymbol{B}\dot{\boldsymbol{U}}_s-\boldsymbol{B}\boldsymbol{Z}_b\dot{\boldsymbol{I}}_s \tag{1-48}$$

令 $\boldsymbol{Z}_l=\boldsymbol{B}\boldsymbol{Z}_b\boldsymbol{B}^{\mathrm{T}}$，$\dot{\boldsymbol{E}}_l=\boldsymbol{B}\dot{\boldsymbol{U}}_s-\boldsymbol{B}\boldsymbol{Z}_b\dot{\boldsymbol{I}}_s$，则式(1-48)又可整理为

$$\boldsymbol{Z}_l\dot{\boldsymbol{I}}_l=\dot{\boldsymbol{E}}_l \tag{1-49}$$

式中，$\dot{\boldsymbol{I}}_l$ 表示回路电流向量；$\boldsymbol{Z}_l$ 称为回路阻抗矩阵，$\dot{\boldsymbol{E}}_l$ 是回路等效电压源向量，由独立电压源和独立电流源引起的回路的电压列向量。

由前面知识可知，对于具有 l 个独立回路的有向图，$\boldsymbol{B}$ 是 $l\times b$ 阶矩阵。那么，对于节点数 n，支路数为 b 的网络，其独立回路数为 $l=b-n+1$。

【例 1-9】如图 1-22a 所示电路，各支路中元件参数的值分别为 $R_1=R_3=R_5=0.5\Omega$，$R_2=R_4=R_6=0.2\Omega$，$I_{s1}=3\text{A}$，$I_{s2}=4\text{A}$，$U_{s1}=2\text{V}$，$U_{s2}=6\text{V}$，试用回路电流法求解各支路电流。

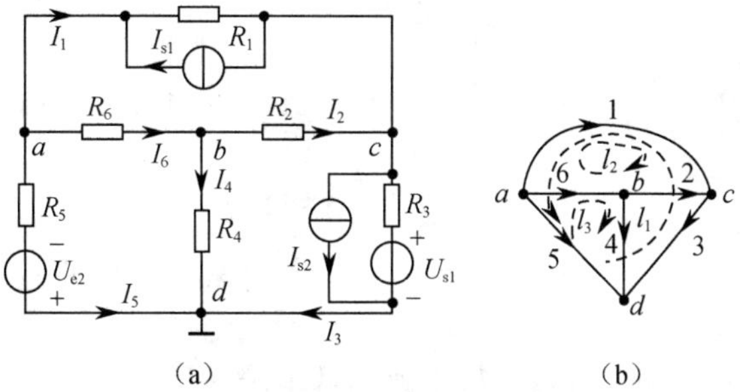

图 1-22　例 1-9 的电路和有向图

【解】画出网络的有向图，对节点和支路进行编号，选支路 2、4、6 为树支，因为只含有一条连支的回路是基本回路，因此选取的基本回路 $l_1(3,1,5)$、$l_2(6,1,2)$和 $l_3(5,6,4)$如图 1-22b 所示，根据式(1-3)可得到对应的基本回路矩阵为

$$\boldsymbol{B}=\begin{bmatrix}-1 & 0 & -1 & 0 & 1 & 0\\ 1 & -1 & 0 & 0 & 0 & -1\\ 0 & 0 & 0 & 1 & -1 & 1\end{bmatrix}$$

6 条支路对应的阻抗矩阵为

$$\begin{aligned}\boldsymbol{Z}_b=\boldsymbol{Y}_b^{-1}&=\operatorname{diag}\begin{bmatrix}\frac{1}{R_1} & \frac{1}{R_2} & \frac{1}{R_3} & \frac{1}{R_4} & \frac{1}{R_5} & \frac{1}{R_6}\end{bmatrix}^{-1}\\ &=\operatorname{diag}[0.5\quad 0.2\quad 0.5\quad 0.2\quad 0.5\quad 0.2]\end{aligned}$$

支路中电压源矩阵：$\boldsymbol{U}_s=[0\quad 0\quad -U_{s1}\quad 0\quad U_{s2}\quad 0]^{\mathrm{T}}=[0\quad 0\quad -2\quad 0\quad 6\quad 0]^{\mathrm{T}}$

支路中电流源矩阵：$\boldsymbol{I}_s=[I_{s1}\quad 0\quad -I_{s2}\quad 0\quad 0\quad 0]^{\mathrm{T}}=[3\quad 0\quad -4\quad 0\quad 0\quad 0]^{\mathrm{T}}$

根据式(1-49)、$\boldsymbol{Z}_l=\boldsymbol{B}\boldsymbol{Z}_b\boldsymbol{B}^{\mathrm{T}}$和 $\boldsymbol{E}_l=\boldsymbol{B}\boldsymbol{U}_s-\boldsymbol{B}\boldsymbol{Z}_b\boldsymbol{I}_s$得

$$\boldsymbol{Z}_l=\begin{bmatrix}1.5 & -0.5 & -0.5\\ -0.5 & 0.9 & -0.2\\ -0.5 & -0.2 & 0.9\end{bmatrix}$$

$$\boldsymbol{E}_l=\begin{bmatrix}7.5\\ -1.5\\ -6\end{bmatrix}$$

则代入回路电流方程 $\boldsymbol{Z}_l\boldsymbol{I}_l=\boldsymbol{E}_l$ 为

$$\begin{bmatrix} 1.5 & -0.5 & -0.5 \\ -0.5 & 0.9 & -0.2 \\ -0.5 & -0.2 & 0.9 \end{bmatrix}\begin{bmatrix} I_{l1} \\ I_{l2} \\ I_{l3} \end{bmatrix}=\begin{bmatrix} 7.5 \\ -1.5 \\ -6 \end{bmatrix}$$

解线性方程组，即可求解出回路电流 I_{l1}、I_{l2} 和 I_{l3} 的值，即

$$\begin{bmatrix} I_{l1} \\ I_{l2} \\ I_{l3} \end{bmatrix}=\begin{bmatrix} 2.7273 \\ -1.3636 \\ -5.4545 \end{bmatrix}$$

将回路电流 I_{l1}、I_{l2} 和 I_{l3} 代入回路矩阵表示的 KCL 矩阵形式 $\boldsymbol{I}=\boldsymbol{B}^{\mathrm{T}}\boldsymbol{I}_l$，可得

$$\boldsymbol{I}=\boldsymbol{B}^{\mathrm{T}}\boldsymbol{I}_l=\begin{bmatrix} -1 & 1 & 0 \\ 0 & -1 & 0 \\ -1 & 0 & 0 \\ 0 & 0 & 1 \\ 1 & 0 & -1 \\ 0 & -1 & 1 \end{bmatrix}\begin{bmatrix} I_{l1} \\ I_{l2} \\ I_{l3} \end{bmatrix}=\begin{bmatrix} -4.0909 \\ 1.3636 \\ -2.7273 \\ -5.4545 \\ 8.1818 \\ -4.0909 \end{bmatrix}$$

即 6 条支路电流的值。

因此，回路电流法对电网络进行分析求解的基本步骤是：

(1) 选定支路参考方向，画出电网络的有向图；

(2) 对支路进行编号，选定一棵树(即选择好树支)，写出基本回路矩阵 $\boldsymbol{B}$；

(3) 写出支路阻抗矩阵 $\boldsymbol{Z}_b$、电压源列向量 $\dot{\boldsymbol{U}}_s$ 和电流源列向量 $\dot{\boldsymbol{I}}_s$；

(4) 根据公式 $\boldsymbol{Z}_l=\boldsymbol{B}\boldsymbol{Z}_b\boldsymbol{B}^{\mathrm{T}}$ 和 $\dot{\boldsymbol{E}}_l=\boldsymbol{B}\dot{\boldsymbol{U}}_s-\boldsymbol{B}\boldsymbol{Z}_b\dot{\boldsymbol{I}}_s$，求出回路阻抗矩阵 $\boldsymbol{Z}_l$ 和回路等效电压源列向量 $\dot{\boldsymbol{E}}_l$；

(5) 根据公式 $\boldsymbol{Z}_l\dot{\boldsymbol{I}}_l=\dot{\boldsymbol{E}}_l$ 求出回路电流 $\dot{\boldsymbol{I}}_l$。

当求出回路电流 $\dot{\boldsymbol{I}}_l$ 后，还可以根据公式 $\dot{\boldsymbol{I}}=\boldsymbol{B}^{\mathrm{T}}\dot{\boldsymbol{I}}_l$ 进一步求出支路电流 $\dot{\boldsymbol{I}}$；也可以根据公式 $\dot{\boldsymbol{U}}=\boldsymbol{Z}_b\dot{\boldsymbol{I}}-\dot{\boldsymbol{U}}_s+\boldsymbol{Z}_b\dot{\boldsymbol{I}}_s$ 进一步求出支路电压 $\dot{\boldsymbol{U}}$。

1.3.5 割集电压法

以割集电压为变量列写方程进行电路求解的方法，称为割集电压法。从前面的叙述中可知，通常选取的割集为基本割集，基本割集只含有一条树支，因此，割集电压就是树支电压。

与节点电压方程、回路电流法类似，可以推导出割集电压方程。本节仅推导不含受控源的电网络的割集电压方程，对于含受控源的电网络的割集电压方程方法和该过程基本一致，不同之处是在推导过程中代入的复合标准支路的伏安关系表达式不同。

式(1-29)给出了不含受控源的电网络复合标准支路的伏安关系

$$\dot{\boldsymbol{I}}=\boldsymbol{Y}_b\dot{\boldsymbol{U}}-\dot{\boldsymbol{I}}_s+\boldsymbol{Y}_b\dot{\boldsymbol{U}}_s$$

表 1-1 中给出了以割集矩阵表示的 KCL 和 KVL 矩阵形式

$$\boldsymbol{Q}\dot{\boldsymbol{I}}=0 \quad 和 \quad \dot{\boldsymbol{U}}=\boldsymbol{Q}^{\mathrm{T}}\dot{\boldsymbol{U}}_t$$

现将伏安关系中 $\dot{\boldsymbol{I}}$ 的表达式和 KVL 矩阵形式中 $\dot{\boldsymbol{U}}$ 的表达式代入 KCL 矩阵形式中，可得

$$\boldsymbol{Q}\boldsymbol{Y}_b\boldsymbol{Q}^{\mathrm{T}}\dot{\boldsymbol{U}}_t-\boldsymbol{Q}\dot{\boldsymbol{I}}_s+\boldsymbol{Q}\boldsymbol{Y}_b\dot{\boldsymbol{U}}_s=0$$

整理推导出割集电压方程的矩阵形式为

$$\boldsymbol{Q}\boldsymbol{Y}_b\boldsymbol{Q}^{\mathrm{T}}\dot{\boldsymbol{U}}_{\mathrm{t}}=\boldsymbol{Q}\dot{\boldsymbol{I}}_{\mathrm{s}}-\boldsymbol{Q}\boldsymbol{Y}_b\dot{\boldsymbol{U}}_{\mathrm{s}} \tag{1-50}$$

令 $\boldsymbol{Y}_q=\boldsymbol{Q}\boldsymbol{Y}_b\boldsymbol{Q}^{\mathrm{T}}$，$\dot{\boldsymbol{J}}_q=\boldsymbol{Q}\dot{\boldsymbol{I}}_{\mathrm{s}}-\boldsymbol{Q}\boldsymbol{Y}_b\dot{\boldsymbol{U}}_{\mathrm{s}}$，则上式又可写为

$$\boldsymbol{Y}_q\dot{\boldsymbol{U}}_{\mathrm{t}}=\dot{\boldsymbol{J}}_q \tag{1-51}$$

式中，$\dot{\boldsymbol{U}}_{\mathrm{t}}$ 表示割集电压(树支电压)向量；$\boldsymbol{Y}_q$称为割集导纳矩阵，$\dot{\boldsymbol{J}}_q$是独立源引起的注入割集的电流源列向量，称为割集等效电流源电流列向量。可见割集电压方程和节点电压方程有着相类似的矩阵形式。

对于节点数 n、支路数为 b 的电网络，由 1.2.2 节可知任何一棵树的树支数 $n_{\mathrm{t}}=n-1$，而树支数即是基本割集数，因此 $\boldsymbol{Q}$ 是$(n-1)\times b$ 阶矩阵。

【例 1-10】 如图 1-23a 所示电路，各支路中元件参数的值分别为 $R_1=R_3=R_5=0.1\Omega$，$R_2=R_4=R_6=0.4\Omega$，$I_{\mathrm{s1}}=5\mathrm{A}$，$I_{\mathrm{s2}}=8\mathrm{A}$，试用割集电压法求解各支路电压。

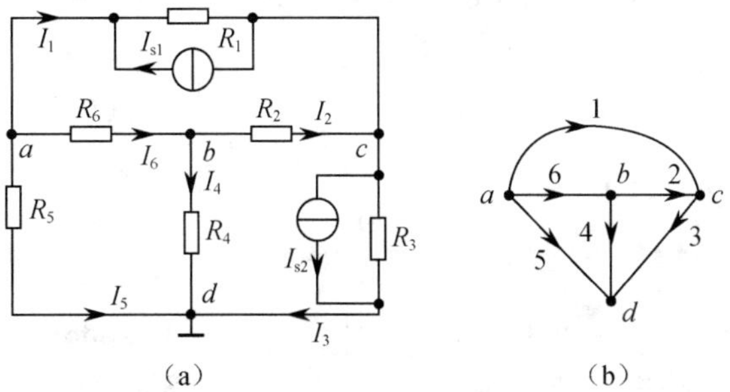

图 1-23　例 1-10 的电路和有向图

【解】 画出网络的有向图，对节点和支路进行编号，选支路 2、4、6 为树支，因为基本割集只含有一条树支，因此选取的基本割集 $C_1(1,5,6)$、$C_2(3,4,5)$和 $C_3(1,2,3)$如图 1-23b 所示，取树支方向为割集方向。

根据式(1-4)可得到对应的基本割集矩阵为

$$\boldsymbol{Q}=\begin{bmatrix}1 & 0 & 0 & 0 & 1 & 1\\ 0 & 0 & 1 & 1 & 1 & 0\\ 1 & 1 & -1 & 0 & 0 & 0\end{bmatrix}$$

6 条支路对应的导纳矩阵为

$$\begin{aligned}\boldsymbol{Y}_b&=\mathrm{diag}\begin{bmatrix}\frac{1}{R_1} & \frac{1}{R_2} & \frac{1}{R_3} & \frac{1}{R_4} & \frac{1}{R_5} & \frac{1}{R_6}\end{bmatrix}\\ &=\mathrm{diag}\begin{bmatrix}10 & 2.5 & 10 & 2.5 & 10 & 2.5\end{bmatrix}\end{aligned}$$

支路中电压源矩阵：$\boldsymbol{U}_{\mathrm{s}}=[0\quad 0\quad 0\quad 0\quad 0\quad 0]^{\mathrm{T}}$

支路中电流源矩阵：$\boldsymbol{I}_{\mathrm{s}}=[I_{\mathrm{s1}}\quad 0\quad -I_{\mathrm{s2}}\quad 0\quad 0\quad 0]^{\mathrm{T}}=[5\quad 0\quad 8\quad 0\quad 0\quad 0]^{\mathrm{T}}$

根据式(1-51)、$\boldsymbol{Y}_q=\boldsymbol{Q}\boldsymbol{Y}_b\boldsymbol{Q}^{\mathrm{T}}$，$\boldsymbol{J}_q=\boldsymbol{Q}\boldsymbol{I}_{\mathrm{s}}-\boldsymbol{Q}\boldsymbol{Y}_b\boldsymbol{U}_{\mathrm{s}}$，得

$$\boldsymbol{Y}_q=\begin{bmatrix}22.5 & 10 & 10\\ 10 & 22.5 & -10\\ 10 & -10 & 22.5\end{bmatrix}$$

$$\boldsymbol{J}_q=\begin{bmatrix}5\\8\\-3\end{bmatrix}$$

则代入割集电压方程$\boldsymbol{Y}_q\boldsymbol{U}_{\mathrm{t}}=\boldsymbol{J}_q$有

$$\begin{bmatrix}22.5 & 10 & 10\\10 & 22.5 & -10\\10 & -10 & 22.5\end{bmatrix}\begin{bmatrix}U_{\mathrm{t1}}\\U_{\mathrm{t2}}\\U_{\mathrm{t3}}\end{bmatrix}=\begin{bmatrix}5\\8\\-3\end{bmatrix}$$

解线性方程组，即可求解出割集电压$\boldsymbol{U}_{\mathrm{t}}$，即

$$\begin{bmatrix}U_{\mathrm{t1}}\\U_{\mathrm{t2}}\\U_{\mathrm{t3}}\end{bmatrix}=\begin{bmatrix}0.1538\\0.2462\\-0.0923\end{bmatrix}$$

将割集电压$\boldsymbol{U}_{\mathrm{t}}$代入以割集矩阵表示的 KVL 矩阵形式，可得各支路电压为

$$\boldsymbol{U}=\boldsymbol{Q}^{\mathrm{T}}\boldsymbol{U}_{\mathrm{t}}=\begin{bmatrix}1 & 0 & 1\\0 & 0 & 1\\0 & 1 & -1\\0 & 1 & 0\\1 & 1 & 0\\1 & 0 & 0\end{bmatrix}\begin{bmatrix}U_{\mathrm{t1}}\\U_{\mathrm{t2}}\\U_{\mathrm{t3}}\end{bmatrix}=\begin{bmatrix}0.0615\\-0.0923\\0.3385\\0.2462\\0.4000\\0.1538\end{bmatrix}$$

利用割集电压法对电路进行分析的基本方法与节点电压法类似，只不过初级求解变量为割集电压，割集电压法对电网络进行分析求解的基本步骤是：

(1) 选定支路参考方向，画出网络的有向图，对支路进行编号，选定一棵树（或者选定树支），写出其对应的基本割集矩阵$\boldsymbol{Q}$，注意一般选取树支方向为割集方向；

(2) 写出支路导纳矩阵$\boldsymbol{Y}_b$、电压源列向量$\dot{\boldsymbol{U}}_{\mathrm{s}}$和电流源列向量$\dot{\boldsymbol{I}}_{\mathrm{s}}$；

(3) 根据公式$\boldsymbol{Y}_q=\boldsymbol{Q}\boldsymbol{Y}_b\boldsymbol{Q}^{\mathrm{T}}$和$\dot{\boldsymbol{J}}_q=\boldsymbol{Q}\dot{\boldsymbol{I}}_{\mathrm{s}}-\boldsymbol{Q}\boldsymbol{Y}_b\dot{\boldsymbol{U}}_{\mathrm{s}}$，求出割集导纳矩阵$\boldsymbol{Y}_q$和割集等效电流源电流列向量$\dot{\boldsymbol{J}}_q$；

(4) 根据公式$\boldsymbol{Y}_q\dot{\boldsymbol{U}}_{\mathrm{t}}=\dot{\boldsymbol{J}}_q$求出割集电压$\dot{\boldsymbol{U}}_{\mathrm{t}}$。

当求出割集电压$\dot{\boldsymbol{U}}_{\mathrm{t}}$后，还可根据公式$\dot{\boldsymbol{U}}=\boldsymbol{Q}^{\mathrm{T}}\dot{\boldsymbol{U}}_{\mathrm{t}}$进一步求出支路电压$\dot{\boldsymbol{U}}$；也可根据公式$\dot{\boldsymbol{I}}=\boldsymbol{Y}_b\dot{\boldsymbol{U}}-\dot{\boldsymbol{I}}_{\mathrm{s}}+\boldsymbol{Y}_b\dot{\boldsymbol{U}}_{\mathrm{s}}$进一步求出支路电流$\dot{\boldsymbol{I}}$。

1.4　平面电路的对偶及其对偶规则

1.4.1　电路的对偶性

对偶性是电路拓扑的基本性质之一。如果将某个电路 KCL 方程中的电流i换成电压u，就得到另一电路的 KVL 方程；将某个电路 KVL 方程中的电压u换成电流i，就得到另一电路的 KCL 方程，这种电路结构上的相似关系称为拓扑对偶。与此相似，例如电阻的伏安关系式为$u=Ri$，而电导的伏安关系式为$i=Gu$。若将这两个关系式中u、i互换，R、G互换，则这两个

关系式即可彼此转换。再例如，电感元件的伏安关系式为 $u=L\frac{\mathrm{d}i}{\mathrm{d}t}$，而电容元件的伏安关系式为 $i=C\frac{\mathrm{d}u}{\mathrm{d}t}$，若将这两个关系式中 u、i 互换，L、C 互换，则这两个关系式即可彼此转换。这种元件 VCR 方程的相似关系，称为元件对偶。因此，电路元件的特性、电路方程及其解答都可以通过它们的对偶元件、对偶方程的研究而获得。那么就不难理解，对偶电路就是指两个电路既是拓扑对偶又是元件对偶的电路。平面电路是指电路中所有支路均在一个平面内，导线相交且为相连，不存在不相连的导线相交的支路。非平面电路指电路中总存在不相连的导线相交的支路。由于对偶性是在电路的网孔和节点方程基础上定义的，而非平面电路不能用网孔方程来描述，因此，只有平面电路才有对偶性质。

电路中某些元素之间的关系(或方程)，用它们的对偶元素互换后，所得的新关系(或新方程)也一定成立，这个新关系(或新方程)与原关系(或方程)互为对偶，这就是对偶原理。电路理论中利用网孔法和节点法，将某一初始电路或网络通过对偶原理进行变换，从而产生具有同样数目元件的另一个电路或网络，由于变换前后的电路或网络的特性在许多方面具有可以类比的特性(如电压和电流、阻抗和导纳等)，即描述一个电路的网孔方程与描述另一个电路的节点方程具有相同的数学形式，因此，称初始电路和变换电路是相互对偶的。对偶原理在电路理论中占有重要的地位，根据对偶原理，如果导出了一个电路的某一个关系式和结论，就等于解决了与之对偶的电路的另一个关系式和结论，利用对偶原理可以简化电路的分析与计算，从而获得事半功倍的效果。

但是必须指出，两个电路互为对偶，决非意指这两个电路等效，“对偶”和“等效”是两个完全不同的概念，不可混淆。

电路的对偶性，存在于电路变量、电路元件、电路定律、电路结构和电路方程之间的一一对应中。电路中一些对偶元件和对偶电路结构，如表 1-2 所示。

表 1-2　对偶元件表

原电路	对偶电路	原电路	对偶电路	原电路	对偶电路	原电路	对偶电路
电荷	磁链	电压源	电流源	电感	电容	KCL 定律	KVL 定律
网孔	节点	电流	电压	阻抗	导纳	Y 连接	Δ 连接
支路串联 (分压)	支路并联 (分流)	电阻	电导	支路开路	支路短路	开关 S (由开到闭)	开关 S* (由闭到开)

1.4.2　电路的对偶规则

根据前述内容可知，对电路的研究常采用的是基于图思想的图论方法，因此，利用对偶定理求解电路，首先由原电路拓扑得到其有向几何图 G(简称有向图 G)，根据对偶规则求得对偶电路的有向图 G^*，然后根据电路定理进行求解。

1. 有向图相互对偶的充分必要条件

若存在两个有向图，并称之为图 G 和图 G^*，则图 G 和图 G^* 相互对偶的充分必要条件是：

① 图 G 的网孔(包括外网孔)和图 G^* 的节点(包括参考节点)间有一一对应关系；

② 图 G 中两个相邻网孔的公共支路与图 G^* 中相应两节点间的支路有一一对应关系。

【例 1-11】 如图 1-24 所示电路，分别为有向图 G 和 G^*，判断有向图是否对偶，并画出满足条件的原电路和对偶电路。

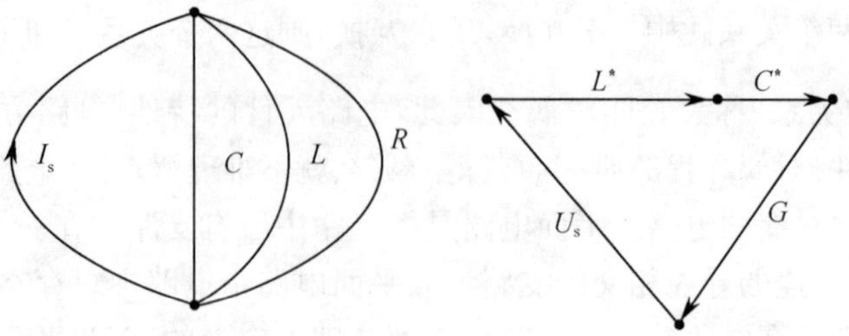

（a）有向图G　　（b）有向图G^*

图 1-24　有向图的对偶成立条件

【解】 可以发现，图 G 有 2 个节点（包括一个参考节点）和 4 个网孔（包括一个外网孔）；而图 G^* 有 2 个网孔（包括一个外网孔）和 4 个节点（包括一个参考节点）。图 G 中网孔与外网孔间每一个公共支路与图 G^* 中节点与参考节点间的每一个支路均有一一对应关系，而且支路串联与支路并联也具有一一对应的关系，因此图 G 和图 G^* 是相互对偶的。

若图 G 中的 I_s、R、L、C 分别表示原电路中的电流源、电阻、电感和电容，则对偶图 G^* 中的 U_s、G、C^*、L^* 应表示对偶电路中的电压源、电导、电容及电感。可以得到图 G 和图 G^* 的电路如图 1-25 所示，可以看到电路间也是互相对偶的。

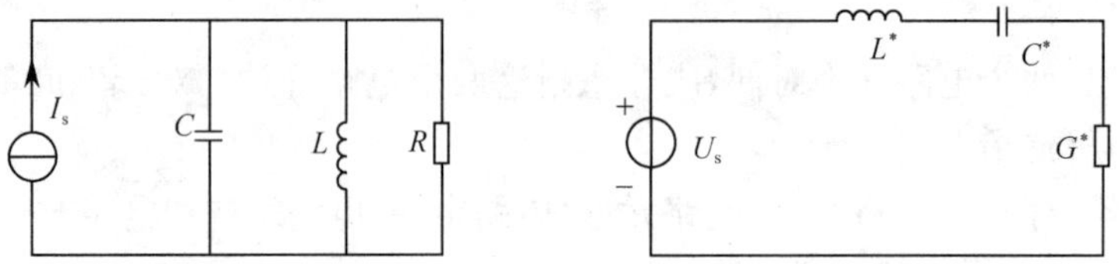

（a）有向图G的电路　　（b）有向图G^*的电路

图 1-25　有向图的电路

2. 求解对偶有向图的规则

给定一个电路，往往需要反映该电路的电压极性或电流方向，这就需要确定当前电路的有向图和相应的对偶有向图的方向，那么就要求取当前电路的每个独立网孔对应于待求电路的一个节点，其规则如下。

（1）当前电路所有元件在待求电路中参考表 1-2 进行求取其对偶元件。

（2）标出当前电路中的独立网孔并编号 i_{m1}，i_{m2}，…，并规定网孔电流正方向，即内网孔统一取顺时针方向为参考方向，外网孔取逆时针方向（原电路中取顺时针方向为网孔电流正方向，则对偶电路中独立节点才对于参考节点的电压极性为正）；当前电路中的每条支路用一条线段表示，元件与元件之间的连线用节点表示，得到有向图。

（3）对应当前电路的每一网孔，标上待求回路的对应节点，对应节点与对应网孔编号保持一致，并将节点依次编号为 1，2，…。

（4）当前电路中独立网孔的公共支路对应待求电路中各节点间的支路，支路方向的选择遵照如下原则：

① 规定元件（包括电阻、电感、电容等）的电流参考方向是电位降低的方向，如果网孔 i_m

的参考方向与元件(包括电阻、电感、电容等)的电流参考方向一致,则在待求电路中电流流出对应编号为 m 的节点,或者将含电阻、电容、电感等无源元件的有向支路逆时针旋转 90°,即可得到相应的对偶有向支路。

② 规定电压源和电流源的电流参考方向是电位升高的方向,对应于电流源和电压源,如果网孔 i_m 的参考方向和电压源电压升的方向一致,则待求电路中对偶的电流源流入对应编号为 m 的节点(即原电路中沿网孔电流正方向的电位升 U 与对偶电路中流向独立节点的电流源 I 对偶),或者将含电压源的支路顺时针旋转 90°,即可得到含电流源的对偶支路的电流参考方向;如果网孔 i_m 的参考方向和电流源的电流方向一致,则待求电路中对偶的电压源正极与对应编号为 m 的节点相连,或者将含电流源的支路顺时针旋转 90°,即可得到含电压源的对偶支路的电压参考方向。

3. 对偶电路的求解及应用

给定当前电路 N,若要求出该电路的对偶电路 N^*,则具体步骤如下:

(1) 对于当前电路 N,通过图论思想可以画出此电路的有向图 G;

(2) 根据求解对偶有向图的规则画出有向图 G 的对偶有向图 G^*;

(3) 将对偶的有向图 G^* 变换成对偶电路 N^*。

【例 1-12】 求图 1-26 所示电路的对偶电路。

【解】 (1) 标出当前电路中的独立网孔并编号 i_{m1},i_{m2},并选取顺时针为正方向,将图 1-26 中电路的每条支路用一条线段表示。支路与支路之间的连接用节点表示,得到有向图 G,如图 1-27所示。

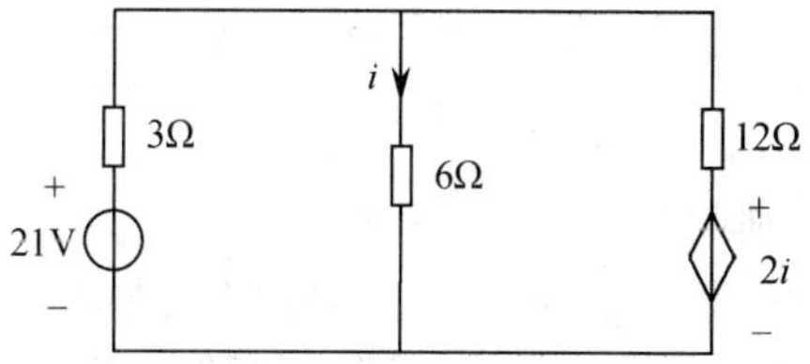

图 1-26 电路图

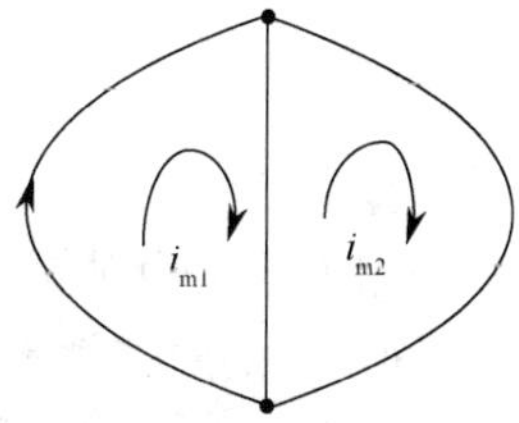

图 1-27 有向图 G

(2) 在图 1-27 所示的有向图 G 中,每个网孔内标一个节点 n^* ($n=1,2$),它与其对偶几何图 G^* 中的独立节点相对应,外网孔标一个节点 0,它与其对偶图 G^* 中的参考节点相对应。将有向图 G 中各相邻网孔中的节点 n^* ($n=1,2,3,0$)连接起来,与有向图 G 的各支路 b 相交,形成支路 b^*,支路 b 与 b^* 中相应的元件互为对偶。根据对偶图方向的确定规则,可得有向图 G 对偶变换后的对偶图 G^*,如图 1-28 所示。

(3) 将图 1-28 所示的有向图 G^* 转化为相应的电路图:各支路用相应的对偶元件表示(元件的对偶关系参见表 1-2),各元件之间的连线即为有向图中的节点。得到相应的电路图如图 1-29所示,此电路图就是图 1-26 所示电路的对偶电路。

根据对偶原理可知,图 1-26 和图 1-29 两个电路互为对偶,则对图 1-26 电路列写的网孔电流方程必然与图 1-29 电路列写的节点电压方程在形式上完全相同。

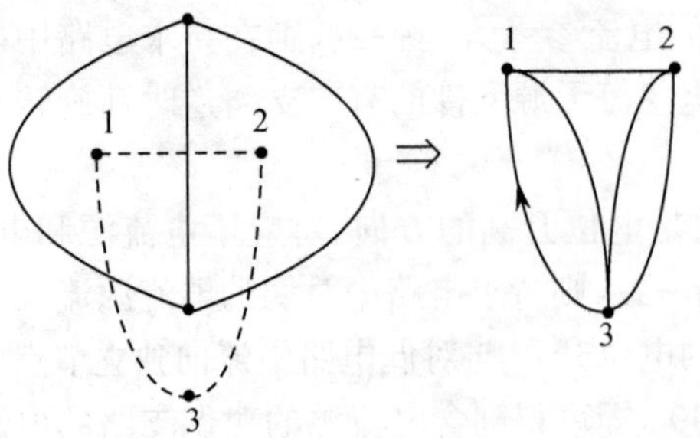

(a) 有向图G　　(b) 对偶图G^*

图 1-28　求解对偶图 G^* 过程

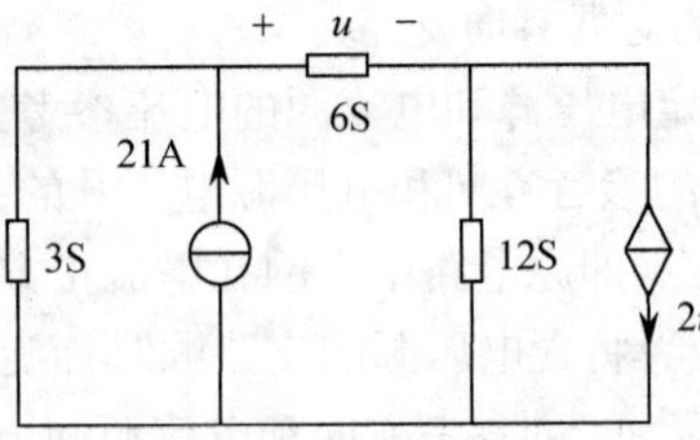

图 1-29　对偶电路

对图 1-26 所示电路，设网孔电流 i_{m1}、i_{m2}，列写网孔电流方程式为

$$\begin{cases} 9i_{m1}-6i_{m2}=21 \\ -6i_{m1}+18i_{m2}=-2i=-2(i_{m1}-i_{m2}) \end{cases}$$

整理得

$$\begin{cases} 9i_{m1}-6i_{m2}=21 \\ -4i_{m1}+16i_{m2}=0 \end{cases}$$

对图 1-29 所示电路，设节点电压 u_{n1}、u_{n2}，列写节点电压方程式为

$$\begin{cases} 9u_{n1}-6u_{n2}=21 \\ -6u_{n1}+18u_{n2}=-2u=-2(u_{n1}-u_{n2}) \end{cases}$$

整理得

$$\begin{cases} 9u_{n1}-6u_{n2}=21 \\ -4u_{n1}+16u_{n2}=0 \end{cases}$$

比较可知，这两组方程互为对偶方程，则两个方程的解相同。

探索与研究平面电路的对偶性不仅对电力电子开关型变换器拓扑结构的变换和设计有重要的作用，还有助于加深对电路结构及其拓扑特性的理解。因此，对偶变换在电力电子拓扑及性能研究领域是一个重要的工具。

1.5　无源二端口网络

二端口网络在工程中应用广泛，例如互感器、变压器、晶体管放大器、滤波网络、通信网络的通话端与受话端等，当不研究内部形状时，都属于双口网络。

如图 1-30 所示的电路网络，称为四端网络，该结构网络具有 4 个向外输出的端子，即 1、1′、2 和 2′。四端网络应用非常广泛，例如工程上经常用到的传输线、变压器、晶体管放大器、滤波器等。1、1′、2 和 2′这 4 个端子与外电路可以任意连接，设网络的两个端子 1、1′与外加正弦电源相连接时，该端称为输入端(或入口)，电流 i_1 和电压 u_1 分别称为入口电流和入口电压；另两个端子 2、2′与负载相连接，该端称为输出端(或出口)，电流 i_2 和电压 u_2 分别称为出口电流和出口电压。

对于图 1-30，根据电路的基尔霍夫电流定律，有

$$i_1+i_1'+i_2+i_2'=0 \tag{1-52}$$

图 1-30　四端网络

若 $i_1=-i'_1$ 和 $i_2=-i'_2$ 同时成立，即对每个端口而言，从一个端子流入的电流恒等于从另一个端子流出的电流，这便是端口条件。只有两个端口都满足端口条件的四端网络，则称这类四端网络为二端口网络。双端口网络表明通过端子 1 流入网络的电流等于从端子 1′离开网络的电流，通过端子 2 流入网络的电流等于从端子 2′离开网络的电流。显然，二端口网络是四端网络的特殊情形，即二端口网络一定是四端网络，但四端网络不一定是二端口网络。当二端口网络的内部不含有独立电源时，称为无源二端口网络。

1.5.1　二端口网络的参数

二端口网络的端口特性可用入口电流、入口电压、出口电流和出口电压 4 个电路变量来描述。4 个变量中任选两个量作为自变量(或已知量)，另外两个量作为因变量(或待求量)共有 6 种可能的组合形式，所以表征二端口网络有 6 种不同参数。这里仅介绍应用最广的两种参数。

1. 导纳 Y

如图 1-31a 所示，把入口端电压 $\dot{U}_1$ 和出口端电压 $\dot{U}_2$ 都用独立的恒压源代替(这种替代是不会改变电路中各处的电流和电压的)，并作为自变量。对于无源二端口网络，电流 $\dot{I}_1$ 和 $\dot{I}_2$ 是由电压 $\dot{U}_1$ 和 $\dot{U}_2$ 共同产生的，对于线性二端口网络，可以采用叠加原理进行求解，等效为图 1-31b和图 1-31c。

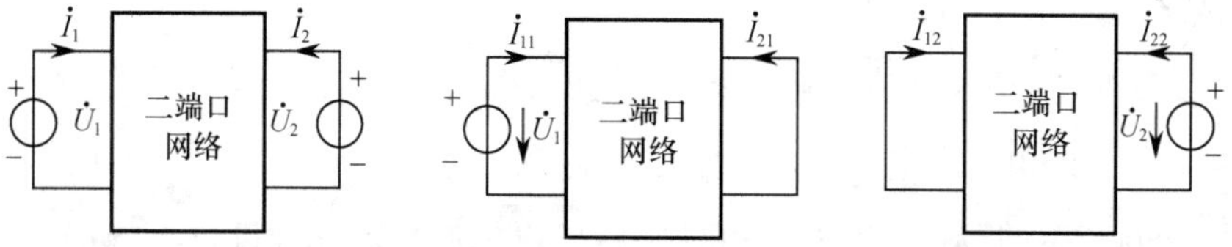

(a) $\dot{U}_1$和$\dot{U}_2$共同作用　(b) $\dot{U}_1$单独作用　(c) $\dot{U}_2$单独作用

图 1-31　导纳参数二端口网络

根据线性电路的特点，对于图 1-31b 可得

$$\begin{cases}\dot{I}_{11}=Y_{11}\dot{U}_1\\ \dot{I}_{21}=Y_{21}\dot{U}_1\end{cases}$$

对于图 1-31c 可得

$$\begin{cases}\dot{I}_{22}=Y_{22}\dot{U}_2\\ \dot{I}_{12}=Y_{12}\dot{U}_2\end{cases}$$

由叠加原理

$$\dot{I}_1=\dot{I}_{11}+\dot{I}_{12}=Y_{11}\dot{U}_1+Y_{12}\dot{U}_2$$

$$\dot{I}_2=\dot{I}_{22}+\dot{I}_{21}=Y_{22}\dot{U}_2+Y_{21}\dot{U}_1$$

整理为矩阵式为

$$\begin{bmatrix}\dot{I}_1\\ \dot{I}_2\end{bmatrix}=\begin{bmatrix}Y_{11} & Y_{12}\\ Y_{21} & Y_{22}\end{bmatrix}\begin{bmatrix}\dot{U}_1\\ \dot{U}_2\end{bmatrix} \tag{1-53}$$

式(1-53)称为二端口网络的导纳参数方程。其中 Y_{11}、Y_{12}、Y_{21} 和 Y_{22} 称为二端口网络的导纳参数，记为 Y。从式(1-53)容易发现，导纳参数 Y 仅由网络本身结构、元件参数及电源的频率所决定，当网络一旦给定，导纳参数 Y 随即确定，与外加电源的大小无关。导纳参数 Y 的各参数求解如下：

$Y_{11}=\dfrac{\dot{I}_{11}}{\dot{U}_1}=\dfrac{\dot{I}_1}{\dot{U}_1}\Big|_{\dot{U}_2=0}$ 称为入口的输入导纳，也称策动点导纳，属于策动点函数；

$Y_{21}=\dfrac{\dot{I}_{21}}{\dot{U}_1}=\dfrac{\dot{I}_2}{\dot{U}_1}\Big|_{\dot{U}_2=0}$ 称为出口对入口的转移导纳，也称转移导纳，属于转移函数；

$Y_{22}=\dfrac{\dot{I}_{22}}{\dot{U}_2}=\dfrac{\dot{I}_2}{\dot{U}_2}\Big|_{\dot{U}_1=0}$ 称为出口的输出导纳，也称策动点导纳，属于策动点函数；

$Y_{12}=\dfrac{\dot{I}_{12}}{\dot{U}_2}=\dfrac{\dot{I}_1}{\dot{U}_2}\Big|_{\dot{U}_1=0}$ 称为入口对出口的转移导纳，也称转移导纳，属于转移函数。

可见，Y_{11} 和 Y_{21} 是在 $\dot{U}_2=0$（即短路）的电路计算得到的，Y_{12} 和 Y_{22} 是在 $\dot{U}_1=0$（即短路）的电路计算得到的，因此导纳参数 Y 又称短路导纳参数。

若参数 $Y_{12}=Y_{21}$，则该二端口网络称为互易网络。可见，对于互易网络的导纳参数 Y 中，只有 Y_{11}、Y_{12}（或 Y_{21}）、Y_{22} 三个是独立的。

2. 阻抗 $\boldsymbol{Z}$

如图 1-32a 所示，把入口端电流 $\dot{I}_1$ 和出口端电流 $\dot{I}_2$ 都用独立的恒流源代替（这种替代是不会改变电路中各处的电流和电压的），并作为自变量。对于无源二端口网络，电压 $\dot{U}_1$ 和 $\dot{U}_2$ 是由电流 $\dot{I}_1$ 和 $\dot{I}_2$ 共同产生的，对于线性二端口网络，可以采用叠加原理进行求解，等效为图 1-32b 和图 1-32c。

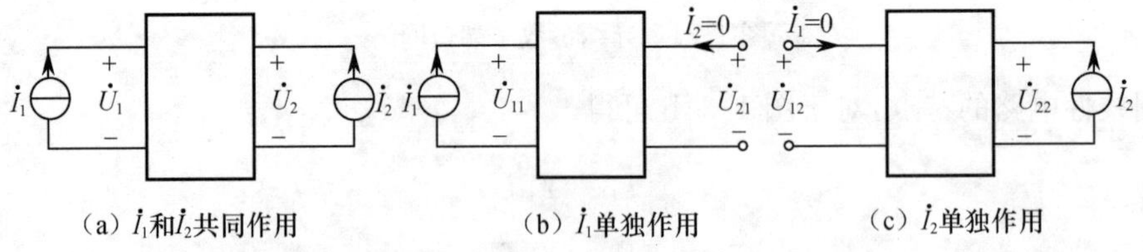

图 1-32　阻抗参数二端口网络

根据线性电路的特点，对于图 1-32(b)可得

$$\begin{cases}\dot{U}_{11}=Z_{11}\dot{I}_1\\ \dot{U}_{21}=Z_{21}\dot{I}_1\end{cases}$$

对于图 1-32(c)可得

$$\begin{cases}\dot{U}_{22}=Z_{22}\dot{I}_2\\ \dot{U}_{12}=Z_{12}\dot{I}_2\end{cases}$$

由叠加原理

$$\dot{U}_1=\dot{U}_{11}+\dot{U}_{12}=Z_{11}\dot{I}_1+Z_{12}\dot{I}_2$$

$$\dot{U}_2=\dot{U}_{22}+\dot{U}_{21}=Z_{22}\dot{I}_2+Z_{21}\dot{I}_1$$

整理为矩阵式为

$$\begin{bmatrix}\dot{U}_1\\ \dot{U}_2\end{bmatrix}=\begin{bmatrix}Z_{11} & Z_{12}\\ Z_{21} & Z_{22}\end{bmatrix}\begin{bmatrix}\dot{I}_1\\ \dot{I}_2\end{bmatrix} \tag{1-54}$$

式(1-54)称为二端口网络的阻抗参数方程。其中 Z_{11}、Z_{12}、Z_{21}和 Z_{22}称为二端口网络的阻抗参数，记为 Z。从式(1-54)容易发现，阻抗参数 Z 是仅由网络本身结构、元件参数及电源的频率所决定，当网络一旦给定，阻抗参数 Z 随即确定，与外加电源的大小无关。阻抗参数 Z 的各参数求解如下：

$Z_{11}=\dfrac{\dot{U}_{11}}{\dot{I}_1}=\dfrac{\dot{U}_1}{\dot{I}_1}\Big|_{\dot{I}_2=0}$ 称为入口的输入阻抗，也称策动点阻抗，属于策动点函数；

$Z_{21}=\dfrac{\dot{U}_{21}}{\dot{I}_1}=\dfrac{\dot{U}_2}{\dot{I}_1}\Big|_{\dot{I}_2=0}$ 称为出口对入口的转移阻抗，也称转移阻抗，属于转移函数；

$Z_{22}=\dfrac{\dot{U}_{22}}{\dot{I}_2}=\dfrac{\dot{U}_2}{\dot{I}_2}\Big|_{\dot{I}_1=0}$ 称为出口的输出阻抗，也称策动点阻抗，属于策动点函数；

$Z_{12}=\dfrac{\dot{U}_{12}}{\dot{I}_2}=\dfrac{\dot{U}_1}{\dot{I}_2}\Big|_{\dot{I}_1-0}$ 称为入口对出口的转移阻抗，也称转移阻抗，属于转移函数。

可见，Z_{11}和 Z_{21}是在$\dot{I}_2=0$(即开路)的电路计算得到的，Z_{12}和 Z_{22}是在$\dot{I}_1=0$(即开路)的电路计算得到的，因此阻抗参数 Z 又称开路阻抗参数。

若参数 $Z_{12}=Z_{21}$，则该二端口网络称为互易网络。可见，对于互易网络的阻抗参数 Z 中，只有 Z_{11}、Z_{12}(或 Z_{21})、Z_{22}三个是独立的。

1.5.2 二端口网络综合的参数性质

网络综合问题就是要求按预先给定的条件，根据一定的方法和步骤来确定一个电路的结构及其构成元件，使其满足要求。对于预先给定的条件，一般是网络函数，即导纳或阻抗的策动点函数或者是转移函数，此时进行网络综合的解答电路不一定存在，但也可能有无穷多的电路存在。因此，网络综合就是研究实际电路能否“实现”的问题。在这里，仅研究二端口网络RLC(不含互感)的网络综合。由于参数 R、L、C 必须是正实数，所以这类电路的网络函数必然是具有特定性质的 s 域实系数有理函数(在有关的书籍中已经证明，这里证明从略)，也就是说，预先给定的条件必须具有特定性质的 s 域实系数有理函数，才可能用 R、L、C 网络实现电路。

(1) 阻抗参数 Z_{11}和 Z_{22}、导纳参数 Y_{11}和 Y_{22}都属于策动点函数，因此都应该是正实函数，是在 s 域的实系数有理函数，具有如下性质：在虚轴(jω)上函数的实部是非负的；零、极点只能位

于 s 的左半平面和虚轴上；位于虚轴上的任何零、极点均是一阶的，且虚轴极点具有正实的留数。

(2) 阻抗参数 $Z_{12}=Z_{21}$、导纳参数 $Y_{12}=Y_{21}$ 都属于转移函数，也应该是正实函数，是在 s 域的实系数有理函数，具有如下性质：极点只能位于 s 的左半平面和虚轴上；位于虚轴上的任何极点均是一阶的，且极点的留数满足留数条件；在虚轴上函数的实部满足实部条件；零点的位置和阶次则不受限制。

二端口网络的综合主要以导纳或阻抗的策动点函数或者转移函数为依据，这里仅介绍具有代表性的电压传递函数的综合。

1. 无载二端口网络转移参数的性质

如图 1-33 所示，当 $I_2=0$ 时，由 1.5.1 节二端口网络的参数知识可知，电压传递函数可用阻抗参数表示为

$$H(s)=\frac{U_2(s)}{U_1(s)}=\frac{Z_{21}(s)}{Z_{11}(s)} \tag{1-55}$$

也可以用导纳参数表示为

$$H(s)=\frac{U_2(s)}{U_1(s)}=\frac{-Y_{21}(s)}{Y_{22}(s)} \tag{1-56}$$

式(1-55)和式(1-56)的分母是策动点函数，它们必须是正实函数；分子是开路时的转移函数，因此需要讨论转移参数的特性。对于一般网络，$H(s)$的性质如下：①$H(s)$是 s 域的实系数有理函数；②极点只能位于 s 的左半平面和虚轴上，位于虚轴上的任何极点均是一阶的，在 $s=0$ 和 $s=\infty$ 处无极点；③零点的位置和阶次则不受限制。

2. 梯形网络的传输零点

电压传递函数 $H(s)=\dfrac{U_2(s)}{U_1(s)}$ 的零点又称传输零点，表示此频率的信号输出为零。二端口网络的综合就是以梯形网络的传输零点为基础进行的。

如图 1-34 所示梯形网络结构，由串臂和并臂交替级联形成。当至少一个串臂阻抗在某频率下为无限大(开路)，或一个并臂导纳在该频率下为无限大(短路)时，此时与该频率对应的信号 $U_2=0$，即无信号输出。因此梯形网络的串臂阻抗的极点(导纳的零点)或并臂导纳的极点(阻抗的零点)都是 $H(s)$的传输零点。本书仅以 LC 二端口网络综合为例进行介绍，关于其他情况的网络综合可以参看《电网络理论》等相关书籍。

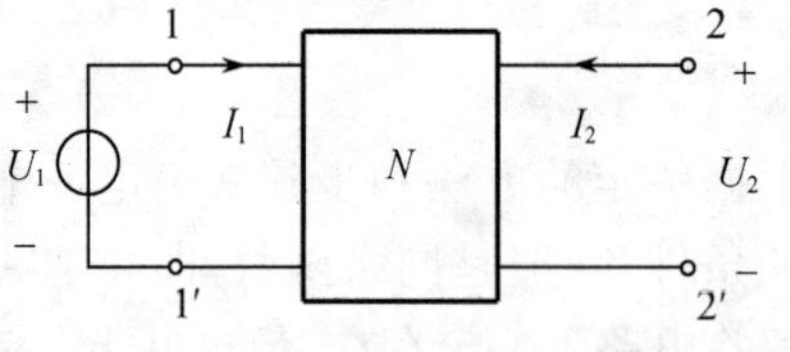

图 1-33　二端口网络的传递函数

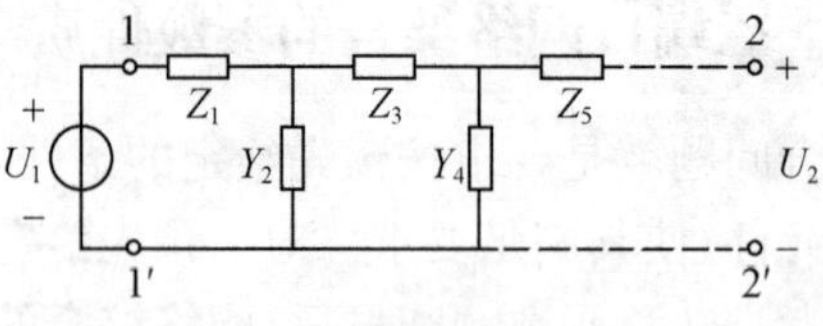

图 1-34　梯形网络结构

1.5.3　LC 二端口网络的综合

1. 单边接电阻(带载)LC 二端口网络综合

如图 1-35 所示为负载端带有负载的情况，根据图中的参考方向，可得

$$U_2=-I_2R_L \tag{1-57}$$

由前面知识可知

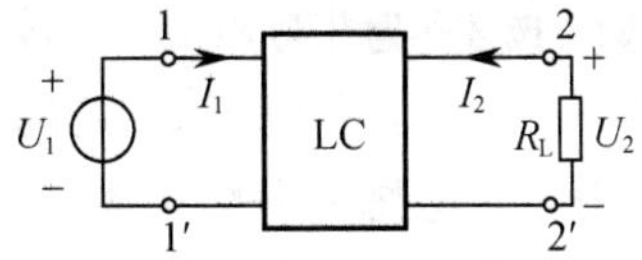

图 1-35　单边接电阻(带载)LC 二端口网络

$$I_2 = Y_{21}U_1 + Y_{22}U_2 \tag{1-58}$$

将式(1-58)代入式(1-57)可得

$$-\left(Y_{22} + \frac{1}{R_L}\right)U_2 = Y_{21}U_1$$

因此可得

$$H(s) = \frac{U_2(s)}{U_1(s)} = -\frac{Y_{21}(s)}{\dfrac{1}{R_L} + Y_{22}(s)} = -\frac{R_L \cdot Y_{21}(s)}{1 + R_L \cdot Y_{22}(s)} \tag{1-59}$$

记

$$H(s) = -\frac{Y_{21}(s)}{\dfrac{1}{R_L} + Y_{22}(s)} = \frac{Q(s)}{P(s)} \tag{1-60}$$

可将式(1-60)分为偶部 $Q_e(s)$、$P_e(s)$ 和奇部 $Q_o(s)$、$P_o(s)$，即

$$Q(s) = Q_e(s) + Q_o(s)$$

$$P(s) = P_e(s) + P_o(s)$$

因为 LC 梯形网络的传输零点必须在虚轴上，因此 $Q(s)$ 应是奇函数或偶函数，因此，式(1-60)又可写为

$$H(s) = \frac{Q(s)}{P(s)} = \frac{Q_e(s)}{P_e(s) + P_o(s)} \quad 或 \quad H(s) = \frac{Q(s)}{P(s)} = \frac{Q_o(s)}{P_e(s) + P_o(s)} \tag{1-61}$$

对比式(1-59)和式(1-61)可得

$$-R_L \cdot Y_{21}(s) = \frac{Q_e(s)}{P_o(s)} \quad 和 \quad R_L \cdot Y_{22}(s) = \frac{P_e(s)}{P_o(s)} \tag{1-62}$$

或者

$$-R_L \cdot Y_{21}(s) = \frac{Q_o(s)}{P_e(s)} \quad 和 \quad R_L \cdot Y_{22}(s) = \frac{P_o(s)}{P_e(s)} \tag{1-62}$$

因此，利用 LC 梯形网络可以准确地实现 Y_{22}。需要注意的是，有时 $H(s)$ 与真实的 $H(s)$ 之间会有数量因子的差距，此时只需要加接一个放大器或变压器来解决。

【例 1-13】 已知传递函数 $H(s) = \dfrac{s^2}{s^4 + 3s^3 + 7s^2 + 7s + 6}$，单端接入 $R_L = 1\Omega$ 的负载，试求 LC 网络。

【解】 首先求解出 $Y_{21}(s)$ 和 $Y_{22}(s)$，因为分子是偶函数，根据式(1-61)和式(1-62)可得

$$H(s) = \frac{s^2}{s^4 + 3s^3 + 7s^2 + 7s + 6} = \frac{s^2}{(s^4 + 7s^2 + 6) + (3s^3 + 7s)}$$

$$Y_{21}(s) = -\frac{s^2}{3s^3 + 7s}$$

$$Y_{22}(s) = \frac{s^4 + 7s^2 + 6}{3s^3 + 7s}$$

由已知传递函数的表达式可知，在 $s = \infty$ 和 $s = 0$ 处有传输零点各一对，且 $s = \infty$ 为 2 阶极

点，$s=0$ 为 2 阶零点。根据极点移除技术，为了实现 $s=\infty$ 处的 2 个传输零点，应移除策动点阻抗或导纳函数在 $s=\infty$ 处的极点 2 次；为了实现 $s=0$ 处的 2 个传输零点，应移除 $s=0$ 处的极点 2 次。$s=\infty$ 处的传输零点可用串臂电感或并臂电容实现；$s=0$ 处的传输零点可用串臂电容或并臂电感实现。在这里以 Y_{22}（或 Z_{22}）进行综合，即从输出端口开始进行。

首先，移除 Y_{22} 在 $s=\infty$ 处的第 1 个极点，实现一个并臂电容 C_1。

$$Y_1=Y_{22}(s)=\frac{s^4+7s^2+6}{3s^3+7s}=\frac{1}{3}s+\frac{\frac{14}{3}s^2+6}{3s^3+7s}=sC_1+Y_2$$

因此 $C_1=\frac{1}{3}\mathrm{F}$。

再移除 Y_{22} 在 $s=\infty$ 处的第 2 个极点，实现一个串臂电感 L_2。

$$Z_2=\frac{1}{Y_2}=\frac{3s^3+7s}{\frac{14}{3}s^2+6}=\frac{9}{14}s+\frac{\frac{22}{7}s}{\frac{14}{3}s^2+6}=sL_2+Z_3$$

因此 $L_2=\frac{9}{14}\mathrm{H}$。

移除 Y_{22} 在 $s=0$ 处的第 1 个极点，实现一个并臂电感 L_3。

$$Y_3=\frac{1}{Z_3}=\frac{\frac{14}{3}s^2+6}{\frac{22}{7}s}=\frac{49}{33}s+\frac{6}{\frac{22}{7}s}=sL_3+Y_4$$

因此 $L_3=\frac{49}{33}\mathrm{H}$。

移除 Y_{22} 在 $s=0$ 处的第 2 个极点，实现一个串臂电容 C_4。

$$Z_4=\frac{1}{Y_4}=\frac{\frac{22}{7}s}{6}=sC_4$$

因此 $C_4=\frac{11}{21}\mathrm{F}$。

因此对应的梯形网络结构如图 1-36 所示。

2. 双边接电阻（带载）LC 二端口网络综合

如图 1-37 所示为信号源和负载端都带有负载的情况。

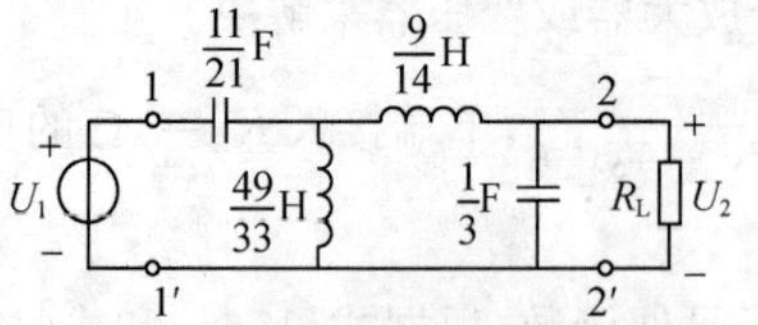

图 1-36 梯形网络图

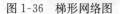

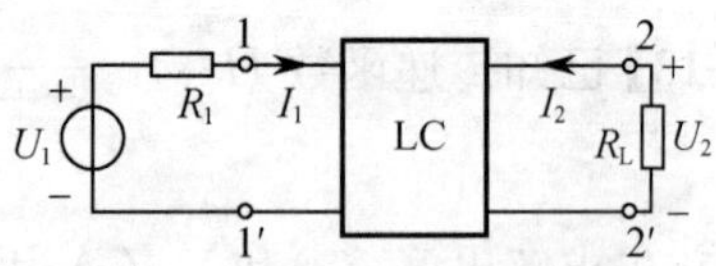

图 1-37 双边接电阻 LC 网络

在图 1-37 中，根据二端口网络方程可得

$$U_1=R_1I_1+Z_{11}I_1+Z_{12}I_2$$
$$U_2=Z_{21}I_1+Z_{22}I_2$$
$$U_2=-I_2R_L$$

经过整理可得到电压传递函数为

$$H(s)=\frac{U_2(s)}{U_1(s)}=\frac{R_2Z_{21}}{R_1R_2+R_1Z_{22}+R_2Z_{11}+(Z_{11}Z_{22}-Z_{21}Z_{12})} \tag{1-63}$$

或

$$H(s)=\frac{U_2(s)}{U_1(s)}=-\frac{R_2Y_{21}}{1+R_1Y_{11}+R_2Y_{22}+R_1R_2(Y_{11}Y_{22}-Y_{21}Y_{12})} \tag{1-64}$$

在式(1-63)和式(1-64)中，$Z_{21}=Z_{12}$，$Y_{21}=Y_{12}$。式(1-63)和式(1-64)表明，$H(s)$和二端口网络的整个参数矩阵有关，仅仅依靠Y_{22}或Z_{22}不能实现网络综合。

设负载吸收的功率为P_2，而信号源U_1所能提供的最大功率为$P_{\max}$，P_2与$P_{\max}$的比值称为网络的工作传输函数，记为$|T(s)|^2$。则有

$$|T(s)|^2=\frac{P_2}{P_{\max}} \tag{1-65}$$

易知
$$P_2=\frac{U_2^2}{R_L}$$

由最大传输定理可知
$$P_{\max}=\frac{U_1^2}{4R_1}$$

所以有
$$|T(s)|^2=\frac{P_2}{P_{\max}}=\frac{4R_1}{R_L}|H(s)|^2 \tag{1-66}$$

信号源U_1所能提供的最大功率$P_{\max}$与负载吸收的功率P_2的差值，称为反射功率P_r，即输入端口反射回信号源的功率。将反射功率与最大功率$P_{\max}$的比值，称之为反射系数，记为$\rho(s)$。则有

$$|\rho(s)|^2=\frac{P_{\max}-P_2}{P_{\max}}=\frac{\dfrac{U_1^2}{4R_1}-\dfrac{U_2^2}{R_L}}{\dfrac{U_1^2}{4R_1}} \tag{1-67}$$

因为LC是无损网络，设网络输入端阻抗Z_i，则有

$$\rho(s)=\pm\frac{Z_i-R_1}{Z_i+R_1} \tag{1-68}$$

解得

$$Z_i=\frac{1\pm\rho(s)}{1\mp\rho(s)}R_1 \tag{1-69}$$

由式(1-67)得

$$|\rho(s)|^2=1-|T(s)|^2=1-\frac{4R_1}{R_L}|H(s)|^2 \tag{1-70}$$

拓展到整个s域后，有

$$\rho(s)\rho(-s)=1-\frac{4R_1}{R_L}H(s)H(-s) \tag{1-71}$$

【例1-14】 已知某低通滤波器的传递函数$|H(s)|^2=\dfrac{H_0^2}{1-s^6}$，双端接入$R_1=R_L=1\Omega$的负载，试求LC网络。

【解】

$$|H(s)|^2=\frac{H_0^2}{1-s^6}=H(s)H(-s)$$

极点 $s=e^{j\frac{k}{3}\pi}$，$k=0,1,2,3,4,5$ 共 6 个，将左半平面的根分配给 $H(s)$，将右半平面的根分配给 $H(-s)$，然后将因子相乘并整理得

$$H(s)=\frac{H_0}{s^3+2s^2+2s+1}$$

实际低通滤波器在 $s=0$ 代入 $H(s)$ 应有 $H(0)=\frac{1}{2}$，因此，$H_0=\frac{1}{2}$。

由式(1-71)得

$$\rho(s)\rho(-s)=1-\frac{4\times1}{4}\frac{1}{(s^3+2s^2+2s+1)(-s^3+2s^2-2s+1)}$$
$$=\frac{-s^6}{(s^3+2s^2+2s+1)(-s^3+2s^2-2s+1)}$$

则取

$$\rho(s)=\frac{s^3}{s^3+2s^2+2s+1}$$

代入

$$Z_i=\frac{1\pm\rho(s)}{1\mp\rho(s)}R_1$$

可得

$$Z_i=\frac{2s^3+2s^2+2s+1}{2s^2+2s+1} \quad 或 \quad Z_i=\frac{2s^2+2s+1}{2s^3+2s^2+2s+1}$$

可得电路网络分别如图 1-38a 和 1-38b 所示。

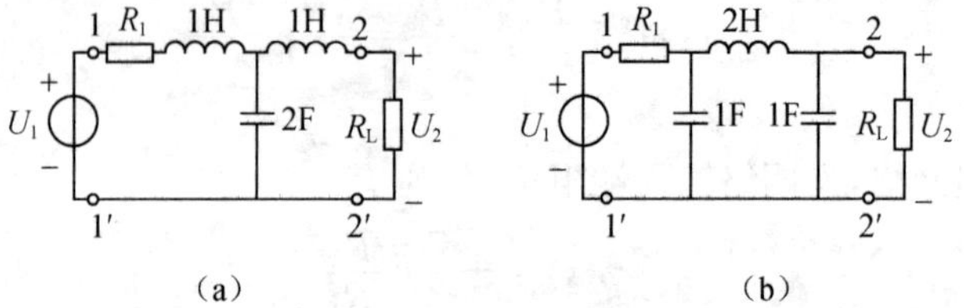

图 1-38　双边接载 LC 网络

第 2 章　瞬时功率理论

2.1 概　　述

19 世纪末，采用恒定频率、正弦波电压供电使设计变压器和输电线路（包括极长距离的输电线路）变得容易了，所以交流输配电系统得以快速发展起来。如果交流供电的负载的电流与电压同相位，那么电力网路可以做得更加高效。因此，就提出了无功功率的概念，用来描述与电源电压不同相位的负载电流所产生的电功率的量。这个无功功率在电网频率一个周期内的平均值为零。同时，也提出了视在功率和功率因数的概念。视在功率用来描述如果电压、电流是正弦波形且完全同相位时，将有多大的功率可以被传递或消耗；功率因数给出了一个电路中某点实际传递或消耗的平均功率与视在功率之间的关系。显然，功率因数越高，电路的利用率就越高。这样，功率因数不但在电气上有效，而且在经济上也有效。因此，电力公司对功率因数规定了最低限值。运行在较低功率因数的负载并没有高效地使用电路，需要支付额外的费用。以有功功率、无功功率和视在功率为基础的传统功率理论，用以设计和分析电力系统是足够的。20 世纪 20 年代，有人证明无功功率和视在功率的传统概念在非正弦电路条件下将失去有效性。自从 20 世纪 60 年代后期电力电子装置大量应用以后，汲取非正弦电流的非线性负载大量增加，在有些情况下，还占很高的比例。这样，在非正弦电流情况下，前面所述的功率定义是有问题的，在有些情况下会导致错误的解释。与非线性负载相关的问题随着电力电子装置的发展已经大大增加，使得在有些情况下，电路分析必须在非正弦条件下进行分析。

2.1.1 功率定义

如图 2-1 所示的二端口无源网络的电压、电流表达式分别为

$$u(t)=\sqrt{2}U\cos\omega t \tag{2-1}$$

$$i(t)=\sqrt{2}I\cos(\omega t-\alpha) \tag{2-2}$$

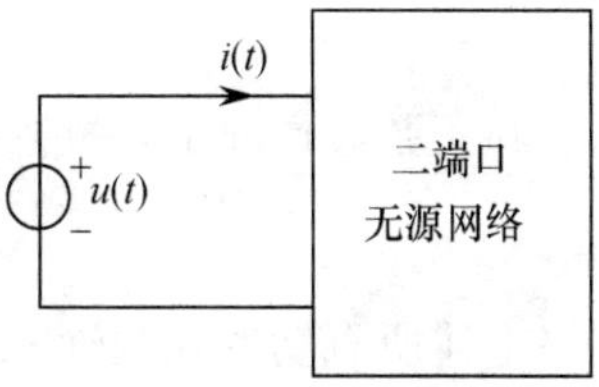

图 2-1　二端口无源网络

式中，U、I 分别代表电压 $u(t)$ 和电流 $i(t)$ 的有效值。

下面讨论这个电路的功率特性。

1. **瞬时功率 $p(t)$**

$$p(t)=u(t)i(t)=UI\cos\varphi[1+\cos(2\omega t+2\alpha)]+UI\sin\varphi\sin(2\omega t+2\alpha)=p_1(t)+p_2(t) \tag{2-3}$$

上式也可以表述为

$$p(t)=P[1+\cos(2\omega t+2\alpha)]+Q\sin(2\omega t+2\alpha) \tag{2-4}$$

式中，P 为有功功率，Q 为无功功率，φ 为无源网络阻抗 Z 的阻抗角。

$$P=\overline{p(t)}=\frac{1}{T}\int_0^T p(t)\mathrm{d}t=UI\cos\varphi \tag{2-5}$$

$$Q=UI\sin\varphi \tag{2-6}$$

图 2-2 对于给定的电压和电流画出了上述的功率分量。

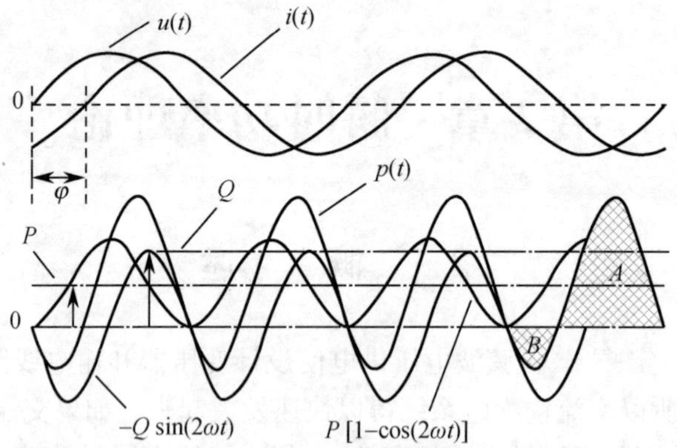

图 2-2　有功功率和无功功率的传统概念

式(2-3)的第一部分描述了瞬时功率中的时变非负分量，其幅值为 $2P$，平均值等于负载的有功功率 P。这个分量代表了从电源到负载单一方向的能量流。

第二部分 $p_2(t)$ 是一个交变分量，其幅值等于负载的无功功率 Q，平均值等于零。这个分量代表了系统中电源与负载之间的双向能量流，当负载的阻抗角为零时，它就不再出现。因此，在阻性负载的情况下或者负载出现谐振时，电源和负载之间传输的能量流将不会出现双向振荡的现象。

2. 视在功率

视在功率为电压、电流有效值的乘积，即

$$S=\sqrt{\frac{1}{T}\int_0^T u^2\,\mathrm{d}t}\times\sqrt{\frac{1}{T}\int_0^T i^2\,\mathrm{d}t}=UI \tag{2-7}$$

视在功率是一个纯粹的数学量，不具有任何的物理意义。

3. 功率因数

功率因数 λ 为

$$\lambda=\frac{P}{S}=\cos\varphi \tag{2-8}$$

在正弦波情况下，一般用复功率来描述功率特性

$$\widetilde{S}=\dot{U}\dot{I}^{*}=P+\mathrm{j}Q \tag{2-9}$$

上述所有功率在线性二端口网络情形下的定义和解释都是没有争议的。

在单相线性正弦电路中，基于式(2-3)可获得无功功率 $Q=UI\sin\varphi$ 的物理解释。交变分量 $p_2(t)$ 可以理解为是对电路中电抗元件和电源之间双向流动能量的度量；无功功率很有可能与电感的磁场或者电容的电场有关系。

如果正弦电流 $i(t)=\sqrt{2}I\sin\omega t$ 流过电感为 L 的线圈，则电感中的磁场能为

$$W_{\mathrm{L}}(t)=\frac{1}{2}Li^2(t)=\frac{1}{2}L(\sqrt{2}I)^2\sin^2\omega t=W_{\mathrm{Lmax}}\sin^2\omega t \tag{2-10}$$

此时，线圈的无功功率为

$$Q_{\mathrm{L}}=\omega LI^2=\omega W_{\mathrm{Lmax}} \tag{2-11}$$

同样，对于电容为 C 的电容器，供给正弦电压 $u(t)=\sqrt{2}U\sin\omega t$，电容中的电场能为

$$W_C(t)=\frac{1}{2}Cu^2(t)=\frac{1}{2}C(\sqrt{2}U)^2\sin^2\omega t=W_{Cmax}\sin^2\omega t \tag{2-12}$$

此时的无功功率为

$$Q_C=-\omega CU^2=-\omega W_{Cmax} \tag{2-13}$$

通常，在有储能元件的条件下，无功功率可以表示为

$$Q=Q_C+Q_L=\omega(W_{Lmax}-W_{Cmax}) \tag{2-14}$$

如果将图 2-1 所示的无源二端口网络的无功功率补偿到零，可以使得电源电流有效值 I 和视在功率 S 最小化，而此时的有功功率并没有改变，因而功率因数提高到 1。

如果把正弦波电压加在线性无源元件电阻、电感和电容上，其电流和电压分别为比例、积分和微分的关系，仍为同频率正弦波。若把正弦波电压加在非线性负载上，则电流波形为非正弦波，非正弦波的电流将在非线性负载上产生非正弦的电压，同样，非正弦电压施加在线性电路上时，电流也是非正弦波。

在单相负载是非线性负载的条件下，无功功率不一定仅仅与储能元件有关，还可能出现在含开关器件的纯电阻电路中。

对于非正弦电路，如晶闸管整流电路，由于在公用电网中，通常电压的波形畸变很小，而电流波形的畸变可能很大，因此大多讨论输入电压波形为正弦波、电流波形为非正弦波的情况。设正弦波电压有效值为 U，畸变电流有效值为 I，基波电流有效值及与电压的相位差分别用 I_1 和 φ_1 表示，这时有功功率为

$$P=UI_1\cos\varphi_1$$

功率因数为

$$\lambda=\frac{P}{S}=\frac{UI_1\cos\varphi_1}{UI}=\frac{I_1}{I}\cos\varphi_1=\nu\cos\varphi_1 \tag{2-15}$$

式中，基波因数：$\nu=I_1/I$；位移因数（基波功率因数）：$\cos\varphi_1$。

可见，功率因数是由基波电流相移和电流波形畸变这两个因素共同决定的。

需要说明的是，瞬时功率、有功功率、无功功率和复功率均满足功率守恒特性，但视在功率是不满足的。

非线性负荷（如开关型变换器）是引起电流和电压波形畸变的谐波源。谐波成分越大，电能质量越差。谐波会造成电阻元件损耗增加、电动机损耗增加、电容器故障；还会使中性线电流增加，谐振现象（由高次谐波引起）出现，以及继电保护系统运行不当引起的供电中断等。

瞬时功率也可以表述为

$$p(t)=UI\cos\varphi+UI\cos(2\omega t+2\alpha-\varphi)=P+p_P(t) \tag{2-16}$$

式(2-16)第一部分代表有功功率；第二部分是交变的，对应于视在功率。如果假设视在功率是一个没有任何物理意义的数学量，那么式(2-4)中定义的交变分量的振幅也仅仅是一个数学量。式(2-4)和式(2-16)表明瞬时功率可以分解为三个或者两个分量，分量的个数受数学方法的影响，而不是根据物理解释来确定。因而，可以认为，尽管瞬时功率 $p(t)$ 对应发生在电源-负载网络中的实际物理现象，但是类似的对应关系不能应用到它的分量上。

一般来说，单相电路中基于瞬时功率的无功功率分量的类似解释是不能应用于三相线性电路的。例如，如图 2-3 所示的对称（平衡）三相电路中，设

$$u_a(t)=\sqrt{2}U\sin\omega t, u_b(t)=u_a\left(t-\frac{T}{3}\right), u_c(t)=u_a\left(t+\frac{T}{3}\right) \tag{2-17}$$

式中，T 为基波周期。

三相负载为

$$Z_a=Z_b=Z_c=|Z|e^{j\varphi}$$

则瞬时功率等于

$$\begin{aligned}p(t)&=u_a(t)i_a(t)+u_b(t)i_b(t)+u_c(t)i_c(t)\\&=2UI\Big[\sin\omega t\sin(\omega t-\varphi)+\sin\left(\omega t-\frac{2\pi}{3}\right)\sin\left(\omega t-\frac{2\pi}{3}-\varphi\right)+\\&\quad\sin\left(\omega t+\frac{2\pi}{3}\right)\sin\left(\omega t+\frac{2\pi}{3}-\varphi\right)\Big]\\&=3UI\cos\varphi=P=\text{常数}\end{aligned} \tag{2-18}$$

所以，不能从中提取出一个与无功功率表达式相对应的交变分量

$$Q=3UI\sin\varphi \tag{2-19}$$

基于此，可以说在平衡电路中无功功率没有任何的物理意义。

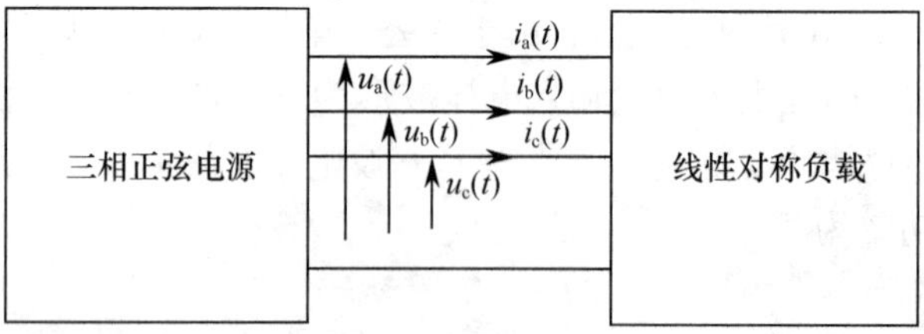

图 2-3　三相对称系统

因此，一般情况下，式(2-6)定义的无功功率应该看成是一个对电源产生影响并降低其功率因数的数学量。

假如基于式(2-7)定义的二端口网络的视在功率是正确的且没有争议的，那么在三相正弦电路中，则存在 3 种不同的视在功率定义方式。

(1) 算术视在功率

$$S_A=U_aI_a+U_bI_b+U_cI_c \tag{2-20}$$

(2) 几何视在功率

$$S_G=\sqrt{P^2+Q^2} \tag{2-21}$$

(3) Buchholz 视在功率

$$S_B=|\boldsymbol{U}|\,|\boldsymbol{I}| \tag{2-22}$$

式中，$|\boldsymbol{U}|=\sqrt{\boldsymbol{U}^{\mathrm{T}}\boldsymbol{U}^*}$——相电压相量矩阵 $\boldsymbol{U}$ 的模值；

$|\boldsymbol{I}|=\sqrt{\boldsymbol{I}^{\mathrm{T}}\boldsymbol{I}^*}$——相电流相量矩阵 $\boldsymbol{I}$ 的模值；

$\boldsymbol{U}^{\mathrm{T}}=[\dot{U}_a,\dot{U}_b,\dot{U}_c]$——相电压相量矩阵的转置；

$\boldsymbol{I}^*=\mathrm{col}[\dot{I}_a,\dot{I}_b,\dot{I}_c]$——电流相量的共轭相量矩阵；

U_i, I_i——各相相电压和相电流的有效值($i=a,b,c$)；

$P=\mathrm{Re}\{\boldsymbol{U}^{\mathrm{T}}\boldsymbol{I}^*\}=\mathrm{Re}\left\{\dot{U}_a\dot{I}_a^*+\dot{U}_b\dot{I}_b^*+\dot{U}_c\dot{I}_c^*\right\}$——有功功率；

$Q=\mathrm{Im}\{\boldsymbol{U}^{\mathrm{T}}\boldsymbol{I}^{*}\}=\mathrm{Im}\left\{\dot{U}_{\mathrm{a}}\dot{I}_{\mathrm{a}}^{*}+\dot{U}_{\mathrm{b}}\dot{I}_{\mathrm{b}}^{*}+\dot{U}_{\mathrm{c}}\dot{I}_{\mathrm{c}}^{*}\right\}$——无功功率。

式(2-20)～式(2-22)定义的视在功率互不相同，即使每种定义中电源提供的有功功率是相同的，由式(2-23)定义的功率因数也是不同的。

$$\lambda=\frac{P}{S} \tag{2-23}$$

功率因数可以看作电源利用率的一个指标。只有在正弦三相平衡电路中，视在功率的 3 种定义方式才是相同的。

对于一个具有普适性的功率理论，无论在单相还是三相、正弦还是非正弦系统中，其包含的各参量应该都是具有明确物理意义的量。

2.1.2 Budeanu 理论

1927 年，Budeanu 在研究非正弦条件下电路功率特性时，提出了周期性畸变波形下的功率理论。如图 2-4 所示的单相线性电路。电压 $u(t)$ 和电流 $i(t)$ 可给定为如下的傅里叶级数形式

$$u(t)=U_0+\sqrt{2}\mathrm{Re}\left\{\sum_{h=1}^{\infty}\dot{U}_h\exp(\mathrm{j}h\omega t)\right\} \tag{2-24}$$

$$i(t)=I_0+\sqrt{2}\mathrm{Re}\left\{\sum_{h=1}^{\infty}\dot{I}_h\exp(\mathrm{j}h\omega t)\right\},\omega=\frac{2\pi}{T} \tag{2-25}$$

式中，$\dot{U}_h=U_h\exp(\mathrm{j}\alpha_h)$——$h$ 次谐波电压 $u_h(t)$ 的有效值相量表达式；

$\dot{I}_h=I_h\exp(\mathrm{j}\beta_h)$——$h$ 次谐波电流 $i_h(t)$ 的有效值相量表达式；

ω——基波角频率；

$\varphi_h=\beta_h-\alpha_h$——$h$ 次谐波的负载阻抗角。

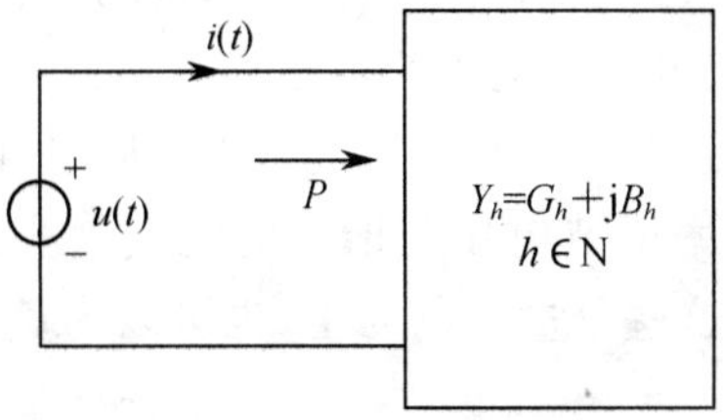

图 2-4 单相线性电路

已知电压 $u(t)$ 和电流 $i(t)$ 波形，将有功功率 P 和无功功率 Q_{B} 分别定义为所有谐波有功功率和无功功率的叠加。

(1) 有功功率

$$P=\frac{1}{T}\int_0^T u(t)i(t)\mathrm{d}t=U_0I_0+\sum_{h=1}^{\infty}U_hI_h\cos\varphi_h=\sum_{h=0}^{\infty}P_h=\mathrm{Re}\sum_{h=0}^{\infty}U_hI_h^{*} \tag{2-26}$$

(2) 无功功率

$$Q_{\mathrm{B}}=\sum_{h=1}^{\infty}U_hI_h\sin\varphi_h=\sum_{h=1}^{\infty}Q_h=\mathrm{Im}\sum_{h=1}^{\infty}U_hI_h^{*} \tag{2-27}$$

(3) 视在功率

$$S = \| u(t) \| \| i(t) \| = \sqrt{\sum_{h=0}^{\infty} U_h^2 \sum_{h=0}^{\infty} I_h^2} \tag{2-28}$$

与正弦电路不同的是，这里定义的功率 P、Q_B 和 S 符合如下的不等式关系

$$S^2 \geqslant P^2 + Q_B^2 \tag{2-29}$$

为了完善不等式(2-29)，Budeanu 提出了一个新的分量 D_B，称为畸变功率(然而，他并没有定义畸变的概念)，满足如下的等式

$$S^2 = P^2 + Q_B^2 + D_B^2 \tag{2-30}$$

功率 P、Q_B、D_B 和 S 之间的关系可以用"功率四面棱柱体"形象地表示出来(见图 2-5)，并将 λ 定义为功率因数，畸变因数为 $\cos\gamma$，即

$$\lambda = \cos\nu = \frac{P}{S}, \cos\gamma = \frac{|S_{PQ}|}{S} \tag{2-31}$$

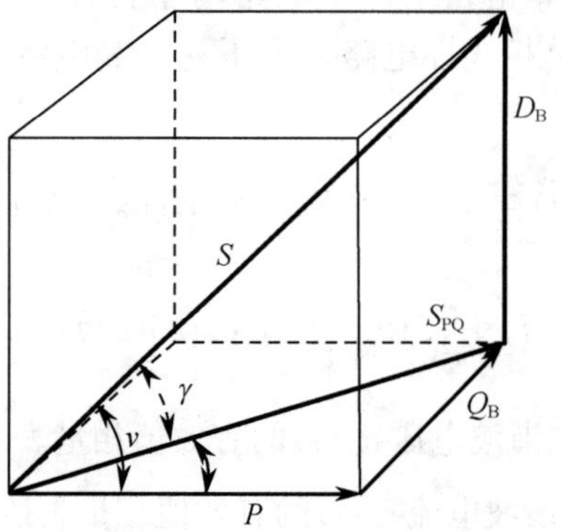

图 2-5 Budeanu 理论的功率四面棱柱体

视在功率和无功功率的定义似乎来自于对交流系统的"没有做功的功率部分"进行量化的需求。换句话说，提出对供电质量进行量化的指标是有意义的。但是，在非正弦条件下，无功功率和视在功率两者都不能满意地表征输电系统的供电质量，即供电效率问题。例如，上述定义的无功功率并不包括不同频率谐波电压与谐波电流的乘积。此外，式(2-27)是由"谐波无功功率"分量的代数和组成的，这些分量可以为正，也可以为负，甚至相互抵消，取决于这些谐波的相位差。

Budeanu 理论的不当之处在于：

① 这个理论不能使视在功率最小化，也就不能用于提高功率因数；

② 无功功率 Q_B 不是对振荡能量的一种度量；

③ 不能基于无功功率 Q_B 计算出使功率因数达到可能的最大值时的电容值；

④ 电流有效值和畸变功率 D_B 之间没有直接的联系；

⑤ 对功率 Q_B 或者 D_B 进行独立补偿是不可能的；

⑥ 它存在对非正弦周期电路中能量现象的错误解释。

该理论的特点是：

① 在一个基波周期内的积分；

② 不能准确描述不同次谐波间的作用。

该功率定义的局限性表现为：

① 只适用于分析稳态信号；

② 在非正弦条件下不完善；

③ 不能推广到三相电路。

2.1.3 Fryze 理论

1931 年，Fryze 教授根据测量得到的任何周期性电流和电压的有效值 $\| u(t) \|$、$\| i(t) \|$，求出有功功率和功率因数，其中功率因数定义为

$$\lambda = \frac{P}{S} = \frac{P}{\| u(t) \| \ \| i(t) \|} = \frac{\frac{1}{T}\int_0^T u(t)i(t)\mathrm{d}t}{\sqrt{\frac{1}{T}\int_0^T u^2(t)\mathrm{d}t}\sqrt{\frac{1}{T}\int_0^T i^2(t)\mathrm{d}t}} \tag{2-32}$$

如果将适用于正弦波形下的特性描述推广到任意周期性波形条件下，则正弦电流可以分解为两个相互正交的分量之和，即

$$i(t)=i_a(t)+i_b(t) \tag{2-33}$$

式中，$i_a(t)$为电流的有功分量；$i_b(t)$为电流的无功分量。

这两个电流分量是正交的，即

$$\int_0^T i_a(t)i_b(t)\mathrm{d}t = 0 \tag{2-34}$$

$$\frac{1}{T}\int_0^T u(t)i(t)\mathrm{d}t = \frac{1}{T}\int_0^T u(t)i_a(t)\mathrm{d}t + \frac{1}{T}\int_0^T u(t)i_b(t)\mathrm{d}t = P + Q_F \tag{2-35}$$

有功功率 P 为

$$P= \| u(t) \| \ \| i_a(t) \| \tag{2-36}$$

无功功率 Q_F 为

$$Q_F= \| u(t) \| \ \| i_b(t) \| \tag{2-37}$$

上述定义可以应用到周期性非正弦电路中。

有功电流定义为

$$i_a(t)=G_e u(t) \tag{2-38}$$

式中，G_e 为等效电导，定义为

$$G_e = \frac{P}{\| u \|^2} = \frac{\frac{1}{T}\int_0^T u(t)i(t)\mathrm{d}t}{\frac{1}{T}\int_0^T u^2(t)\mathrm{d}t} = \frac{\frac{1}{T}\int_0^T u(t)i_a(t)\mathrm{d}t}{\frac{1}{T}\int_0^T u^2(t)\mathrm{d}t} \tag{2-39}$$

这里定义的有功电流是在保证负载获得所需功率的同时，其有效值最小。

可以将电源电流表示为有功电流和无功电流的之和，即

$$i(t)=i_a(t)+i_b(t) \tag{2-40}$$

这两个电流具有正交性

$$\int_0^T i_a(t)i_b(t)\mathrm{d}t = 0 \tag{2-41}$$

电流分解时存在如下关系

$$\| i \|^2 = \| i_a \|^2 + \| i_b \|^2 \tag{2-42}$$

在式(2-42)的两边均乘以 $\| u \|^2$，就可以得出下面的功率表达式

$$S^2 = P^2 + Q_F^2 \tag{2-43}$$

但是无功功率 $Q_F = \| u(t) \| \| i_b(t) \|$ 不符合能量守恒定律。

与 Budeanu 理论相比，Fryze 理论是对电压和电流进行有功和无功分解，没有涉及傅里叶级数。

这里的“无功功率”定义为包含电压、电流中所有对有功功率 P 不产生贡献部分的总和。但其对于有功功率 P 和视在功率 S 的定义与 Budeanu 定义是一致的。功率定义时不需要将电压、电流波形分解为傅里叶级数，但是仍然需要计算电压和电流的有效值，因此，它在暂态过程中不成立。

当一个函数存在吉布斯现象时，不能在给定的误差范围内对其进行傅里叶分解。Fryze 提出的功率理论简化了对无功电流分量的分析和测量，但也不能利用二端口电抗网络实现无功分量补偿，但是可以利用一个电流值为 $i_C = -i_b$ 的受控源补偿这个无功电流（见图 2-6）。

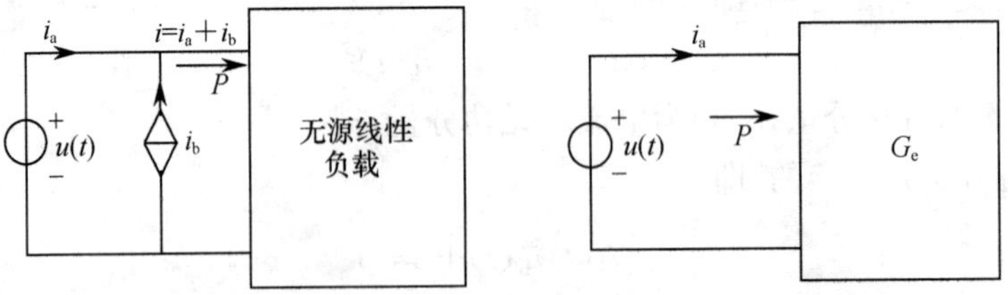

图 2-6　根据 Fryze 理论提出的补偿观点示意图

2.1.4　Czarnecki 理论

1983 年，Czarnecki 同样基于电流的正交分解，将 Fryze 的无功电流 $i_b(t)$ 分解为电抗电流 $i_r(t)$ 和分散电流 $i_s(t)$

$$i(t) = i_a(t) + i_b(t) = i_a(t) + (i_s(t) + i_r(t)) \tag{2-44}$$

将电阻电流分解为有功电流 $i_a(t)$ 和分散电流 $i_s(t)$

$$i(t) = i_R(t) + i_r(t) = (i_a(t) + i_s(t)) + i_r(t) \tag{2-45}$$

可以获得如下表达式

$$i(t) = i_a(t) + i_s(t) + i_r(t) \tag{2-46}$$

假定 $u(t)$ 表达式为

$$u(t) = U_0 + \sqrt{2}\mathrm{Re}\left\{ \sum_{h=1}^{n} \dot{U}_h \exp(\mathrm{j}h\omega t) \right\} \tag{2-47}$$

那么，就可以得到如下的关系式（见图 2-7）

$$i_a(t) = G_e u(t) = G_e U_0 + \sqrt{2}\mathrm{Re}\left\{ \sum_{h=1}^{n} G_e \dot{U}_h \exp(\mathrm{j}h\omega t) \right\} \tag{2-48}$$

$$i_r(t) = \sqrt{2}\mathrm{Re}\left\{ \sum_{h=1}^{n} \mathrm{j}B_h \dot{U}_h \exp(\mathrm{j}h\omega t) \right\} \tag{2-49}$$

$$i_s(t) = (G_0 - G_e)U_0 + \sqrt{2}\mathrm{Re}\left\{ \sum_{h=1}^{n} (G_h - G_e) \dot{U}_h \exp(\mathrm{j}h\omega t) \right\} \tag{2-50}$$

由于式(2-46)中定义的电流是相互正交的，所以可以得到下面的关系式

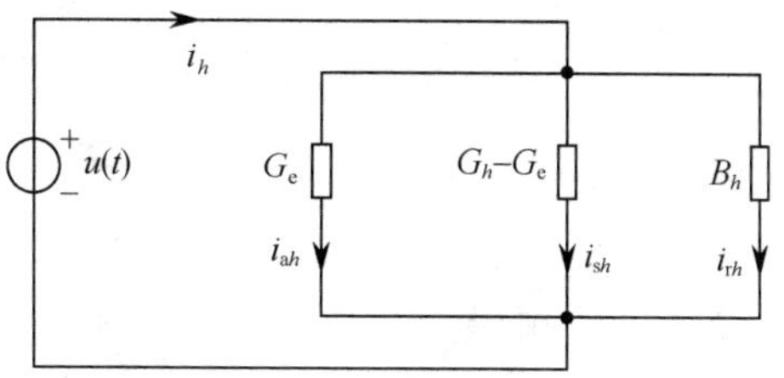

图 2-7　电流分解示意图

$$\| i \|^2 = \| i_a \|^2 + \| i_r \|^2 + \| i_s \|^2 \tag{2-51}$$

式(2-51)第一次解释了为什么在非正弦周期电压下的线性电路中电流有效值 $\| i \|$ 比有功电流有效值 $\| i_a \|$ 大。对于 $\forall h$，当 $B_h \neq 0$ 或负载电导随频率变化时，这个现象便会出现。对于含有限次谐波的情况，采用无源二端口网络可以完全补偿电流 $i_r(t)$，但不能补偿电流 $i_s(t)$。

2.1.5　传统功率理论的局限性

① 建立在求一个电源周期内变量的积分运算基础之上，因此只适用于稳态分析，而不适用于暂态分析。

② 在正弦条件下能得到理想结果，但在非正弦条件下不完善。

③ 不能直接推广到三相系统。

2.2　瞬时功率理论

Fryze 理论提出了采用有效值来进行功率分析，将三相电路作为一个单元来处理，而不是将三相电路作为 3 个单相电路的叠加来处理。特别是涉及电力电子装置或非线性负载时，实际上，在三相系统中存在一些在单相系统中观察不到的特性。开关型变换器的发展对能量流问题提出了新的边界条件，而且开关型变换器的负载特性为非线性，这种非线性负载所占的比例越来越大，这些非线性负载产生的功率和谐波分量十分清楚地表明以平均值或有效值来进行功率分析已经不够。

传统电力系统控制装置的响应时间大多在数十毫秒到秒级，而电力电子装置的响应时间则在微秒到毫秒级，远远小于电力系统 20ms 的工频周期。传统电力系统的交流电压和电流的有效值、有功功率、无功功率的概念都是建立在工频周期的基础上的。而对于时间常数小于工频周期的 FACTS 装置，采用传统的功率定义，无法准确描述装置在一个时间常数的时间内有功功率和无功功率的变化，需要建立能描述功率、电压瞬时变化的瞬时有功功率、瞬时无功功率、瞬时电压、瞬时电流等概念。

传统功率理论中的有功功率、无功功率等都是在平均值基础或相量意义上定义的，它们只适用于电压、电流为正弦波时以及稳态的情况。而瞬时无功功率理论中的概念都是在瞬时值的基础上定义的，它不仅适用于正弦波，也适用于非正弦波和任何过渡过程的情况。从以上定义可以看出，瞬时无功功率理论中的概念，在形式上和传统理论非常相似，可看成是传统理论的推广和延伸。

2.2.1 *pq* 理论

在分析三相系统时，1983 年日本的 Akagi(赤木泰文)和 Nabae 提出了瞬时功率理论(*pq* 理论)。该理论可以通过简单的数学运算就可以计算出某些给定意义下的最优电流。

pq 理论将三相静止坐标系下的三相相电压$[u_a, u_b, u_c]^T$ 和负载电流$[i_a, i_b, i_c]^T$ 变换到静止 $\alpha\beta$ 直角坐标系中(见图 2-8)，从而实现瞬时值的转换，如式(2-52)所示。

$$\begin{bmatrix} F_\alpha \\ F_\beta \\ F_0 \end{bmatrix} = \sqrt{\frac{2}{3}} \begin{bmatrix} \cos\nu_{11} & \cos\nu_{12} & \cos\nu_{13} \\ -\sin\nu_{11} & -\sin\nu_{12} & -\sin\nu_{13} \\ \frac{1}{\sqrt{2}} & \frac{1}{\sqrt{2}} & \frac{1}{\sqrt{2}} \end{bmatrix} \begin{bmatrix} F_a \\ F_b \\ F_c \end{bmatrix} \tag{2-52}$$

其中，ν_{11}、ν_{12}、ν_{13} 分别为三相系统 x 轴($x=a,b,c$)超前直角坐标系 α 轴的角度。

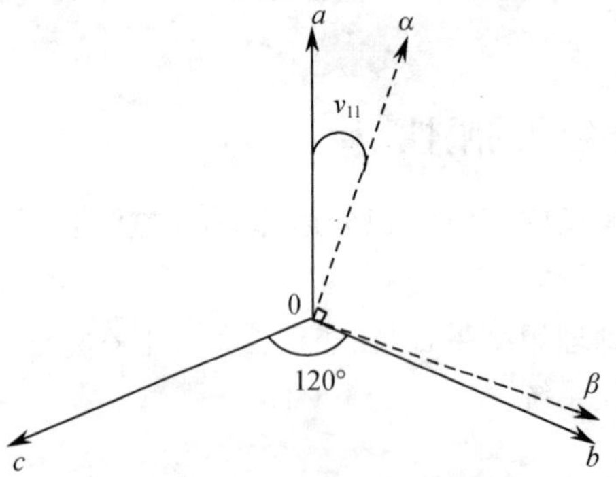

图 2-8　*abc* 坐标系与 $\alpha\beta$ 直角坐标系的转换示意图

当 a 轴和 α 轴重叠时(即 $\nu_{11}=0$)，变换矩阵就成为

$$\begin{bmatrix} F_\alpha \\ F_\beta \\ F_0 \end{bmatrix} = \sqrt{\frac{2}{3}} \begin{bmatrix} \cos 0 & \cos\frac{4}{3}\pi & \cos\frac{2}{3}\pi \\ -\sin 0 & -\sin\frac{4}{3}\pi & -\sin\frac{2}{3}\pi \\ \frac{1}{\sqrt{2}} & \frac{1}{\sqrt{2}} & \frac{1}{\sqrt{2}} \end{bmatrix} \begin{bmatrix} F_a \\ F_b \\ F_c \end{bmatrix} \tag{2-53}$$

也可以写为

$$\begin{bmatrix} F_\alpha \\ F_\beta \\ F_0 \end{bmatrix} = \sqrt{\frac{2}{3}} \begin{bmatrix} 1 & -\frac{1}{2} & -\frac{1}{2} \\ 0 & \frac{\sqrt{3}}{2} & -\frac{\sqrt{3}}{2} \\ \frac{1}{\sqrt{2}} & \frac{1}{\sqrt{2}} & \frac{1}{\sqrt{2}} \end{bmatrix} \begin{bmatrix} F_a \\ F_b \\ F_c \end{bmatrix} \tag{2-54}$$

对于三相系统，用 *abc* 坐标下的瞬时相电流和相电压表示的瞬时功率可以由下式确定

$$p = u_a i_a + u_b i_b + u_c i_c \tag{2-55}$$

利用式(2-54)将三相系统中的相电压和相电流变换到 $\alpha\beta$ 直角坐标系后，由于这个变换的正交性，瞬时功率在新的坐标系中仍保持原来的形式，即

$$p = u_\alpha i_\alpha + u_\beta i_\beta + u_0 i_0 \tag{2-56}$$

大多数情形下，中压电网采用三相对称电源供电，如此一来，可以省略变换矩阵中的 u_0、i_0 和瞬时功率中的零序分量。

如果 p_α 和 p_β 分别代表坐标轴 α 和 β 上的瞬时功率，那么瞬时功率可以表述为

$$\begin{aligned} p &= p_\alpha + p_\beta = u_\alpha i_{\alpha p} + u_\alpha i_{\alpha q} + u_\beta i_{\beta p} + u_\beta i_{\beta q} \\ &= u_\alpha \frac{u_\alpha}{u_\alpha^2 + u_\beta^2} p + u_\alpha \frac{u_\beta}{u_\alpha^2 + u_\beta^2} q + u_\beta \frac{u_\beta}{u_\alpha^2 + u_\beta^2} p - u_\beta \frac{u_\alpha}{u_\alpha^2 + u_\beta^2} q \\ &= p_{\alpha p} + p_{\alpha q} + p_{\beta p} + p_{\beta q} \end{aligned} \tag{2-57}$$

式中：$i_{\alpha p}$——α 轴上的瞬时有功电流；

$i_{\beta p}$——β 轴上的瞬时有功电流；

$i_{\alpha q}$——α 轴上的瞬时无功电流；

$i_{\beta q}$——β 轴上的瞬时无功电流；

$p_{\alpha p}$——α 轴上的瞬时有功功率；

$p_{\alpha q}$——α 轴上的瞬时无功功率；

$p_{\beta p}$——β 轴上的瞬时有功功率；

$p_{\beta q}$——β 轴上的瞬时无功功率。

在这种分解中，瞬时无功功率分量之和为

$$p_{\alpha q} + p_{\beta q} = 0 \tag{2-58}$$

即瞬时无功功率可以相互抵消，从而不参与从电源到负载的能量传输。另外两个瞬时功率分量（称为瞬时有功功率）的和为

$$p = p_{\alpha p} + p_{\beta p} \tag{2-59}$$

三相瞬时功率 p 具有清晰且被普遍接受的物理意义，同时在暂态过程中也是适用的。瞬时功率 p 与三相电路中瞬时功率的标准解释是一致的，而且其平均值即为有功功率 P。

传统的无功功率是在频域中定义的，不论怎样，都不能与在时域中定义的瞬时值进行对比，但是可以将时域中一段时间内瞬时功率的平均值与频域中的 P 或者 Q 进行对比。

Akagi 和 Nabae 提出了“瞬时虚功率”这个全新的概念，并取其单位为“伏安虚”（volt-ampere-imaginary），记为“vai”，既类似又区别于传统无功功率的单位 var。瞬时虚功率用下式进行计算

$$q = u_\alpha i_\beta - u_\beta i_\alpha \tag{2-60}$$

瞬时虚功率没有物理意义，是一个不希望出现的分量，所以从系统中除去。

采用 $\alpha\beta$ 直角坐标系最主要的优点是可以列写简单的相电流方程。三相三线制系统的电流变换到 $\alpha\beta$ 坐标系后，可以表示为

$$\begin{bmatrix} i_\alpha \\ i_\beta \end{bmatrix} = \frac{1}{u_\alpha^2 + u_\beta^2} \begin{bmatrix} u_\alpha & -u_\beta \\ u_\beta & u_\alpha \end{bmatrix} \begin{bmatrix} \bar{p} + p' \\ \bar{q} + q' \end{bmatrix} \tag{2-61}$$

对于一个对称的电源电压

$$u_\alpha^2 + u_\beta^2 = 3U_\alpha^2 = 常数 \tag{2-62}$$

优化的目标之一是消除电流中不需要的部分，从而得到有功电流。通过式（2-63）可以计算出有电力滤波器的补偿电流，利用该电流就可以消除全部或部分不需要的电流分量，只留下瞬时有功功率恒定部分所需的电流分量。

$$\begin{bmatrix} i_{\alpha C} \\ i_{\beta C} \end{bmatrix} = \frac{1}{u_\alpha^2 + u_\beta^2} \begin{bmatrix} u_\alpha & -u_\beta \\ u_\beta & u_\alpha \end{bmatrix} \begin{bmatrix} p_C \\ q_C \end{bmatrix} \tag{2-63}$$

p_C和q_C是根据需要消除的分量来确定的，如表 2-1 所示。

表 2-1 瞬时功率中需要消除的分量的类型

预消除的电流分量	p_C	q_C
与瞬时虚功率相关的分量	0	q
负序和高次谐波分量	$\tilde{p}$	$\tilde{q}$
与瞬时虚功率恒定部分相关的分量	0	$\bar{q}$
与瞬时虚功率和高次谐波相关的分量(完全补偿)	$\tilde{p}$	q
负序分量	$p_{2\omega}$	$q_{2\omega}$
与高次谐波相关的分量	p_h	q_h
与瞬时实功率交变部分相关的分量	$\tilde{p}$	0

当把 pq 理论看作一个功率理论时，它存在不足之处。它不能用于供电电压不对称或者畸变的三相系统中。然而，仍然将它作为一种很实用的控制算法用在有源电力滤波器中。

在由畸变电压源供电的非线性负载电路中，补偿后的电源电流仍然含有与电压高次谐波相关的分量。这是由于最优电流计算不正确造成的。

2.2.2 改进的 *pq* 理论

Akagi 的 pq 理论虽然简单有效，但不能应用于供电电压不对称系统中。1995 年有人提出了称为"改进的 pq 理论"的瞬时功率理论，在供电电压不对称和低畸变的情况下都是适用的。

瞬时有功功率和无功功率分别定义为

$$p = u_a i_a + u_b i_b + u_c i_c \tag{2-64}$$

$$q = u'_a i_a + u'_b i_b + u'_c i_c \tag{2-65}$$

正交电压 u'_a、u'_b、u'_c分别是通过相电压 u_a、u_b、u_c 相移 $\pi/2$ 后得到的。

在三相三线制系统中，有如下关系式

$$i_a + i_b + i_c = 0 \tag{2-66}$$

结合式(2-66)，可以将式(2-64)和式(2-65)简化为

$$\begin{bmatrix} p \\ q \end{bmatrix} = \begin{bmatrix} u_a - u_c & u_b - u_c \\ u'_a - u'_c & u'_b - u'_c \end{bmatrix} \begin{bmatrix} i_a \\ i_b \end{bmatrix} \tag{2-67}$$

反过来可以计算出电流值为

$$\begin{bmatrix} i_a \\ i_b \end{bmatrix} = \frac{1}{\Delta} \begin{bmatrix} u'_b - u'_c & u_c - u_b \\ u'_c - u'_a & u_a - u_c \end{bmatrix} \begin{bmatrix} p \\ q \end{bmatrix} \tag{2-68}$$

$$i_c = -i_a - i_b$$

其中

$$\Delta = (u_a - u_c)(u'_b - u'_c) - (u'_a - u'_c)(u_b - u_c) \tag{2-69}$$

分析式(2-68)，可以发现它与 pq 理论中式(2-70)是类似的。

$$\begin{bmatrix} i_\alpha \\ i_\beta \end{bmatrix} = \frac{1}{\Delta'} \begin{bmatrix} u_\alpha & -u_\beta \\ u_\beta & u_\alpha \end{bmatrix} \begin{bmatrix} p \\ q \end{bmatrix} \tag{2-70}$$

其中

$$\Delta'=u_\alpha^2+u_\beta^2 \tag{2-71}$$

可以证明，在三相电压对称时，改进的 pq 理论与原 pq 理论是等效的。因为对称情况下

$$u_a+u_b+u_c=0 \tag{2-72}$$

三相正交电压就可以表示为

$$u_a'=\frac{u_c-u_b}{\sqrt{3}} \tag{2-73}$$

$$u_b'=\frac{u_a-u_c}{\sqrt{3}} \tag{2-74}$$

$$u_c'=\frac{u_b-u_a}{\sqrt{3}} \tag{2-75}$$

改进的 pq 理论下的 a 相电流可以写为

$$i_a=\frac{2u_a p-u_b(p+\sqrt{3}q)-u_c(p-\sqrt{3}q)}{2(u_a^2+u_b^2+u_c^2-u_a u_b-u_b u_c-u_a u_c)} \tag{2-76}$$

在 pq 理论中

$$u_\alpha=\sqrt{\frac{2}{3}}\left(u_a-\frac{1}{2}u_b-\frac{1}{2}u_c\right) \tag{2-77}$$

$$u_\beta=\sqrt{\frac{2}{3}}\left(\frac{\sqrt{3}}{2}u_b-\frac{\sqrt{3}}{2}u_c\right) \tag{2-78}$$

则 pq 理论下 a 相电流可以写为

$$i_a=\frac{2u_a p-u_b(p+\sqrt{3}q)-u_c(p-\sqrt{3}q)}{2(u_a^2+u_b^2+u_c^2-u_a u_b-u_b u_c-u_a u_c)} \tag{2-79}$$

比较式(2-76)和式(2-79)，可以发现两者是相同的。这表明，“改进 pq 理论”应用范围更广。

2.2.3 同步参考坐标变换瞬时功率理论

同步参考坐标变换理论又称广义的 pq 理论，适用于供电电压畸变的情形。它将输入信号向量从三相静止坐标系变换到旋转 dq 坐标系中，如图 2-9 所示。这个变换通过两步完成。

第一步，将三相坐标系中的向量变换到 $\alpha\beta$ 直角坐标系中，所以有

$$\begin{bmatrix}F_\alpha\\F_\beta\end{bmatrix}=\sqrt{\frac{2}{3}}\begin{bmatrix}1 & -\frac{1}{2} & -\frac{1}{2}\\0 & \frac{\sqrt{3}}{2} & -\frac{\sqrt{3}}{2}\end{bmatrix}\begin{bmatrix}F_a\\F_b\\F_c\end{bmatrix} \tag{2-80}$$

第二步，将 $\alpha\beta$ 坐标系中的向量变换到旋转 dq 坐标系中，新坐标系中的物理量可以根据式(2-81)推出。

$$\begin{bmatrix}F_d\\F_q\end{bmatrix}=\begin{bmatrix}\cos\theta & \sin\theta\\-\sin\theta & \cos\theta\end{bmatrix}\begin{bmatrix}F_\alpha\\F_\beta\end{bmatrix} \tag{2-81}$$

这个变换称为派克变换。

同样地，反变换首先需要将向量从旋转 dq 坐标系中变换到 $\alpha\beta$ 静止坐标系中

$$\begin{bmatrix}F_\alpha\\F_\beta\end{bmatrix}=\begin{bmatrix}\cos\theta & -\sin\theta\\\sin\theta & \cos\theta\end{bmatrix}\begin{bmatrix}F_d\\F_q\end{bmatrix} \tag{2-82}$$

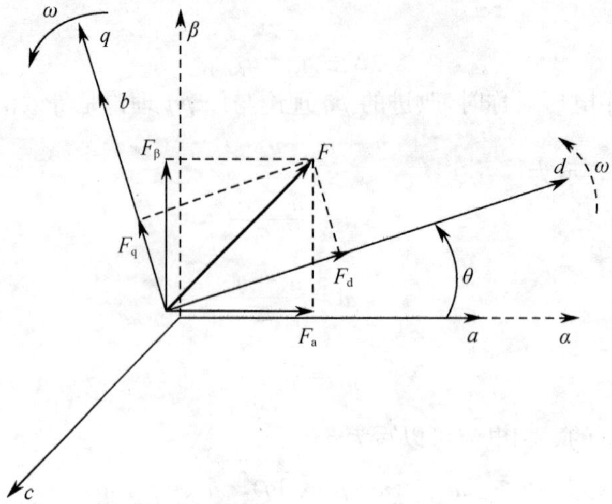

图 2-9　abc 坐标系与 dq 坐标系的转换示意图

然后再变换到三相静止坐标系下，如式(2-83)所示。

$$\begin{bmatrix} F_a \\ F_b \\ F_c \end{bmatrix} = \sqrt{\frac{2}{3}} \begin{bmatrix} 1 & 0 \\ -\frac{1}{2} & \frac{\sqrt{3}}{2} \\ -\frac{1}{2} & -\frac{\sqrt{3}}{2} \end{bmatrix} \begin{bmatrix} F_\alpha \\ F_\beta \end{bmatrix} \tag{2-83}$$

这样变换的优点是不再需要计算瞬时有功和无功功率。如果函数 $\cos\theta$ 的变化过程与 a 相基波电压的变化过程一致，那么，dq 坐标系与基波电压同步旋转。在 dq 坐标系中，与基波电压在相位上保持一致的分量(例如有功电流)用恒定值来表示。这时，d 轴上电流分量的平均值对应于旋转坐标系中电源电流的有功分量(见图 2-9)。因此，瞬时电流的最优解可以利用 dq 坐标系中相电流分量直接进行计算，即需要的电流成分仅仅是电流分量 i_d 中的恒定部分，从而补偿电流为

$$\begin{bmatrix} i_{Ca} \\ i_{Cb} \\ i_{Cc} \end{bmatrix} = \sqrt{\frac{2}{3}} \begin{bmatrix} 1 & 0 \\ -\frac{1}{2} & \frac{\sqrt{3}}{2} \\ -\frac{1}{2} & -\frac{\sqrt{3}}{2} \end{bmatrix} \begin{bmatrix} \cos\theta & -\sin\theta \\ \sin\theta & \cos\theta \end{bmatrix} \begin{bmatrix} \tilde{i}_d \\ i_q \end{bmatrix} \tag{2-84}$$

式中，$\tilde{i}_d$ 是电流分量 i_d 的交流部分。

同步参考坐标系变换理论不需要计算瞬时有功功率和无功功率，从而使得在每个计算周期中，所需要的数学运算量明显减少，方便控制系统设计，大大提高了补偿系统的动态性能。即使供电电压为周期性畸变电压时，锁相环确定的角度 θ 也能够保证对最优电流和补偿电流的计算都是准确的。

2.3　基于正交分量的功率理论

如果采用傅里叶级数描述三相电路电流和电压的波形，以列向量形式描述相电压的列向

量 $\boldsymbol{u}$ 为

$$\boldsymbol{u}=\begin{bmatrix}u_{\mathrm{a}}\\u_{\mathrm{b}}\\u_{\mathrm{c}}\end{bmatrix}=\sqrt{2}\mathrm{Re}\left\{\begin{bmatrix}\dot{U}_{\mathrm{a}}\\\dot{U}_{\mathrm{b}}\\\dot{U}_{\mathrm{c}}\end{bmatrix}\mathrm{e}^{\mathrm{j}\omega t}\right\}=\sqrt{2}\mathrm{Re}\{U\mathrm{e}^{\mathrm{j}\omega t}\} \tag{2-85}$$

相电流的列向量 $\boldsymbol{i}$ 表示为

$$\boldsymbol{i}=\begin{bmatrix}i_{\mathrm{a}}\\i_{\mathrm{b}}\\i_{\mathrm{c}}\end{bmatrix}=\sqrt{2}\mathrm{Re}\left\{\begin{bmatrix}\dot{I}_{\mathrm{a}}\\\dot{I}_{\mathrm{b}}\\\dot{I}_{\mathrm{c}}\end{bmatrix}\mathrm{e}^{\mathrm{j}\omega t}\right\}=\sqrt{2}\mathrm{Re}I\{\mathrm{e}^{\mathrm{j}\omega t}\} \tag{2-86}$$

在如图 2-10 所示的正弦电压和电流电路中，电流可以表述为

$$i=\sqrt{2}\mathrm{Re}\{[(G_{\mathrm{e}}+\mathrm{j}B_{\mathrm{e}})U+AU^{\#}]\mathrm{e}^{\mathrm{j}\omega t}\} \tag{2-87}$$

$$G_{\mathrm{e}}+\mathrm{j}B_{\mathrm{e}}=Y_{\mathrm{ab}}+Y_{\mathrm{bc}}+Y_{\mathrm{ac}}\equiv Y_{\mathrm{e}} \tag{2-88}$$

式中，Y_{e}为等效导纳。

$$A\equiv-(Y_{\mathrm{ab}}+\alpha Y_{\mathrm{ac}}+\alpha^{*}Y_{\mathrm{ab}}),U^{\#}=\sqrt{2}\mathrm{Re}\left\{\begin{vmatrix}U_{\mathrm{a}}\\U_{\mathrm{b}}\\U_{\mathrm{c}}\end{vmatrix}\mathrm{e}^{\mathrm{j}\omega t}\right\} \tag{2-89}$$

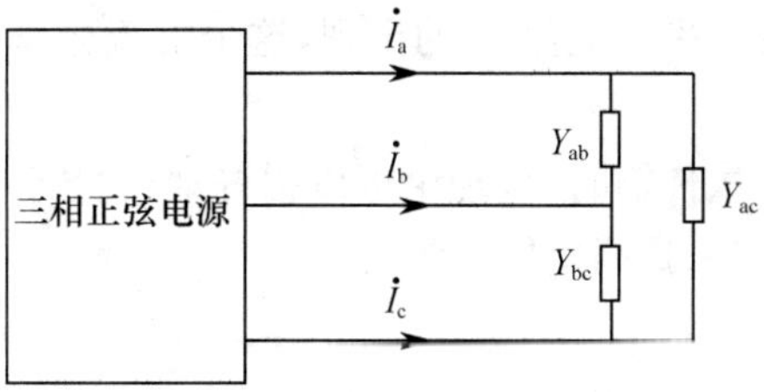

图 2-10　三相负载示意图

对于这个电路，将其电流分解为 3 个相互正交的分量

$$i=i_{\mathrm{a}}+i_{\mathrm{r}}+i_{\mathrm{u}} \tag{2-90}$$

每个分量都对应着一种能量现象。

(1) 分量 i_{a} 称为“有功电流”，与恒定的能量转换有关。

$$i_{\mathrm{a}}=\sqrt{2}\mathrm{Re}\{G_{\mathrm{e}}U\mathrm{e}^{\mathrm{j}\omega t}\} \tag{2-91}$$

(2) 分量 i_{r} 称为“无功电流”，与相移有关。

$$i_{\mathrm{r}}=\sqrt{2}\mathrm{Re}\{B_{\mathrm{e}}U\mathrm{e}^{\mathrm{j}\omega t}\} \tag{2-92}$$

(3) 分量 i_{u}称为“不平衡电流”，与负载的不平衡有关。

$$i_{\mathrm{u}}=\sqrt{2}\mathrm{Re}\{A_hU_h^{\#}\mathrm{e}^{\mathrm{j}\omega t}\} \tag{2-93}$$

如果一个系统含有非线性负载，电压和电流的波形是畸变的，那么，就可以用下面的等式来描述供电电压

$$\boldsymbol{u}=\begin{bmatrix}u_{\mathrm{a}}\\u_{\mathrm{b}}\\u_{\mathrm{c}}\end{bmatrix}=\sqrt{2}\mathrm{Re}\left\{\sum_{h\in N}\begin{bmatrix}u_{\mathrm{a}h}\\u_{\mathrm{b}h}\\u_{\mathrm{c}h}\end{bmatrix}\mathrm{e}^{\mathrm{j}h\omega_1 t}\right\}=\sqrt{2}\mathrm{Re}\left\{\sum_{h\in N}U_h\mathrm{e}^{\mathrm{j}h\omega_1 t}\right\} \tag{2-94}$$

此时的电源电流可以分解为 4 个分量

$$i=i_a+i_s+i_r+i_u \tag{2-95}$$

这些分量都是相互正交的，即

$$\| i \|^2=\| i_a \|^2+\| i_s \|^2+\| i_r \|^2+\| i_u \|^2 \tag{2-96}$$

而且，它们都对应着不同的能量现象

$$i_a=\sqrt{2}\mathrm{Re}\left\{\sum_{h\in N} G_e U_h \mathrm{e}^{\mathrm{j}h\omega_1 t}\right\} \tag{2-97}$$

i_a 为有功电流，对应电源到负载的能量流动。当负载的有功功率不为 0 时，就会产生如下的电流分量

$$i_s=\sqrt{2}\mathrm{Re}\left\{\sum_{h\in N} (G_{eh}-G_e) U_h \mathrm{e}^{\mathrm{j}h\omega_1 t}\right\} \tag{2-98}$$

i_s为分散电流，不参与电源到负载的能量流动。这是由于负载电导会随着谐波次数的不同而不同。

$$i_r=\sqrt{2}\mathrm{Re}\left\{\sum_{h\in N} B_{eh} U_h \mathrm{e}^{\mathrm{j}h\omega_1 t}\right\} \tag{2-99}$$

当谐波电压和电流（与负载电纳有关）之间存在相移时，就会出现无功电流 i_r，这个电流分量也不参与从电源到负载的能量传输。

$$i_u=\sqrt{2}\mathrm{Re}\left\{\sum_{h\in N} A_h U_h^{\#} \mathrm{e}^{\mathrm{j}h\omega_1 t}\right\} \tag{2-100}$$

由于负载的不平衡导致不平衡电流 i_u 的出现，这个电流分量也不参与从电源到负载的能量传输。

当分析电气系统中的能量传输时，该理论可以很好地解释各功率分量。然而，在实际应用补偿时非常复杂，很难利用它来提高电能质量。

第3章 开关型变换器拓扑理论

3.1 开关型变换器拓扑概述

开关型变换器一般按电能的变换形式分为4大类：AC-DC变换器、DC-AC变换器、DC-DC变换器、AC-AC变换器。开关型变换器的本质是实现电能特征的直接变换，变换过程中不需要经过非电能形式。但是，只有电力半导体器件是不能构成开关型变换器的。电力半导体器件之间、电力半导体器件与变换器其他器件之间的电路连接必须遵循一定的规律，这些电路连接规律不仅要发挥功率半导体器件的“开关”作用，还要与变换器的控制相协调，共同决定变换器的特征。这些变换器的电路连接规律，就是开关型变换器的拓扑特性。

开关型变换器的拓扑结构指的是变换器电路中各组成元件之间的抽象位置以及它们之间的关系，是变换器变换特征的描述，也是实现电力变换的基础之一。任何一类开关型变换器都存在一些基本的拓扑结构。一般来说，具有相同拓扑结构的变换器具有一些相似的性能，这些性能与使用的器件关系不大，但是与集成系统的整体构成以及控制方式关系十分密切，这就是变换器的拓扑特性。

变换器的拓扑结构不等于变换器电路，不同的变换器电路具有相同的拓扑结构。因为变换器的拓扑结构只对电路中的连接关系进行描述，而不严格考虑电路中的具体器件，也不考虑辅助电路。了解和掌握这些基本的拓扑结构将有助于对任意开关型变换器拓扑设计与变换。

3.2 开关型变换器拓扑规则

3.2.1 开关型变换器理想开关的定义

绝大多数电力半导体器件都可以看成双稳态器件，简单的可以把它看成一个双电阻的模型。一般认为理想开关具有以下性质：

通态时，看成是一个阻值极低的电阻，可以认为阻值为零；

断态时，看成是一个阻值极大的电阻，可以认为阻值为无穷大；

开通和关断，即通态和阻态之间切换时，切换时间为零。

通态时至少在一个方向上能流通电流；阻态时，至少能在一个方向承受电压，最理想的开关能够双向流通电流，双向承受电压，即双向可控开关。

为了更好地理解电力电子变换器理想开关的定义，不从器件内部特性考虑，而用其外特性（即两端压降和流经电流）来描述变换器理想开关的性质，也可以描述为：

通态时，无论其流经的电流为多大，两端压降为零；

断态时，无论其两端承受的电压为多大，流经电流为零；

开通时，即由阻态向通态转换时，其阻态两端承受的压降在零时间内降为零；

关断时，即由通态向阻态转换时，其通态流经电流在零时间内降为零。

双向可控开关，处于通态时，其流通电流方向可正可负；处于阻态时，其两端承受的电压可正可负，即在其电压电流相平面图上，其工作区域为两坐标轴。

相对于实际器件，理想器件还具有这样的特性，即其通态和阻态时间宽度可以无限小。

3.2.2 开关型变换器拓扑的基本开关单元

开关型变换器都使用了功率开关器件（包括可控功率开关器件和二极管），因此，应首先讨论这些开关器件（以下简称“开关”）的拓扑结构和特点，以便进一步讨论各种开关型变换器拓扑的设计和变换。为方便讨论，将含有二极管或功率开关管的基本单元称为“基本开关单元”。

1. 二端开关单元

二端开关单元是指由二极管和功率开关管组成的具有两个端口的基本开关单元，二端开关单元主要包括单向开关单元、准双向开关单元和双向开关单元 3 种结构。

（1）单向开关单元

单向开关单元是指电流只能单向流通的基本开关单元。单向开关单元包括可控和不可控单向开关两种基本单元。其中，单向不可控开关单元由单个二极管构成；而单向可控开关单元则由单个功率开关管构成。显然，这两种单向开关单元中只能流过单向电流，其电路拓扑如图 3-1 所示。

（2）准双向开关单元

准双向开关单元是指电流或电压能双向通过，但只有正向可控的基本开关单元。准双向开关单元分为准双向电流开关单元和准双向电压开关单元，它们都同时包括二极管和功率开关管。所谓“准双向”主要是指电流或电压只能正向受控，而反向则不可控。实际上准双向开关单元是由单向不可控开关和单向可控开关组合而成的，其电路拓扑如图 3-2 所示。如实际 IGBT 的反向并联二极管流经的电流开关中的电流是双向流动的，但是只有正向流动的电流是可以控制的，而反向流经开关的电流是不可控制的，虽然单个开关中存在电流不可控现象，但是不影响开关单元对电流的控制。

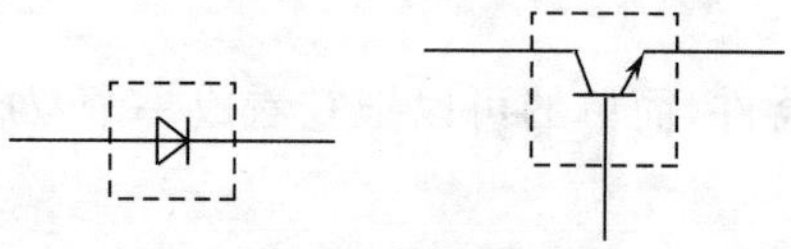

（a）单向不可控开关　（b）单向可控开关

图 3-1　单向开关单元电路拓扑

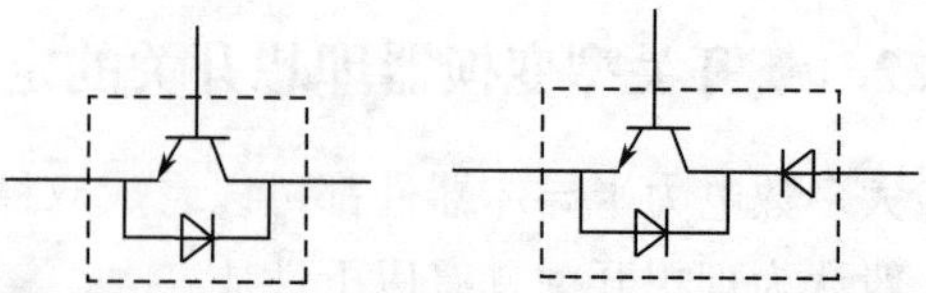

（a）准双向电流开关　（b）准双向电压开关

图 3-2　准双向开关单元电路拓扑

（3）双向开关单元

双向开关单元是指电流能双向可控的基本开关单元，又称四象限开关。双向开关单元主要包括 4 种结构，其各自的电路拓扑如图 3-3 所示。显然，双向开关单元由二极管和功率开关管共同构成，其功率器件数量较多，拓扑结构相对复杂。

其中，二极管桥式双向开关单元只用了一个功率开关管，但用了 4 个二极管，这种结构的功率损耗相对较大，且流过功率开关管的电流方向是一定的；共射背靠背式双向开关单元用了两个功率开关管和两个二极管，且两个功率开关管的驱动可用单电源，损耗也相对较低；共集

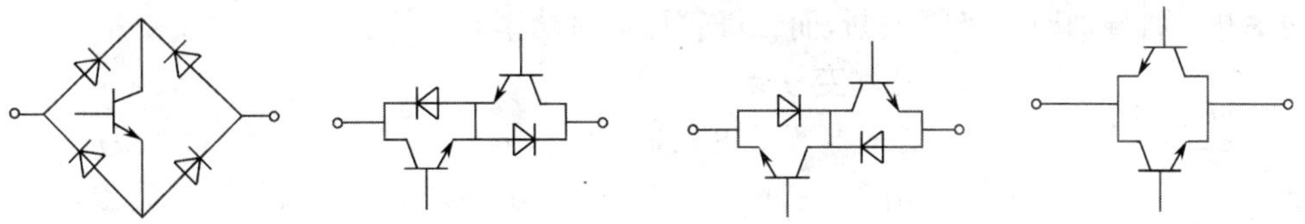

（a）二极管桥式　　（b）共射背靠背式　　（c）共集背靠背式　　（d）双管反并式

图 3-3　双向开关单元电路拓扑

背靠背式双向开关单元与共射背靠背式双向开关单元性能类似，只是需两路驱动电源；双管反并式双向开关单元是最简单的结构且效率相对较高，但这种结构必须采用具有反向电压阻断能力的功率开关管。

2. 三端开关单元

三端开关单元是指由功率开关和二极管构成的具有三端口的基本开关单元。观察以下基本开关变换器的拓扑结构，其各自拓扑结构分别如图 3-4 所示。

从图 3-4 虚线框所示 6 种基本开关变换器拓扑中可以看出：各变换器都有一个功率开关管和一个二极管组成的基本单元，其中功率开关管和二极管反向连接且连接节点输出，所以称这种结构的基本单元为三端口开关单元。

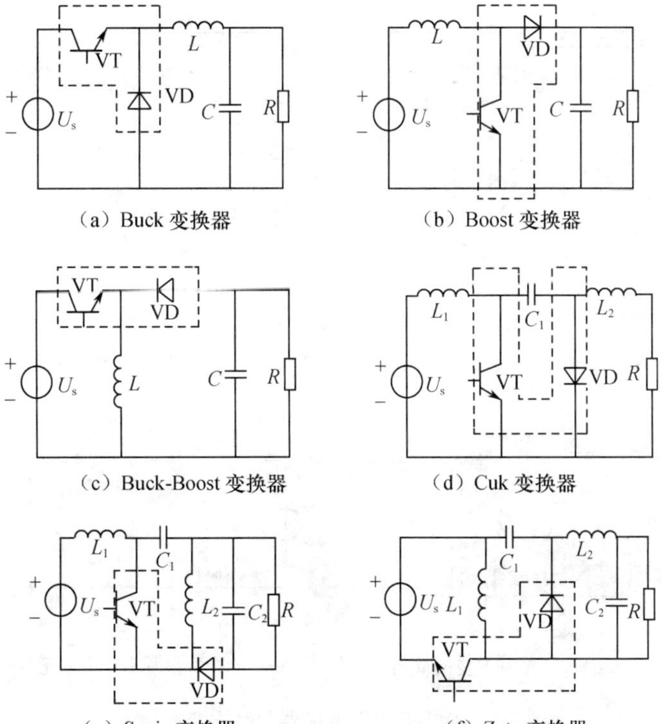

（a）Buck 变换器　　（b）Boost 变换器

（c）Buck-Boost 变换器　　（d）Cuk 变换器

（e）Sepic 变换器　　（f）Zeta 变换器

图 3-4　基本开关型变换器

三端口开关单元对外有 3 个端：功率开关端口，称为有源端，用 a 表示；二极管端，称为无源端，用 p 表示；功率开关管和二极管相连接的端口，称为公共端，用 c 表示。形成三端开关单元如图 3-5 所示，似单刀双掷开关。三端开关单元中的功率开关管和二极管的开关状态互补，即当功率开关管导通时二极管关断，而二极管导通时功率开关管关断。

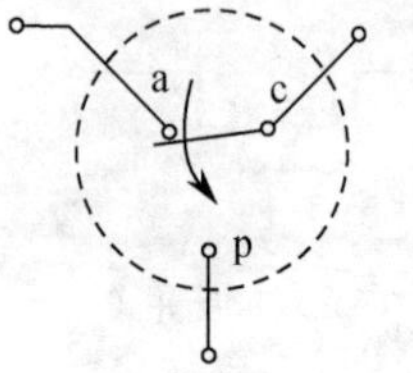

图 3-5　三端开关单元

3. **基本变换单元**

所谓基本变换单元是指由三端开关单元和储能元件组成的具有能量变换功能的单元。从图 3-4 所示的开关型变换器可以看出，三端开关实际上控制着基本变换器开通和关断，从而控制着输出-输入能量的变换。基本变换器的拓扑结构主要是由输入电源、储能元件、三端开关、滤波环节及负载构成，其核心部分就是储能元件和三端开关。这样，可将三端开关单元和储能元件组合成基本变换器的核心单元，称为基本变换单元。重新给出 6 种基本开关型变换器，如图 3-6 所示，虚线框内就是各自的基本变换单元，而基本变换单元具有一定的能量变换功能。显然，只要将这些基本变换单元的输入端接上电源、输出端接对应的滤波器和负载即可得到相应的基本开关型变换器。基本变换单元不仅起着基本变换的作用，而且还起到能量存储和传输的作用。

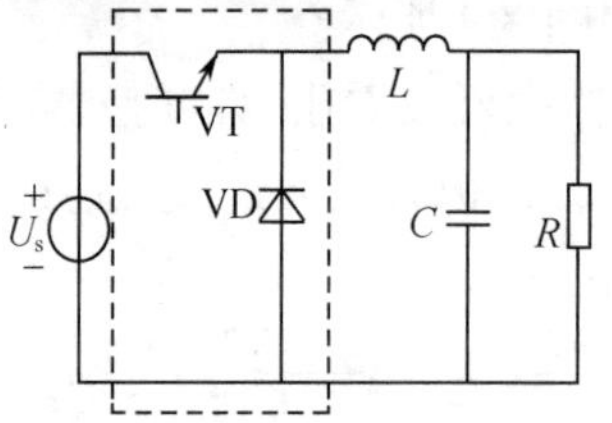

（a）Buck 型基本变换单元

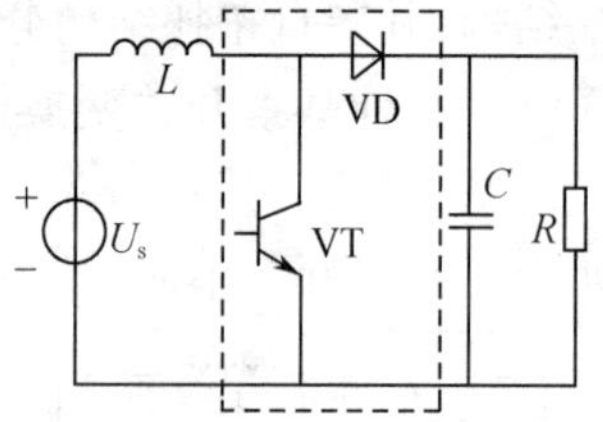

（b）Boost 型基本变换单元

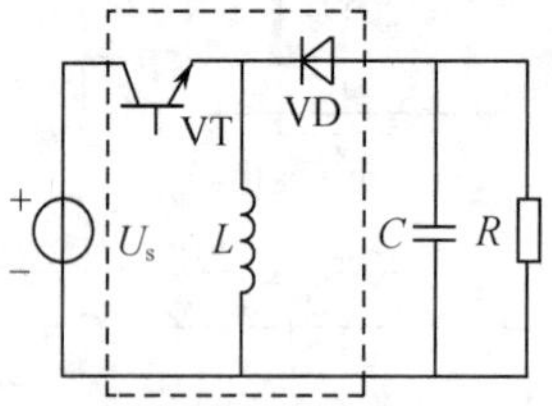

（c）Buck-Boost 型基本变换单元

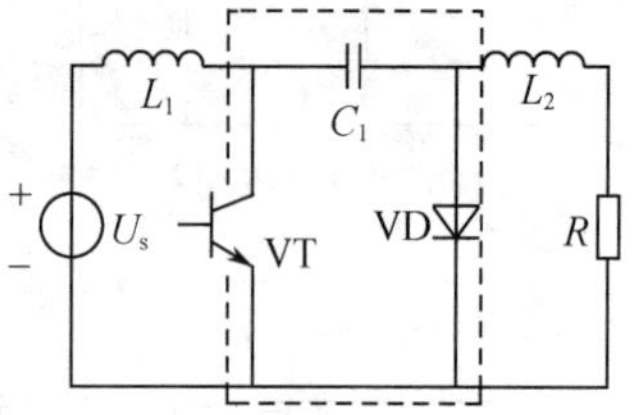

（d）Cuk 型基本变换单元

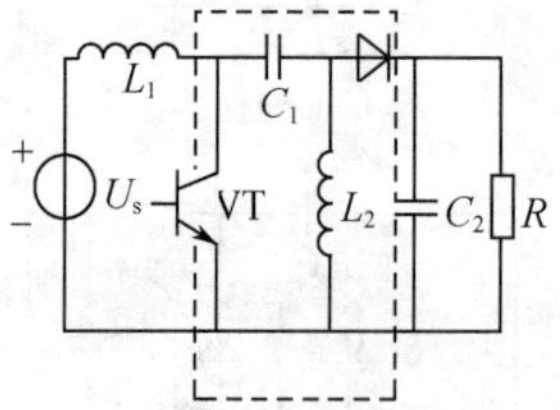

（e）Sepic 型基本变换单元

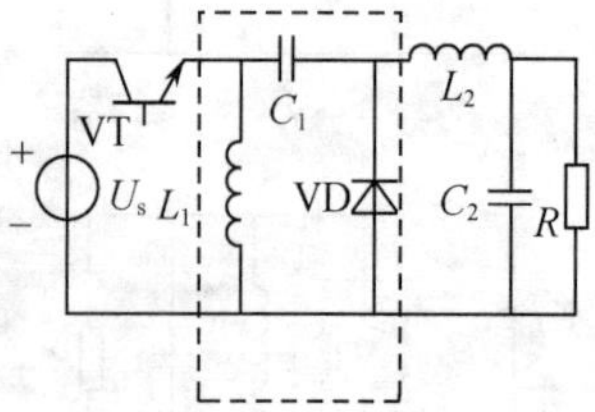

（f）Zeta 型基本变换单元

图 3-6　基本开关型变换器的基本变换单元

3.2.3　基本开关型变换器的拓扑组合规则

基本开关变换器都具有输入部分、输出部分和中间部分，如图 3-7 所示。输入部分是由电源和输入滤波器以及一个功率开关管组成；中间部分由电容和（或）电感组成，起到能量存储和传输的作用，所以又叫能量缓冲器，其中电容和电感的作用则相当于一个缓冲器；输出部分由二极管、输出滤波器和负载组成。在分析电路拓扑中，常常把电感和电容当作理想元件，即电感和电容只起到能量存储和传输的作用，而没有能量消耗，这样就要求在电感两端不能有直流电压，电容不能有直流电流通过。输入滤波器起到滤除输入直流电源纹波的作用，当忽略输入电源纹波时，可以认为输入端的电源是理想的电源。输出滤波器的作用是滤掉输出电压或电流的纹波。所以在研究开关型变换器系统结构时，为使研究简化可以去除其滤波器，并将所有电容用电压源代替，所有电感用电流源代替，电流负载用电流源代替，电压负载用电压源代替。因此，开关型变换器系统结构可以分成输入、能量转换、输出 3 个部分，各个部分内部及各部分之间的连接方式存在一定的规则。

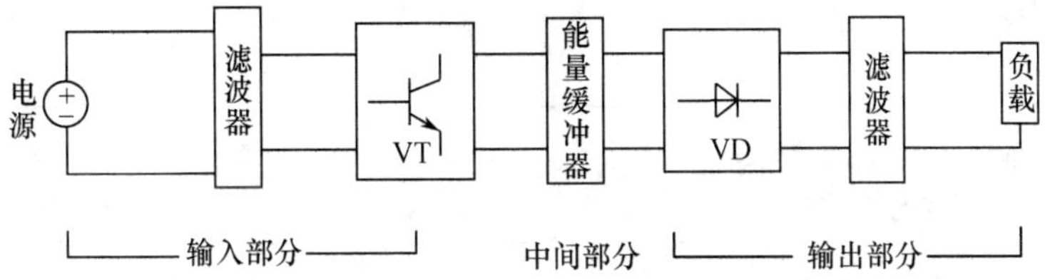

图 3-7　基本开关型变换器的系统结构

规则 1——具有电压源性质的元件，包括电压源、电容等，不能被短路；具有电流源性质的元件，包括电流源、电感等，不能被开路。

输入端的电源和功率开关管的拓扑组合方式共有 4 种情况，如图 3-8 所示。图 3-8a 是一个电压源和功率开关管串联；图 3-8b 是电流源和功率开关管并联。这两种结构无论开关是开通还是关断，电源都可以正常工作。而图 3-8c 是一个电压源和功率开关管并联，当功率开关管开通时，电压源短路，所以这种电路连接方式是错误的；图 3-8d 是电流源和功率开关管串联，当功率开关管关断时，电流源断路，所以这种连接方式也是错误的。无论复杂程度如何，变换器拓扑都遵循这个原则。从某种程度上讲，在电力电子器件理想化的情况下，电力电子变换器拓扑之间存在一定的通用性。

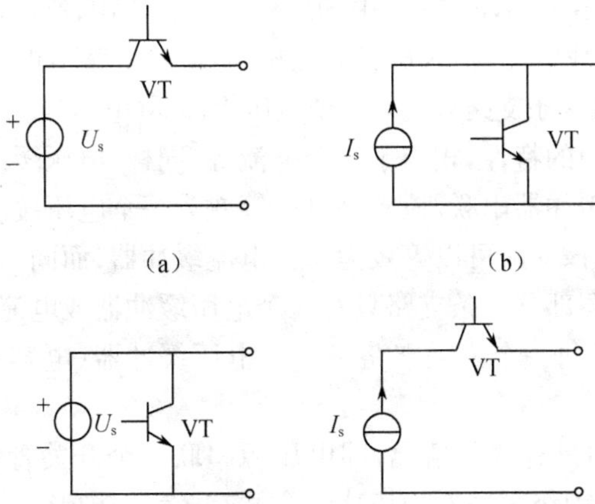

图 3-8　输入端的电源和功率开关管的组合拓扑方式

规则 2——输出端二极管和电压负载同向串联或二极管和电流负载反向并联。

输出端的二极管和电源负载的拓扑组合方式共有 8 种情况，如图 3-9 所示。

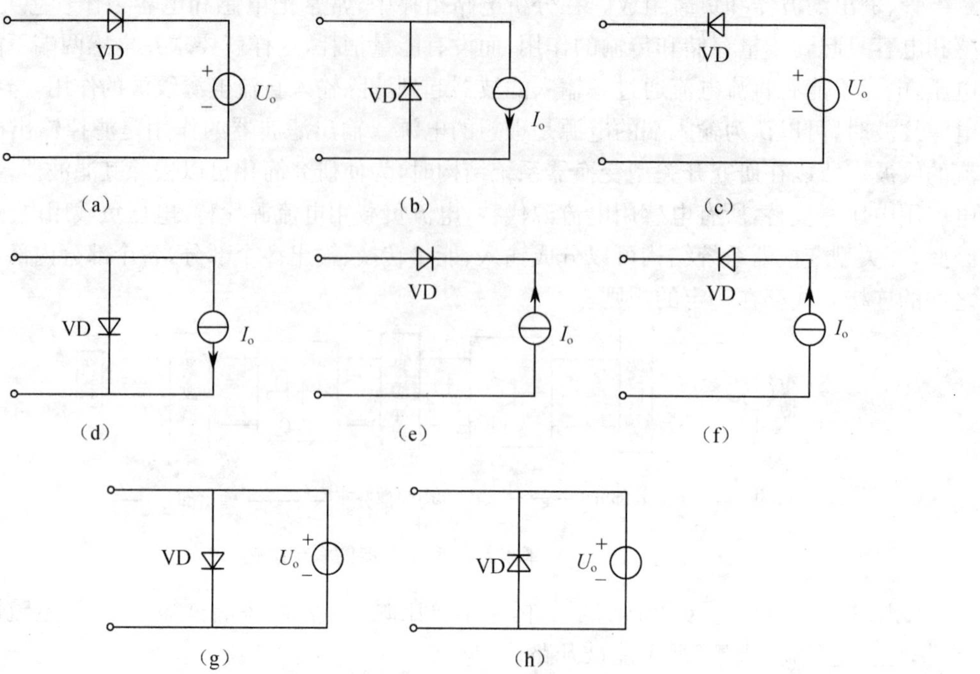

图 3-9 输出端的二极管和电源负载的拓扑组合方式

图 3-9a 中的二极管阻止负载电压源电压回馈，图 3-9b 中的二极管阻止负载电流源电流回馈，所以是正确的连接方式。

图 3-9c 的二极管阻止前端的电路给负载供电，图 3-9d 中的二极管使前端的电流不经过负载，电路结构不正确。

图 3-9e 中的二极管阻断电流流通，是无效的拓扑结构。

图 3-9f 中的二极管是多余的，图 3-9h 中的二极管不起作用，所以可省略。

图 3-9g 的二极管使负载电压为零，负载电压短路，显然电路不正确。

规则 3——中间部分每一条支路只包含一个电压缓冲器（电容）或一个电流缓冲器（电感）。

电流缓冲器具有电流源的特性，相当于一个电流源，同样，电压缓冲器相当于一个电压源。若一条支路上有多个电压缓冲器串联，该支路可以等效为一个电压缓冲器；若一条支路上有多个相同的电流缓冲器串联，该支路可以等效为一个电流缓冲器；而同一支路上多个不同的电流缓冲器无法串联，因此，中间部分一条支路只有一个电压缓冲器或电流缓冲器。

规则 4——中间部分的每一个串联支路是一个电压缓冲器（电容），每一个并联支路是一个电流缓冲器（电感）。

从规则 1 可知，输入端只有两种情况，即电压源串联一个开关管和电流源并联一个开关管。那么，它和中间部分的前级缓冲器的拓扑组合共有 8 种结构形式，如图 3-10 所示。

在图 3-10a 中，若输入电压源 U_s 与中间部分的缓冲器（即电容）U_o 两者电压不等，那么开关导通时就会引起短路；若 U_s 与 U_o 两者电压相等，那么开关将不再传导电流，也就失去了作用，所以电路拓扑不正确。

在图 3-10b 中，当开关导通时，中间部分的缓冲器（即电容）U_o 将被短路；在图 3-10c 中，当开关关断时，中间部分的缓冲器（即电感）I_o 将断路，所以此电路拓扑不正确。

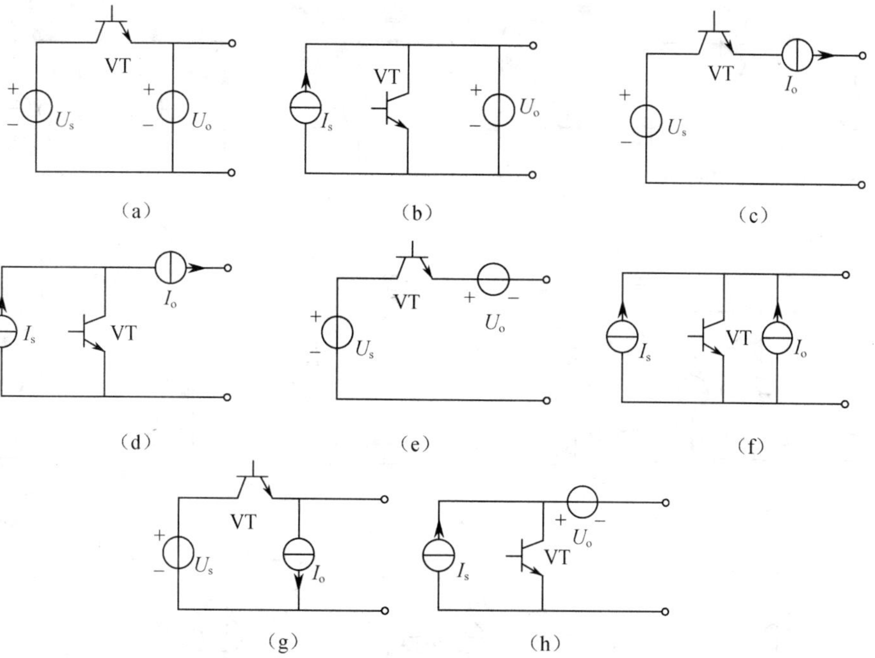

图 3-10　输入部分和中间部分的前级缓冲器的拓扑组合方式

在图 3-10d 中，若 I_s 与 I_o 两者电流不相等，那么开关关断的时候电路产生错误；若 I_s 与 I_o 相等，那么开关将不再传导电流，也就失去了作用，所以此电路拓扑也不正确。

在图 3-10e 中，当开关关断时，电压缓冲器无法将存储的能量释放给后级；在图 3-10f 中，电流缓冲器无法吸收电源的能量，在能量释放后无法补充，故无法完成能量传递作用，所以此电路拓扑也不正确。

在图 3-10g 中，输入端电压源和开关串联后再与中间部分的电流缓冲器并联；在图 3-10h 中，输入端电流源和开关并联后再与中间部分的电压缓冲器串联，也符合上面提到的拓扑连接方式，电路分析也是正确的。

规则 5——输入电压源不能通过功率开关直接与电压缓冲器或电压负载相连；输入电流源不能通过功率开关直接与电流缓冲器或电流负载相连。

当变换器存在中间部分时，输入端和中间部分拓扑组合形式与规则 4 所列情况相同。从规则 4 的分析可知：有效的拓扑只有输入端为电压源而中间部分前级为电流缓冲器，或者输入端为电流源而中间部分前级为电压缓冲器。若变换器没有中间部分，只有输入端和输出端，那么输入端有两种电路拓扑，同样输出端也只有两种电路结构，其拓扑组合形式有 8 种，如图 3-11所示。

图 3-11a 中二极管是多余的。

图 3-11b 中二极管限制了输入端的能量流，图 3-11c 中输入电流源和负载电流源串联了，所以都是错误的。

图 3-11d 中的二极管使输入电流旁路，从而无法给负载供电，显然结构是错误的。

图 3-11e 中的二极管阻断了输入端的能量流向负载，图 3-11f 中的二极管输入电流旁路，从而无法给负载供电，显然是错误的拓扑。

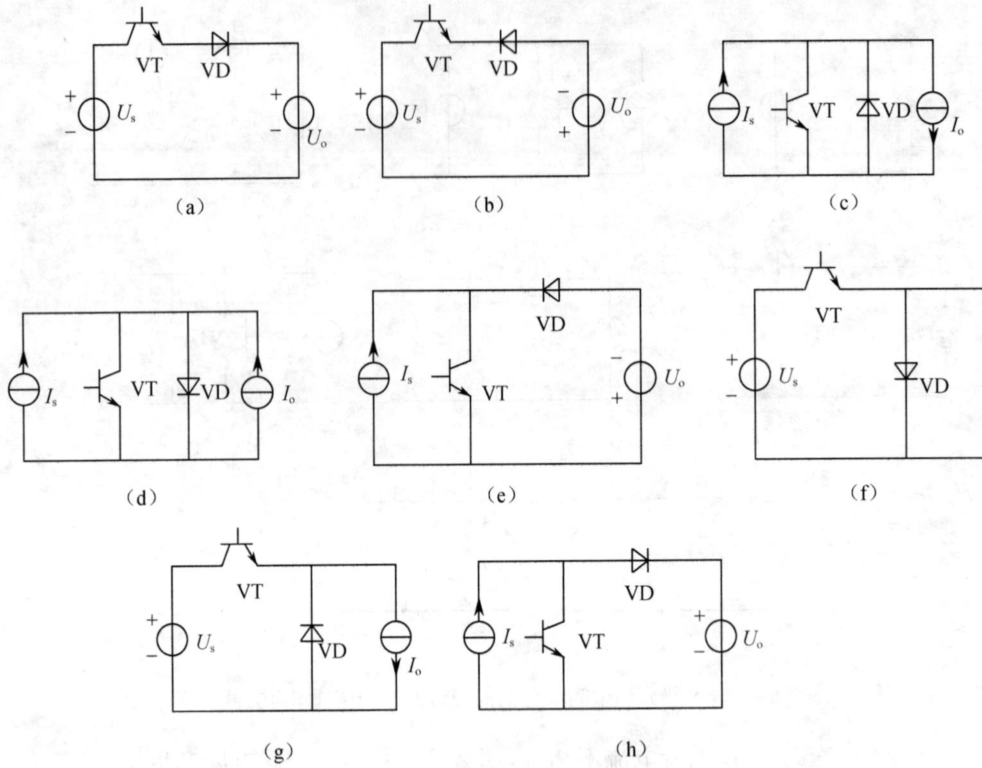

图 3-11　输入部分和输出部分的组合方式

而有效的拓扑结构只有输入端是电压源而负载是电流源，或者输入端是电流源而负载是电压源，并且二极管不能阻断输入端给负载供电。

显然，图 3-11g 和图 3-11h 所示是正确的。

规则 6——电压缓冲器不能通过二极管和电压负载相连；电流缓冲器不能通过二极管和电流负载相连。

中间部分的后级缓冲器和负载相连的 4 种拓扑组合形式如图 3-12 所示。

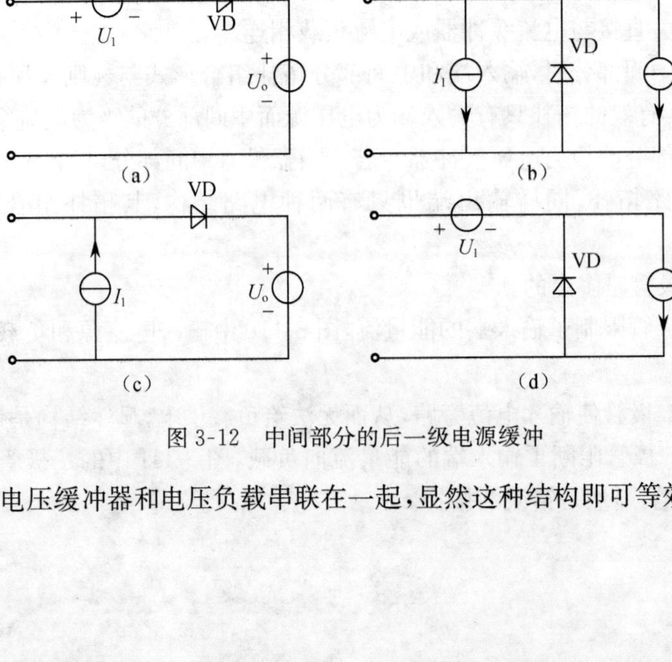

图 3-12　中间部分的后一级电源缓冲

图 3-12a 中电压缓冲器和电压负载串联在一起，显然这种结构即可等效为一个电压负载；

图 3-12b 中，电流缓冲器和电流负载是并联的，显然这种结构即可等效为一个电流负载，所以这两种接法都是不正确的。而正确的接法是：电流缓冲器的输出应该接负载电压源，电压缓冲器的输出应该接负载电流源，如图 3-12c 和图 3-12d 所示。

规则 7——中间部分所包含的缓冲器的数目不超过两个，且类型不同。

如果中间部分有 3 个缓冲器，则出现的拓扑组合如图 3-13 所示。

在图 3-13a 中，由于电压缓冲器不能有直流电流流过，所以流过电压缓冲器 U_1、U_2 的直流电流都是零，所以电流缓冲器上也没有直流电流流过，这样就可以省去电流缓冲器，而两个电压缓冲器相当于串联，所以电路可等效为一个电压缓冲器。在图 3-13b 中，由于电流缓冲器两端直流电压为零，所以电流缓冲器 I_1、I_2 的电压都是零，显然电压缓冲器两端没有电压，这样就可以省去电压缓冲器，而两个电流缓冲器相当于并联，所以电路可等效为一个电流缓冲器。因此可以得出：中间部分的缓冲器的数目最多只有两个，而且是两个不同的缓冲器，即一个电压缓冲器（电容）和一个电流缓冲器（电感）。

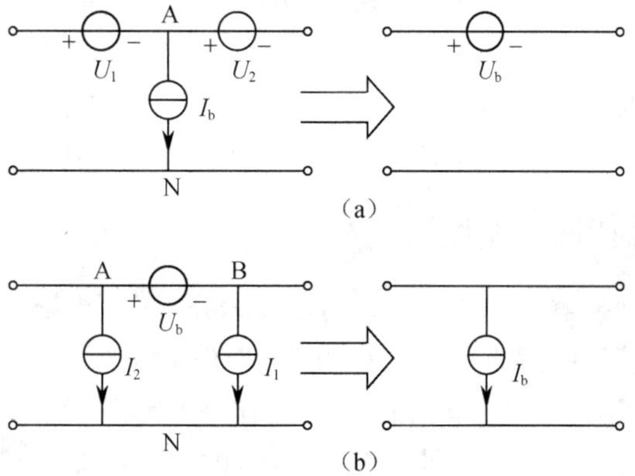

图 3-13　中间部分缓冲器的拓扑组合器和输出部分的拓扑组合方式

规则 8——相邻两个电源（包括缓冲器和负载）类型不能相同。

由规则 5 可得输入级与负载之间相连时，电源类型不能相同；输入级与中间部分相连时，电源类型也不能相同。由规则 6 可得中间部分后级缓冲器与负载的电源类型不能相同。由规则 7 可得中间部分缓冲器电源类型不能相同，即相邻两个电源的类型一定不相同。

则基本的变换器的结构有如下几种。

① 电压源→ 电流负载（Buck 变换器）或者电流源→ 电压负载（Boost 变换器）。

② 电压源→电流缓冲器→电压负载（Buck-Boost 变换器）或者电流源→电压缓冲器→ 电流负载（Cuk 变换器）。

③ 电压源→ 电流缓冲器→ 电压缓冲器→ 电流负载（Zeta 变换器）或者电流源→ 电压缓冲器→ 电流缓冲器→ 电压负载（Sepic 变换器）

【例 3-1】图 3-14 是 Zeta 变换器，对其拓扑组合的正确性分析不难发现它满足：

规则 1——电压源和功率开关管串联；

规则 2——二极管和电流负载并联；

规则 3——中间部分每一个支路只包含一个电压缓冲器（电容）或一个电流缓冲器（电感）；

规则 4——中间部分每一个串联支路是一个电压缓冲器（电容），每一个并联支路是一个

电流缓冲器(电感);

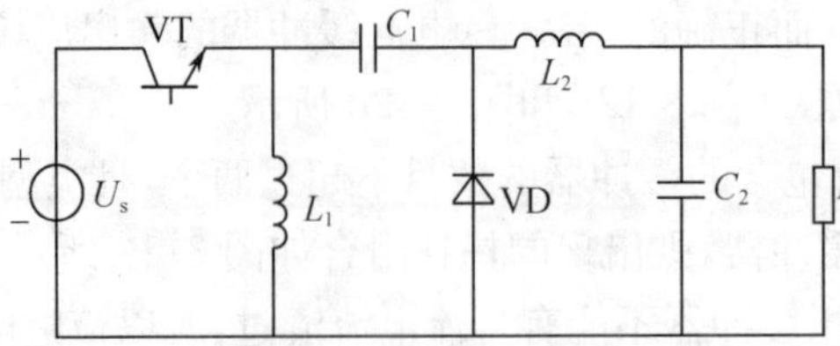

图 3-14　Zeta 变换器

规则 5——输入电压源不能通过开关直接与电压缓冲器相连;

规则 6——电压缓冲器不能通过串联一个二极管和电压负载相连;

规则 7——中间部分所包含的缓冲器的数目不超过两个,且类型不同;

规则 8——相邻两个电源(包括缓冲器和负载)类型不相同。

其他的电路拓扑,不管其多复杂(如输入、输出端口都加有滤波器,输出有多种负载),它们的组合方式都不能违背上面所介绍的几条规则。

总之,基本变换器的拓扑组合必须符合相应的规则,否则拓扑结构是不正确的或者是不合理的。以上 8 条规则也可扩展至一般的直流开关型变换器的拓扑组合设计中。

3.2.4　基于器件特性的变换器基本拓扑单元

将基于理想开关的变换器基本拓扑单元用于实际分析中,具有许多明显缺陷,这些缺陷的产生主要是因为对开关特性的理想化造成的,即忽略了电力半导体器件的应用特性。从前面的分析可知,其应用特性不但体现在本体内的 PN 结特性和 PN 结与 PN 结相互作用特性,还体现为器件内部 PN 结与外部条件之间的相互作用,即与变换器中其他元件之间的作用。首先从器件的外特性(即两端电压和流经电流)方面来考虑开关器件的应用特性。其中的通态特性、断态特性、开通特性、关断特性和恢复特性与基本拓扑单元密切相关,相对于理想开关,将开关器件的性质修改如下:

① 通态时,其流通的电流工作在限制的范围内,两端压降与流经电流相关,一般来说其值很小,称之为通态压降;

② 阻态时,其两端承受的电压工作在限制的范围内,其漏电流与两端承受电压相关,一般来说其值很小,称之为阻态漏电流;

③ 开通时,即由阻态向通态转换时,其阻态两端承受的压降在一定的时间内按照一定的规律变化降为通态压降;

④ 关断时,即由通态向阻态转换时,其通态流通电流在一定的时间内按照一定的规律变化降为阻态漏电流;

⑤ 无论通态或者阻态,其维持时间宽度不能无限小,即开关器件开通后不能马上关断或者关断后马上开通,这主要是受开关器件恢复特性的影响;

⑥ 开关器件两端承受电压以及流通电流的变化率必须受一定的限制,即开关器件存在 du/dt 的耐量和 di/dt 的耐量。

根据对开关器件特性的修改,可以进一步推出基于器件特性的基本拓扑单元应具有以下几点性质:

① 开关单元输入或输出的电压或者电流，以及它们的变换率，必须在额定的范围内；

② 两个开关为互锁关系，不能造成电压源短路或者电流源开路的情况；

③ 因为开关的开通和关断需要一定的时间，则两开关动作之间存在一定的“死区”；

④ 因为开关器件存在最小通态和断态瞬间，则基本拓扑单元控制存在最小脉宽；

⑤ 两个开关的动态特性相互影响。

根据开关单元中电能流动的分析可以看出，有源开关一般和无源开关（二极管）成对工作，有源开关的开通和关断的暂态过程伴随着无源开关的关断和开通的暂态过程，此时二极管的反、正向恢复特性将对有源开关的开通电流和关断电压产生影响。在有源开关开通的时候，可以认为其两端电压按照一定的规律在一定的时间内降为导通压降，此时伴随着二极管的关断，即有源器件的开通和二极管的关断特性（反恢复特性）同时对基本拓扑单元产生影响。当有源开关关断的时候，可以认为其流通电流按照一定规律在一定的时间内降为阻态漏电流，此时伴随着二极管的开通（正向恢复特性）。在有源开关动作即基本拓扑单元进行换流的时候，可以认为基本拓扑单元的输入和输出电流保持不变。而在对基本拓扑单元外围电路（比如吸收电路）进行设计时，要综合考虑有源器件和二极管的特性，不能仅仅考虑有源开关本身的特性。

3.3　开关型变换器的对偶设计

线性电路存在对偶原理，包括物理量、元器件和电路拓扑的对偶。电路对偶与电路等效是两个不同的概念。相互对偶的两个电路，具有不同的拓扑，这两个拓扑不是相互等效的。而相互等效的两个电路，具有相同的拓扑，但这两个电路并不相互对偶。对偶电路虽然不能简化计算，但是可以根据已知电路的结果，用同一特性方程描述对偶电路的数学模型（电路方程和拓扑结构）。由于功率器件不仅是非线性元件而且还具有极性，即含功率器件的支路电流有一定的方向。所以一直没有一个完善的规则来确定对偶功率器件的电流方向，这在很大程度上限制了对偶原理在开关型变换器中的应用。美国学者 Strve Freeland 经过研究，归纳出了包括功率器件在内的开关型变换器相关元件的对偶规则，使得对偶原理在开关型变换器中得到了成功的应用。开关型变换器应用对偶电路的充要条件为电路是平面的。

开关型变换器对偶关系可从电路的对偶性理论得到，其数学基础是第 1 章讲到的图论（Graph Theory）。表 3-1 给出电路中的若干对偶关系，左右栏对应各项互为对偶。

表 3-1　电路对偶关系

网　孔	节　点
开（导通）	关（关断）
开路（$R=\infty$）	短路（$R=0$）
串联	并联
电压源 U	电流源 I
电感 L	电容 C
电阻 R	电导 G
n∶1 理想变压器	1∶n 理想变压器
T 形滤波电路（L-C-L）	Π 形滤波电路（C-L-C）
Y 连接	△连接

3.3.1　开关型变换器常用元件的对偶规则

半导体器件是有极性的，因此在应用开通与关断互为对偶这一基本原则确定对偶器件时，要注意它们的极性。当然，二极管的对偶器件还是二极管，开关晶体管的对偶器件也还是开关晶体管。

1. 理想二极管的对偶规则

假设理想的二极管正向电压和反向电流均为零，并且不吸收或产生任何瞬时功率。因此，根据对偶原理，理想二极管的对偶元件的“正向”电流和“反向”电压均为零，同时也不吸收或产生任何瞬时功率。值得注意的是，对偶元件的“正向”参考方向与原元件参考方向相一致。很明显，具有这种特性的器件为另一种理想的二极管，与原理想二极管相比，只是极性方向相反。因此，当二极管导通时，它的对偶二极管必然是关断的；反之亦然。那么在含有理想二极管电路的对偶变换中如何确定其对偶二极管的方向呢？

【例 3-2】图 3-15a 是一个含有理想二极管的单相半波整流电路，首先根据对偶变换步骤画出它的有向几何图，如图 3-15b 所示；再画出图 3-15b 所示对偶的有向几何图，如图 3-15d 所示。具体变换过程如图 3-15c 所示；最后将图 3-15d 所示的有向几何图转换成电路图，如图 3-15e 所示。显然，图 3-15e 所示电路即为图 3-15a 所示的对偶电路。那么对偶电路中的二极管 VD* 的方向是如何确定的呢？

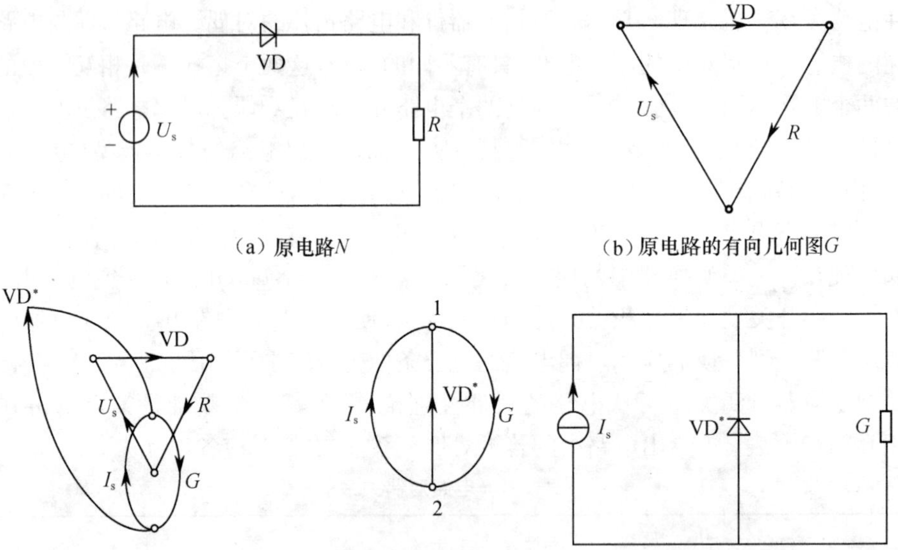

（a）原电路N　（b）原电路的有向几何图G

（c）有向几何图G的对偶变换过程　（d）对偶有向几何图G^*　（e）对偶电路图N^*

图 3-15　理想二极管的对偶求解过程

根据图 3-15a 电路做简单分析，不难判断其二极管方向如图 3-15e 所示。实际上，如果在图 3-15e 和图 3-15d 中标注电流方向就会发现：将含二极管的有向支路顺时针旋转 90°，即可得到含对偶二极管的有向支路，从而可确定其对偶二极管的极性方向。这就是二极管的有向对偶规则。

2. 理想功率开关管的对偶规则

理想功率管为一象限（电压、电流）可控制的理想开关，这种理想开关的正向电压和反向电流均为零，并且开关的通断由其控制信号决定。根据对偶规则不难理解，理想功率开关管的对偶元件仅仅是对原理想功率开关管的控制信号反向后驱动的功率开关管，并且其正向电压和反向电流均为零。这样，当原功率开关管导通时，对偶功率开关管关断；反之亦然。显然，具有这种性质的功率器件为另一种理想的功率开关管，即功率开关管的对偶元件还是功率开关管。这样，在开关型变换器中，假如原电路的占空比为 D，则对偶电路占空比应为 $D^{*}=1-D$。这表明：若原变换器电路工作在某一导通时间段上时，其对偶电路则同时工作在相应的关断时间段上。

那么，如何在含有功率开关电路的对偶变换中确定其对偶功率管的极性方向呢？

【例 3-3】 图 3-16a 和图 3-16b 是两个包含功率开关管的简单电路，两个电路通过功率开关管 VT 或 VT* 的通断，将电源能量传送到负载。显然，图 3-16a 电路和图 3-16b 电路是互为对偶的。图 3-16c 为图 3-16a 电路的有向几何图，其对偶的有向几何图如图 3-16c 所示，图 3-16d 则表示了对偶有向几何图的求解过程。

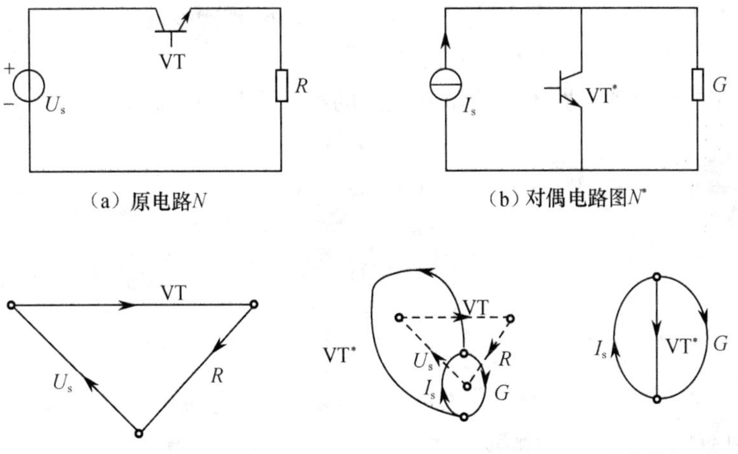

(a) 原电路N　(b) 对偶电路图N^{*}

(c) 原电路的有向几何图G　(d) 有向几何图G的对偶变换过程　(e) 对偶有向几何图G^{*}

图 3-16　理想功率开关管的对偶求解过程

根据图 3-16a 和图 3-16b 电路中的功率开关管方向，不难标出图 3-16c 至图 3-16e 中相应有向几何图的方向。显然，将含功率开关管的有向支路逆时针旋转 90°，即可得到含对偶功率开关管的有向支路，从而可确定对偶功率管的极性，这就是理想功率开关管的有向对偶规则。

这两个器件对偶求解满足以下对偶规则。

规则 1——原电路中，取顺时针方向为网孔电流正方向，则对偶电路中，独立节点（相对于参考节点）的电压极性为正。原电路中含无源元件的有向支路反时针方向旋转 90°，即得其对偶有向支路。

规则 2——原电路中沿网孔电流正方向的电位升与对偶电路中流向独立节点的电流源 I_s 对偶。原电路中含电压源 U_s 的有向支路（电流沿电位升方向）顺时针方向旋转 90°，即得其对偶有向支路中电流源 I_s 的方向。

理想功率开关管在导通时，可看作是阻值为零的电阻；关断时，可看作是阻值为无穷大（∞）的电阻。因此，求对偶开关功率管极性时，含开关功率管的有向支路，可以和含无源元件的有向支路一样处理。于是求对偶开关晶体管极性的规则如规则 3。

规则 3——含功率开关管 VT 的有向支路逆时针方向旋转 90°，即得含对偶功率开关管 VT^* 的有向支路，从而可确定对偶功率开关管 VT^* 的极性。

求对偶开关二极管的极性的规则与求对偶开关晶体管的极性正相反，如规则 4。

规则 4——含二极管 VD 的有向支路顺时针方向旋转 90°，即得含对偶二极管 VD^* 的有向支路，从而可确定对偶二极管的极性。

3. 变压器的对偶规则

在隔离型开关型变换器拓扑中含有变压器。分析时，变压器分为理想变压器和全耦合变压器。所谓理想变压器是指：没有任何损耗，无穷大的励磁电感、没有漏感，且不能储能的变压器。所谓全耦合变压器是指：没有任何损耗，耦合系数为 1，有限励磁电感且可以储能的变压器。以下分别讨论其对偶变换。

(1) 理想变压器及其对偶

由于理想变压器具有无穷大的励磁电感，且没有漏感，这使得励磁电感支路的励磁电流为零，相当于开路。图 3-17a 是一个理想变压器构成的电路，理想变压器的变比是 $n:1$。为了简化分析，假设一次绕组与二次绕组有一公共端。

通过图 3-17a 的变压器电路不难列出其电路的特征方程和对偶方程如下

基本方程
$$\begin{cases} U_1 = nU_2 \\ U_1 = U_s \\ nI_1 = I_2 \end{cases}$$

对偶方程
$$\begin{cases} I_1 = nI_2 \\ I_1 = I_s \\ nU_1 = U_2 \end{cases}$$

通过对偶方程可以看出：对偶方程对应的对偶电路仍然是一个变压器电路，其电路如图 3-17b所示，但对偶变压器的变比为 $1:n$。

另一方面，还可以通过对偶的有向几何图来分析 3-17a 电路。图 3-17a 的有向几何图如图 3-17c所示。图 3-17d 表示了有向几何图的对偶变换过程，通过对偶变换即可得到图 3-17c 对偶的有向几何图，如图 3-17e 所示。这正是图 3-17b 所示电路的有向几何图。

通过图 3-17 所示的有向几何图方向的变换过程可以得出理想变压器的有向对偶规则是：将原理想变压器含初级绕组的有向支路按逆时针方向旋转 90°，即可得到对偶变压器初级绕组的有向支路；将原变压器次级绕组有向支路按顺时针方向旋转 90°，即可得对偶变压器二次绕组的有向支路。

(2) 全耦合变压器及其对偶

变压器励磁电感总是有限的，把励磁电感分解为两个电感并分别接在理想变压器的初级和次级绕组的两侧，从而构成全耦合变压器结构，其电路如图 3-18a 所示。对全耦合变压器进行对偶变换，其对偶变换步骤如下：

① 将图 3-18a 全耦合变压器加上电压源和负载构成一个简单电路，并假设全耦合变压器一次绕组和二次绕组通过一公共端相连接，如图 3-18b 所示。

② 将图 3-18b 所示的电路图转化为有向几何图，如图 3-18c 所示。

③ 对图 3-18c 所示的有向几何图进行对偶变换，变换过程如图 3-18d 所示。

④ 变换后得到图 3-18c 所示的对偶有向几何图，如图 3-18e 所示。

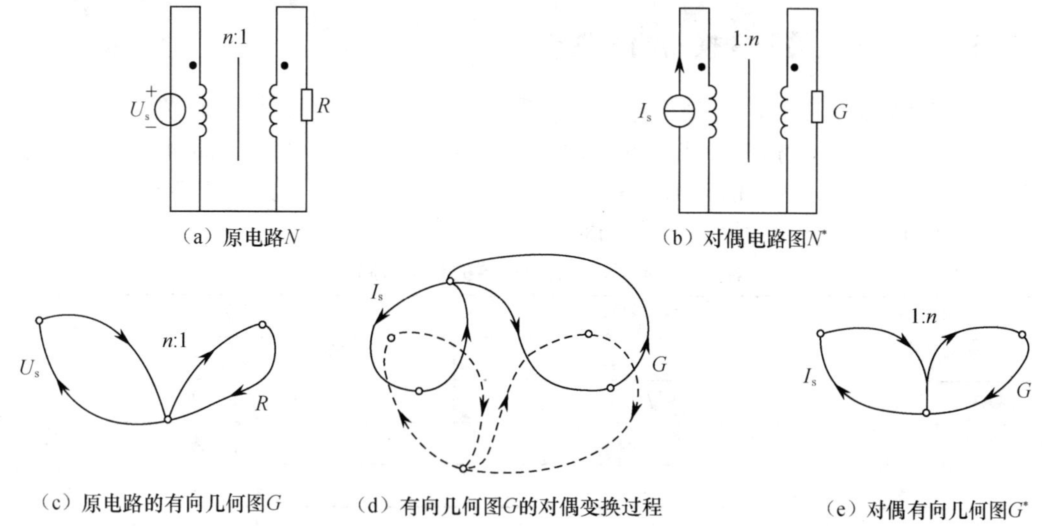

（a）原电路N　（b）对偶电路图N^*

（c）原电路的有向几何图G　（d）有向几何图G的对偶变换过程　（e）对偶有向几何图G^*

图 3-17　理想变压器的对偶求解过程

⑤ 将图 3-18e 所示的有向几何图转化为电路图，如图 3-18f 所示。

⑥ 将图 3-18f 中的电流源和负载去掉，可得图 3-18g 所示的全耦合变压器的对偶电路。

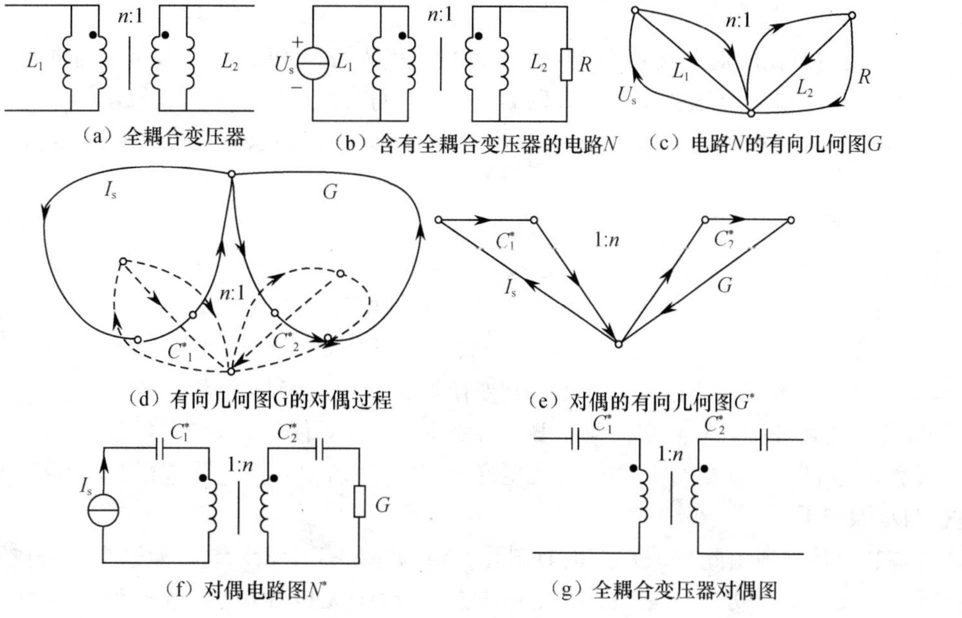

（a）全耦合变压器　（b）含有全耦合变压器的电路N　（c）电路N的有向几何图G

（d）有向几何图G的对偶过程　（e）对偶的有向几何图G^*

（f）对偶电路图N^*　（g）全耦合变压器对偶图

图 3-18　全耦合变压器的对偶求解过程

通过以上对偶变换的讨论，不难列出上述两种变压器的对偶关系，见表 3-2。

表 3-2　变压器对偶关系

变压器	原电路	对偶电路
理想变压器	变比 n∶1	变比1∶n
全耦合变压器	n∶1理想变压器 一次侧、二次侧并联电感分别为 L_1 及 L_2	1∶n 理想变压器 一次侧、二次侧串联电容分别为 C_1^* 及 C_2^*

3.3.2 基本开关型变换器的对偶设计

通过对开关型变换器中二极管、功率开关管以及变压器的对偶分析得出：对开关型变换器的对偶变换，只是对上述相关器件对偶规则的综合应用，即并联对串联、回路对节点、元件采用对偶元件。这样就可以通过已知的开关型变换器，设计出对偶的开关型变换器了。由表 3-2 可以得到 DC-DC 开关变换器几个重要的对偶关系，见表 3-3。

表 3-3 DC-DC 开关变换器的若干对偶关系

开关时间	t_{on}	t_{off}
占空比	D	$(1-D)$
升降压变换器电压变换比	$D/(1-D)$	$D/(1-D)$
开关状态	零电压开通	零电流关断
	零电压关断	零电流开通

下面以 Sepic 变换器为例说明升降压变换器的输出一输入电压变换比的对偶关系。

① Sepic 变换器输出一输入电压变换比为 $D/(1-D)$，可以将它看作是一个理想变压器的匝比 $n=D/(1-D)$。

② 考虑表 3-2 中理想变压器匝数比的对偶关系，与 n 对偶的理想变压器匝数比应为 $n'=(1-D)/D$。

③ 应用占空比的对偶关系 D 与 $(1-D)$ 对偶，代入 $n'=(1-D)/D$，可得对偶电路即 Zeta 变换器的输出一输入电压变换比。所以 $D/(1-D)$ 的对偶仍然是 $D/(1-D)$。

根据 PWM 变换器的对偶关系和等效关系，人们很容易求得一个 PWM 变换器的对偶电路。

为了分析得出 Buck-Boost 变换器的对偶电路是 Cuk 变换器，可以先从三端 PWM 开关模型开始，Buck-Boost 变换器是一个 Y 连接（或 T 形）开关电路，由 3 个元器件组成，从左到右依次为开关、电感、二极管。由表 3-1 可知，其对偶开关电路应为△连接（或 Π 形）开关电路，各支路元器件从左到右依次为：开关、电容、二极管。它正是 Cuk 变换器的三端开关模型，具体如图 3-4 所示。由此，不难推论：Buck-Boost 变换器和 Cuk 变换器互为对偶。

同样方法可证明，Buck 变换器与 Boost 变换器互为对偶。

【例 3-4】 图 3-19a 是一个 Cuk 开关型变换器电路，若要对该电路进行对偶变换，其变换的过程与步骤如下：

【解】(1) 首先画出此 Cuk 电路的有向几何图，如图 3-19b 所示。注意这里只需在图中标出电流源、二极管以及功率开关管对应支路的方向，对于无极性电容、电感和电阻均无方向极性。实际上，为了简化对偶变换过程，可暂不考虑其支路中电流或电压的方向性，这样对偶变换也不会影响对偶电路结构的正确性，标注支路电压或电流方向的意义在于在分析对偶电路原理时带来方便。需要注意的是，对于电解电容等有极性的元件所在支路则必须标明支路的方向。

(2) 根据有向几何图求其对偶的有向几何图。过程如图 3-19c 所示，其中虚线表示的是原有向几何图，实线为对偶的有向几何图。

(3) 略去虚线表示的原有向几何图，得到的实线图即是所求的对偶的有向几何图，如图 3-19d所示。

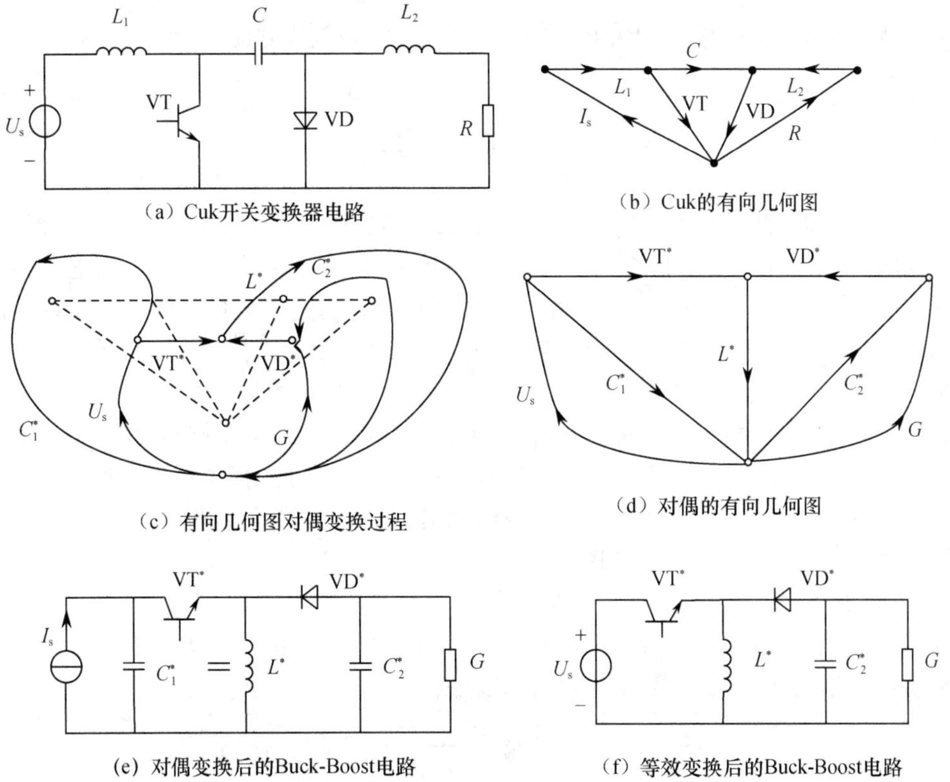

图 3-19 Cuk 开关变换器的对偶求解过程

(4) 根据图 3-19d 所示对偶的有向几何图，并画出相应的电路图，即得到 Cuk 开关型变换器电路对偶的开关型变换器电路，如图 3-19e 所示，是 Buck-Boost 变换器。

通过对以上讨论的 Cuk 和 Buck-Boost 两类开关型变换器做进一步的对比分析发现：两者不仅电路拓扑存在对偶关系，而且它们的电路功能、电路状态方程也存在对偶关系。以此类推，通过对其他基本开关型变换器的对偶分析，不难得出基本开关型变换器的相互对偶关系。6 种 DC-DC 变换器电路的相互对偶关系见表 3-4。

表 3-4 DC-DC 变换器的对偶关系

原电路	对偶电路
Buck	Boost
Buck-Boost	Cuk
Sepic	Zeta

在实际应用时，有些开关型变换器电路元件较多、结构复杂，如果通过有向几何图的对偶变换，会导致有向几何图的支路较多，拓扑图形复杂，因而容易出错。一般而言，简单的开关型变换器的对偶变换可根据上述常规的对偶变换步骤直接变换，无须任何化简过程；而对于复杂开关型变换器的对偶过程，需将复杂开关型变换器的局部支路简化，从而减少元件的数量以达到减少有向几何图支路的目的。

3.3.3　含有基本变换单元的开关型变换器的对偶设计

由表 3-4 可以看出，一些基本的开关型变换器是对偶的，如 Buck 变换器与 Boost 变换器对偶、Buck-Boost 变换器与 Cuk 变换器对偶、Sepic 变换器与 Zeta 变换器对偶、零电压谐振开关与零电流谐振开关对偶。以这些基本的对偶变换器，通过它们的级联组合可得到各种不同的对偶组合变换器，如 Buck-Buck-Boost 变换器的对偶变换器就是 Boost-Cuk 变换器，而这些基本的变换器均含有基本变换单元。基本交换单元共有 6 种类型，即 Buck 型、Boost 型、Buck-Boost 型、Cuk 型、Sepic 型、Zeta 型，它们的对偶关系与基本变换器的对偶关系类似。因此，在对含有基本变换单元的开关型变换器的对偶设计中，就可以把基本变换单元看作一个支路直接对偶变换成对偶的基本变换单元。在图论中把电路中的每一个元器件用一条线段代替，元器件与元器件之间的连接用节点表示。而基本变换单元有 4 个端口，相当于一条线对应于 4 个端点，这在基本几何学中是不成立的，但这种对应关系在几何拓扑学中却是成立的。这样，对偶变换就不能通过有向几何图进行变换，而可以以基本的元件即支路的串、并联对偶规则直接从电路图对应地画出其对偶图。

【例 3-5】图 3-20a 是一个 Buck-Cuk 变换器，要求其对偶变换器。

【解】对偶变换的步骤如下：(1) 标出 Buck-Cuk 变换器中两个基本变换单元：Buck 型变换单元和 Cuk 型变换单元，如图 3-20a 中虚线框所示。

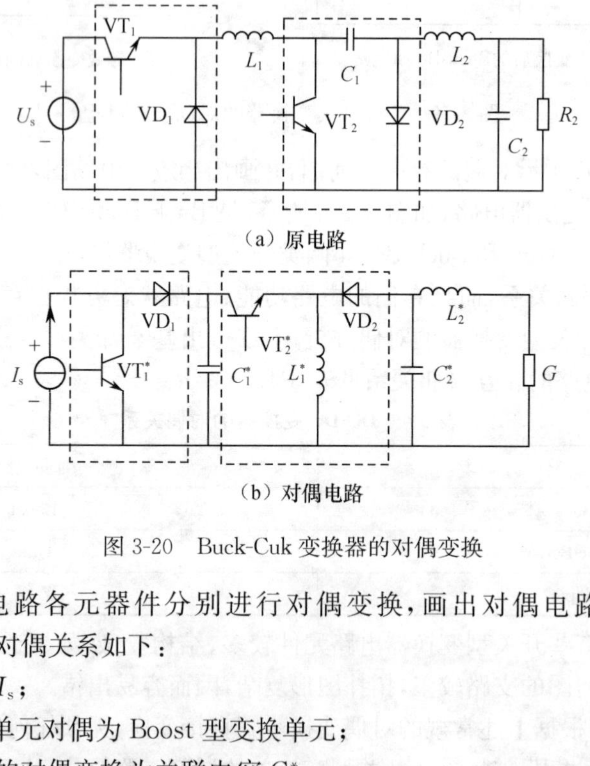

图 3-20　Buck-Cuk 变换器的对偶变换

(2) 通过对此电路各元器件分别进行对偶变换，画出对偶电路，如图 3-20b 所示。图 3-20a、图 3-20b 的对偶关系如下：

① U_s 的对偶为 I_s；

② Buck 型变换单元对偶为 Boost 型变换单元；

③ 串联电感 L_1 的对偶变换为并联电容 C_1^*；

④ Cuk 型变换单元的对偶为 Buck-Boost 型变换单元；

⑤ 串联电感 L_2 的对偶为并联电容 C_2^*；

⑥ 并联电容 C_2 的对偶为串联电感 L_2^*；

⑦ 电阻 R 的对偶变换为电导 G。

显然，这种具有基本变换单元对偶变换的方法可用在含有多个基本变换单元的较复杂的开关型变换器对偶变换中。而对于更复杂的开关型变换器对偶变换，同样也可以把部分电路进行对偶前合并、对偶后拆分，从而使变换过程进一步简化。例如，图 3-20 中的输出电感 L_2、电容 C_2 和电阻 R 对偶前先合并为一个单元，并进行相关的对偶变换；对偶变换后，再对合并单元进行对偶拆分，从而简化了对偶变换过程。

3.4 开关型变换器拓扑的三端开关模型法设计

本节以特定的三端开关模型为基础，来讨论开关型变换器的拓扑设计问题。

三端开关模型法可以简化开关型变换器的设计，但这种方法只限于含有基本的“三端开关”的变换器电路的拓扑设计。三端开关模型法更有利于对开关型变换器性能的改进设计，如开关型变换器的软开关拓扑设计，着重于对开关型变换器中的基本三端开关单元本身性能的改进，进而达到对开关型变换器性能改善的目的。

图 3-21 所示为基本的 Buck、Boost、Buck-Boost 开关型变换器。进一步观察这 3 种基本开关型变换器中的功率开关管和二极管的连接特征不难发现，这些基本开关型变换器中的功率开关管和二极管的结构完全一致，即为 3.1 节中所称的“三端开关”(图中虚线框所示)。显然，这些基本的开关型变换器实际上就是“三端开关”与电容、电感、电源和负载等组合而成的。

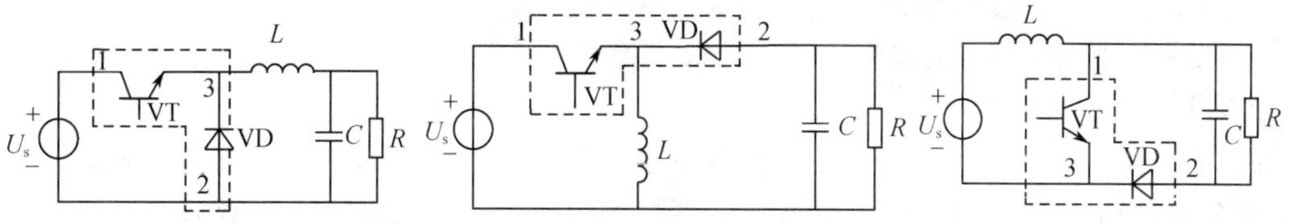

（a）Buck 变换器　　（b）Boost 变换器　　（c）Buck-Boost 变换器

图 3-21　基本开关型变换器

针对图 3-21，若以“三端开关”为基础，并将电感用恒流源代替，而电容则用恒压源代替，就得到如图 3-22 所示的相应变换器的模型电路。

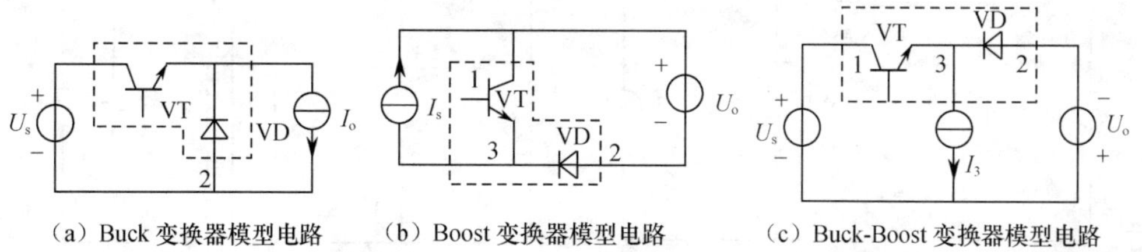

（a）Buck 变换器模型电路　　（b）Boost 变换器模型电路　　（c）Buck-Boost 变换器模型电路

图 3-22　基本变换器的模型电路

从图 3-22 中不难发现，输入与输出的一根线是公共的，因此称为三端开关式稳压器。这些基本开关型变换器中的“三端开关”的端口连接有一定的规律，即有源端口（端口 1）和无源端口（端口 2）之间都接有电压源，而公共端（公共端 3）都接有电流源。这一规律可以用图 3-23

所示的含有“三端开关”的模型电路进行描述，并称该模型电路为开关型变换器的三端开关模型电路。

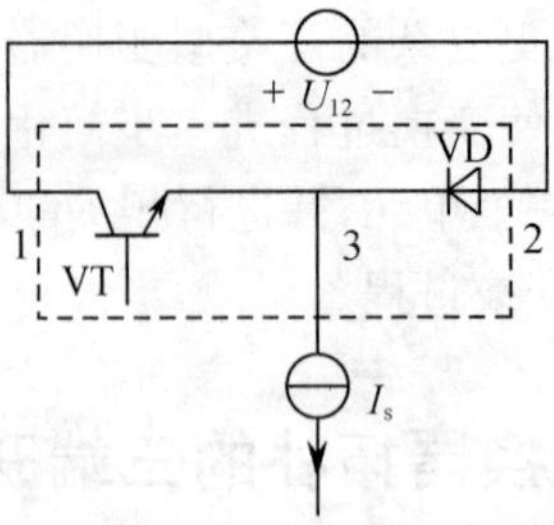

图 3-23　开关变换器的三端开关模型电路

从该三端开关模型电路可以看出：将端口 3 的电流源接到端口 2，即可得到 Buck 变换器模型电路；将端口 3 的电流源接到端口 1，即可得到 Boost 变换器模型电路；将端口 1、2 所接的电压源分解成两个串联的电压源，而将端口 3 的电流源接到 1、2 端口两个串联电压源中间，即可得到 Buck-Boost 变换器模型电路。显然，三端开关模型中的电压源可以分解为多个串联的电压源。因此，若将端口 3 的电流源接到串联电压源的不同位置，就可以得到不同的开关变换器模型电路。另外，若将端口 3 的电流源分解成几个并联的电流源，这样端口 3 的几个电流源就存在不同的连接形式，将这些电流源的输出接到端口 1、端口 2 或者端口 1、2 之间的串联电压源之间。总之，通过这一系列不同的连接组合，就可以设计出多种不同的开关变换器模型电路，再根据开关变换器模型电路中电压源、电流源所处的位置（输入、中间或输出）不同，将其用不同的元器件代替，最终得到所设计的开关变换器拓扑。

【例 3-6】利用三端开关模型法设计 Cuk 变换器拓扑。

【解】设计步骤如下：

（1）将图 3-23 所示的三端开关模型电路中端口 3 的电流源分为两个并联的电流源 I_{31}、I_{32}，并分别与端口 1、2 相连，即可得到 Cuk 变换器的模型电路，如图 3-24a 所示。

（2）将图 3-24a 所示的模型电路中端口 3 和端口 1 之间的电流源用电压源串联电感代替，而模型电路中连接端口 3 和端口 2 之间的电流源用电感串联负载代替，连接端口 1 和端口 2 之间的电压源用电容代替，即可得到 Cuk 变换器电路，如图 3-24b 所示。

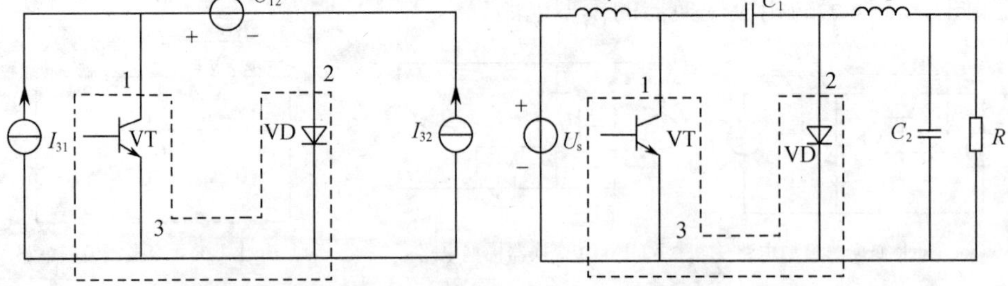

（a）Cuk 变换器模型电路　　（b）Cuk 变换器电路

图 3-24　Cuk 变换器三端开关模型拓扑

【例 3-7】利用三端开关模型法设计 Sepic 变换器拓扑。

【解】设计步骤如下：

(1) 将图 3-23 所示的三端开关模型电路端口 3 的电流源分解成两个并联的电流源 I_{31}、I_{32}，将端口 1、2 之间的电压源分成两个串联的电压源 U_1、U_2。若将一个电流源 I_{31} 与端口 1 相连，而另一个电流源 I_{32} 接在端口 1、2 之间的两个电压源 U_1、U_2 中间，即可得到 Sepic 变换器的模型电路，如图 3-25a 所示。

(2) 将图 3-25a 所示的模型电路中连接端口 3 和端口 1 的电流源用电压源串联电感代替，而模型电路中连接端口 3 和端口 1、2 之间两个电压源中间节点的电流源用电感代替；端口 1 的电压源用电容代替，端口 2 的电压源用电容并联负载代替，即可得到 Sepic 变换器电路，如图 3-25b 所示。

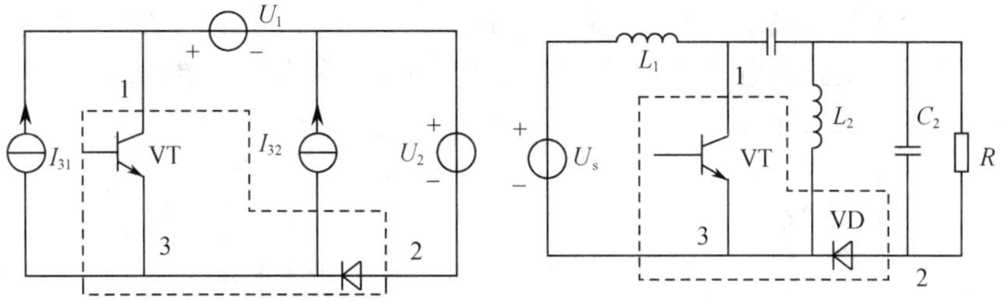

(a) Sepic变换器模型电路　　(b) Sepic变换器电路

图 3-25　Sepic 变换器三端开关模型拓扑设计

【例 3-8】 用三端开关模型法设计 Zeta 变换器拓扑。

【解】 设计步骤如下：

(1) 将图 3-23 所示的三端开关模型电路的端口 3 的电流源分解成两个并联的电流源 I_{31}、I_{32}，并将端口 1、2 间的电压源分成两个串联的电压源 U_1、U_2。其中一个电流源 I_{32} 与端口 2 相连，另一个电流源 I_{31} 接在 1、2 端口之间的两个恒压源 U_1、U_2 中间，即可得到 Zeta 变换器的模型电路，如图 3-26a 所示。

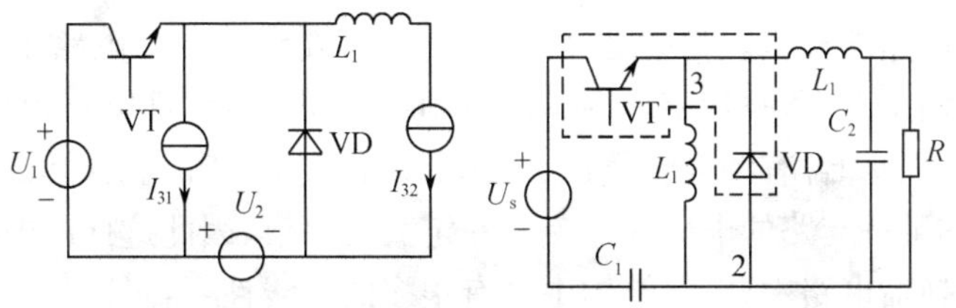

(a) Zeta变换器模型电路　　(b) Zeta变换器电路

图 3-26　Zeta 变换器三端开关模型拓扑设计

(2) 将图 3-26a 所示的模型电路中连接端口 3 和端口 1、2 之间两个电压源中间节点的电流源用电感代替，连接端口 3 和端口 2 之间的电流源用电感串联负载代替；端口 2 的电压源用电容代替，即可得到 Zeta 变换器电路，如图 3-26b 所示。

综上所述，如果将三端开关模型电路中的电压源分成两个串联电压源，则可将三端开关模型中的端口 3 通过电流源分别与端口 1、端口 2 或者两个串联电压源之间的节点相连，就可以分别得到 Buck、Boost、Buck-Boost 变换器的模型电路。若将三端模型中的电流源分成两个并联的电流源，分别与端口 1、端口 2 或两个串联电压源之间的节点相连，可得到 Cuk、Sepic、Zeta变换器。以此类推，如果将三端开关模型中的电压源分成三个或者多个电压源，通过电流源的分解和连接组合可得到更多的变换器模型电路。因此，三端开关模型法是一种实用而简单的开关型变换器拓扑设计方法。

6 种基本开关型变换器的各自的模型电路均可由三端开关模型通过三端口的不同连接而得到。因此，可以通过改变此三端开关模型电路的特性来达到改变开关型变换器特性的目的。这样，在分析、研究开关型变换器结构时，就避免了对单一的开关型变换器进行研究，而只需要研究相应的三端开关模型电路特性即可。

3.5 基本开关型变换器的拓扑叠加设计

叠加定理是分析和解决线性电路问题的一种重要方法。在线性电路中，多个电压源和电流源组成电路的某一支路的电压或电流可等效为各电压源和电流源单独作用时该支路电压或电流的代数和，如图 3-27 所示。

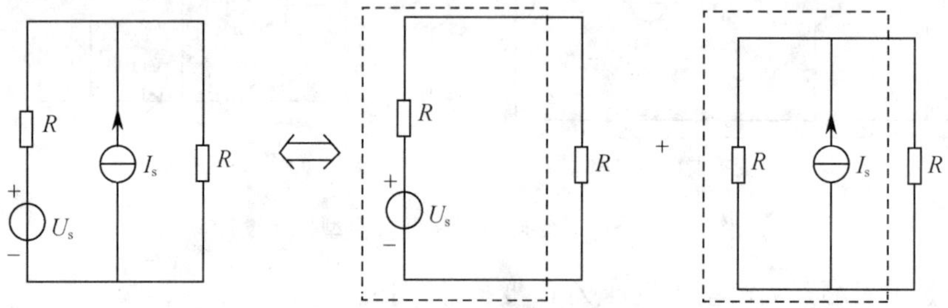

图 3-27 叠加定理

值得注意的是，电压源单独作用时，电流源相当于断路；当电流源单独作用时，电压源相当于短路。进一步观察图 3-27 不难发现：在线性电路中，将电压源单元和电流源单元进行叠加可以构成另一电路，这就是拓扑叠加设计的基本思路。戴维南定理实际上就是通过叠加定理推导出来的。戴维南定理认为：任一线性网络可以等效为电压源和一个电阻串联。显然，戴维南定理简化了线性电路的分析。除此之外，叠加定理还在线性动态电路中以及正弦稳态电路中都得到了广泛应用。然而，叠加定理的具体应用不仅需要以线性电路为前提，而且还要求线性电路必须有唯一解。如含有纯电阻负载、电压源回路或电流源割集的线性电路，它们虽然是线性电路，但求得的某一支路的电压或电流不一定有唯一解，因此这样的电路不一定满足叠加定理。在开关型变换器电路中，电路结构中含有很多的非线性元器件，如二极管、功率开关管、变压器等，那么是否可将线性电路的叠加定理的思想用于开关型变换器的拓扑设计中呢？实际上，在开关型变换器电路中，存在一些基本单元电路，当开关频率足够高时，可以忽略开关调制的高频分量，则这些基本单元电路可等效成线性受控电压源电路或受控电流源电路，从而可以采用叠加定理进行分析。本节在叠加定理基本思想的基础上，通过一些基本的开关型变换器电路拓扑的相互结合、叠加，以设计出新的开关型变换器拓扑。

3.5.1 基本开关型变换器级联叠加的基本规则

开关型变换器级联叠加是开关型变换器拓扑变换的常用方法。通常当需要实现多重功能的开关型变换器时，就可以将相应功能的开关型变换器通过级联方式叠加起来，从而实现多重功能的开关型变换器。例如，把升压开关型变换器和降压开关型变换器级联叠加起来，可实现升降压开关型变换器。图 3-28 所示的虚线框结构是两个 DC-DC 开关型变换器单元级联的电路结构。

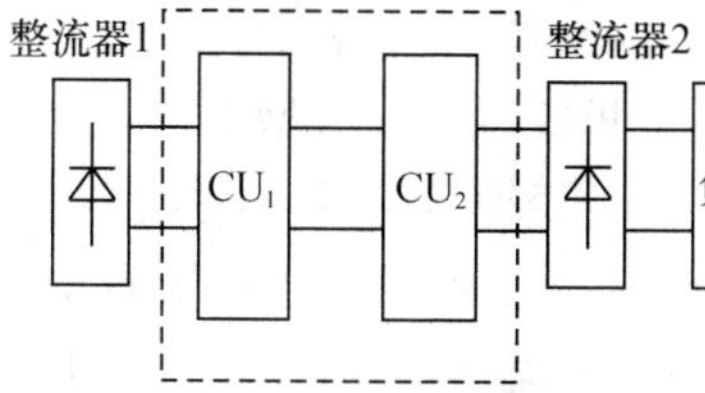

图 3-28　两个 DC-DC 开关型变换器单元级联

其中，CU_1、CU_2 为独立的 DC-DC 开关型变换器单元，本节讨论的 DC-DC 开关型变换器为基本开关型变换器。由于每个基本开关型变换器都有一个功率开关管，而在级联叠加后所有的功率开关管都需要保持同步，即同时开通和同时关断。另外，任一基本开关型变换器还包括输入和输出部分（如输入电源和输出负载），所以在基本 DC-DC 开关型变换器的级联叠加时不只是简单的组合，需要遵循以下基本叠加规则。

① 两个或多个基本开关型变换器叠加时，所有基本开关型变换器的基本变换单元都需要保留，不可简化或删除。

② 第一级基本开关型变换器的输入部分全部保留（包括输入电源和输入滤波电容或电感）。

③ 最后一级的基本开关型变换器的输出部分全部保留（包括输出负载和输出滤波电容或电感）。

④ 除第一级输入和最后一级输出以外的输入/输出部分需要保持原有的输入/输出性质（电压型、电流型），中间部分相连时有 4 种情况。

- 电压型输出和电压型输入级联：输出滤波电容和输入滤波电容合二为一。
- 电压型输出和电流型输入级联：输出滤波电容和输入滤波电感均保留。
- 电流型输出和电压型输入级联：输出滤波电感和输入滤波电容（若无须添加）均保留。
- 电流型输出和电流型输入级联：输出滤波电感和输入滤波电感合二为一。

删除中间部分负载电路和电源，以及其余未保留部分。

⑤ 在基本开关型变换器单元叠加时，务必使前级变换器的输出和后级基本开关型变换器的输入匹配，即前级的输出电压（或电流）要和后级的输入电压（或电流）具有同向的参考方向。

⑥ 最后对所得电路进行适当的分析，确定叠加后的电路正确、合理，并根据实际要求对电路进行优化。

3.5.2　基本开关型变换器的级联叠加设计举例

以下通过实例列举几种基本 DC-DC 开关型变换器的级联叠加设计，进一步阐述叠加规则的具体应用。

【例 3-9】 Buck 和 Cuk 变换器的叠加设计。

【解】 如图 3-29a、图 3-29b 分别是 Buck 和 Cuk 变换器，根据基本 DC-DC 开关型变换器叠加规则，可将两者级联叠加，其叠加设计步骤如下：

（1）直接将 Buck 变换器的输出和 Cuk 变换器输入连接起来，如图 3-29c 所示。

（2）根据叠加原则 1，两个变换器的基本变换单元（虚线框）都需要保留。

(3) 根据叠加原则 2,保留 Buck 变换器的输入部分。

(4) 根据叠加原则 3,保留 Cuk 变换器的输出部分。

(5) 根据叠加原则 4,由于 Buck 变换器是电流型输出,Cuk 变换器是电流型输入,因而将 Buck 变换器的输出滤波电感 L 和 Cuk 变换器的输入滤波电感 L_1 合二为一;删除 Buck 变换器的负载电路 RC 并联支路;删除 Cuk 变换器的输入电源 U_s。

(6) 根据叠加原则 5,Buck 变换器的输出负载的电压极性是上正下负,而 Cuk 变换器的输入电压源的电压极性也是上正下负,因此输入、输出是相互匹配的。

(7) 最后对所得的电路进行分析,确定叠加后的电路正确、合理。

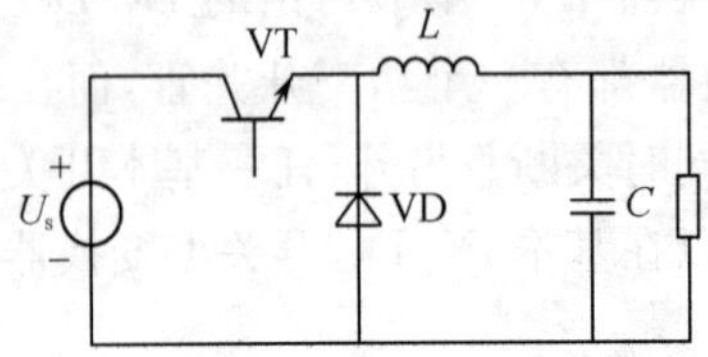

(a) Buck变换器电路

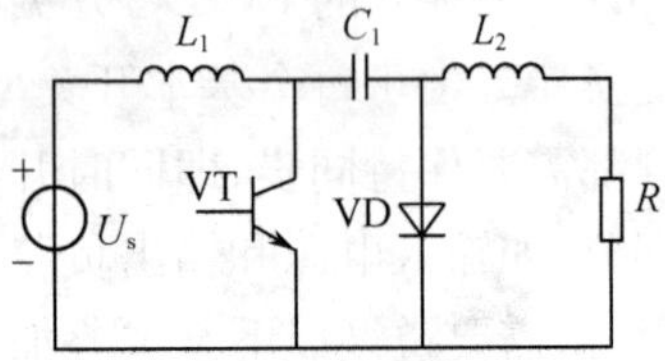

(b) Cuk变换器电路

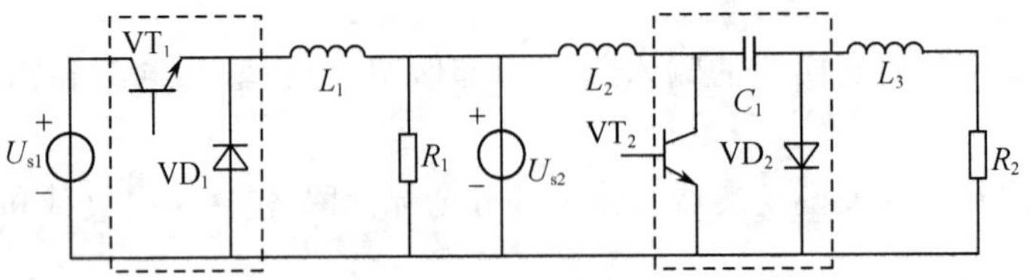

(c) 简单级联

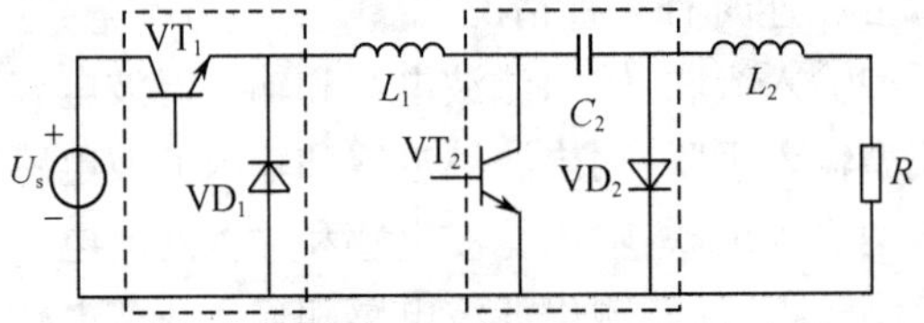

(d) 拓扑简化

图 3-29 Buck 和 Cuk 变换器的叠加设计

【例 3-10】 Buck-Boost 和 Boost 变换的叠加设计。

【解】 如图 3-30a、图 3-30b 分别是 Buck-Boost 和 Boost 变换器。根据基本开关型变换器叠加规则可将两者叠加,其叠加设计步骤如下:

(1) 直接将 Boost 变换器的输出和 Buck-Boost 变换器输入连接起来,如图 3-30c 所示。图中的虚线框分别表示各自的基本变换单元。

(2) 根据叠加规则 1,两个变换器的基本变换单元(虚线框内)都需要保留。

(3) 根据叠加规则 2,保留 Buck-Boost 变换器的输入部分。

(4) 根据叠加规则 3,保留 Boost 变换器的输出部分。

(5) 根据叠加规则 4,由于 Buck-Boost 变换器是电压型输出,Boost 变换器是电流型输入,因而将 Buck-Boost 变换器的输出滤波电容 C 和 Boost 变换器的输入滤波电感 L 保留;删除 Buck-Boost 变换器的负载 R_1;删除 Boost 变换器的输入电源 U_{s2}。

(6) 根据 DC-DC 开关型变换器叠加规则 5，Buck-Boost 变换器的输出负载的电压极性是下正上负，而 Boost 变换器的输入电压源的电压极性是上正下负，这就需使 Boost 变换器的基本变换单元要翻转 180°，如图 3-30e 所示。

(7) 为了使变换器的输入和输出“共地”，需把 Boost 变换器中的二极管调到上端。

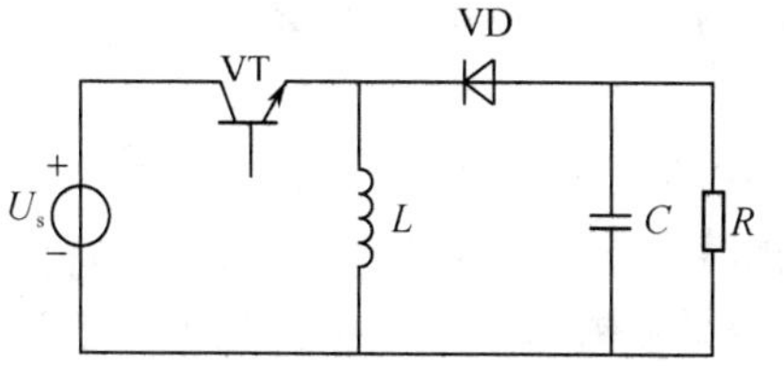

(a) Buck-Boost变换器电路

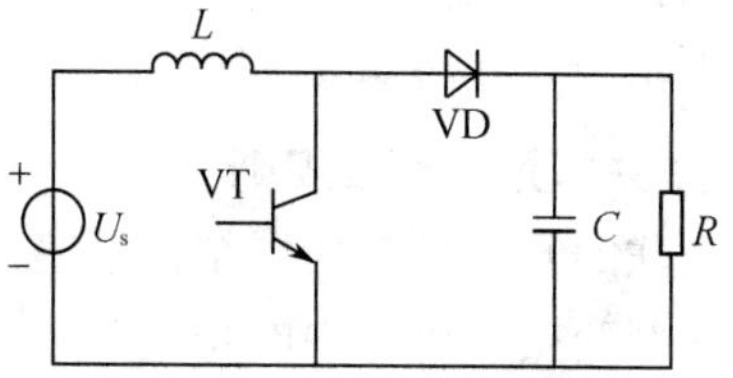

(b) Boost变换器电路

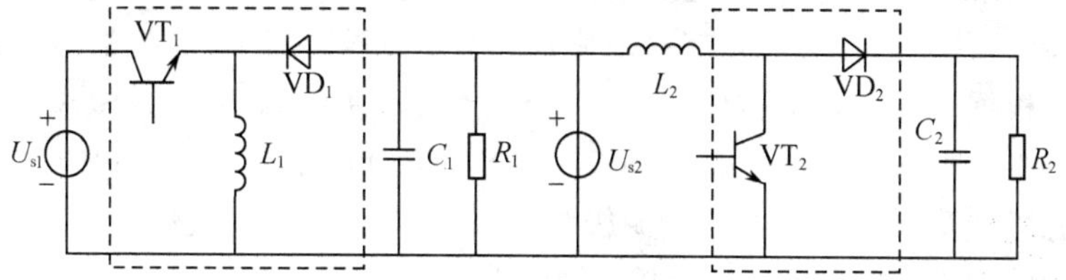

(c) 简单级联

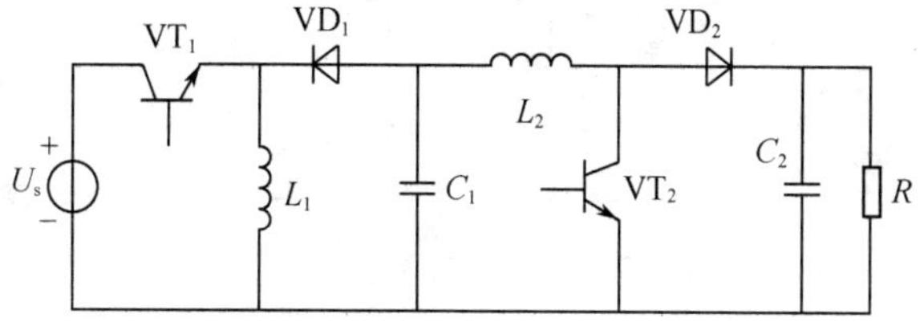

(d) 拓扑简化

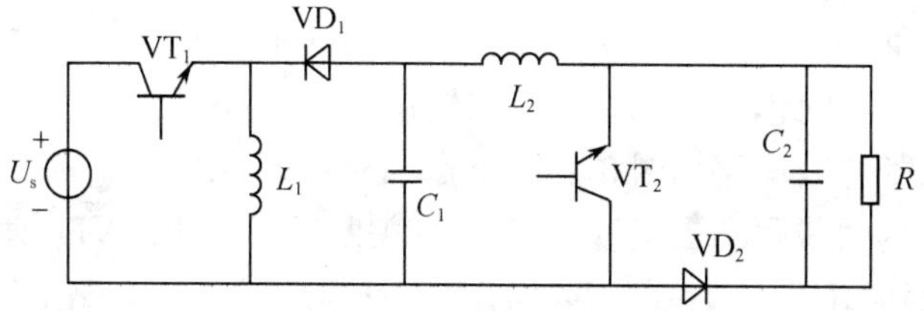

(e) Boost变换单元旋转

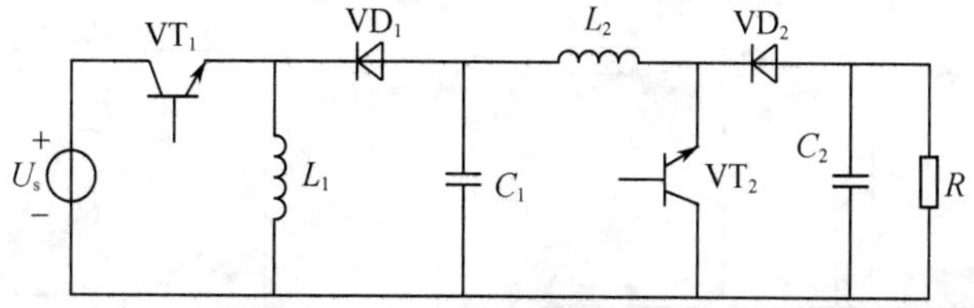

(f) 优化电路

图 3-30 Buck-Boost 和 Boost 变换器的叠加设计

3.5.3 DC-DC 开关型变换器级联叠加时的功率开关单元拓扑简化

采用基本开关型变换器级联叠加规则理论上可以得到各种相应的 DC-DC 开关型变换器，但所得到的 DC-DC 开关型变换器中的器件（如功率开关器、电容、电感等）较多，并可能存在冗余的器件，因而希望能进一步省略器件以简化结构。本节讨论开关型变换器级联叠加时功率开关单元简化规则及其应用。

1. 功率开关单元的等效规则

为了使级联的开关型变换器结构紧凑、体积减小，并简化驱动电路和提高可靠性，可以考虑将两个开关型变换器单元中的功率开关进行等效合并，以简化拓扑结构。

图 3-31 是两个基本开关型变换器级联叠加后如图 3-28 两个功率开关部分的等效电路。S_1 是属于 CU_1 单元的功率开关，S_2 是属于 CU_2 单元的功率开关，S_1、S_2 是同步工作的（即同时开通、同时关断），并且假设 S_1、S_2 有一个公共的节点。这样，两个变换器就通过开关的级联而叠加到一起。根据公共节点的位置不同，可分为 4 种开关级联类型：S-S(Source-Source)型、D-D(Drain-Drain)型、D-S(Drain-Source)型、S-D(Source-Drain)型。如 S-S 型结构，即以第一级功率开关的源极和第二级功率开关的源极为公共节点组成的级联接构，其他类型结构依此类推。图 3-31 中，U_1 是 S_1 关断时功率开关管两端的电压，U_2 是 S_2 关断时功率开关管两端的电压，而 I_1 和 I_2 分别是 S_1、S_2 开通时流过的电流。

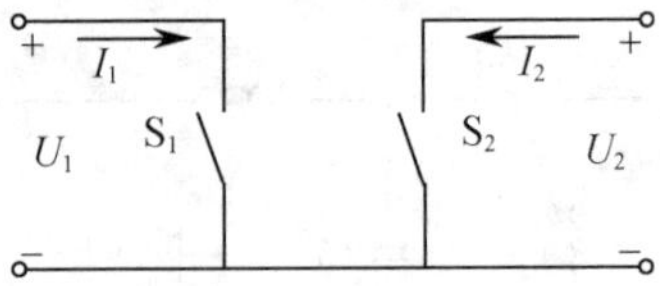

图 3-31 含两个功率开关管的开关变换器

(1) S-S 型等效

图 3-32a 是两个开关变换单元级联时的功率开关管级联的 S-S 型结构。图中 VT_1 和 VT_2 虽然是同步工作的，但两者又相互独立。如果将 VT_1 和 VT_2 简单合并，则必然导致输入、输出间的相互作用。为此，可利用二极管来钳位隔离，以消除输入、输出间的相互作用。功率开关管 S-S 型级联的等效电路如图 3-32b 所示。图 3-32b 中，VT_{12}和 VT_1、VT_2 合并后的功率开关管，VD_1、VD_2 为钳位隔离二极管。当 VT_{12}关断后时，VD_1、VD_2 截止，从而使电压 U_1、U_2 隔离；当 VT_{12}导通时，$U_1=U_2=0$。显然，图 3-32b 与图 3-32a 电路是等效的，而图 3-32b 只需一个功率开关管，从而使开关型变换器电路得以简化。

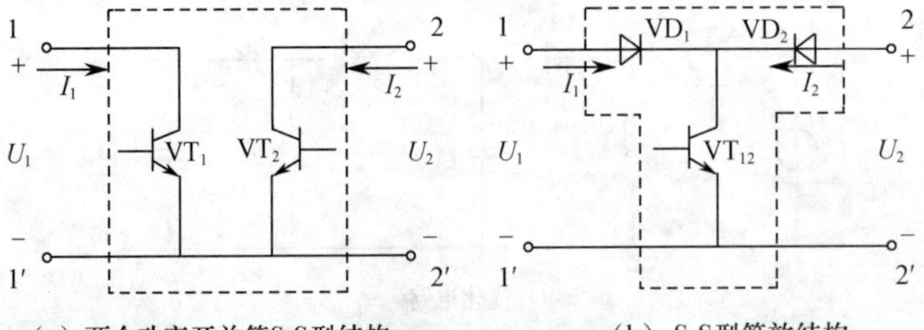

图 3-32 S-S 型结构

（2）D-D 型等效规则

图 3-33a 是两个功率开关管级联的 D-D 型结构，这种结构和 S-S 型结构相似，仅仅在于公共节点不同，因此同样可以把这两个同步的功率开关管等效为一个功率开关管，并利用两个二极管 VD_1、VD_2 进行钳位隔离，如图 3-33b 所示。当 VT_{12} 关断时，VD_1、VD_2 截止，从而使电压 U_1、U_2 隔离；当 VT_{12} 导通时，$U_1=U_2=0$。显然，图 3-33b 与图 3-33a 电路是等效的。

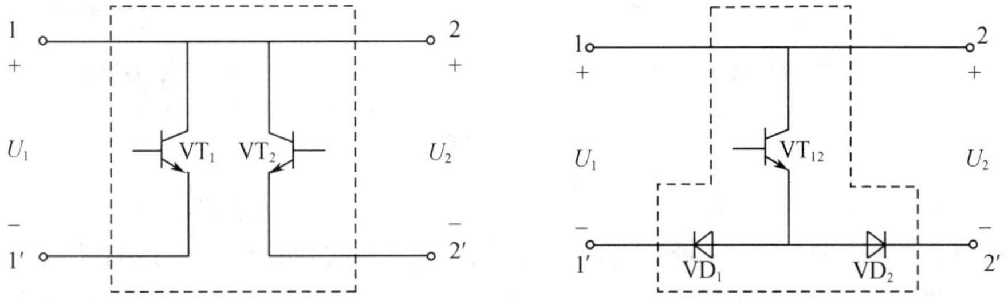

（a）两个功率开关管D-D型结构　　（b）D-D型等效结构

图 3-33　D-D 型结构

（3）D-S 型等效规则

图 3-34a 是两个功率开关管级联的 D-S 型结构，由于两个功率开关管是同步的，当 VT_1、VT_2 导通时，其输入、输出回路导通；当 VT_1、VT_2 关断时，其输入、输出回路断开。若将 VT_1、VT_2 合并，即可用图 3-34b 所示的单功率开关管 VT_{12} 电路等效。图 3-34b 中，当 VT_{12} 关断时，VD_1、VD_2 截止，其输入、输出回路断开；当 VT_{12} 导通时，VD_1、VD_2 导通，其输入、输出回路导通。显然，图 3-34b 与图 3-34a 等效，而图 3-34b 中的二极管 VD_1、VD_2 起着隔离输入、输出电流的作用。

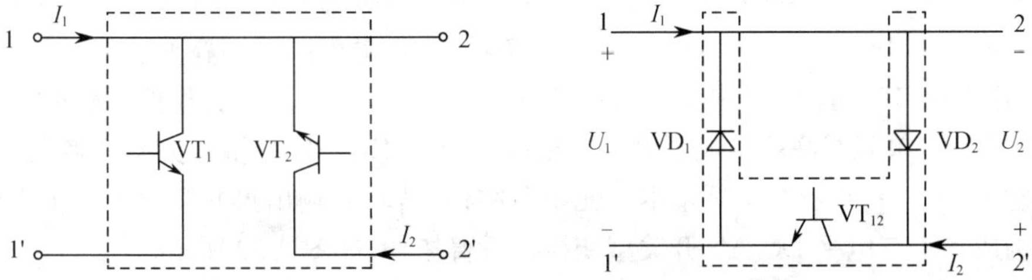

（a）两个功率开关器件D-S型结构　　（b）D-S型等效结构

图 3-34　D-S 型结构

（4）S-D 型等效规则

图 3-35a 是两个功率开关管级联的 S-D 型结构，这种结构和 D-S 型结构的工作原理类似，只是它的电流方向相反，两功率开关管合并后的等效电路如图 3-35b 所示。其中，VT_{12} 是两开关合并后的功率开关管，VD_1、VD_2 是钳位隔离二极管。当 VT_{12} 关断时，VD_1、VD_2 截止，其输入、输出回路断开；当 VT_{12} 导通时，VD_1、VD_2 导通，其输入、输出回路导通。可见，图 3-35b 与图 3-35a 电路等效，而图 3-35b 中的二极管 VD_1、VD_2 仍然起隔离输入、输出电流的作用。

从以上 4 种变换器功率开关管级联类型合并后的等效模型中可以发现：合并后省去一个功率开关管，却增加了两个二极管。但是在具体的 DC-DC 开关型变换器电路中，一般可进一

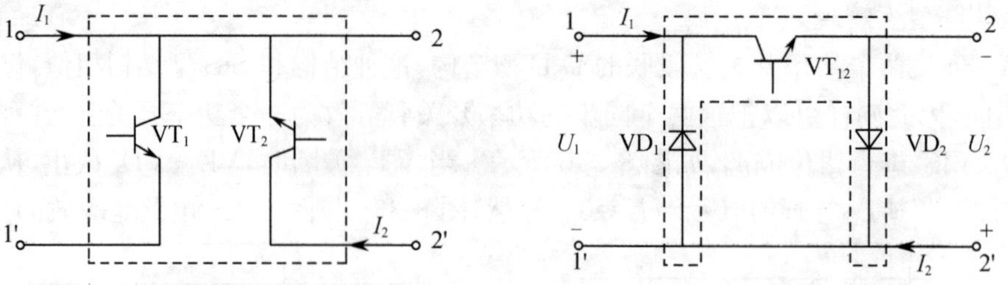

（a）两个功率开关管D-S型结构　　（b）S-D型等效结构

图 3-35　S-D 型结构

步省略二极管：如 S-S 型的等效图中，如果$U_1>U_2$，则 VD_1 一直正偏而导通，所以 VD_1 不起作用，从而可以省略；如果$U_1<U_2$，则 VD_2 一直正偏而导通，因此 VD_2 可以省略；但如果$U_1=U_2$，则 VD_1 和 VD_2 都不起作用，因而都可以省略。D-D 型和 S-S 型类似，也可以省去至少一个二极管。对于 D-S 型的结构，有以下 3 种情况：如果 $I_1>I_2$，则 VD_1 总是截止的，因而可以省略；如果 $I_1<I_2$，则 VD_2 总是截止的，因而可以省略；但如果 $I_1=I_2$ 时，则 VD_1、VD_2 都可以省略。总之，在一定的电压、电流关系约束条件下，以上 4 种类型等效电路中的二极管一般可省略一只，从而使电路得以简化。

3.6　DC-AC 级联型组合变换器

3.6.1　DC-AC 级联型组合变换器拓扑结构

DC-AC 开关型变换器的基本单元是一个取消电容中点输出的 DC-AC 开关型变换器的半桥拓扑，如图 3-36 所示。与 DC-DC 开关型变换器类似，也可以采用叠加法的思想，即把基本单元通过并联和串联两种方式进行叠加，如图 3-37 和图 3-38 所示。显然，将图 3-36 所示的 DC-DC 半桥基本单元并联就构成了单相输出的二电平 DC-AC 全桥开关型变换器，如图 3-37 所示；而对于图 3-38 所示的半桥基本单元串联结构，若将其输出再并联叠加一个半桥基本单元，则能构成一个三电平 DC-AC 开关型变换器桥臂拓扑，如图 3-39 所示。

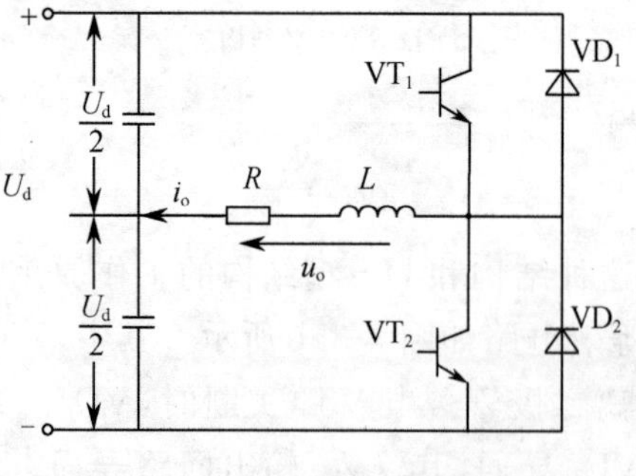

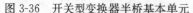

图 3-36　开关型变换器半桥基本单元

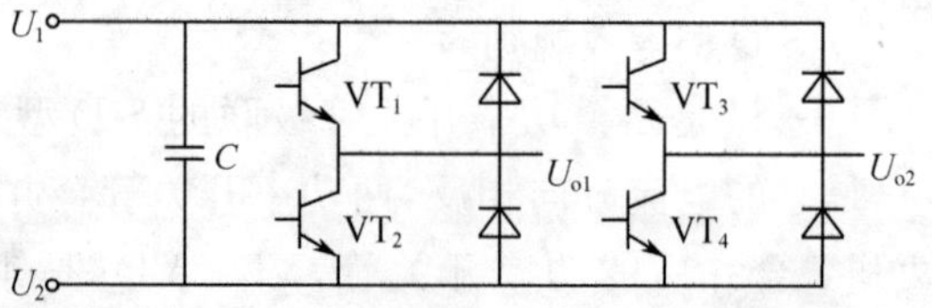

图 3-37　DC-AC 开关变换器半桥基本单元的并联

对于多电平变换器拓扑结构的研究，应从简化、结构、模块化的角度出发，在现有的多电平拓扑结构的基础上，构造出新的多电平拓扑结构。理想的多电平变换器拓扑结构应具有以下特征：①电平数易于扩展；②尽量少的独立直流电源；③没有电压平衡问题；④模块化结构。因此，对于特定的应用场合，通过研究不同拓扑的基本单元之间以串联的方式所构成的多电平结构，以解决现有拓扑结构存在的问题。多电平电压源型变换器适用于高压大功率应用场合的根本原因在于其特有的拓扑结构。由于应用于高压大容量场合的多电平变换器的特点，客观上决定了主电路由较多的开关器件组成，其构成元件的增加为结构的变化提供了可能。

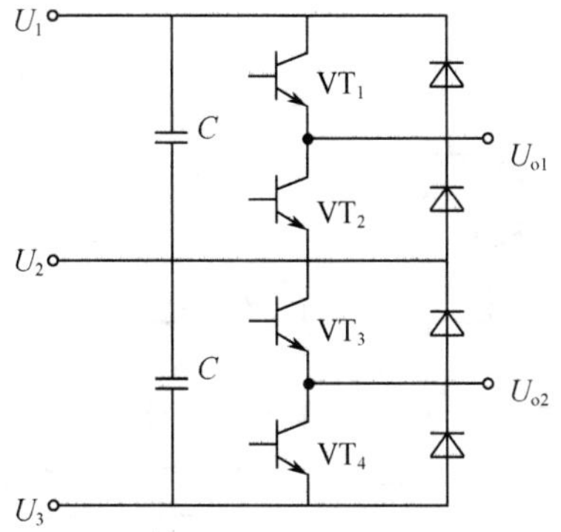

图 3-38　DC-AC 开关变换器半桥基本单元的串联

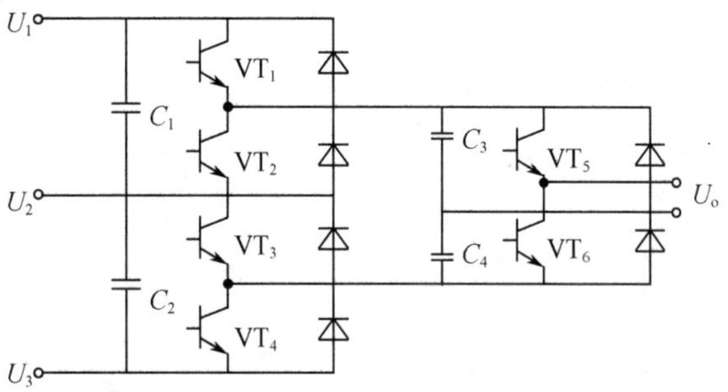

图 3-39　二电平 DC-AC 开关变换器半桥基本单元的串－并联——三电平 DC-AC 开关变换器桥臂

本节给出多电平组合拓扑结构的一般形式，并将引入几个在所提拓扑结构中可以选择的自由度。无论所提到的组合拓扑结构形式如何变化，都可以归结为自由度的组合与选择，扩展了多电平变换器的拓扑集。根据该通用拓扑结构所提供的自由度，构造出几种新型的组合拓扑结构。引入多电平变换器拓扑结构自由度这一概念，是为了规范以串联方式进行连接的所有拓扑结构形式，概括出组合拓扑结构的共性及构成原则。

基于多电平变换器组合拓扑结构的构成形式，从所采用的调制策略及拓扑结构的优劣比较出发，这里介绍一种单相 N 电平变换器 k 单元串联的组合拓扑结构的一般形式，该结构可利用多种自由度组合出所需要的不同拓扑结构，图 3-40 给出了多电平变换器组合拓扑结构的一般形式示意图。

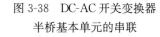

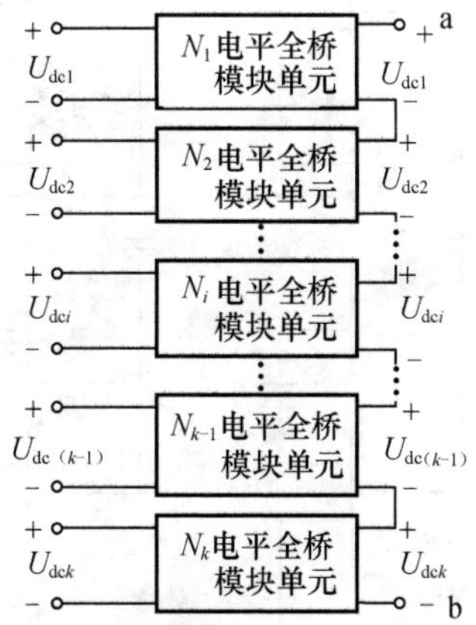

图 3-40　多电平变换器组合拓扑结构一般形式示意图

由图 3-40 可见，组合拓扑结构形式的基本元素为 N_i 电平全桥单元，具有模块化的特点；同时，在该拓扑结构的一般形式中，有几个可以选择的自由度，如：①全桥模块单元的类型；②全桥模块单元的电平数；③模块间直流侧电压的比例关系；④全桥单元所用开关器件的选取。

对这些自由度的选择(改变某一个自由度或几个自由度相互结合),将导致不同组合拓扑结构的产生。

利用不同的全桥模块单元类型这一自由度的概念,除了 H 桥功率单元作为图 3-40 所示的基本单元外,还可以采用图 3-41b、图 3-41c 所示的 3 电平全桥模块单元作为图 3-40 中的基本单元。

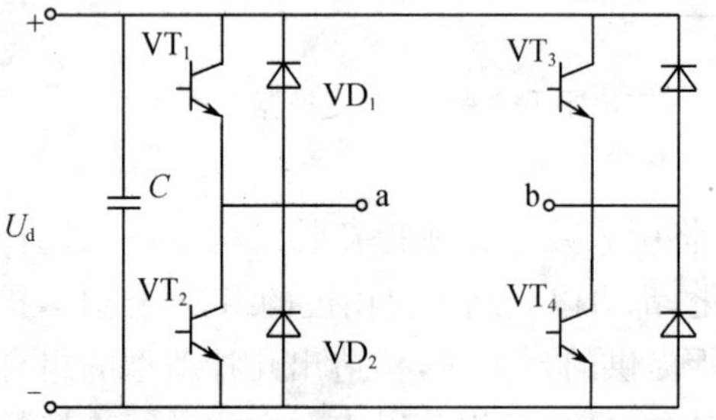

(a) H桥单元

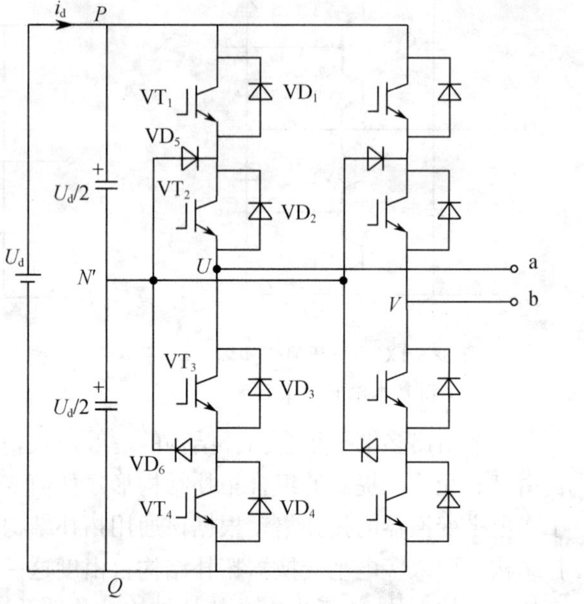

(b) 二极管钳位型3电平全桥单元

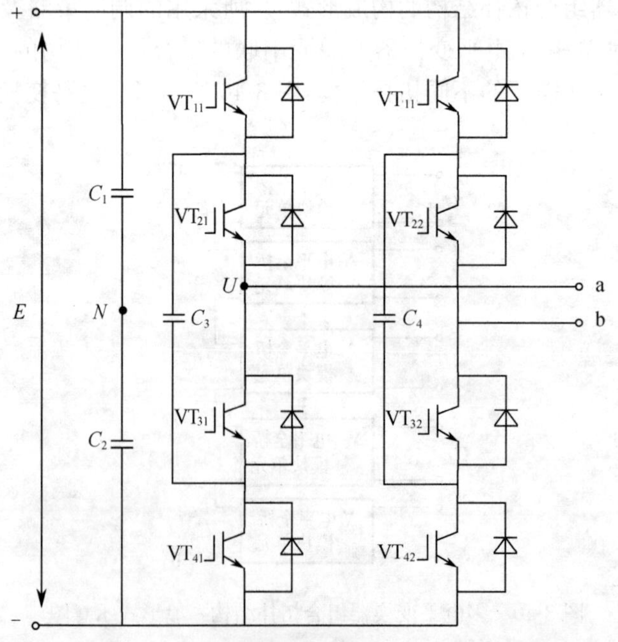

(c) 电容飞跨型3电平全桥单元

图 3-41　三种基本的全桥模块单元结构示意图

利用全桥模块单元的电平数这一自由度的概念，还可以利用 3 电平半桥基础构成 9 电平全桥模块单元。进一步推广，对于如图 3-40 所示中 N_i 电平全桥单元，其结构可由电平数为 n_i 的半桥单元构成，其中 $N_i=2n_i-1$。

1. 基于单元电平数和单元类型两自由度相结合构建的变换器拓扑结构

根据图 3-41 所示的 3 种基本单元，使全桥模块单元的电平数与单元类型这两个自由度相互结合，可形成几种典型的全桥模块串联型组合拓扑结构，如图 3-42a、b、c 所示。同时，基于此种概念，又可构建出另一种如图 3-42d 所示的新型组合拓扑结构。

与图 3-41a 所示的传统级联型 H 桥串联拓扑结构相比较，图 3-42 所示的组合拓扑结构需要较少的独立直流电压源，便能获得所需的输出电平数。由于存在着较多的冗余开关组合状态，电容电压平衡问题也较容易解决。

2. 基于模块间直流侧电压的比例关系这一自由度构建组合变换器拓扑结构

模块间直流侧电压的比例关系作为多电平组合拓扑结构一般形式的自由度，可分为两种：①相邻模块间直流侧电压比例关系为 1，如图 3-42 所示介绍的几种组合拓扑结构；②相邻模块间直流侧电压比例关系成等比变化。改变直流侧电压比例关系的目的就是获得输出电平的最大化，消除冗余的电平组合状态。这种自由度最直接的应用就是改变级联型中 H 桥的直流母线电压，在不增加直流电压源个数的情况下，以获得更多的电平输出，如图 3-43a 所示。若在图 3-42 所示的组合拓扑结构中，加入模块间直流侧电压的比例关系这一可选择的自由度，便可产生多种新型的组合拓扑结构。以图 3-42a、c 为例，其拓扑结构分别变换为如图 3-43b、c 所示。

在图 3-43a 中，$U_{dc2}:U_{dc1}=2:1$。对两单元 H 桥串联的多电平变换器而言，如果选定直流侧电压比为 $E:E$，即直流侧电源电压相等时（也称为 1^m 结构，m 为串联单元个数），输出电压有 5 种电平状态：$2E,E,0,-E,-2E$；如果选择电压比为 $E:2E$，即比例关系为 1：2 时（称为 2^m 结构），输出电压中就有如下 7 种电平状态：$3E,2E,E,0,-E,-2E,-3E$；相应地，对于 3^m 结构的多电平变换器，输出电压电平数增加到 9 种（m 为 2 的情况下）。当独立直流电源的电压值相等时，m 个单元串联变换器的输出电压为 $2m+1$；若将各独立的直流电源的电压值取为 2^m 结构时，则其输出的电平数增加到 $2^{m+1}-1$；相应地，对于 3^m 结构的级联变换器，电平数可增加到 3^m。电平数越多，输出电压波形与正弦波越接近，相应地谐波含量就越少。但这种阶状结构的变换器并不是无限度地增加下去的，对于 4^m 以上的结构就不能拓展了，原因在于 4^m 以上阶数的级联结构不能产生中间电平，例如 $+2E/-2E$ 电平就不能产生，从而使输出电平发生跳跃。电平增加的根本原因是各个基本单元的直流侧电压比例关系不同，在相同数量的开关器件下通过采用相应的调制策略，就可得到较多电平数；同时，随着直流侧电压比例关系的提高，相应的功率等级也得到了提高。

对于任何一种多单元级联拓扑结构，电平输出最大原则是对于每一个输出电平，没有冗余开关组合。为了获得输出电平的最大化，在图 3-40 中，对于 k 个全桥单元串联，模块间直流电压之间的比例关系为

$$U_{dc(i+1)}=\frac{N_i(N_{i+1}-1)}{N_i-1}U_{dci}\qquad i=1,2,\cdots,k-1 \tag{3-1}$$

式中，U_{dci}、N_i 分别为第 i 个全桥模块单元的直流侧电压、电平数。若满足式(3-1)，便可获得最大电平数为

$$N=\prod_{i=1}^{k}N_i \tag{3-2}$$

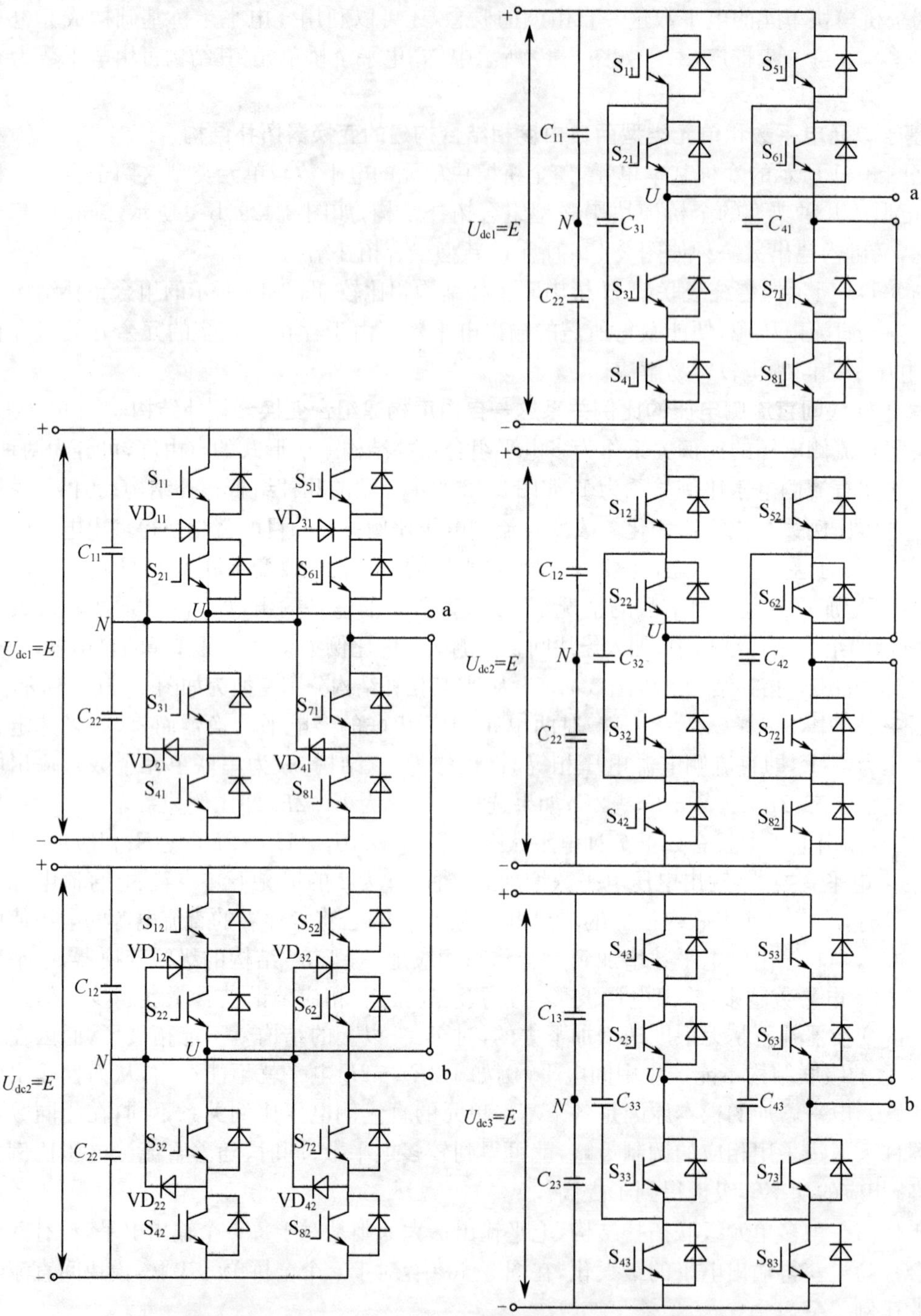

（a）DCMC串联　　　　　　（b）FCMC串联

图 3-42　自由度结合所构成的组合拓扑结构示意图

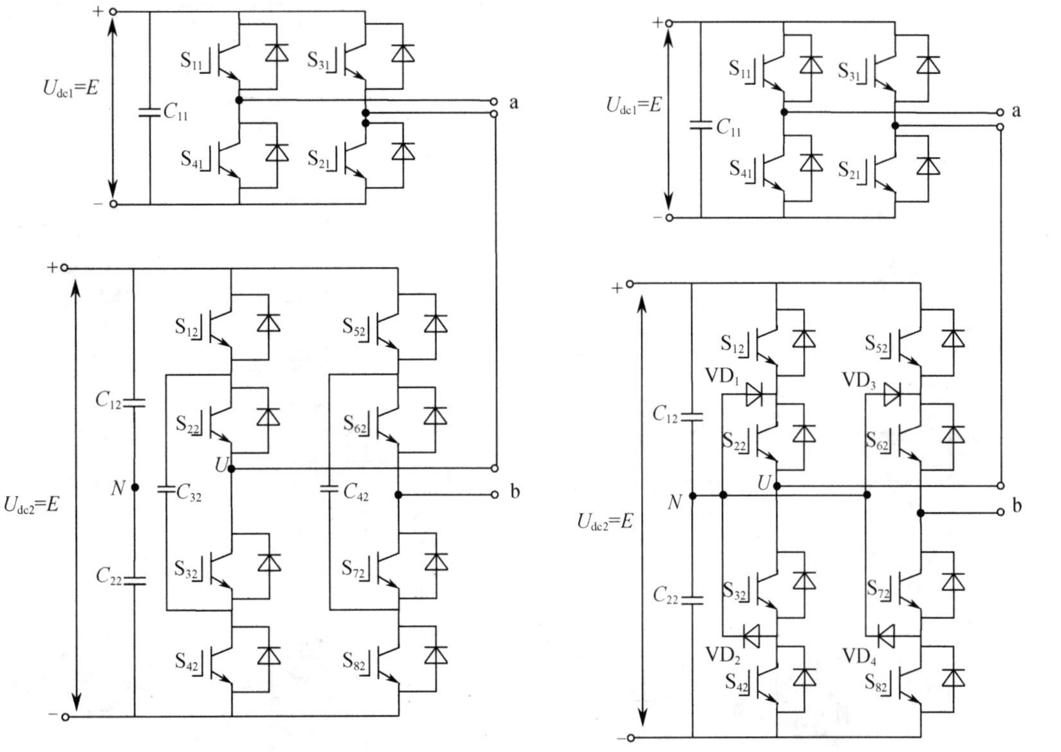

（c）H与DCMC串联　　　　（d）H与FCMC串联

图 3-42　自由度结合所构成的组合拓扑结构示意图(续)

对于带有不相等直流电压的 H 桥串联,根据式(3-1),若 $N_i=3$,$N_{i+1}=3$,相邻模块单元之间直流侧电压比例关系为

$$U_{dc(i+1)}=3U_{dci} \tag{3-3}$$

便可获得输出电平的最大化。

对于传统的 MMCI 型变换器,为了获得电平数的最大输出,这种比例关系也可进一步推广,即有

$$U_{dck}:\cdots:U_{dci}:\cdots:U_{dc2}:U_{dc1}=3^{k-1}:\cdots:3^{i-1}:\cdots:3:1 \tag{3-4}$$

基于式(3-1)、式(3-2),对于图 3-42a、图 3-42b 所示的组合拓扑结构有:$N_i=N_{i+1}=5$,模块间直流侧电压比例关系满足 $U_{dc(i+1)}=5U_{dci}$,便可获得最大电平输出(即 25 电平)。对于模块间电平数不相等的串联结构,N_{i+1}为电平数多的单元。对于图 3-42c、图 3-42d 所示的组合拓扑结构有:$N_i=3$,$N_{i+1}=5$,模块间直流侧电压比例关系满足 $U_{dc(i+1)}=6U_{dci}$,便可获得最大电平输出(即 15 电平)。各种组合拓扑在不同电压比下所能产生的最大电平数见表 3-5。若基于自由度相互结合的观点,可把全桥模块单元的类型、直流侧电压的比例关系这两种自由度结合起来,以两单元串联为例,可以构造出如图 3-43b、图 3-43c 所示的新型组合拓扑结构。在图 3-43b 中有:$U_{dc2}=5U_{dc1}$;在图 3-43c 中有:$U_{dc2}=6U_{dc1}$。

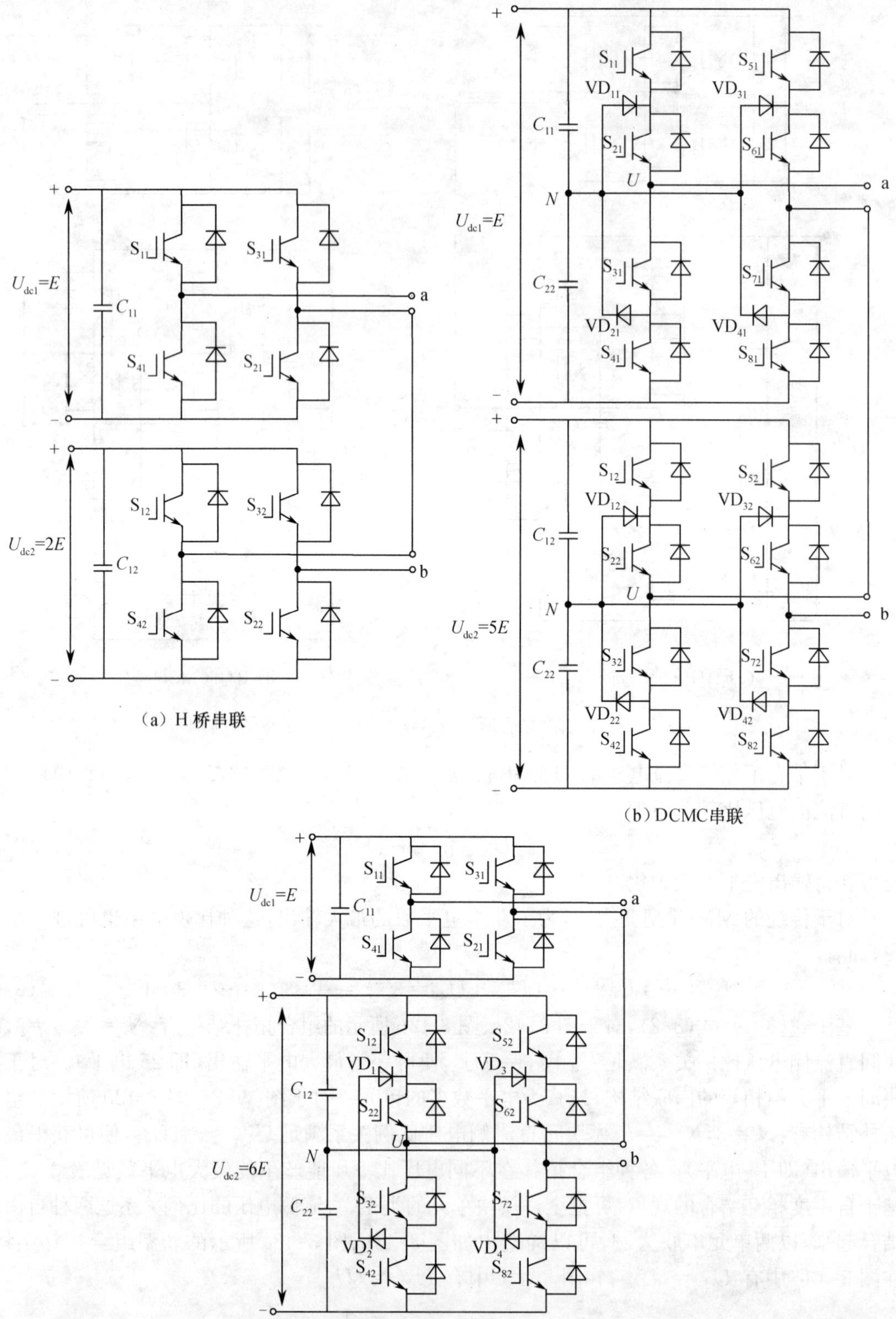

（a）H 桥串联

（b）DCMC串联

（c）H与DCMC串联

图 3-43 单元间直流侧电压变化所构成的组合拓扑结构示意图

表 3-5 各种组合拓扑在不同电压比下所能产生的最大电平数

电压比 \ 拓扑结构	H+H 拓扑	DCMC + DCMC 拓扑（FCMC + FCMC 拓扑类同）	H+DCMC 拓扑（H + FCMC 拓扑类同）
1:1	5	9	—
1:2	7	13	7
1:3	9	17	—
1:4	—	21	11
1:5	—	25	—
1:6	—	—	15

值得注意的是，H 桥与 DCMC 单元或 FCMC 单元相结合的组合拓扑结构，电压比只有在为偶数的情况下才能输出连续的电平台阶；当电压比为奇数时，输出电平台阶不连续。例如在电压比为 1:3 时，最大电平数应为 9，但实际上这种电压用在该拓扑结构中，最大电平数为 15，多了 $\pm 5E/2$，$\pm 3E/2$ 以及 $\pm E/2$ 的电平，其电平组合列于表 3-6 中。在 $-4E$ 到 $4E$ 的输出中，由于多加的这 3 组电平的输出，造成了电平输出台阶的跳跃。这种跳跃在实际中是不允许的，因而 H 桥与 DCMC（或 FCMC）奇数电压比的组合拓扑结构在实际应用中受了限制。

表 3-6 (1:3)H+DCMC 拓扑结构电压合成表

H	$-E$	0	$-E$	E	0	$-E$	E	0	$-E$	E	0	$-E$	E	0	E
DCMC	$-3E$	$-3E$	$-3E/2$	$-3E$	$-3E/2$	0	$-3E/2$	0	$3E/2$	0	$3E/2$	$3E$	$3E/2$	$3E$	$3E$
合成	$-4E$	$-3E$	$-5E/2$	$-2E$	$-3E/2$	$-E$	$-E/2$	0	$E/2$	E	$3E/2$	$2E$	$5E/2$	$3E$	$4E$

根据表 3-6 所提供的电压比与输出电平数的对应关系，结合模块单元类型、模块单元电平数、直流侧电压的比例关系以及开关器件的选取等可供选择的自由度，可根据实际需要灵活选择，从而可构建大量的新型拓扑结构。例如，结合具体的组合拓扑结构，若选择电压比为 $U_{dck}:\cdots:U_{dci}:\cdots:U_{dc2}:U_{dc1}=3:\cdots:1:\cdots:1:1$ 或 $U_{dc1}:U_{dc2}:\cdots:U_{dck}=1:2:\cdots:2$ 的组合拓扑结构，就可在一定的性能参数要求下，利用有限的成本，获得最好的性价比。

3. 基于所用开关器件的选取这一自由度构建组合变换器拓扑结构

在图 3-43 所示的组合拓扑结构中，高压单元开关器件必然承受较高的电压应力，会导致器件使用寿命缩短。通常的解决方法是在不同电压单元中采用不同耐压等级的开关器件。这种组合多电平变换器的主要思想是：电压高的单元采用 GTO 等高耐压、低频率的开关器件以提高系统的输出功率；而电压低的单元则采用 IGBT 等低耐压、高频率的开关器件。较高电压的 GTO 变换单元以输出电压的基波频率为开关频率，主要实现基波能量的输出：较低电压的 IGBT 单元则在较高的频率下进行脉宽调制，以改善输出波形。

基于上述分析，也可将图 3-42 所示的结构称为等电压源多电平组合拓扑结构；而将图 3-43所示的结构称为等比电压源多电平组合拓扑结构。

综上所述，所构造出的几种组合拓扑结构主要应用于直流电压源个数有限，同时对输出电平数及波形质量要求较高的工业应用场合。无论所提及的组合拓扑结构形式如何变化，都可以归结为控制自由度的组合与变换。此处，引入多电平变换器组合拓扑结构自由度这一概念，目的是规范组合拓扑结构形式。

3.6.2　DC-AC 开关型变换器的拓扑叠加设计举例

1. DC-AC 基本单元的串并联拓扑叠加设计

如何采用基本单元的叠加获得任意电平输出的 DC-AC 开关型变换器桥臂拓扑呢？实际上，在图 3-39 所示的三电平半桥开关型变换器桥臂拓扑的基础上，再并联叠加一组 3 个半桥基本单元的串联支路，就可以形成四电平 DC-AC 开关型变换器拓扑。以此类推，若在一个 $n-1$电平的 DC-AC 开关型变换器桥臂拓扑的基础上并联叠加一组 $n-1$ 个半桥基本单元的串联支路，就可以获得一个 n 电平输出的 DC-AC 开关型变换器桥臂拓扑。采用这种叠加结构的多电平 DC-AC 变换器拓扑称为多电平 DC-AC 开关型变换器的统一拓扑，如图 3-44 所示。可见，这是一种层层叠加的"塔形"拓扑结构。从图 3-44 可以看出，这种多电平 DC-AC 开关型变换器桥臂的统一拓扑实际上是由图 3-36 所示的 DC-AC 开关型变换器半桥基本单元的串、并联叠加而成的。显然，若采用不同结构的基本单元，就可以获得不同的多电平拓扑。多电平变换器电路结构有许多种，彭方正教授在综合了多种钳位型多电平(如二极管钳位式、电容钳位式等)电路的特性后，在 2000 年的 IEEE IAS(Industry Application Society)年会上提出了一种比较有代表性的通用型多电平变换器拓扑结构，如图 3-44 所示。它不需要借助附加的电路来抑制直流侧电容的电压偏移问题，从理论上实现了一个真正统一的多电平结构。

该拓扑是基本单元的串并联搭积而成的，其中每个单元的电压等级相同。单元可以是多种形式，例如普通两电平半桥、二极管钳位三电平半桥、电容钳位三电平半桥等。图 3-44 给出的是用基本两电平半桥基本单元叠加组成的拓扑结构，第一级由一个单元组成，可以输出两个电平；第二级由两个单元组成，和第一级一起可以输出三个电平；以此类推，可以构成一个多电平拓扑。由于可控开关器件多，该拓扑开关模式极其灵活(多种冗余矢量)。

该拓扑工作时，具有如下特点。

① 每一级都是独立工作的。

② 每一级中相邻的开关器件是互锁的。一级中如果有一个器件的开关状态被确定，则其余器件的开关状态就可以根据互锁原则唯一确定。

③ 该结构可以实现电容电压的自平衡。通过特定的开关模式，无须特殊的均压电路或复杂的电容电压控制就可实现更多电平($N>3$)，相比各种普通钳位型多电平拓扑来说极具优势。

④ 该拓扑具有高度的概括性。前面所述的二极管钳位、电容钳位、二极管电容混合钳位及其各种衍生的多电平结构，都可以看作该通用拓扑的一种特例。

⑤ 需要很多的可控开关管、功率二极管和电容，这一特点降低了电路的实用性。

高压大容量多电平电路的一个技术难点就是中点电压的控制问题。对于 3 电平及以上电平数的拓扑，如果中点电压控制得不好，是不能有效地应用于大容量的电能变换场合的。这种新的拓扑结构具有电压自平衡的功能，无须特殊的均压电路或复杂的电容均压控制就可实现更多电平($N>3$)，对于各种逆变器控制策略和负载情况，都能有效地控制中点电压，相比各种普通钳位型多电平拓扑来说极具优势。

另一方面，其通用意义是指这种拓扑具有高度的概括性。前面所述的二极管钳位、电容钳位、二极管电容混合钳位及其各种衍生的多电平结构，都可以看作这种通用拓扑的一种特例。只要对这种结构稍作改动，还可以进一步派生出更多新型的多电平结构，一种方式是通过取消

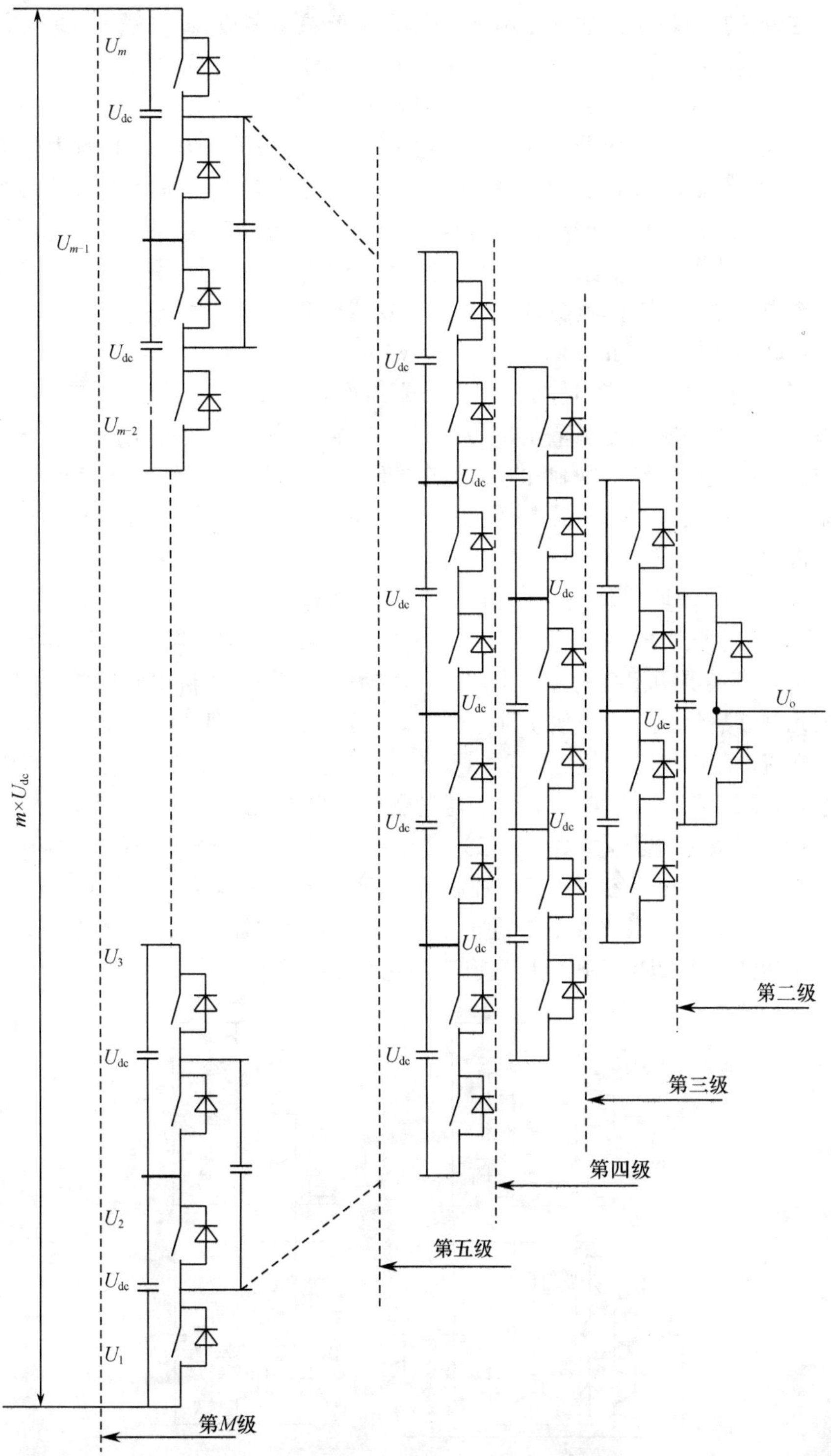

图 3-44　半桥基本单元叠加通用钳位型多电平拓扑结构

某些钳位器件，例如取消不同的钳位开关及电容，就可以得出不同的二极管钳位拓扑；另一种方式是用其他形式的单元代替两电平单元，例如使用三电平单元，就可以用更少的级数实现更多的电平。这种拓扑可以很方便地应用于无磁路连接、高效紧凑、低电磁干扰的能量变换系统中，如DC/DC变换器、电压型逆变器等，因此具有很好的研究应用前景。

多电平变换器的主要目的之一是为了采用低耐压器件输出高压，上面提到的基于基本单元先串后并的几种多电平变换器的共同特点是只需一个独立直流电源，且电力电子器件相互串联。因此，为了降低单管耐压又要避免动态均压以及输出多个电平台阶，需用多个直流电容分压，这样就出现了分压直流电容均压问题，这类拓扑结构的变换器系统中只能用控制算法来解决这个问题。而本节介绍的独立电源的结构提供了避免直流电容平衡问题的途径。实现办法是采用多个电气独立的直流电源，通过桥式逆变器串联，输出多个台阶的电平，即具有独立直流电源的级联型变换器(Cascaded Topology with Separated DC Source)。桥式逆变器在交流输出之前，各个单元桥相互独立，由输入变压器二次侧通过整流桥供电。变压器二次侧的移相接法实现了变压器一次电流多重化，极大地提高了输入电流的波形质量。各个单元的直流电容没有均压问题，相对于器件串联的形式，在控制上要简单许多，其代价是增加变压器二次绕组和整流环节的个数。在此基础上，发展了一些其他的拓扑结构，在控制简单和减少直流环节之间取得折中。

基于基本单元并-串联思想的电路拓扑，主要是具有独立直流电源的级联型多电平变换器，其代表是H桥串联型多电平逆变器，以及一些派生拓扑结构。图3-45给出了这种电路的H桥串联五电平变换器两相结构图。由图可见，它由4个单相H桥串联形成，每个H桥又由两个基本单元并联后组成。4个独立直流电源U_{dc}分别给4个H桥逆变器供电，多个不同H桥逆变器的交流电压串联起来输出为U_a、U_b，形成多电平变换器。这种电路不需要大量钳位二极管和电容，但需要多个独立电源，一般通过变压器多输出绕组整流后实现。具体来说，对这种类型的N电平单相电路，需要$(N-1)/2$个独立电源，$2(N-1)$个主开关器件。另外，这种电路在控制方面不存在电容电压动态控制问题，实现上相对容易。当接成三相时，可以达到10kV以上的输出，输出电压波形更接近正弦，不用输出滤波器，同时网侧电流谐波小。这也是目前唯一能达到6kV以上输出电压且已产品化的拓扑。

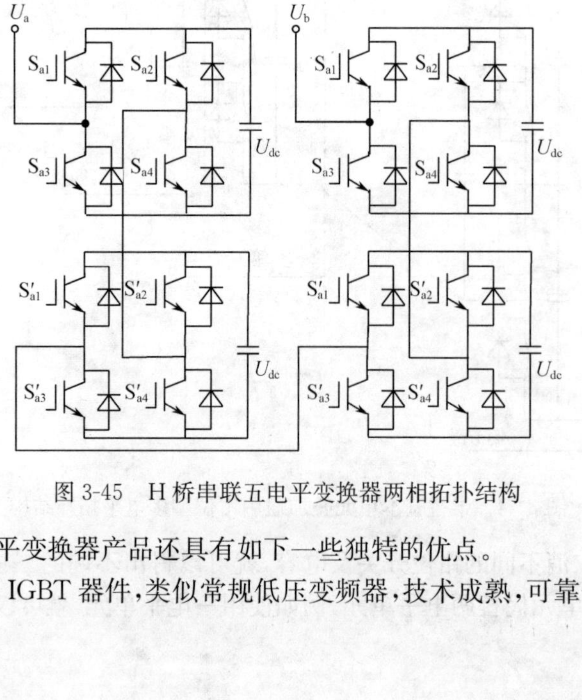

图3-45 H桥串联五电平变换器两相拓扑结构

H桥级联型多电平变换器产品还具有如下一些独特的优点。

① 采用常规低压IGBT器件，类似常规低压变频器，技术成熟，可靠性高。各个功率单元

和驱动电路结构完全相同，相对独立，可以互换，使得变频调速系统易于检修和维护，利于工程上实用。

② H桥串联型拓扑输出的电压波形随着级数的增加更加接近于正弦波，du/dt 小，可减少对电缆和电机的绝缘损坏，无须输出滤波器就可以使输出电缆长度很长，电机不需要降额使用；同时，电机的谐波损耗大大减小，消除了由此引起的机械振动，减小了轴承和叶片的机械应力。

③ 当某个功率模块损坏时，变频调速系统的主控系统通过检测确认哪一级模块损坏，可以整级将有故障的三相模块全部旁路掉，相应的系统减小输出功率，降额使用（这个旁路过程本身可以持续下去，直到足以支撑电机运行的最小输出功率为止，不必更改主控系统的运行程序）；也可以采用特殊的控制手段，仅仅将故障模块旁路掉，仍然使输出电压对电机出线端三相对称。输入功率因数高（0.95以上），谐波小，整机效率高（96%以上），对电网的污染小。

下面是对通用钳位型五电平变换器拓扑结构原理和电路的分析，如图3-46所示为由基本两电平半桥单元构成的具有自平衡能力的通用钳位型五电平结构电路。在图3-46中，开关管 $S_{p1}\sim S_{p4}$ 和 $S_{n1}\sim S_{n4}$、二极管 $VD_{p1}\sim VD_{p4}$ 和 $VD_{n1}\sim VD_{n4}$ 是电路的主要器件，通过它们的开通和关断，可以得到希望的电压波形。其余的开关管和二极管的通断则起到了钳位和平衡电压的作用。每一级受到的电压应力是 $1U_{dc}$，各级的电压平衡通过钳位开关管和钳位二极管实现。

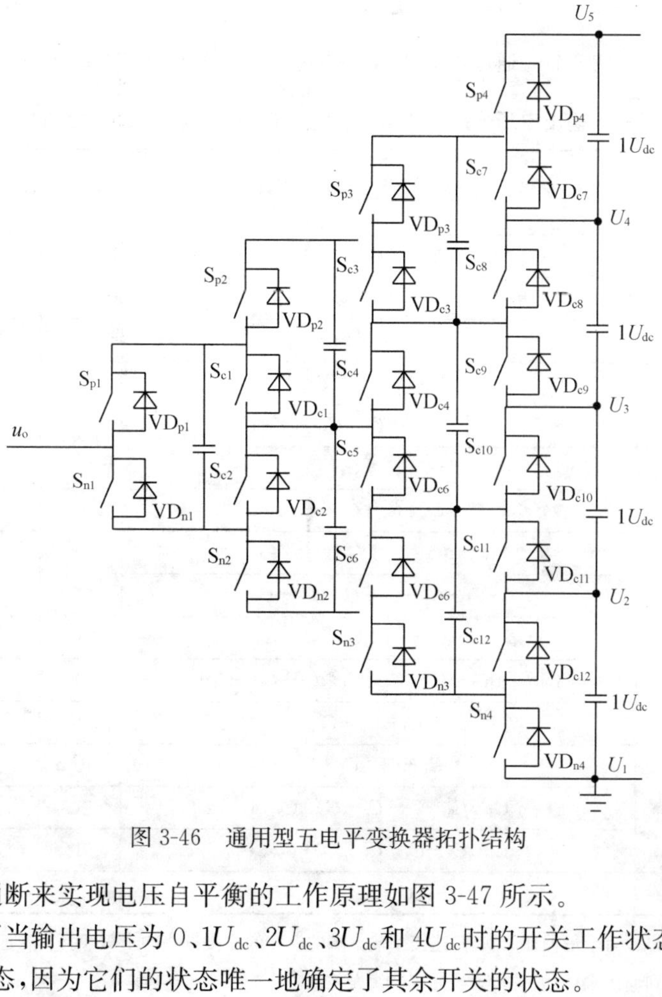

图3-46　通用型五电平变换器拓扑结构

通过开关的通断来实现电压自平衡的工作原理如图3-47所示。

表3-7总结了当输出电压为0、$1U_{dc}$、$2U_{dc}$、$3U_{dc}$ 和 $4U_{dc}$ 时的开关工作状态。表中只给出了 $S_{p1}\sim S_{p4}$ 的工作状态，因为它们的状态唯一地确定了其余开关的状态。

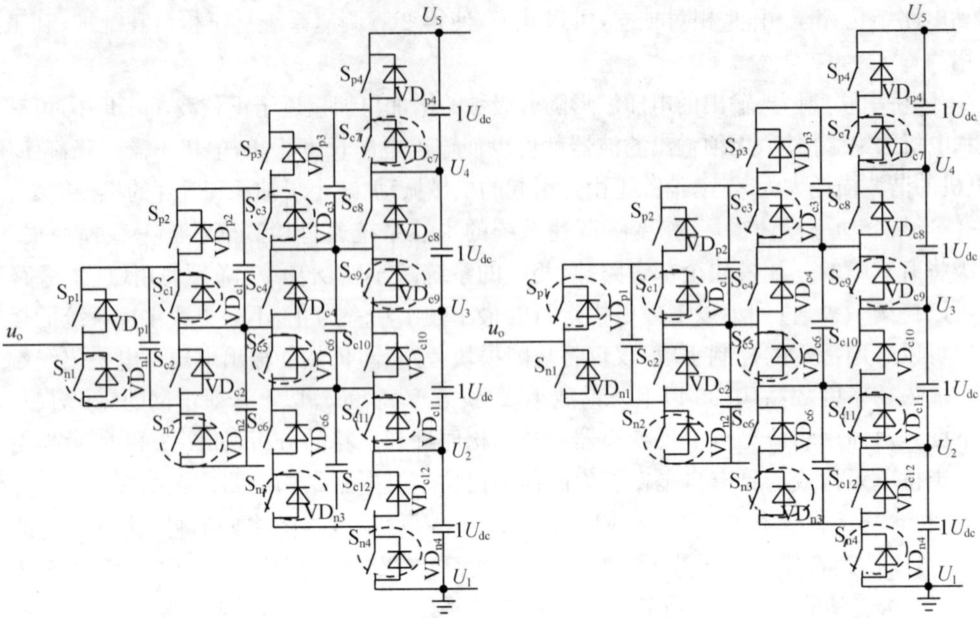

（a）U_2=0时开关工作状态　　　　（b）U_2=1U_{dc}时开关工作状态

图 3-47　通过开关的通断来实现电压自平衡的工作原理

表 3-7　输出电压分别为 0、1U_{dc}、2U_{dc}、3U_{dc}和 4U_{dc}时的开关工作状态

输出电压	电容通路	开关状态			
		S_{p1}	S_{p2}	S_{p3}	S_{p4}
$0U_{dc}$	无	0	0	0	0
$1U_{dc}$	$+C_1$	1	0	0	0
	$-C_1+C_2+C_3$	0	1	0	0
	$-C_3-C_2+C_4+C_5+C_6$	0	0	1	0
	$-C_6-C_5-C_4+C_7+C_8+C_9+C_{10}$	0	0	0	1
$2U_{dc}$	$+C_2+C_3$	1	1	0	0
	$-C_1+C_4+C_5+C_6$	0	1	1	0
	$-C_3-C_2+C_7+C_8+C_9+C_{10}$	0	0	1	1
	$+C_1-C_3-C_2+C_4+C_5+C_6$	1	0	1	0
	$+C_1-C_6-C_5-C_4+C_7+C_8+C_9+C_{10}$	1	0	0	1
	$-C_1+C_2+C_3-C_6-C_5-C_4+C_7+C_8+C_9+C_{10}$	0	1	0	1
$3U_{dc}$	$+C_4+C_5+C_6$	1	1	1	0
	$-C_1+C_7+C_8+C_9$	0	1	1	1
	$+C_2+C_3-C_6-C_5-C_4+C_7+C_8+C_9+C_{10}$	1	1	0	1
	$+C_1-C_3-C_2+C_7+C_8+C_9+C_{10}$	1	0	1	1
$4U_{dc}$	$C_7+C_8+C_9+C_{10}$	1	1	1	1

注：①电容通路指的是，对于每种开关状态，连接到输出端的电容的连接方法，"+"表明电容的正极连接到输出端，"−"则表明电容的负极连接到输出端。②"1"代表开通，"0"代表关断。

这种通用型多电平拓扑的特点如下。

① 这种系统的电能损耗反比于电容量和开关频率。提高开关频率和加入一些特定的开关状态，可以大大减少损耗，提高系统效率。

② 相比于一般的二极管钳位和电容钳位式拓扑，这种系统各级的中点电压都能得到很好的控制。

③ 对一个 M 级电平的通用型多电平逆变系统，所需的开关器件/二极管数目为 $M(M-1)$；需要的电容器数量为 $M(M-1)/2$。

④ 计算简单，器件应力可达到最小化。

可以把半桥基本单元和二极管钳位式三电平基本单元混合，也可以把二极管钳位式三电平基本单元和电容钳位式三电平基本单元混合，从而可得到多种"塔形"结构的多电平拓扑结构。

从以上具有"塔形"结构桥臂的多电平 DC-AC 开关型变换器的拓扑分析不难发现：随着电平数的增多，器件呈指数上升，系统非常复杂，所以超过 5 电平以后，这样的拓扑结构工程设计时一般不予考虑。

2. 全桥基本单元的级联拓扑叠加设计

采用若干个低压 DC-AC 开关型变换器全桥基本单元直接级联的方式以实现高压多电平输出。该结构在级联数足够时，输出谐波含量小，工程上称为完美无谐波变换器，其电路结构如图 3-48 所示。

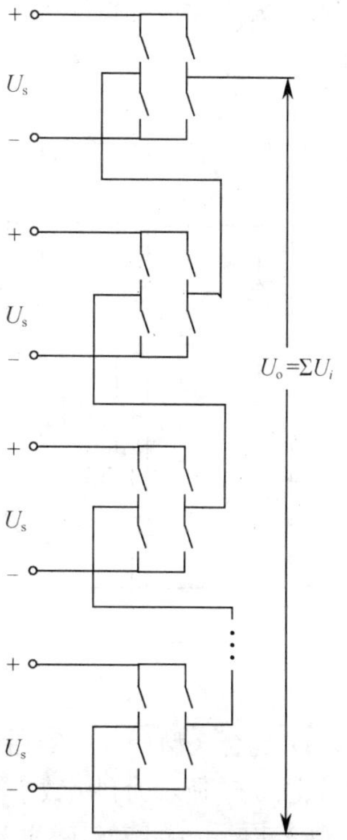

图 3-48　基于全桥基本单元叠加的级联型多电平拓扑结构

图 3-48 所示的拓扑结构采用了多个全桥基本单元，并互相级联而组成。显然，这种级联多电平 DC-AC 变换器避免了大量的钳位二极管和电压平衡电容，在得到相同电平数的前提下，所需功率开关管相对较少。另外，级联型多电平拓扑结构电路中的功率开关管一般在基频下开通、关断，因此损耗小、效率高，并且不存在电容电压平衡问题。但是，它需要多个独立的直流电源，且不易实现四象限运行。总之，这种结构容易实现多电平，一般在 7 电平、9 电平甚至 11 电平都有广泛应用。尤其是该级联拓扑已成为大容量 SVG 装置的最典型主电路拓扑之一。

3. 混合型 DC-AC 开关型变换器拓扑叠加设计

不同基本单元结构的多电平 DC-AC 变换器都各有其优缺点，可以采用"取长补短"的方法，并利用不同的基本单元结构进行叠加，以获得较好性能的变换器拓扑。

(1) 混合 1 型——二极管钳位式三电平基本单元+电容钳位式三电平基本单元

将二极管钳位式三电平基本单元和电容钳位式三电平基本单元并联，即构成混合 1 型电路拓扑，如图 3-49 所示。这种电路拓扑性能上包含二极管钳位式和飞跨电容式三电平的特点，既避免了动态均压问题，也使开关方式灵活，对功率器件保护能力较强；既能控制有功功率，又能控制无功功率。

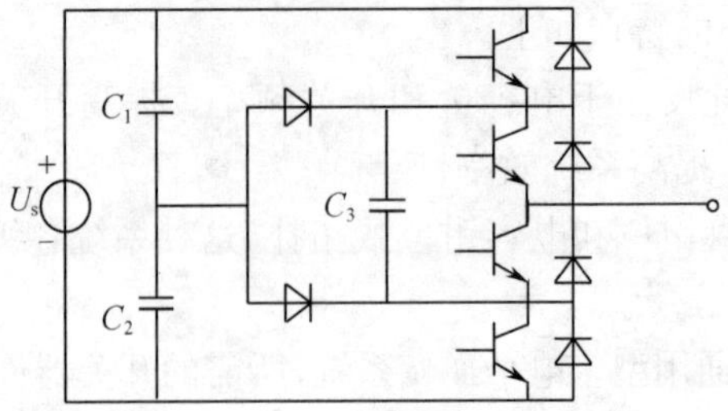

图 3-49　二极管钳位式三电平基本单元＋电容钳位式三电平基本单元

(2) 混合 2 型——二极管钳位式三电平基本单元＋级联型

如图 3-50 所示为数个二极管钳位式基本单元进行级联构成的混合 2 型电路拓扑。这个电路既保留了二极管钳位式多电平的优点，也保留了级联型的特点。当级联数足够多时，该结构能够较大幅度地降低输出谐波含量，因此这种基于二极管钳位式的级联式多电平逆变技术堪称为双完美无谐波结构。但是这种电路使用了大量的功率开关管及钳位二极管，从而增加了逆变装置的生产成本。

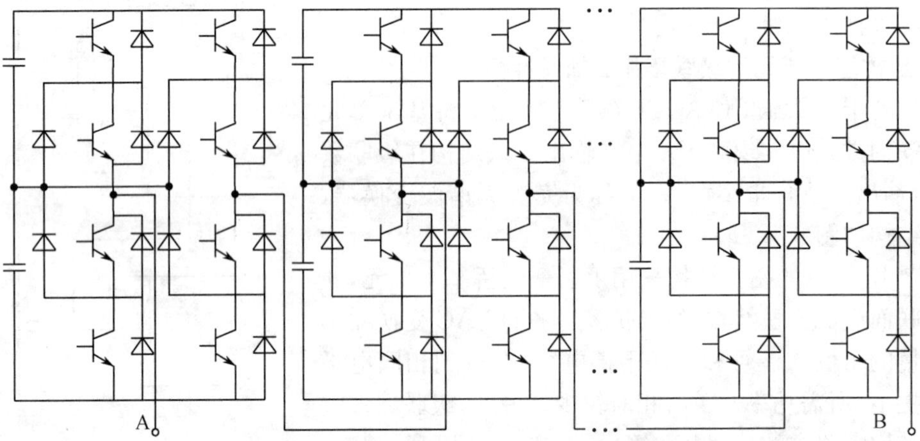

图 3-50　二极管钳位式三电平基本单元＋级联型

(3) 混合 3 型——电容钳位式三电平基本单元＋级联型

如图 3-51 所示为利用数个电容钳位式基本单元进行级联构成的混合 3 型电路拓扑。这种电路同时包含飞跨电容式和级联式多电平变换器拓扑的特点，也是一种双完美无谐波结构。电路中省去了大量的钳位二极管，但钳位电容数量明显上升，另外钳位电容还存在启动时的充电问题。

(4) 混合 4 型——二极管钳位式三电平基本单元＋电容钳位式三电平基本单元＋级联型

如图 3-52 所示为将数个二极管钳位式基本单元以及电容钳位式基本单元混合级联构成的混合 4 型电路拓扑。这种拓扑结构可以降低独立直流电源数量，兼有上述二极管钳位式、电容钳位式、全桥级联式多电平拓扑结构的优点。但是由于控制复杂，工程上难以应用。

(5) 混合 5 型——二极管钳位式三电平基本单元＋飞跨电容式三电平基本单元＋全桥基本单元＋级联型

如图 3-53 所示为将数个二极管钳位式基本单元、电容钳位式基本单元以及全桥基本单元混合级联构成的混合 5 型电路拓扑。这种混合级联式多电平逆变技术中独立直流电源电压按一定规则选取，可以使输出电压波形电平数更多，谐波含量更低。

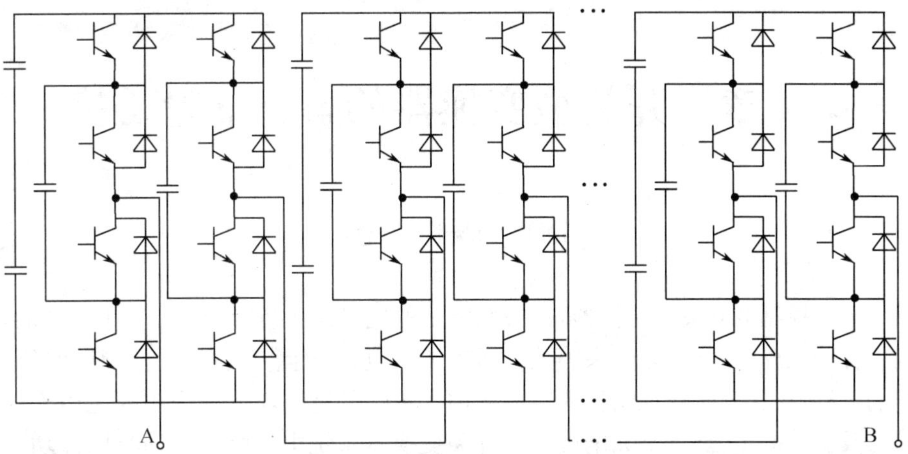

图 3-51　电容钳位式三电平基本单元+级联型

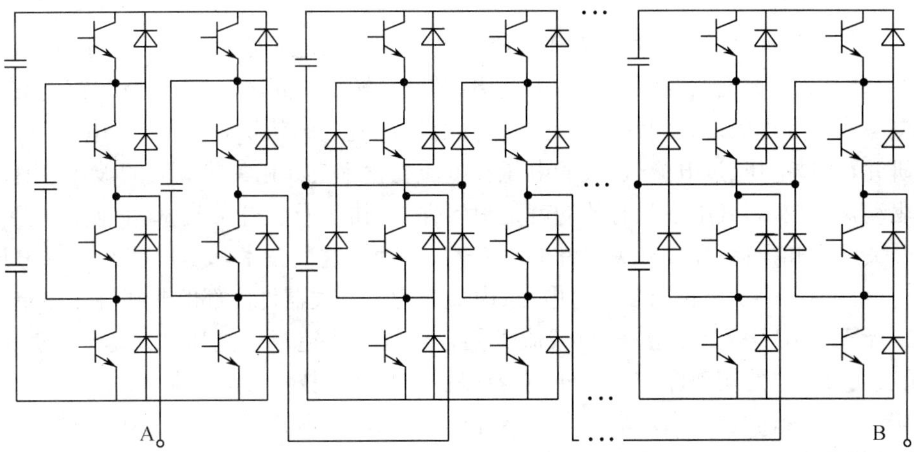

图 3-52　二极管钳位式三电平基本单元+电容钳位式三电平基本单元+级联型

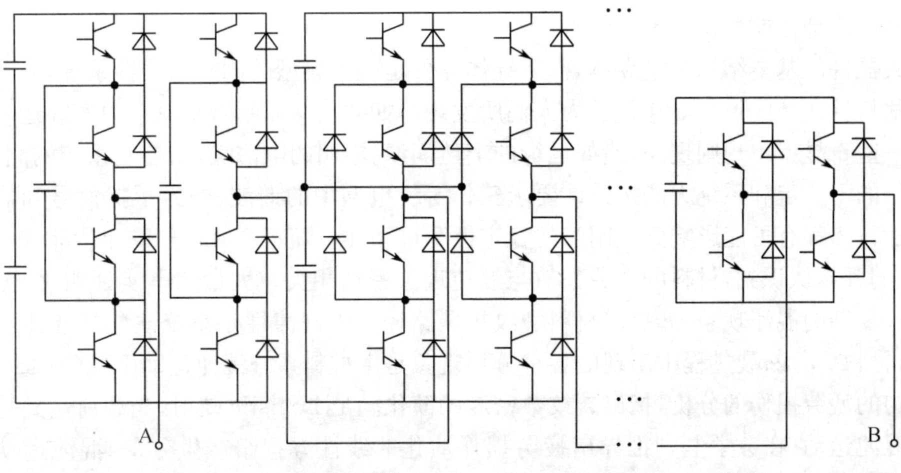

图 3-53　二极管钳位式三电平基本单元+飞跨电容式三电平基本单元+全桥基本单元+级联型

第4章　开关型变换器的瞬态能量交换

4.1　概　　述

采用PWM控制的开关型变换器，是按照一定的规律使变换器开关器件来开断的，使输出电量表现为脉冲及脉冲序列形式，来等效为所需要的电量(能量)波形。这种脉冲过程是电磁瞬态过程的一种形式，其时间在微秒或纳秒之内。传统的脉冲功率应用主要是由大电容产生的单个脉冲及脉冲的组合，且不完全可控。开关变换器系统中的脉冲序列与脉冲功率现象有着本质区别，开关变换器系统中的脉冲是序列形式的、重复的、可控的，是由特定拓扑结构中的半导体器件产生的。

这种极短时间尺度的瞬态过程对于变换器的可靠运行起决定性作用：一方面它是电量波形变换的基础；另一方面，若控制不好，出现诸如转速、转矩的间歇振荡，运行状态的突然崩溃、不明的电磁噪声等现象。人们常常对开关器件的损坏机理的认识，都局限于电压应力和电流应力的研究，即过电压、过电流、过大的电压和电流变化率及其相关热应力的破坏，由此产生了相关的驱动保护技术，其中最为有效的就是阻容保护、钳位及软开关技术，它们能显著地降低器件的开关应力和损耗，提高开关器件的可靠性。然而，这些技术都是以抑制外部电压、电流应力进行设计的。事实上相当多的过电压、电流应力是开关器件内部的非线性效应造成的，如晶闸管二极管、IGBT等阻断过程中，载流子复合过程也将造成过电压和过电流，使开关器件损坏，无法通过外电路实现保护。此外，阻容保护和软开关技术无法抑制驱动信号造成开关器件的损坏；稳态运行时也会出现电力电子器件热效应破坏；常压、常流下开关器件也会造成失效，这些现象无法用电压、电流应力的效应进行解释。从而表明，开关器件的损坏机理并非单一外部原因，必有其内在的损坏机理。而且即便是外部电压、电流应力造成的损坏，也必须通过开关器件内部性能变化显现。

开关器件的基本结构是半导体，而半导体器件是一个典型的固有非线性系统，其非线性混沌及分岔特性在20世纪80年代已为人们所发现。如大功率晶闸管整流电源实际运行中常常会出现一些奇异或不规则现象，诸如运行的突然崩溃、不明的电磁噪声、控制系统的间歇振荡、系统运行的不稳定和系统无法按设计要求工作等。电网中的谐波、外界干扰信号和器件本身的非线性行为都有可能影响到晶闸管的稳定性和可靠性。随着20世纪80年代非线性理论的发展，人们开始认识到，材料的疲劳失效与混沌现象密切相关。大量的事实证明，疲劳失效是一种十分复杂的混沌现象，如提出材料裂纹扩展路径的无规律性是系统演化的混沌引子造成的；提出材料疲劳断裂过程中出现的各种分形现象是由材料系统混沌运动引发的；通过对材料微观结构的疲劳损伤的分析，指出裂纹数密度的演化满足Logistic映射，当载荷达到一定值时将出现混沌运动；在数学上则推导出疲劳损伤演化非线性方程组产生分岔、混沌运动的条件等。从而给开关器件的损坏机理研究提供了一个重要的思路。

自开关变换器中的非线性现象被首次报道以来，国内外学者对其非线性动力学行为的探讨和研究逐渐展开，研究对象从DC-DC变换器到AC-DC、DC-AC变换器，从单个变换器到并联变换器，从硬开关变换器到软开关变换器，基本覆盖了各种类型各种拓扑的变换器。研究结果展示了功率变换器中的分岔、混沌、间歇不稳定、吸引子共存等复杂动力学行为，分析了这些复杂行为产生的机理，探讨了变换器随参数变化的动力学行为演化规律。其中，DC-DC 变换器的混沌动力学研究已经取得了丰富的成果。

对于开关变换器装置中瞬态过程的研究有利于实现高效、高可靠性的任意波形转换，并对功率开关的失效机制进行精确分析和有效仿真。对于开关过程的特性分析也很重要，包括开关损耗和产生的热量的计算、功率换流回路和外围电路的布局、EMI 的定量分析以及实施故障保护。电力电子器件的开关动作所引发的器件级和系统级的瞬态过程都会危及开关型变换器系统整体的安全运行。瞬态因素可能是死区效应、最小脉宽、最小误差等。

电力电子系统中对瞬态过程的研究有助于建立功率半导体开关的非线性模型，反映不同工作条件下器件的状态。通过研究大功率逆变器中电磁能量的分布，可以优化系统、设计有效的辅助电路、抑制 $\mathrm{d}u/\mathrm{d}t$ 和 $\mathrm{d}i/\mathrm{d}t$、控制电磁能量的瞬态过程；可以进一步改善 PWM 算法，以实现将开关频率、最小脉宽、死区、调制系数和对开关变换器系统中瞬态现象的充分理解以最优的方式结合起来。

以功率脉冲现象的理论为基础，可以将传统的控制策略、元器件选取和设计、冷却计算等问题诠释为数学优化问题和实际应用中的能量级问题，以更科学的方式描述和看待开关变换器系统设计。

4.2 开关型变换器的宏观和微观因素

4.2.1 功率损耗

功率损耗是器件在单位时间内消耗的能量，即电流通过各等效电阻所做的功，通常以焦耳热的形式表现出来。功率损耗主要包含导通状态下的稳态功耗（通态损耗）和开关过程中的瞬态功耗（开关损耗）两部分。对电流驱动型器件还应包含驱动损耗；对阻断电压较高的器件，还要考虑高压阻断状态下的漏电损耗。

由于消耗功率产生焦耳热，功率开关器件常处于高于室温的工作状态。半导体是一种对温度十分敏感的材料，因而高温下的器件特性以及器件的极限工作温度是需要特别关注的问题。器件的高温特性通常指两个方面：高温下材料特性的变化对器件导通状态的影响；高温下器件热产生漏电流的上升对其阻断能力的影响。当热产生漏电流超过一定限度时，器件就会破坏性失效。因此，对任何器件都规定有最高允许工作温度。这个限制与器件的类别有一定关系，但更多地取决于制造器件的材料。

由于开关型变换器器件关断时的漏电流非常小，断态损耗很小，可以忽略不计。在器件开关频率不高时，通态损耗为器件损耗的主要部分，而器件开关频率较高时，开关损耗则成为器件功率损耗的主要因素。如何降低开关型变换器器件的损耗，避免因其过热造成器件损害是开关型变换器器件运用中必须考虑的问题。为了保证器件正常工作，必须规定最高允许结温，与最高结温对应的器件耗散功率即是器件的最大允许耗散功率。器件正常工作时，不应超过最高结温和功耗的最大允许值，否则器件特性与参数将要产生变化，甚至导致器件产生永久性的烧坏现象。因此，开关型变换器能够提供既安全又可靠的应用的前提是对半导体物理学的深刻理解。

4.2.2 评述功率开关器件

开关型变换器系统的可靠性还取决于不同器件之间的相互作用,并由此产生了拓扑、结构和控制策略的优化设计。功率开关器件的数据手册所提供的参数实际上是基于一个特定的单开关测试平台得到的。当其他系统具有不同的结构、拓扑、杂散参数和控制策略时,这些参数也可能发生变化。例如,图 4-1 是单独的一个 IGCT 的测试装置。

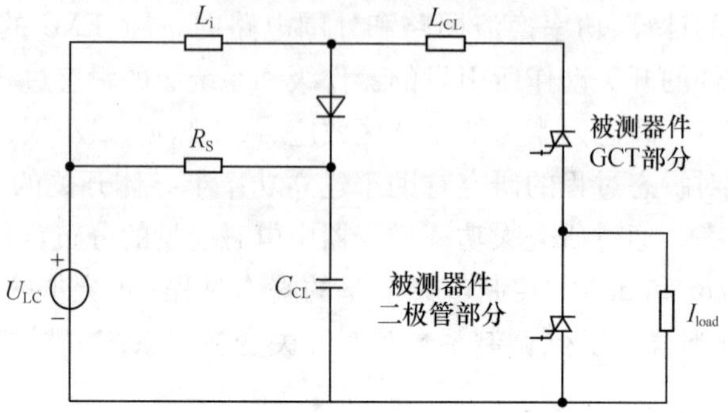

图 4-1 IGCT 的测试原理图

由于拓扑结构、制造和装配工艺的不同,一些重要参数,如杂散电感 L_{CL},很难保证与上述测试平台一致。半导体器件和杂散元件之间的相互作用可能会改变由数据手册提供的安全工作区(SOA)的边界线。也就是说,由单个开关测试平台得到的 SOA 未必适用于所有的工作模式和应用场合。

开关变换器集成系统的本质是实施电磁能量的可控变换和传输。在变换和传输过程中,必须遵循电磁能量守恒和能量不突变原则,这是系统中电磁能量变换的基础。从电磁能量的可控变换和传输来考虑,可以归纳出开关变换器所具有的一些特性,这些特性归纳如下。

1. 多维度

半导体器件、主电路和负载之间互相紧密耦合,并构成能量流的通路。以半导体的驱动电路为界限,驱动电路前的控制系统为信息传输提供通路,驱动电路后的半导体器件、主回路和负载等则是功率回路。能量传输不仅是时间的函数,也是空间的函数(一维时间、三维空间);不仅可以双向流动,也可以多向流动;不仅可以沿着连接导线传导,也可以在空间以辐射的形式传播。在以能量为特征的传输中,存在多种能量流回路,如导线中的自由电子(传导电流)回路,半导体器件中的载流子(位移电流)回路,以及散热冷却中的热流回路。能量沿着导线流动,同时向空间的各个方向辐射。同时,功率半导体器件的尺寸远远大于微电子开关的尺寸,具有与微电子技术不同的制造工艺。现代可控型半导体器件由大量串联和并联的单元组成。例如,最大的 IGCT 和 GTO 的直径超过 100mm,单元数超过 100000。掺杂和离子注入工艺无法保证所有单元的掺杂均匀性,从而导致开关的性能出现偏差。例如,当一个 GTO 导通时,一些单元会率先导通而另一些仍保持关断。电流会首先流过已导通的那些单元,导致局部发热。微电子技术中也存在上述问题,但并不严重。小规模的 IC 器件易于获得均匀性,更重要的是,与功率开关器件相比,由这些 IC 处理的能量几乎可以忽略不计。

2. 大功率

功率半导体器件的电压、电流和功率的额定值可能超过几千伏、几千安和几兆瓦。实验数据表明，尽管半导体器件在这一过程中消耗的功率很小（半导体器件主要用于阻断或允许能量从电源流向负载或从负载流向电源），具有大电磁功率的瞬态过程仍然可能对系统造成损坏。开关过程中内部电流暂态过程是其重要制约因素。电流从数十到数百数千安，电压从几伏到几百几千伏，电流、电压的突变使开关器件极易受到损坏；另一方面，器件中电流密度的不均匀使其损坏加剧。由于各单元电流密度可相差几十倍，动态电流密度不均使硅片中各点承受的功率密度、温度不同，温度过高点易出现损坏。大电流和高电压使得电磁变换幅度大，在快速的开关模式下，电磁能量冲击大。一个持续 1μs 的高电压尖峰单脉冲就足以损坏系统中的开关器件。

3. 多介质

在开关变换器系统中，半导体器件、母线排、电容、电感、电阻、电缆、散热器和负载都是功率流的介质，其中半导体器件构成了功率流的一个流通路径。在集成系统中，电力半导体器件是不同种类能流交汇的地点，通常也是整个开关变换器装置中最薄弱、最关键的环节。电力半导体器件内部导电机理涉及器件对于信息脉冲的限制（如驱动信号的上升陡度、幅值、再触发等），也涉及器件对功率脉冲的要求（如 di/dt 和 du/dt 的要求），两者同等重要。这不仅对器件的微电子特性提出了要求，如斜率、幅值和门极驱动信号的脉宽，也对功率流特性提出了要求，如电压、电流、du/dt 和 di/dt。在这一点上，不但要考虑脉冲的形成和负载，还要考虑介质、信息流及功率流的载体。例如，应该为从门极驱动电路到门极的走线进行建模，以估算沿线的杂散参数所产生的影响。为了减小半导体器件上的电压尖峰，必须使杂散电感最小化。这种介质已经不再是传统研究中的“理想导线”，而成为瞬态研究中的负载或储能元件。尽管与整个系统的功率定额相比其存储的能量很小，但其功率和能量耗散在一个很小的时间间隔内也可能会引发问题。

4. 强非线性和低可预测性

微电子信号的生成过程易于建模，并可以有效预测。但是，在电力电子系统中处理这些信号则可能遇到困难。传输电缆的存在使得由变换器产生的脉冲与施加在负载上的脉冲有所不同。集成系统中的变换器大都采用 PWM 调制方式，信号 PWM 比较稳定。以 IGBT 驱动信号为例，脉冲信号通常为陡峭的上升沿、维持一定时间并保持一定的高度，以满足功率器件有效动作的要求。但是信号脉冲在传播过程中，有可能因为信号中的分布参数导致其畸变或延迟，如光纤信号、器件门极信号在传播中的畸变。对于能量传输，由于传播线路上的分布参数和干扰因子的存在，在传输过程中的畸变就更为严重。首先，负载变化就可能导致能量传输形态出现较大的变化。另外，由于电力半导体器件的动作延迟和窄脉宽限制特性弱化了脉冲功率的理想性，最后的输出变量可能会偏离设想的电量形态较远，当到达末端负载时，其形态（幅值、脉宽等）与期望值可能差异较大，导致控制算法在实施过程中与预期效果之间存在差异。这些都反映出集成系统的多变性。同时，其他参数如死区时间、最小脉宽和半导体特性的改变，也可能使实际波形偏离期望的波形。一些意想不到的问题可能会出现，危及系统的可靠性和安全运行。

5. 时间常数的不同

一个电力电子变换器包括功率半导体器件、换流回路、控制模块和负载几部分。从一个更高的层次上看，可以将其视为是由信息电子部分和电气部分相结合构成的。一个典型的变换器如图 4-2 所示。

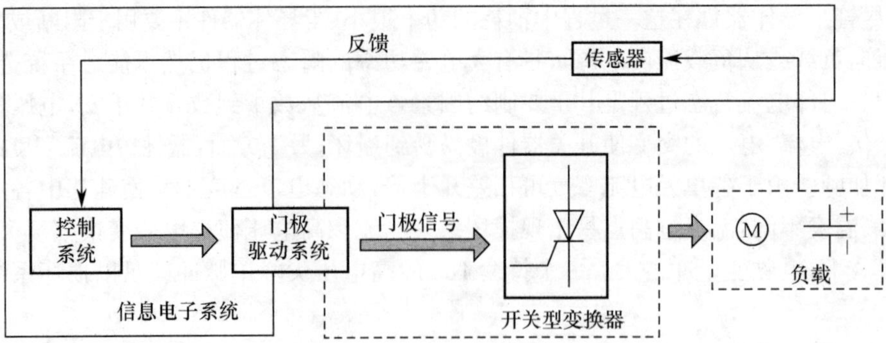

图 4-2　一个典型的开关变换器系统

图 4-2 中，每个子系统进行能量转换的时间常数都是不同的。这个系统是一个多时间常数回路并存的电磁功率变换结构。能量在其中的传输速度并不一致，热流、电磁流、空穴流、电子流都以不同的速度、不同的时间常数传播。换言之，在这个系统中，各子系统的能量变换时间常数不同，例如，无源元件构成的换流回路的时间常数为毫秒级，功率半导体器件和部分控制模块的时间常数在微秒级，而半导体器件的开关过程在纳秒范围。变换器可能与机械负载，如电动机相连接，电动机则具有从毫秒到秒的时间常数范围。在生成、传输和存储过程中，保持能量均衡是一个关键问题。具有不同时间常数的子系统组成整个电力电子与电机集成系统。如何使得系统中的能量在变换、传输和储存中达到动态平衡成为关键问题。实验表明，大部分系统或其中的元器件的失效均发生在瞬态（从某个稳态能量分布转向另一个稳态）过程中。在这种瞬态过程中，特别是时间常数不同的各子系统共同工作时，能量分布常有可能失衡，造成破坏性的局部能量集中。因这种过程引起的电磁干扰、器件失效等在不同功率等级的装置中有不同程度的体现，尤其在大容量电力电子装置中，脉冲能量高，电磁能量瞬变问题突出，期间容易出现损坏。开关变换器系统的以上特性都无法用理想模型进行研究，所以针对系统内部的探索必须是瞬态过程的研究。

4.3　短时瞬态过程研究方法论

4.3.1　电路理论分析的局限性

电路理论是研究电路基本规律和电路分析与综合方法的学科。它成为整个电气和电子工程（包括电力、通信、测量、控制及计算机等科学技术领域）的主要理论基础。电路理论是在特定情况下研究各种电磁过程。它只是研究电路元件的外部功能，不讨论电磁场的具体分布情况，所涉及的只是各元件的电压、电流和功率等。电路理论近似认为，热能消耗集中在电阻元件中，磁场能集中在电感元件中，电场能集中在电容元件中，连接元件的导线除了构成电流的通路外无任何其他能量的交换。

电路理论包含一系列的电路基本定律。经典电路理论中最重要的定律为基尔霍夫定律，基尔霍夫定律阐明了电路整体的基本规律，包括：

① 基尔霍夫电流定律（Kirchhoff's Current Law，KCL），即对集总电路的任一节点，在任一时刻流入该节点的电流之和等于流出该节点的电流之和。基尔霍夫电流定律的物理基础是

电荷守恒和电流连续性(即能量不突变)。

② 基尔霍夫电压定律(Kirchhoff's Voltage Law,KVL),即对集总电路的任一回路,在任一时刻,沿回路的各支路电压的代数和为零,其物理基础为能量守恒。

经典电路理论中,恒定的 R、L 和 C 在约束条件作用下达到一个和谐的统一。低频条件下,电阻、电感及电容的集中元件模型都可以与实际吻合得很好。然而,高频时,尤其针对脉冲电源,这些一一对应关系发生了变化,这时必须考虑分布参数以及构成的包含子网络的复杂模型。一些附加元件 R、L 和 C 被包括进网络,以更好地对应于类似导线电感这些物理元件结构。此时,需要考虑各个子电路中各元件的耦合效应,但实际上这经常又是难以实现的。最终这类模型退化为一个复杂的"曲线拟合"问题。显然,这种经典的电路理论对现代电力电子与电机集成系统的分析存在局限性。

例如,对一个典型的 IGBT 的二维(2D)物理结构,它可以理解为在一个晶体管结构的基础上加一个栅极的 MOS 结构,也可以认为在 MOSFET 的基础上加一层衬底 P^+,以增加少子注入效果,减小导通电压,形成晶体管结构。通常可以利用集总参数的电路模型来描述它,如图 4-3 所示,它由两个理想晶体管、一个理想 MOS 和一些电容、电阻构成。然而,图中的简化模型完全忽略了"半导体器件"中的"电容"和"电感"之间的电磁耦合。当然,可以采用互感和电容模拟器件内部各部分之间的影响。然而,必须看到:

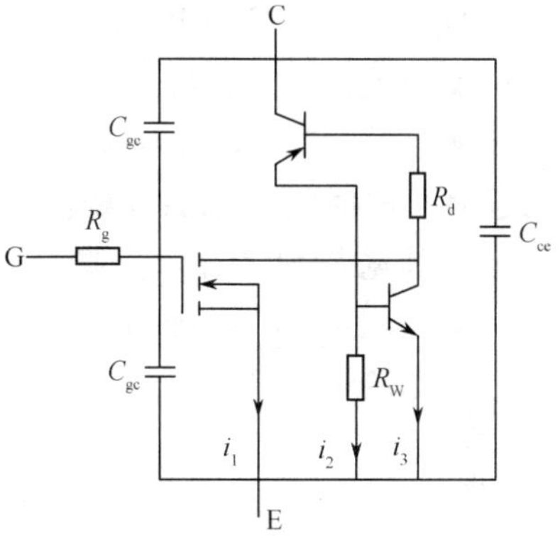

图 4-3 高频时 IGBT 集总元件模型的物理布局

- 不可能从电路模型中分离出器件模型及其内部的耦合关系;
- 模型参数与"器件"和"电路"的几何尺寸相关,但电路模型反映不出来;
- 电路各部分的寄生参数和相互影响由于高频效应而加强;
- 当器件被搁置到强磁场区域时,其他磁场对它的影响将变得更加突出。

尤其值得注意的是,当考虑元器件及其连线的三维物理尺寸时,其"等效电路"也将变成三维。开关模式变换器的分析要求精确的电路模型。尽管现代计算机强大的处理能力足以分析这些复杂的模型,但是如何解读结果却成为了一个难题。如何考虑材料基于频率的电磁特性发生变化,如何计及电路中分布参数的影响,如何分析开关过程中瞬态能量平衡问题,这些都促使必须从新的视角来看待电力电子与电机集成系统中的电磁变换。

4.3.2 短时瞬态过程论

设计开关型变换器的实质就是对电磁能量进行可控且有效的转移。在这一过程中,必须遵守能量守恒和能量连续的法则,这是研究瞬态过程的基础。传统从宏观角度的研究方法本身决定了无法对系统中的这类短时瞬态过程进行彻底的研究。一些瞬态过程,如功率半导体器件的开通/关断过程,代表着一类剧烈而且十分关键的能量传递过程。因此,许多调制技术在实际应用中,特别是在设计空间极其有限的高密度功率变换器中是不可行的。

为此,为了提高开关型变换器系统的可靠性,必须对瞬态现象及其成因进行研究。将研究视角从宏观转换到微观层面,应该分析这些瞬态过程中的能量流和能量分布,应用定量的数学计算对瞬态能量流进行研究,将传统的控制算法和微观过程相结合。所以以能量流为依据,对这些短时瞬态过程的载体及短时瞬态过程的能量所具有的特性进行分析是十分必要的。在实现对能量流分析的过程中,脉冲施加于门极,并被视为控制信号,直接影响施加在主电路和负载上的功率脉冲,脉冲本身和脉冲序列就是能量的载体,对脉冲和脉冲序列的研究将成为关键。

1. 脉冲的定义

一个脉冲可以看作两个阶跃函数的叠加,一个是从零到最大幅值的正的阶跃函数,另一个是从零到负的最大幅值的负的阶跃函数。脉冲定义为上升沿与下降沿之间的间隔。若上升沿超前于下降沿则定义为正脉冲,否则定义为负脉冲。

除了基本的脉冲定义,一个脉冲还有其他一些重要的特性,如图 4-4 所示。

- 幅值:脉冲的稳态值。
- 上升时间 t_r:脉冲从幅值的 10%上升到幅值的 90%的时间间隔。
- 下降时间 t_f:脉冲从幅值的 90%下降到幅值的 10%的时间间隔。
- 脉宽 t_w:上升沿和下降沿之间的时间间隔。
- 超调 σ: σ_1 为峰值减去稳态值,表征上升沿的振荡; σ_2 表征下降沿的振荡。
- 超调时间:从稳态值到最大值又返回稳态值的时间。

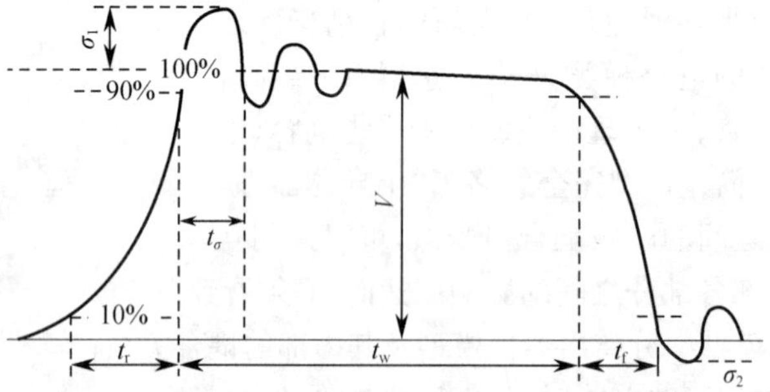

图 4-4　一个脉冲的定义

脉冲序列是不同脉冲的组合,除了具有单个脉冲的特性外,还具有自己的一些特征。

(1) 时间特性

如果脉冲是周期性的,则用脉冲重复频率(prf)来描述脉冲序列。如果脉冲序列是周期性的而内部的脉冲不具有周期性,则用脉冲序列重复频率(psrf)来描述。如果以上情况都不符合,则用脉冲重复率(prr)来对脉冲序列进行数学描述。

(2) 脉冲关系

考虑图 4-5 所示的脉冲序列,其中 t_n 是指定脉冲的起始时刻,表示不同脉冲的相对位置。θ_n 是第 n 个脉冲的上升沿与第$(n+1)$个脉冲的下降沿之间的时间间隔。若 $\theta_n>0$,则第 n 个脉冲和第$(n+1)$个脉冲之间没有重叠;$\theta_n<0$,则出现重叠,类似于多电平逆变器中线电压的波形。

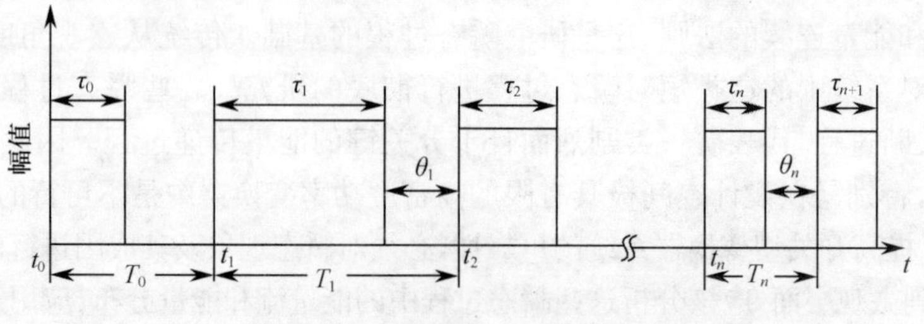

图 4-5　一个脉冲序列中的脉冲关系

2. 脉冲能量与脉冲功率

尽管在数字控制中传统的方法用“0”和“1”表示脉冲，但脉冲实际上是时间和空间的函数，而且具有连续性。一个脉冲 $u(x,t)$ 的空间和时间分布可以表示为

$$\begin{cases} u(x,t)\big|_{t=t_0+}=u(x,t)\big|_{t=t_0-} \\ u(x,t)\big|_{x=x_0+}=u(x,t)\big|_{x=x_0-} \end{cases} \tag{4-1}$$

脉冲遵循时间和空间的传递规律，表示为

$$k\frac{\partial^2 u}{\partial x^2}=\tau\frac{\partial^2 u}{\partial t^2}+\frac{\partial u}{\partial t} \tag{4-2}$$

式中，k 和 τ 表示脉冲的传播介质特性。对于不同介质中的不同脉冲，式(4-2)可能有不同的形式。在开关变换器系统中，热脉冲和电磁脉冲可以用式(4-2)描述。

脉冲也是能量的载体，可以由下式确定

$$\begin{aligned} W(x) &= \int_{t=0}^{+\infty} u(x,t)^2\,\mathrm{d}t \\ P(x,t) &= u(x,t)^2 \end{aligned} \tag{4-3}$$

式中，$W(x)$ 是整个脉冲序列的能量；$P(x,t)$ 可以简单地视作功率。在短时瞬态过程中，脉冲携带的能量可以忽略，但重复脉冲的功率不能忽略。对于电磁脉冲，脉冲功率可以表示为

$$P=\oiint(\boldsymbol{E}\times\boldsymbol{H})\mathrm{d}\boldsymbol{S}=-\iiint\left(\frac{\partial(\varepsilon E^2/2+\mu H^2/2)}{\partial t}+J\cdot E\right)\mathrm{d}V \tag{4-4}$$

式中，P 为功率；$\boldsymbol{E}$ 为电场强度(V/m)；$\boldsymbol{H}$ 为磁场强度(A/m)；J 为电流密度(A/m^2)；ε 为介电常数(F/m)；μ 为磁导率(H/m)。

式(4-4)可以进一步展开为

$$\oiint(\boldsymbol{E}\times\boldsymbol{H})\mathrm{d}\boldsymbol{S}=-\iiint\left(\varepsilon E\frac{\partial E}{\partial t}+\mu H\frac{\partial H}{\partial t}+J\cdot E\right)\mathrm{d}V \tag{4-5}$$

式(4-5)右边的第一项是电场包含的能量，第二项是磁场包含的能量，第三项是热耗散产生的欧姆损耗。

【例 4-1】 图 4-6a 所示电路中，IGCT 的关断过程如图 4-6b 所示。传统的算法用电压和电流乘积的积分估算开关损耗，其实这只是式(4-5)中的第三项，而没有考虑到第一项和第二项。

关断过程包括以下阶段。

阶段 1[t_0,t_1]：电流维持不变而电压开始上升，使电场强度增加。式(4-5)中的第二项和第三项开始增加。

阶段 2[t_1,t_2]：电压大幅度增加而电流开始下降。磁场能减少而电能增加，存储在杂散电感中的磁场能转化为 IGCT 中的电能。

阶段 3[t_2,t_3]：电压的变化率基本不变而电流突然下降到零。杂散电感引入一个电压尖峰，IGCT 中的磁场能释放完毕。

阶段 4[t_3,∞]：电压和电流下降到一个稳态值，电能和磁能也返回到稳态。

在关断状态下，电压和电流维持不变，使式(4-5)中的第一项和第二项都为零。

在这种情况下，阶段 2 是能量转换的主要阶段。而且式(4-5)中的第一项和第二项分别对应 $\mathrm{d}u/\mathrm{d}t$ 和 $\mathrm{d}i/\mathrm{d}t$，因此计算损耗时必须包括能量转换的过程，这一过程是无法用电压与电流乘积的积分来表述的。

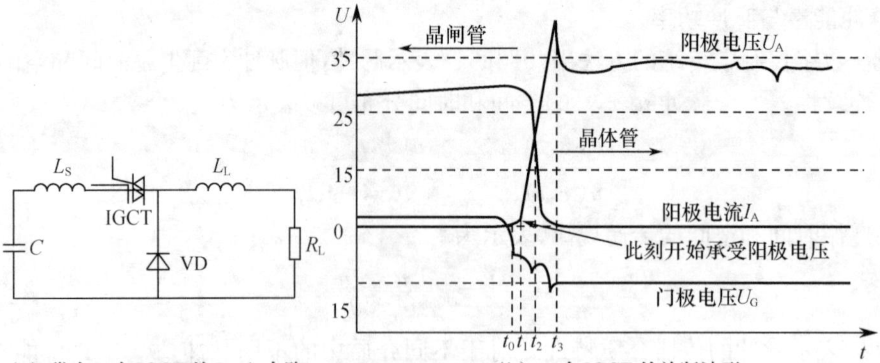

（a）带有一个 IGCT 的 Buck 电路　　（b）一个 IGCT 的关断波形

图 4-6　一个 IGCT 的实验测试

在宏观层面上，开关变换器系统划分为能量回路、能量调制和能量的存储，如图 4-7a 所示。如上所述，在开关变换器系统中能量的载体、脉冲和脉冲序列的作用各不相同，每个脉冲行为及序列都对应着能量的一种变化。因此，在微观层面，图 4-7a 所示的研究方法可以细化为图 4-7b，将脉冲行为划分为生成、传输、整形和调整。

当前，在电力电子领域对能量调制的研究十分普遍。与能量回路有关的研究包括：提取杂散参数并估算杂散参数产生的影响，电磁材料的选取，为瞬时能量传播建立模型，电气元件的结构设计。也有人分析了高频趋肤效应，对铜走线和母排的设计进行了研究，精确预测了趋肤效应的位置和深度，并在该点利用一个阻值较大的材料来减轻趋肤效应。该研究对于结构简单的母排的设计，特别是在高频和高功率密度的变换器中具有指导意义。也有人提出了“能量接口”的概念，能量接口将能量通道划分为几个子部分，是能量回路中的关键因素。

在能量接口的两侧，能量遵守能量守恒定律，但表现形式有所不同。例如图 4-8b 中的 A 点，在 A 点的左侧电压和电流都是直流量，但在右侧都是交流量。这种接口广泛存在于电力电子模块电路(PEBB)中，如图 4-8 所示。由于在瞬态过程中可能会出现能量汇集现象，必须对这些接口加以关注。

能量回路中的杂散参数在换流过程中作为储能元件，严重影响了系统的稳定性。从微观角度看，半导体器件关断得越快，瞬时功率越大，器件承受的电应力也越大。这些参数不仅包括杂散参数，也包括半导体器件中的寄生参数。在以上分析中，不再将能量回路视为能量传输的通道。

因此，能量回路的研究与能量存储密切相关。对能量存储的研究包括对先进的半导体开关及其换流过程建模并仿真，选择无源元件的参数以及电磁集成。在关断过程中结电容会产生影响，在半导体中产生了位移电流，可能使器件再次触发。本章将只对存储参数，如能量回路中的杂散电感进行讨论。

从系统的角度为能量传输介质建模会带来许多实际的好处。有人提出采用一种低感叠层母排，以抑制半导体器件上的电压尖峰，并减小关断过程中的电磁干扰(EMI)，这种方法已广泛应用于开关型变换器制造中。此外，该方法设计简单，不需要复杂的数值计算。

开关变换器装置中不同位置的电流、电压和电磁场的密度不同，决定了主要元器件的空间布局方式。因此，为能量回路建模可以直接为电磁集成提供依据。也有人提出所有的电力电子器件都可以利用无损传输线模型进行建模，包括回路、器件和散热器。例如，利用无损传输

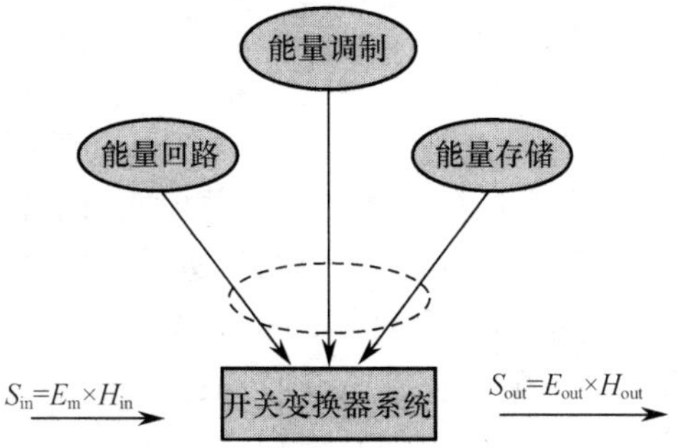

（a）着眼于能量的理论框架

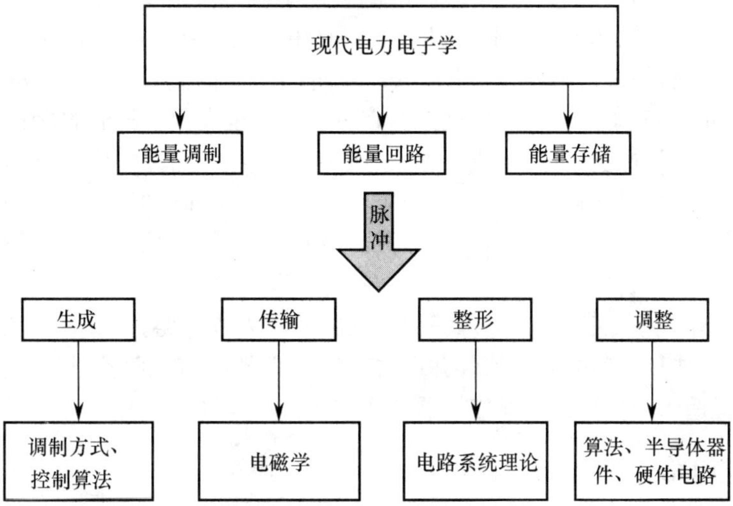

（b）针对脉冲和脉冲序列的研究方

图 4-7　现代电力电了学的理论框架和研究方法

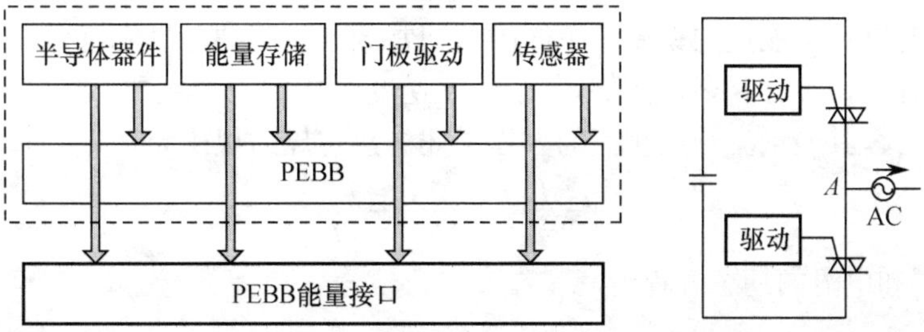

（a） 能量接口　　　　（b）一个桥臂中的能量接口

图 4-8　电力电子系统中的能量接口

线模型计算 Buck 变换器中电磁能量的时空分布。该模型首先在特定的测试点检测电压或电流波形，然后再利用麦克斯韦方程计算其他任意点的波形。

4.4　瞬态过程的影响因素

电力电子变换器中瞬态过程主要与以下几方面有关。

4.4.1 失效机制

功率半导体器件以半导体 PN 结为基础，其主要载流子是电子和空穴，遵循着扩散理论和欧姆定律，在半导体中分别进行扩散和漂移。在正常工作时，这两种运动方式保持动态平衡。当工作条件不稳定时，这种平衡将被打破，载流子分布和运动的剧烈变化会产生电压尖峰、过电流、电流集中、闩锁效应、局部过热等，将会对器件和系统造成损坏。例如，IGCT 在导通和关断时的工作状态分别类似于晶闸管和晶体管，这种转换在 1μs 内完成，而两种工作状态的物理特性完全不同。严重的过电流会产生很大的开关损耗，并引起电流集中从而损坏半导体器件。脉冲功率不仅是时间的函数，还是空间的函数。不同的失效机制在不同的位置引起了不同的损坏。对于 GTO 失效机制的研究表明，如果是由关断损耗过高引起的失效，损坏的位置发生在硅单元的中间；如果是由导通过程中 di/dt 过高引起的失效，损坏发生在边缘；如果是由长期过电流引起的，硅单元会大面积烧毁。在 IGCT 中也发现了类似的现象。

失效机制可能包括过电压、过电流、关断电压尖峰、半导体器件的导通浪涌电流（微秒或纳秒级）、续流二极管的反向恢复过程（纳秒级）等。在不同的半导体器件及其应用中存在着各种各样的失效机制，只有立足于器件的特性和内部结构，才能对失效机制进行深入研究。电力电子系统中能量变换的本质是电磁波的传播。在瞬态过程中这种变换十分剧烈，因此，需要注意脉冲的上升沿和下降沿以探测异常边缘。如果问题源自外围电路，如 di/dt 较高或负载较重，电力电子设计者应选择正确的开关器件并设置合适的保护阈值。此外，设计者还需要设置必要的传感器，进行适当的保护以确保变换器工作在安全工作区。

4.4.2 主电路

开关变换器的组成结构包括换流回路、散热器及载流子回路，构成了不同的能量流通路径。从能量的角度看，方程式不同，时间常数也不同。热耗散的时间常数是分钟级的，换流回路的时间常数为微秒级的，半导体器件的开通或关断时间则在纳秒级甚至皮秒级。它们彼此相互作用，稳态时维持着能量的平衡。不同的时间常数和不同的能量流速率，加之杂散参数的影响，使瞬态过程变得十分复杂。例如，一个功率逆变器中的三个主要系统，尽管不同回路的时间常数变化很大，其能量流却用相似的方程描述。热传导的规律为

$$a\frac{\partial^2 T}{\partial x^2}=\tau_1\frac{\partial^2 T}{\partial t^2}+\frac{\partial T}{\partial t} \tag{4-6}$$

换流回路中电压和电流的动态方程为

$$k\frac{\partial^2 u}{\partial x^2}=\tau_2\frac{\partial^2 u}{\partial t^2}+\frac{\partial u}{\partial t};k\frac{\partial^2 i}{\partial x^2}=\tau_2\frac{\partial^2 i}{\partial t^2}+\frac{\partial i}{\partial t} \tag{4-7}$$

式中，变量 T、u 和 i 分别为温度、电压和电流；k 为扩散系数；τ_1 和 τ_2 为时间常数。从式(4-6)和式(4-7)可以看出，除了系数不同，热参数和电参数遵循相似的传输理论。式(4-7)的解析解可表示为

$$u(x,t)=\begin{cases}0 & t<x/c\\ u(0,t-x/c)\mathrm{e}^{-(x/c)/2\tau_3}+\Delta u(x,t) & t>x/c\end{cases} \tag{4-8}$$

式中，$c=\sqrt{\tau_3/k}$，且

$$\Delta u(x,t)=\frac{x}{2\sqrt{k\tau_3}}\int_{x/c}^{t}\left[\mathrm{I}_1\left(\frac{1}{2\tau_3}\sqrt{\sigma^2-\frac{x^2}{c^2}}\right)\Big/\sqrt{\sigma^2-\frac{x^2}{c^2}}\right]\mathrm{e}^{-\sigma/2\tau_3}u(0,t-\sigma)\mathrm{d}\sigma$$

式中，I_1 是一个一阶贝赛尔函数。

$$I_1(x)=\sum_{k=0}^{\infty}\frac{1}{k!(k+1)!}\left(\frac{x}{2}\right)^{1+2k} \tag{4-9}$$

函数 $i(x/t)$ 与式(4-8)类似。由式(4-7)所表述的电气过程中能量分布的不平衡将会导致由式(4-6)所表述的热量在空间分布的不均匀，而局部过热可能会降低功率半导体器件的性能，甚至对器件造成损坏。一些功率变换器的组装方法，如较长的导线连接、较大的直流母排杂散电感以及缓冲电路和功率半导体器件之间的较长距离，都会给开关器件增加额外的电应力。

在大多数情况下，式(4-6)和式(4-7)中的系数具有强非线性，比如硅器件在高压和低压时有不同的特性。忽略这些传导过程中的任何一个因素都可能使开关变换器面临风险。在这样的系统中，定义并提取非线性参数对于分析能量传输具有重要的意义。

4.4.3 控制模块与功率系统的相互影响

数字信号处理(Digital Signal Processer，DSP)方法和其他多 CPU 网络的指令执行时间在微秒级或纳秒级，因此现代电力电子技术主要以这两种方法为基础对系统进行数字控制。在实际应用中，控制系统和主功率系统相互影响，这种相互作用导致在某些场合下宏观控制策略无法很好实施。

4.5 短时瞬态过程的研究方法

要分析开关变换器系统中的短时瞬态过程，需要完成以下几项工作。

(1) 使用准确度高的测量手段

这是精确有效地检测瞬态过程参数的前提。

(2) 为功率半导体开关建立合适的模型

大部分短时瞬态过程都是由开关过程引起的，因此采用这类开关的理想模型无济于事，但是类似以半导体物理学为基础的过于复杂的模型又会占用过多的计算资源。为电功率半导体开关建立纯粹的解析模型很难做到。在特定的工作模式下，可以概括开关电气性能的功能模型为一个好的选择，但当测试条件发生变化时，其与实际实验波形的吻合度较差，将功能模型和解析模型相结合得到的混合模型可能会解决上述问题。

(3) 为外围电路和元器件建模

对于常规形状的导线，利用麦克斯韦方程就可以得到精确结果。对于其他复杂的对象，有限元法(FEM)是获取外围电路，如母排、电缆及连接线的杂散参数的一个可行办法。对无源元件的寄生参数必须加以辨识并确定其数值。

(4) 对任意时间和位置的能量流路径进行预测

传统的平均模型以一个开关周期为基础，而不是基于脉冲的上升沿/下降沿。这样的大时间尺度模型不适于分析微秒和纳秒级的能量瞬态过程，特别是对于大部分系统失效都发生在瞬态过程的情况就更不适用。应该对系统中的能量流进行分析，以期找到可能发生能量汇聚的时间和位置。这一过程将会用到传统的拓扑研究并对其做进一步的分析。

(5) 在微观层面实施宏观控制算法

一方面，为了使开关变换器系统可靠而高效地运行，应该对其实施有效的控制策略，并同时处理一些短时现象，如死区、最小脉冲宽度及调制误差；另一方面，为了尽可能地发挥控制策略的优势，应对系统进行优化，例如采用 EMI 电抗器衰减电磁脉冲，以及合理安放电气元器件。

对开关型变换器中的短时瞬态过程进行研究是一项既有挑战但又非常有意义的工作。瞬态过程对当前以平均的、理想的、线性化的模型为基础的电力电子理论提出了挑战。对开关型变换器系统中纳秒级的瞬态过程的研究和应用很可能会产生一些重大突破。

① 关于短时功率流的理论创新。对功率和能量的看法将摒弃理想的集总模型，从原始的功率＝电压×电流转变为以电磁学为基础的理论。应建立非线性模型，以加深对各种失效机制的理解。

② 关于行波传播的理论创新。要对半导体内部的载流子和传输线中自由电子的传输理论有所了解，则能量函数扩展为时间和空间的四维函数。在此基础上，将可以精确计算出任意时间和任意位置的能量流和能量分布。

③ 任意的波形变换。电力电子技术的最终目标是实现任意的波形变换，而且这种变换不是信号级的，而是能量级的。在传统的固定频率的电气传动过程中，变压器应用于大规模的复杂电源系统。在直流和变频交流领域，需要进行大功率的任意波形变换。这种能量变换形式将有益于未来的应用。

以功率脉冲现象的理论为基础，可以将传统的控制策略、元器件选取和设计、冷却计算等问题诠释为数学优化问题和实际应用中的能量级问题，以更科学的方式描述和看待开关型变换器的设计。

对大功率逆变器中功率脉冲的研究是一个正在形成的研究领域。传统的脉冲功率应用主要是由大电容产生的单个脉冲及脉冲的组合，且不完全可控。电力电子系统中的脉冲序列与脉冲功率现象有着本质区别，电力电子系统中的脉冲是序列形式的、重复的、可控的，是由特定拓扑结构中的半导体器件产生的。一旦功率半导体器件有所突变，该项研究将得到广泛应用。

对于电力电子装置中瞬态过程的研究有利于实现高效、高可靠性的任意波形转换，并对功率开关的失效机制进行精确分析和有效仿真。对于开关过程的特性分析也很重要，包括开关损耗和产生的热量的计算、功率换流回路和外围电路的布局、EMI 的定量分析以及实施故障保护。

最后，电力电子系统中对瞬态过程的研究有助于建立功率半导体开关的非线性模型，反映不同工作条件下器件的状态。通过研究大功率变换器中电磁能量的分布，可以优化系统、设计有效的辅助电路、抑制 du/dt 和 di/dt、控制电磁能量的瞬态过程；可以进一步改善 PWM 算法，以实现将开关频率、最小脉宽、死区、调制系数和对电力电子系统中短时现象的充分理解以最优的方式结合起来。

第5章　开关型变换器建模分析

5.1　概　　述

开关型变换器正常运行时，是周期性稳态运行过程；在每一个开关周期，电路的运行状态和性能特征相同。但当开关型变换器受到外扰动(Disturbance)作用时，运行工作点将偏离稳态值，从原稳定状态，经过一段过渡过程，进入另一个新的稳态。这个过渡过程称为瞬态(Transient)或动态(Dynamic)过程。开关型变换器在额定工作点运行时，常常不可避免地受到外扰动作用而变化，这些外扰动作用可能是：电网电压、负载、电路参数等；或由于温升、器件老化等，使元器件性能发生了变化；还有关机过程等。例如开关电源系统中，若有一个冗余模块投入或切出，对开关型变换器就是一种外扰动作用，使开关型变换器偏离了稳态运行工作点，而处于瞬态过程之中。在外扰动作用下，变换器输出电压发生变化。为了稳定输出电压，需要通过某种控制手段，使开关型变换器瞬态输出电压恢复到接近给定值。如果不加控制校正，则开关型变换器输出电压不能完全恢复，甚至不能恢复到给定值；如果控制校正手段不完善，将使瞬态过程(恢复时间)很长，或瞬态超调(过电压)严重。

开关型变换器是一个强非线性电路。除了稳态占空比 D 有上、下限的规定等非线性因素外，还有开关器件的周期性开关动作。例如，在开关管导通和关断状态，开关型变换器分别形成不同的线性时不变网络，因此开关型变换器可看作是一个分段线性电路。开关管从导通到关断，等效电阻变化很大，因此开关型变换器又是一个时变电路。开关型变换器瞬态分析的核心问题是建立一个恰当的数学模型。不同类型的模型，其复杂程度、精确度及灵活性等有很大差异，分析时希望所建模型简单、准确、应用方便、概念清晰。按照所描述的开关型变换器运行过程，模型可分3类：稳态模型、小信号模型和大信号模型。应用相应模型进行分析，分别称为稳态分析、小信号分析和大信号分析。

(1) 稳态模型

描述开关型变换器稳定运行时的模型称为稳态模型。用稳态模型分析开关型变换器的稳态性能时，称为稳态分析，又称直流分析，它是瞬态分析的基础。

(2) 大信号模型

大信号模型是一个非线性模型，描述包括开机过程等大信号扰动下的开关型变换器的瞬态性能。

(3) 小信号模型

根据非线性模型设计开关型变换器是十分困难的。因此，一般要进行线性化处理，处理方法是将非线性模型中各非线性项，在额定工作点用泰勒级数展开，然后舍弃二阶以上项，只保留一阶项，就得到近似线性模型。使瞬态性能与控制变量之间呈线性关系，用以近似描述在小信号扰动作用下的开关型变换器瞬态性能。由于扰动信号小，偏离额定工作点的偏移量也很小，所以线性模型常称为小信号模型。如果线性模型是稳定的，则在额定工作点运行，或在小信号扰动作用下运行的开关型变换器是稳定的。用小信号模型分析瞬态性能时，称为小信号分析。为了便于数学分析和计算，在进行小信号分析时，和电子技术分析一样，常假设扰动输入为交流正弦，故小信号分析又称为交流分析。有了线性模型，就可以应用经典控制理论方便地进行分析和控制电路设计。

在瞬态分析前必须先做稳态分析，以了解开关型变换器在额定工作点的运行情况。假设占空比 D 不变，即开关电源稳定运行于某个额定工作点。稳态分析的主要内容有：直流电压增益 $U_o/U_i=f(D)$，外特性 $U_o=f(I_o)$，输出电压纹波 ΔU_i，输入电流纹波 ΔI_i，开关管的电压或电流，电感电压或电流以及效率等。这也是功率开关器件的电流、电压应力、储能元件（电感和电容值）及变压器等设计的基础。

高频 PWM 开关型变换器的瞬态建模方法有许多种，除数值仿真建模法外，常用的连续变量解析建模方法有：状态空间平均法、PWM 开关模型法、电路平均法、等效寄生参数平均电路法、基于 Telligen 能量守恒定理的瞬态建模方法等。数值仿真建模法是指利用各种仿真工具软件以求得变换器某些特性数值解的方法。解析建模法是指利用数学分析的方法以求得变换器运行特性的解析表达式，使之能对变换器进行定量的分析。

数值仿真法一般借助计算机数值处理软件或专门电路仿真软件以实现开关功率变换器的非线性研究。采用数值处理软件时，需要为变换器建立数学模型，如根据变换器的状态方程在 MATLAB 中建立 Simulink 仿真模型；采用专门的电路仿真软件时，无须建立特定的数学模型，而只需从元件库中调用相关元器件搭建仿真电路即可。这两种数值仿真方法各有优劣，前者基于纯数学模型，仿真速度快，数据处理方便；而后者基于元器件构成的电路模型，仿真结果更接近现实，可信度高。数值仿真法能够展示开关功率变换器中的丰富动力学行为，且易于实现，其在开关功率变换器新特性的探索以及理论研究结果的验证方面发挥着重要作用。然而，数值仿真的结果物理概念不明确。

解析建模法是用解析表达式表征开关功率变换器特性的建模方法，是理论分析的前提。其优点在于物理意义明确，对开关功率变换器的分析与设计具有一定的指导意义。缺点在于建模过程中要做一定的近似处理，精确性上不如数值仿真法。解析建模的方法很多，如状态空间平均法、符号分析法、离散时间映射法等，而广泛应用于开关功率变换器非线性分析与研究的是状态空间平均法和离散时间映射法。

离散时间映射法通过数据采样得到变换器状态变量的离散迭代映射模型，根据采样规则的不同离散映射有频闪映射、同步切换映射、异步切换映射和成对切换映射等不同形式。这种方法由于保留了更多的高频特性，而被广泛应用于变换器快标非线性行为的分析。通过分段求解变换器状态方程线性微分方程，得到状态变量如电感电流、电容电压的解呈 e 指数增长或下降，这样未经近似简化而得到的模型被称为精确离散映射模型。精确模型能够精确反映变换器的工作特性，且对各种拓扑结构的变换器有统一的形式，但不能得到映射的封闭形式，难以解析地表示参数变化对变换器特性的影响。而通常的做法是将状态变量解中的 e 指数函数展开成级数形式并截断，以忽略高阶小量。开关功率变换器的建模研究仍处于不断发展之中。

最常用的连续建模分析方法就是小信号分析方法，只要包括电路平均法、状态空间平均法和 PWM 开关法。电路平均法建模主要依据开关型变换器的平均开关特性，得出了基于电路拓扑的开关型变换器的系统低频特性。由于是基于电路拓扑的建模方法，使其具有较好的直观性并在标准电路仿真软件中如 Saber、Spice 中获得了广泛应用。状态空间平均法是利用状态空间的概念描述了开关型变换器的低频特性，即利用统一的状态空间描述替代开关网络的状态空间描述，从而消除了开关过程的影响，获得了开关型变换器在一个开关周期内的平均特性。状态空间平均法在忽略了开关型变换器的高频动态特性的同时，采用了状态空间方程描述，较适合于基本变换过程的状态分析。Sanders 等学者对状态空间平均法的建模过程进行了拓展，提出了一种规则化的平均电路模型的建模方法，该方法不仅适用于传统的有开关器件和线性元件组成的开关变换电路，而且适用于除开关器件外仍包含其他非线性元件的开关变换电路。其优点在于：①状态空间平均法是开关型变换器的基本分析方法，主要用以分析理想 PWM 开关型变换器；②该方法可以利用人们熟知的经典的线性电路理论和控制理论对 DC-DC 变换器进行稳态和小信号分析，物理概念清楚，方法也易掌握，对设计有一定的指导意义；③状态空间平均法有着重要的实用价值，在 PWM 变换器的小信号分析中，得到了广泛的应用。缺点有：①状态空间平均法以解析式形式描述低频小信号扰动下的特性，不够直观；②在进行状态空间平均变换处理时，要求开关型变换器的开关频率远远大于电路特征频率且状态方程中的输入变量为常数或缓慢变化量，只能用于扰动频率比开关频率低很多的情况下，因此状态空间平均法不适用于谐振变换器；③当变换器有更多的开关状态和含有更多的电容和电感动态元件时，状态空间平均法需要进行大量的运算，运用起来非常复杂。

面向电路结构的 PWM 开关法，其主要思想是将开关型变换器中的开关网络简化为一个三端开关（称之为 PWM 开关），而对于包含此开关网络的变换器，其 PWM 开关的端口特性是不变的，将 PWM 开关用其等效电路所替代，即可获得整个电路的平均等效电路。由于 PWM 开关法还受开关和二极管组成的开关网络存在的限制，因此并不能对所有的开关型变换器进行建模。

无论是状态空间平均法及其演变方法，还是面向电路结构的 PWM 开关法，均适合于 DC-DC 开关变换电路。若将其用于 DC-AC、AC-DC 等较为复杂的高阶电路，处理起来较为困难。等效变压器法作为一种平均值等效电路方法，采用自耦变压器作为开关器件的等效电路，直接取代开关变换电路中的开关器件，进而对开关型变换器系统进行建模。这一建模机理使其成为 DC-AC、AC-DC 等复杂高阶电路的一种较为适合的建模方法。

动态数学模型有非线性或线性微分方程组（状态方程）以及非线性或线性差分方程组等。在此基础上进行大、小信号的时域分析，并建立时域等效电路模型。但是时域模型只适合于用计算机求解，或仿真分析。因此传统的分析设计方法是：对小信号时域模型进行拉氏变换或 Z 变换，得到频域模型，一般用传递函数形式表示，便于在频域内对开关型变换器模型进行小信号分析，进一步计算系统的稳定性、快速性、抗扰动性，以及瞬态补偿网络和控制电路的仿真分析和设计。也可以用电路模型描述开关型变换器的瞬态过程，根据数学模型，建立时域或频域电路模型。

本章从状态空间平均法出发，介绍 PWM 开关器件法、等效变压器法等方法，并举例说明建模步骤。

5.2 状态空间平均法

图 5-1 所示的系统动态过程有两种数学描述：一种是关于系统输入/输出的数学描述，这种外部描述将系统等效为“黑箱”，只是反映输入和输出之间的关系，而不去表征系统的内部结构的内部变量，如传递函数；另一种是关于系统状态空间的数学描述，这种内部描述是基于系

统内部状态的一种数学模型,有两个方程组成。一个方程反映系统内部变量 x 和输入变量 u 间的关系,具有一阶微分方程组或一阶差分方程组的形式;另一个方程是表征系统输出变量 y 与内部变量及输入变量间的关系,具有代数方程的形式。

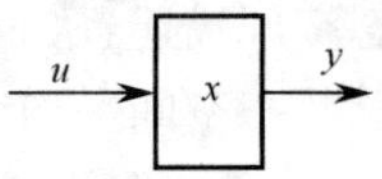

图 5-1　系统数学模型

显然,外部描述虽然能反映系统的外部特性,却不能反映系统内部的结构与状态特征,内部结构不同的两个系统也可能具有相同的外部特性,因此外部描述通常是不完整的,内部描述则能全面、完整地反映系统的动力学特征,而状态空间描述就是对系统的一种内部描述。

对开关型变换器的动态过程使用状态空间描述时,在一个开关周期内不同换流过程对应不同的换流电路,而每一个换流电路均可由一组动态方程进行描述,可见,开关型变换器的状态方程是时变非线性方程。显然,对于系统整个开关周期的描述,就需要两组或两组以上的方程,这使分析与求解过于复杂。为解决此问题,采用状态空间平均法,通过对开关型变换器开关过程的平均化,可将一个非线性、时变的开关电路系统转变为一个等效的线性时不变电路系统,因而可以用统一的线性系统来进行描述,从而可以使用线性系统理论进行系统分析与设计。

5.2.1　状态空间的基本定义

下面介绍状态空间的一些基本概念。

输入和输出:由外部施加到系统上的激励称为输入;系统的被控量或从外部测量到的系统信息称为输出。

状态、状态变量:能完整描述和唯一确定系统运行过程的一组独立的变量称为系统的状态,其中的各个变量称为状态变量。在开关型变换器中,常选择不能突变的电感电流和电容电压等作为状态变量,这些状态变量都与能量有关,否则这些状态变量的微分将趋于无穷。

状态空间:以状态向量的 n 个分量作为坐标轴所组成的 n 维空间称为状态空间。

状态方程:描述系统状态变量与输入变量之间关系的一阶向量微分方程或差分方程称为系统的状态方程,它不含输入的微积分项。状态方程表征了系统由输入所引起的状态变化,一般情况下,状态方程可能具有非线性和时变特性,可以表示为

$$\dot{\boldsymbol{x}}(t)=f[\boldsymbol{x}(t),\boldsymbol{u}(t),t] \tag{5-1}$$

状态方程着眼于系统动态演变过程的描述,反映状态变量间的微积分约束。

输出方程:描述系统输出变量与系统状态变量和输入变量之间函数关系的代数方程称为输出方程,当输出可测量时,又称为观测方程。输出方程的一般形式为

$$\dot{\boldsymbol{y}}(t)=g[\boldsymbol{x}(t),\boldsymbol{u}(t),t] \tag{5-2}$$

输出方程表征了系统状态和输入的变化所引起的系统输出变化,着眼于建立系统中输出变量与状态变量之间的代数约束,这也是非独立变量不能作为状态变量的原因之一。

动态方程:状态方程与输出方程的组合称为动态方程,又称为状态空间表达式,其一般形式为

$$\begin{cases}\dot{\boldsymbol{x}}(t)=f[\boldsymbol{x}(t),\boldsymbol{u}(t),t]\\ \dot{\boldsymbol{y}}(t)=g[\boldsymbol{x}(t),\boldsymbol{u}(t),t]\end{cases} \tag{5-3}$$

动态方程对于系统的描述是充分的和完整的,即系统中的任何一个状态均可用状态方程和输出方程来描述。

线性系统:线性系统的状态方程是一阶向量线性微分方程或差分方程,输出方程是向量代数方程。线性连续时间系统动态方程的一般形式为

$$\begin{cases}\dot{\boldsymbol{x}}(t)=\boldsymbol{A}(t)\boldsymbol{x}(t)+\boldsymbol{B}(t)\boldsymbol{u}(t)\\ \dot{\boldsymbol{y}}(t)=\boldsymbol{C}(t)\boldsymbol{x}(t)+\boldsymbol{D}(t)\boldsymbol{u}(t)\end{cases} \tag{5-4}$$

式中,设状态 $\boldsymbol{x}$、输入 $\boldsymbol{u}$、输出 $\boldsymbol{y}$ 的维数分别为 n、p、q,则称:$n\times n$ 矩阵 $\boldsymbol{A}(t)$ 为系统矩阵或状态矩阵;$n\times q$ 矩阵 $\boldsymbol{B}(t)$ 为控制矩阵或输入矩阵;$q\times n$ 矩阵 $\boldsymbol{C}(t)$ 为输出矩阵或观测矩阵;$q\times p$ 矩阵 $\boldsymbol{D}(t)$ 为前馈矩阵或输入/输出矩阵。

线性定常系统:若线性系统的状态方程中的系数矩阵 $\boldsymbol{A}$、$\boldsymbol{B}$、$\boldsymbol{C}$、$\boldsymbol{D}$ 中的各元素均为常数,则称之为线性定常系统,即

$$\begin{cases}\dot{\boldsymbol{x}}(t)=\boldsymbol{A}\boldsymbol{x}(t)+\boldsymbol{B}\boldsymbol{u}(t)\\ \dot{\boldsymbol{y}}(t)=\boldsymbol{C}\boldsymbol{x}(t)+\boldsymbol{D}\boldsymbol{u}(t)\end{cases} \tag{5-5}$$

5.2.2 开关型变换器的变换方程

1. 开关状态和状态方程

由于功率器件的开关作用,在一个开关周期内,开关器件的状态描述需要两组或两组以上不同的方程,分别描述换流电路的不同状态。下面以 Boost 电路为例阐述状态方程的建立过程。

图 5-2a 为 Boost 变换器电路,由于电感或电容是能量元件,状态变量为电感电流或电容电压,即 $\boldsymbol{x}=[i_{\mathrm{L}}(t)\quad u_{\mathrm{o}}(t)]^{\mathrm{T}}$;输入电压即为输入变量,即 $u=u_{\mathrm{s}}(t)$;输出电压为输出变量,即 $y=u_{\mathrm{o}}(t)$。

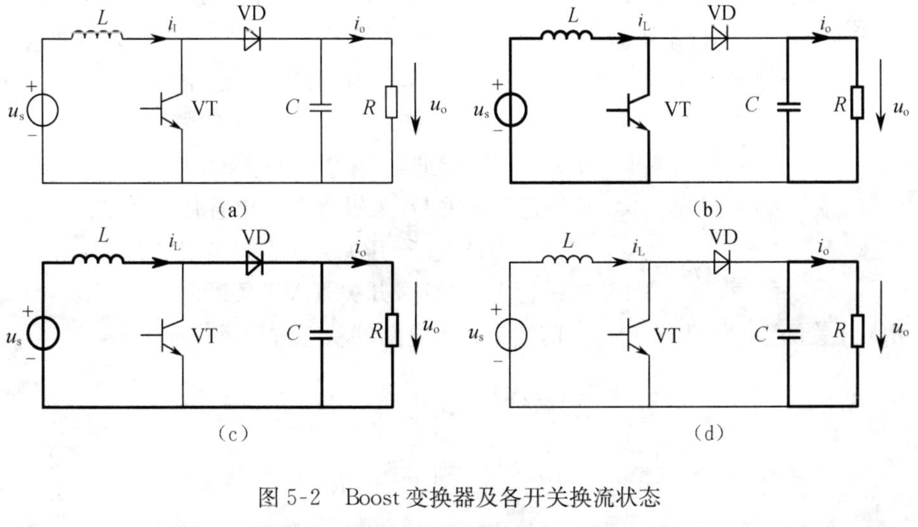

图 5-2 Boost 变换器及各开关换流状态

开关 VT 导通,二极管 VD 截止,换流电路如图 5-2b 所示,此电路的状态方程可列写为

$$\begin{cases}\dot{\boldsymbol{x}}=\boldsymbol{A}_1\boldsymbol{x}+\boldsymbol{B}_1 u\\ \boldsymbol{y}=\boldsymbol{C}_1^{\mathrm{T}}\boldsymbol{x}\end{cases} \tag{5-6}$$

式中，$\boldsymbol{A}_1=\begin{bmatrix}0 & 0\\ 0 & -\dfrac{1}{RC}\end{bmatrix}$，$\boldsymbol{B}_1=\begin{bmatrix}\dfrac{1}{L}\\ 0\end{bmatrix}$，$\boldsymbol{C}_1^{\mathrm{T}}=[0\quad 1]$。

当开关 VT 关断，二极管 VD 导通时，电感电流 $i_{\mathrm{L}}>0$。若电流连续，换流电路如图 5-2c 所示，此时电路的状态方程可写为

$$\begin{cases}\dot{\boldsymbol{x}}=\boldsymbol{A}_2\boldsymbol{x}+\boldsymbol{B}_2u\\ \boldsymbol{y}=\boldsymbol{C}_2^{\mathrm{T}}\boldsymbol{x}\end{cases}\tag{5-7}$$

式中，$\boldsymbol{A}_2=\begin{bmatrix}0 & -\dfrac{1}{L}\\ \dfrac{1}{C} & -\dfrac{1}{RC}\end{bmatrix}$，$\boldsymbol{B}_2=\begin{bmatrix}\dfrac{1}{L}\\ 0\end{bmatrix}$，$\boldsymbol{C}_2^{\mathrm{T}}=[0\quad 1]$。

当开关 VT 关断，若电流断流，即 $i_{\mathrm{L}}=0$，二极管 VD 截止，换流电路如图 5-2d 所示，此电路的状态方程可列写为

$$\begin{cases}\dot{\boldsymbol{x}}=\boldsymbol{A}_3\boldsymbol{x}+\boldsymbol{B}_3u\\ \boldsymbol{y}=\boldsymbol{C}_3^{\mathrm{T}}\boldsymbol{x}\end{cases}\tag{5-8}$$

式中，$\boldsymbol{A}_3=\begin{bmatrix}0 & 0\\ 0 & \dfrac{1}{-RC}\end{bmatrix}$，$\boldsymbol{B}_3=\begin{bmatrix}0\\ 0\end{bmatrix}$，$\boldsymbol{C}_3^{\mathrm{T}}=[0\quad 1]$。

当 Boost 电路工作于开关管和二极管轮流导通时，电感电流 i_{L} 是连续的，称为电流连续工作模式(CCM)；当 Boost 电路工作时，即除了开关管和二极管轮流导通外，还有开关管和二极管都不导通的状态，电感电流 i_{L} 是不连续的，称为电流不连续工作模式(DCM)。

一个开关周期中，开关型变换器具有不同的换流电路和各自的状态方程描述，显然开关型变换器系统是时变系统，解这个时变系统的动态响应，需要已知初始条件，并依次求解方程，求解非常复杂，且不便于进行系统分析，因此可以考虑对开关型变换器一个开关周期内不同换流电路的状态方程进行统一描述。以电流连续工作模式为例说明状态空间平均法的建模过程，定义开关函数 $k(t)$ 和 $k'(t)$ 为

$$k(t)=\begin{cases}1 & \text{开关管 VT 导通，二极管 VD 关断时}\\ 0 & \text{开关管 VT 关断，二极管 VD 导通时}\end{cases}$$

$$k'(t)=\begin{cases}0 & \text{二极管 VD 关断，开关管 VT 导通时}\\ 1 & \text{二极管 VD 导通，开关管 VT 关断时}\end{cases}$$

在引入开关函数 $k(t)$ 和 $k'(t)$ 后，前述 Boost 电路的状态方程可描述为

$$\begin{cases}\dfrac{\mathrm{d}i_{\mathrm{L}}}{\mathrm{d}t}=\dfrac{u_{\mathrm{s}}}{L}k(t)+\dfrac{(u_{\mathrm{s}}-u_{\mathrm{o}})}{L}k'(t)\\ \dfrac{\mathrm{d}u_{\mathrm{o}}}{\mathrm{d}t}=-\dfrac{u_{\mathrm{o}}}{RC}k(t)+\left(\dfrac{1}{C}i_{\mathrm{L}}-\dfrac{u_{\mathrm{o}}}{RC}\right)k'(t)\\ y=u_{\mathrm{o}}\end{cases}\tag{5-9}$$

用矩阵的形式表示为

$$\begin{cases}\dot{\boldsymbol{x}}=(\boldsymbol{A}_1k(t)+\boldsymbol{A}_2k'(t))\boldsymbol{x}+(\boldsymbol{B}_1k(t)+\boldsymbol{B}_2k'(t))u\\ \boldsymbol{y}=(\boldsymbol{C}_1^{\mathrm{T}}k(t)+\boldsymbol{C}_2^{\mathrm{T}}k'(t))\boldsymbol{x}\end{cases}\tag{5-10}$$

在引入开关函数以后，状态方程得到了统一，但观察式(5-10)，由于存在两变量的乘积项

(如 $k(t)\boldsymbol{x}$)，并且开关函数随时间 t 变化，所以统一描述后的状态方程仍然是一个非线性时变方程。

2. **状态空间平均法建模步骤**

开关函数的引入使开关型变换器的状态空间描述得到了形式上的统一，但并没有改变其时变非线性的本质。于是，提出了状态空间平均法，其主要思想是：根据由线性元件 R、L、C、独立电源和周期性开关组成的原始网络，以电容电压、电感电流为状态变量，按照功率开关器件的"ON"和"OFF"两种状态，利用时间平均技术，得到一个周期内平均状态变量，将一个非线性、时变、开关电路转变为一个等效的线性、时不变、连续电路，因而可对 DC-DC 开关型变换器进行大信号瞬态分析，并可决定其小信号传递函数，建立状态空间平均模型。下面将以连续导通模式时的 Boost 变换器为例，采用规则化平均电路建模方法介绍状态空间平均法建模的具体步骤。

(1) 变量的平均化

由于开关管的通断，开关型变换器中的大多数变量都是突变的，因而是时变的，如图 5-3a 所示；对两个状态进行平均化以后，时变的变量转化为连续变量，如图 5-3b 所示。

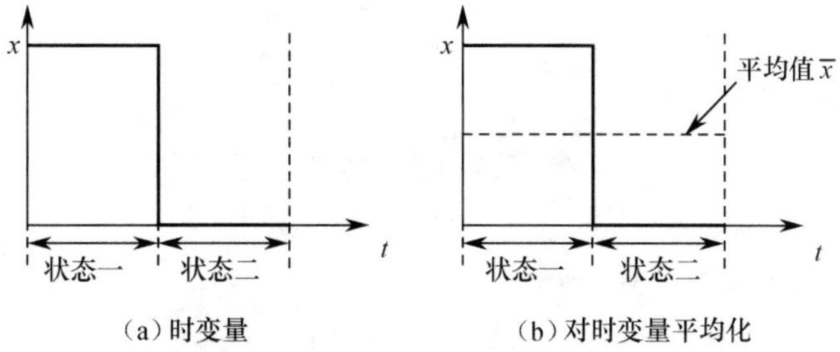

图 5-3　变量的非线性化和平均化

那么如何对变量进行平均化，进而得到平均状态方程呢？观察式(5-10)，状态系数矩阵 $\boldsymbol{A}_1$、$\boldsymbol{A}_2$、$\boldsymbol{B}_1$、$\boldsymbol{B}_2$、$\boldsymbol{C}_1$、$\boldsymbol{C}_2$ 均为常量，因此要建立系统的状态空间平均模型，就必须首先对状态变量和开关函数进行平均化。

先定义变量周期平均运算

$$\overline{x}(t)=\frac{1}{T}\int_0^T x(\tau)\mathrm{d}\tau \tag{5-11}$$

式中，$x(t)$ 为需要平均的状态变量；$\overline{x}(t)$ 为状态变量的周期平均值。

$$\overline{d}(t)=\overline{k}(t)=\frac{1}{T}\int_{\tau-T}^{\tau} k(\tau)\mathrm{d}\tau \tag{5-12}$$

平均算子有如下性质：

① 微分性质

$$\frac{\mathrm{d}\,\overline{x}}{\mathrm{d}t}=\overline{\left(\frac{\mathrm{d}x}{\mathrm{d}t}\right)} \tag{5-13}$$

② 线性性质

$$a\,\overline{x}+b\overline{y}=\overline{(ax+by)} \tag{5-14}$$

③ 时不变性质

$$\overline{x}(t-t_0)=\overline{x(t-t_0)} \tag{5-15}$$

延迟后的变量的平均算子等于平均变量延迟后的值。

通常$\overline{x(t)y(t)} \neq \bar{x}(t)\bar{y}(t)$，但如果变量同时满足变化幅度足够小和变化速度足够慢，那么有$\overline{x(t)y(t)} \approx \bar{x}(t)\bar{y}(t)$。

根据以上平均算子的性质，假设一个开关周期中状态变量和输入变量的变化足够小，对式(5-10)进行周期平均运算，得

$$\begin{aligned}\dot{\bar{\boldsymbol{x}}} &= \overline{(\boldsymbol{A}_1 k(t) + \boldsymbol{A}_2 k'(t))\boldsymbol{x}} + \overline{(\boldsymbol{B}_1 k(t) + \boldsymbol{B}_2 k'(t))u} \\ &= (\boldsymbol{A}_1 \bar{k}(t) + \boldsymbol{A}_2 \bar{k}'(t))\bar{\boldsymbol{x}} + (\boldsymbol{B}_1 \bar{k}(t) + \boldsymbol{B}_2 \bar{k}'(t))\bar{u}\end{aligned} \tag{5-16}$$

对开关函数进行平均化

$$\bar{k}(t) = \frac{1}{T}\int_0^T k(\tau)\mathrm{d}\tau = \frac{1}{T}\int_0^{dT} k(\tau)\mathrm{d}\tau = d \tag{5-17}$$

$$\bar{k}'(t) = \frac{1}{T}\int_0^T k'(\tau)\mathrm{d}\tau = \frac{1}{T}\int_{dT}^T k'(\tau)\mathrm{d}\tau = 1-d \tag{5-18}$$

代入式(5-16)得

$$\dot{\bar{\boldsymbol{x}}} = (\boldsymbol{A}_1 d + \boldsymbol{A}_2(1-d))\bar{\boldsymbol{x}} + (\boldsymbol{B}_1 d + \boldsymbol{B}_2(1-d))\bar{u} \tag{5-19}$$

同理

$$\bar{y} = (\boldsymbol{C}_1^{\mathrm{T}} d + \boldsymbol{C}_2^{\mathrm{T}}(1-d))\bar{\boldsymbol{x}} \tag{5-20}$$

状态空间平均方程为

$$\begin{cases}\dot{\bar{\boldsymbol{x}}} = \boldsymbol{A}\bar{\boldsymbol{x}} + \boldsymbol{B}\bar{u} \\ \bar{y} = \boldsymbol{C}^{\mathrm{T}}\bar{\boldsymbol{x}}\end{cases} \tag{5-21}$$

系数矩阵**A**、**B**、**C**、**D**，加权公式为

$$\begin{aligned}\boldsymbol{A} &= d\boldsymbol{A}_1 + (1-d)\boldsymbol{A}_2 \\ \boldsymbol{B} &= d\boldsymbol{B}_1 + (1-d)\boldsymbol{B}_2 \\ \boldsymbol{C}^{\mathrm{T}} &= d\boldsymbol{C}_1^{\mathrm{T}} + (1-d)\boldsymbol{C}_2\end{aligned} \tag{5-22}$$

这样，平均化解决了状态变量时变问题。

(2) 求解方程稳态值

根据稳态时$\dot{\bar{\boldsymbol{x}}}=0$，令$\bar{\boldsymbol{x}}=\boldsymbol{X}$，$\bar{y}=Y$，$d=D$，$\bar{u}=U$，大写表示稳态值，得

$$\begin{cases}\boldsymbol{AX} + \boldsymbol{B}U = 0 \\ Y = \boldsymbol{C}^{\mathrm{T}}\boldsymbol{X}\end{cases} \tag{5-23}$$

根据式(5-23)，可得到状态变量的稳态解

$$\begin{aligned}\boldsymbol{X} &= -\boldsymbol{A}^{-1}\boldsymbol{B}U \\ Y &= -\boldsymbol{C}^{\mathrm{T}}\boldsymbol{A}^{-1}\boldsymbol{B}U\end{aligned} \tag{5-24}$$

(3) 求解动态方程

在研究系统的动态过程时，可以在系统稳态工作点($\boldsymbol{X}$,$\boldsymbol{Y}$)附近引入扰动量($\hat{\boldsymbol{x}}$, $\hat{y}$)，即所有变量为稳态量与扰动量之和。令瞬时值

$$d = D + \hat{d},\ \boldsymbol{x} = \boldsymbol{X} + \hat{\boldsymbol{x}},\ u = \boldsymbol{U} + \hat{u},\ y = \boldsymbol{Y} + \hat{y} \tag{5-25}$$

式中，D为稳态占空比值；$\hat{d}$为占空比扰动量；$\boldsymbol{X}$为稳态状态变量；$\hat{\boldsymbol{x}}$为状态变量扰动量；$\boldsymbol{U}$为稳态输入量；$\hat{u}$为输入变量扰动量；$\boldsymbol{Y}$为稳态输出变量；$\hat{y}$为输出变量扰动量。

代入式(5-19)和式(5-20)，并分离稳态量，整理得

$$\begin{aligned}\dot{\hat{x}}&=\boldsymbol{A}\hat{\boldsymbol{x}}+\boldsymbol{B}\hat{u}+\hat{d}[(\boldsymbol{A}_1-\boldsymbol{A}_2)\boldsymbol{X}+(\boldsymbol{B}_1-\boldsymbol{B}_2)U]+\\&\quad(\boldsymbol{A}_1-\boldsymbol{A}_2)\hat{\boldsymbol{x}}\hat{d}+(\boldsymbol{B}_1-\boldsymbol{B}_2)\hat{u}\hat{d}\\\hat{y}&=\boldsymbol{C}^{\mathrm{T}}\hat{\boldsymbol{x}}+\hat{d}(\boldsymbol{C}_1^{\mathrm{T}}-\boldsymbol{C}_2^{\mathrm{T}})\boldsymbol{X}+(\boldsymbol{C}_1^{\mathrm{T}}-\boldsymbol{C}_2^{\mathrm{T}})\hat{\boldsymbol{x}}\hat{d}\end{aligned}\tag{5-26}$$

式(5-26)即为描述变换器动态行为的状态方程。不难看出，式(5-26)是一个非线性方程(因为包含变量的乘积，如$\hat{\boldsymbol{x}}\hat{d}$和$\hat{u}\hat{d}$)。

(4) 线性化

对上述非线性方程进行线性化处理，假定动态过程中的扰动信号比其稳态量小得多，即$\hat{u}/U\ll1$，$\hat{d}/D\ll1$，$\hat{\boldsymbol{x}}/\boldsymbol{X}\ll1$，非线性方程中的变量乘积项作为二阶无穷小量可被忽略，由此得到的线性方程在系统的稳态工作点附近可以近似描述此非线性系统。

如上所述，忽略式(5-26)中包含的二次项$\hat{\boldsymbol{x}}\hat{d}$和$\hat{u}\hat{d}$，再将稳态量和扰动量分离，得出基于稳态工作点附近扰动的小信号模型

$$\begin{cases}\dot{\hat{x}}=\boldsymbol{A}\hat{\boldsymbol{x}}+\boldsymbol{B}\hat{u}+\hat{d}[(\boldsymbol{A}_1-\boldsymbol{A}_2)\boldsymbol{X}+(\boldsymbol{B}_1-\boldsymbol{B}_2)U]\\\hat{y}=\boldsymbol{C}^{\mathrm{T}}\hat{\boldsymbol{x}}+\hat{d}(\boldsymbol{C}_1^{\mathrm{T}}-\boldsymbol{C}_2^{\mathrm{T}})\boldsymbol{X}\end{cases}\tag{5-27}$$

式(5-27)实际上是一种开关型变换器的动态低频小信号模型。显然，此方程为线性常微分方程。由式(5-27)可以推导出开关型变换器的传递函数，进而运用线性系统理论进行分析。

(5) 求解传递函数

假设$\hat{\boldsymbol{x}}(0)=0$，对式(5-27)进行拉普拉斯变换，得到$s$域表达式

$$\begin{cases}s\hat{x}(s)=\boldsymbol{A}\hat{x}(s)+\boldsymbol{B}\hat{u}_{\mathrm{s}}(s)+[(\boldsymbol{A}_1-\boldsymbol{A}_2)\boldsymbol{X}+(\boldsymbol{B}_1-\boldsymbol{B}_2)U_{\mathrm{s}}]\hat{d}(s)\\\hat{y}(s)=\boldsymbol{C}^{\mathrm{T}}\hat{x}(s)+(\boldsymbol{C}_1^{\mathrm{T}}-\boldsymbol{C}_2^{\mathrm{T}})\boldsymbol{X}\hat{d}(s)\end{cases}\tag{5-28}$$

对式(5-28)求解可得

$$\begin{cases}\hat{x}(s)=(s\boldsymbol{I}-\boldsymbol{A})^{-1}\boldsymbol{B}\hat{u}(s)+(s\boldsymbol{I}-\boldsymbol{A})^{-1}[(\boldsymbol{A}_1-\boldsymbol{A}_2)\boldsymbol{X}+(\boldsymbol{B}_1-\boldsymbol{B}_2)U_{\mathrm{s}}]\hat{d}(s)\\\hat{y}(s)=\boldsymbol{C}^{\mathrm{T}}(s\boldsymbol{I}-\boldsymbol{A})^{-1}\boldsymbol{B}\hat{u}(s)+\{\boldsymbol{C}^{\mathrm{T}}(s\boldsymbol{I}-\boldsymbol{A})^{-1}[(\boldsymbol{A}_1-\boldsymbol{A}_2)\boldsymbol{X}+\\\qquad(\boldsymbol{B}_1-\boldsymbol{B}_2)U_{\mathrm{s}}]+(\boldsymbol{C}_1^{\mathrm{T}}-\boldsymbol{C}_2^{\mathrm{T}})\boldsymbol{X}\}\hat{d}(s)\end{cases}\tag{5-29}$$

式中，$\boldsymbol{I}$为单位矩阵，输入量$u=u_{\mathrm{s}}(t)$。由式(5-29)可解得诸多传递函数

$$\left.\frac{\hat{x}(s)}{\hat{u}(s)}\right|_{\hat{d}(s)=0}=(s\boldsymbol{I}-\boldsymbol{A})^{-1}\boldsymbol{B}\tag{5-30}$$

$$\left.\frac{\hat{y}(s)}{\hat{u}(s)}\right|_{\hat{d}(s)=0}=\boldsymbol{C}^{\mathrm{T}}(s\boldsymbol{I}-\boldsymbol{A})^{-1}\boldsymbol{B}\tag{5-31}$$

$$\left.\frac{\hat{x}(s)}{\hat{d}(s)}\right|_{\hat{u}(s)=0}=(s\boldsymbol{I}-\boldsymbol{A})^{-1}[(\boldsymbol{A}_1-\boldsymbol{A}_2)\boldsymbol{X}+(\boldsymbol{B}_1-\boldsymbol{B}_2)U_{\mathrm{s}}]\tag{5-32}$$

$$\left.\frac{\hat{y}(s)}{\hat{d}(s)}\right|_{\hat{u}(s)=0}=\boldsymbol{C}^{\mathrm{T}}(s\boldsymbol{I}-\boldsymbol{A})^{-1}[(\boldsymbol{A}_1-\boldsymbol{A}_2)\boldsymbol{X}+(\boldsymbol{B}_1-\boldsymbol{B}_2)U_{\mathrm{s}}]+(\boldsymbol{C}_1^{\mathrm{T}}-\boldsymbol{C}_2^{\mathrm{T}})\boldsymbol{X}\tag{5-33}$$

3. 小结

对系统进行建模时，必须满足以下 3 个假设条件。

① 交流小信号的频率应远小于开关频率(即低频假设)；

② 变换器的转折频率远小于开关频率(即小纹波假设)；

③ 电路中各交流分量的幅值必须远小于相应的直流分量(即小信号假设)。在实际的DC-DC变换器中,开关频率较高,很容易满足低频假设、小纹波假设和小信号假设。

使用状态空间平均法对开关型变换器进行建模的基本步骤如下:

① 根据开关管通断,分析得到线性网络的电路状态,得出以状态变量为自变量的各个子拓扑电路的电路方程。

② 根据各个子电路在一个周期内所占的时间不同,进行加权平均化处理,得出平均状态方程。

③ 求稳态工作点。

④ 在稳态工作点附近加小信号扰动,代入状态方程,分离稳态量和扰动量。对扰动方程忽略非线性项,得到线性状态方程组,即小信号方程。

⑤ 根据小信号模型进行拉普拉斯变换,得出传递函数。

在利用状态空间平均法建模时,只要知道电路在各个状态下的系数矩阵,就可以将时变的非线性电路通过占空比平均化,从而把时变非线性过程变成线性定常过程,最后得出描述电路的统一低频稳态和小信号数学表达式。经过适当的变换,把开关电路的分析从时域转换到频域,就可以使用经典控制理论对电路进行分析设计。

使用状态空间平均法,物理概念清晰,模型简洁,计算机仿真速度较快;其主要缺点是开关转换时刻有时难以确定,还有当电路状态过多时,方法较为烦琐,特别是建立高阶电路模型时非常复杂,难以化简,求解困难。同时状态空间平均法忽略了一个开关周期以内的变化,得到的是低于奈奎斯特频率(开关频率的一半)的特性,无法观察谐波和实际的开关波形。

5.2.3 连续导通模式下的状态空间平均法

下面以Boost变换器为例具体讨论电感电流连续时状态空间平均法的建模过程。

1. 列写分段线性方程

在连续导通模式下,Boost变换器工作在两种工作模式,即开关管VT导通状态和开关管VT关断状态,分别对应图5-2b和图5-2c。当开关管VT导通时,其换流电路如图5-2b所示,根据基本KVL和KCL定理,得出相应的状态方程为

$$\begin{cases}\dot{\boldsymbol{x}}=\boldsymbol{A}_1\boldsymbol{x}+\boldsymbol{B}_1\boldsymbol{u}\\ \boldsymbol{y}=\boldsymbol{C}_1^{\mathrm{T}}\boldsymbol{x}\end{cases} \tag{5-34}$$

当开关管VT关断时,其换流电路如图5-2c所示,根据基本KVL和KCL定理,得出相应的状态方程为

$$\begin{cases}\dot{\boldsymbol{x}}=\boldsymbol{A}_2\boldsymbol{x}+\boldsymbol{B}_2\boldsymbol{u}\\ \boldsymbol{y}=\boldsymbol{C}_2^{\mathrm{T}}\boldsymbol{x}\end{cases} \tag{5-35}$$

2. 平均化

以上两个不同开关状态下的状态方程可以通过占空比d进行加权平均,根据式(5-22)可将两个状态方程统一成一个状态方程,即

$$\begin{cases}\dot{\overline{\boldsymbol{x}}}=\boldsymbol{A}\overline{\boldsymbol{x}}+\boldsymbol{B}\overline{\boldsymbol{u}}\\ \overline{\boldsymbol{y}}=\boldsymbol{C}^{\mathrm{T}}\overline{\boldsymbol{x}}\end{cases} \tag{5-36}$$

式(5-36)就是平均后的系统状态方程,式中

$$\boldsymbol{A}+d\boldsymbol{A}_1+(1-d)\boldsymbol{A}_2=\begin{bmatrix}0 & -\dfrac{1-d}{L}\\ \dfrac{1-d}{C} & -\dfrac{1}{RC}\end{bmatrix}\qquad \boldsymbol{B}=d\boldsymbol{B}_1+(1-d)\boldsymbol{B}_2=\begin{bmatrix}\dfrac{1}{L}\\ 0\end{bmatrix}$$

$$\boldsymbol{C}^{\mathrm{T}}=d\boldsymbol{C}_1^{\mathrm{T}}+(1-d)\boldsymbol{C}_2^{\mathrm{T}}=[0\quad 1]$$

上述平均化后的状态方程实际上就是 Boots 变换器的一种低频模型。

3. 求稳态工作点

稳态时，状态变量满足

$$\dot{\bar{\boldsymbol{x}}}=\dot{\boldsymbol{X}}=0,\bar{\boldsymbol{x}}=\boldsymbol{X}=[I_{\mathrm{L}}\quad U_{\mathrm{o}}]^{\mathrm{T}},\bar{u}=U_{\mathrm{s}},\bar{y}=U_{\mathrm{o}},\bar{d}=D$$

根据式(5-24)得出方程的稳态解

$$\begin{bmatrix}I_{\mathrm{L}}\\ U_{\mathrm{o}}\end{bmatrix}=-\boldsymbol{A}^{-1}\boldsymbol{B}U=-\frac{1}{\dfrac{D'^2}{LC}}\begin{bmatrix}-\dfrac{1}{RC} & \dfrac{D'}{L}\\ -\dfrac{D'}{C} & 0\end{bmatrix}\begin{bmatrix}\dfrac{1}{L}\\ 0\end{bmatrix}U_{\mathrm{s}}=\begin{bmatrix}\dfrac{1}{RD'^2}\\ \dfrac{1}{D'}\end{bmatrix}U_{\mathrm{s}}\tag{5-37}$$

式中，$D'=1-D$。

4. 求解动态方程

在稳态工作点$(\boldsymbol{X},U,Y,D)$附近引入扰动量$(\hat{\boldsymbol{x}},\hat{u},\hat{y},\hat{d})$，即 $d=D+\hat{d}$，$\boldsymbol{x}=\boldsymbol{X}+\hat{\boldsymbol{x}}$，$u=U_{\mathrm{s}}+\hat{u}$后，忽略二次项 $\hat{\boldsymbol{x}}\hat{d}$ 和 $\hat{u}\hat{d}$，得出 Boost 变换器的动态方程为

$$\begin{cases}\dot{\hat{\boldsymbol{x}}}=\boldsymbol{A}\,\hat{\boldsymbol{x}}+\boldsymbol{B}\,\hat{u}+\hat{d}[(\boldsymbol{A}_1-\boldsymbol{A}_2)\boldsymbol{X}]\\ \hat{y}=\boldsymbol{C}^{\mathrm{T}}\,\hat{\boldsymbol{x}}\end{cases}\tag{5-38}$$

式中，$\boldsymbol{X}=\begin{bmatrix}I_{\mathrm{L}}\\ U_{\mathrm{o}}\end{bmatrix}$，$\hat{\boldsymbol{x}}=\begin{bmatrix}\hat{i}_{\mathrm{L}}\\ \hat{u}_{\mathrm{o}}\end{bmatrix}$，$\boldsymbol{A}=\begin{bmatrix}0 & -\dfrac{1-D}{L}\\ \dfrac{1-D}{C} & -\dfrac{1}{RC}\end{bmatrix}$，$\boldsymbol{B}=\begin{bmatrix}\dfrac{1}{L}\\ 0\end{bmatrix}$，$\boldsymbol{C}^{\mathrm{T}}=[0\quad 1]$。

显然，上述动态方程实际上是 Boost 变换器的低频小信号模型。

5. 求解传递函数

为了进一步定量分析 Boost 变换器的动态特性，有必要求解出各相关变量间的传递关系，根据式(5-30)～式(5-33)，可推导出如下传递函数。

输出增益

$$\left.\frac{\hat{u}_{\mathrm{o}}(s)}{\hat{u}_{\mathrm{s}}(s)}\right|_{\hat{d}(s)=0}=\frac{\dfrac{1}{D'}}{\dfrac{s^2LC}{D'^2}+s\dfrac{L}{RD'^2}+1}\tag{5-39}$$

控制增益

$$\left.\frac{\hat{u}_{\mathrm{o}}(s)}{\hat{d}(s)}\right|_{\hat{u}(s)=0}=\frac{\dfrac{U_{\mathrm{s}}}{D'^2}\left(1-s\dfrac{L}{RD'^2}\right)}{\dfrac{s^2LC}{D'^2}+s\dfrac{L}{RD'^2}+1}\tag{5-40}$$

开环输入阻抗

$$\left.\frac{\hat{u}_s(s)}{\hat{i}_L(s)}\right|_{\hat{d}(s)=0}=\frac{RD'^2\left(\frac{s^2LC}{D'^2}+s\frac{L}{RD'^2}+1\right)}{1+sRC} \tag{5-41}$$

开环输出阻抗

$$\left.\frac{\hat{u}_o(s)}{\hat{i}_o(s)}\right|_{\hat{d}(s)=0,\hat{u}(s)=0}=\frac{s\frac{L}{D'^2}}{\frac{s^2LC}{D'^2}+s\frac{L}{RD'^2}+1} \tag{5-42}$$

以上用状态空间平均法得出了 Boost 变换器的低频小信号模型。根据这一模型，可以进一步推导出重要变量之间的传递函数，从而为 Boost 变换器的系统分析提供了基础。

5.3 PWM 开关模型法

开关型变换器的状态空间平均法的建模过程涉及矩阵运算，高阶系统时运算较为复杂。实际上开关型变换器中只有其中的功率器件（开关管、二极管）所组成的开关网络具有非线性特性，而功率器件的实时通断又使开关型变换器成为一个非线性、时变的开关电路系统。因此，如果能对变换器中的开关器件单独进行研究并进行相应的等效与简化，即可使整个开关型变换器的建模得以简化。由于实际开关型变换器中的功率器件常常工作在 PWM 状态，因此可对变换器中功率器件的 PWM 特性进行定义。

5.3.1 PWM 开关的定义

随着开关型变换器中开关网络的不同组合，就有了不同的开关型变换器拓扑。以非隔离式 DC-DC 变换器为例，开关网络中的开关管和二极管可以等效为一个有源开关 S_1 和一个无源开关 S_2，如图 5-4 所示。有源开关直接被外部信号控制，无源开关间接地被有源开关的状态和电路的状态所控制，有源开关和无源开关不同时导通。采用有源和无源开关等效后的基本变换器拓扑如图 5-4 所示。

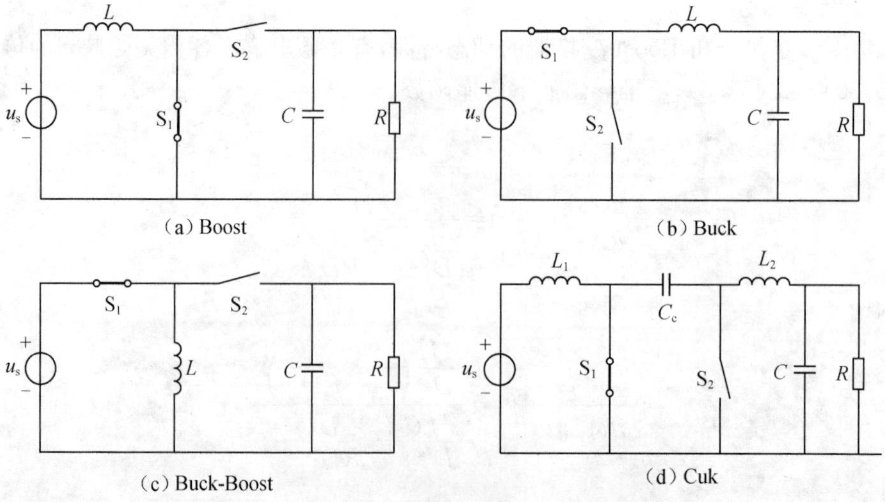

图 5-4 采用有源和无源开关等效后的基本变换器拓扑

有源开关和无源开关组成一个三端开关网络，可以进一步等效为一个三端开关，如图 5-5 所示。图 5-5 中，a 表示有源元件的端点，称为有源端；p 表示无源元件的端点，称为无源端；c 表示有源和无源元件的公共端的端点，称为公共端。

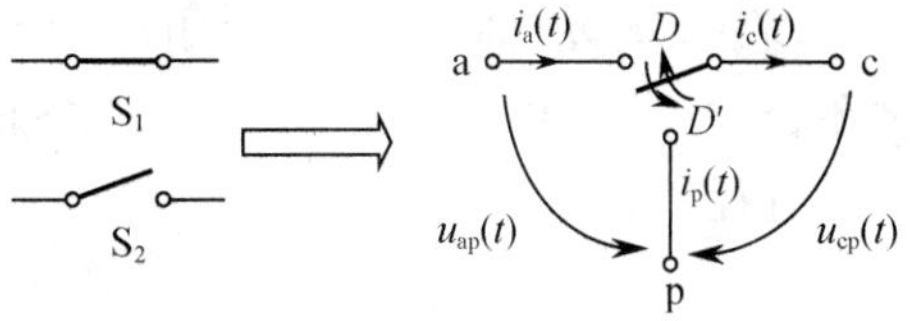

图 5-5　三端开关

图 5-5 所示的三端开关网络称为 PWM 开关。开关型变换器中除 PWM 开关外都是线性无源器件，PWM 开关是执行 DC-DC 变换过程的元件。图 5-5 中有源和无源开关等效为三端开关是唯一的非线性元件，代表了变换器的非线性特性。所有图 5-4 中的变换器拓扑在代入 PWM 开关等效后如图 5-6 所示。

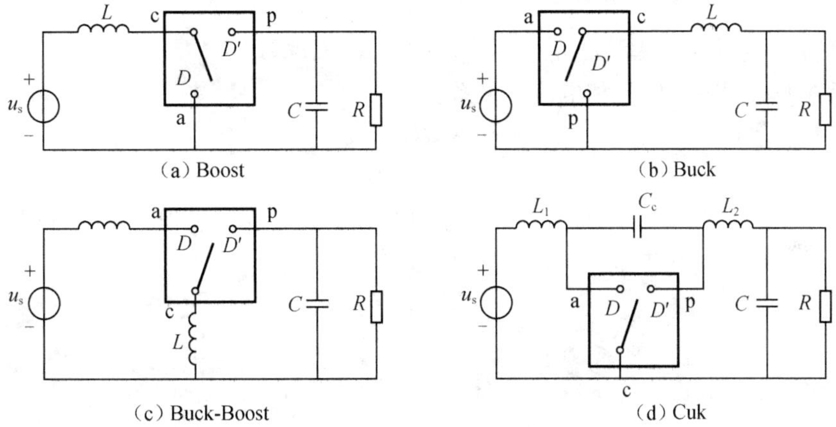

图 5-6　采用三端开关等效后的基本变换器拓扑

5.3.2　PWM 开关的端口特性

分析图 5-6 所示的 4 种基本变换器中的 PWM 开关，发现它们的端口电压和电流均满足一定关系，如图 5-7 所示。可见，PWM 开关的端口特性并不依赖于任何特定的变换器拓扑，或者说，如果仅通过端口特性分析不能确定此 PWM 开关是处于何种变换器之中。根据图 5-7，PWM 开关的端口特性可以用不变的端口方程来描述。

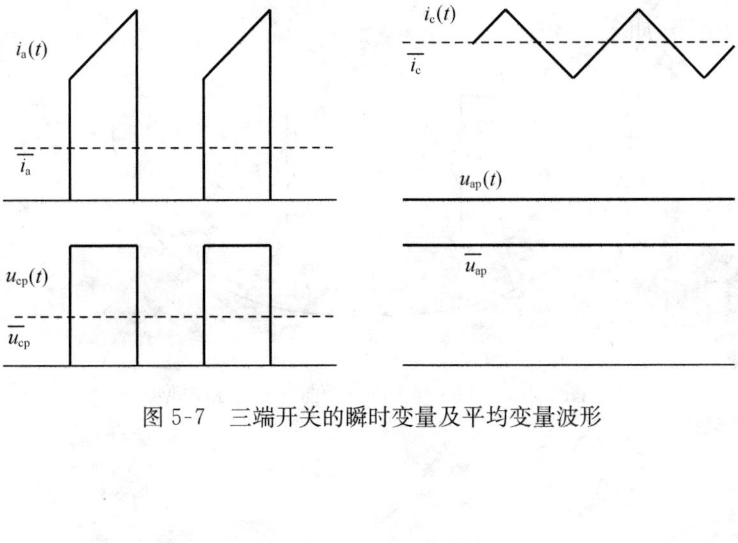

图 5-7　三端开关的瞬时变量及平均变量波形

当 $0\leqslant t\leqslant dT$ 时，有源开关闭合，无源开关关断，即 a 和 c 端连通；当 $dT\leqslant t\leqslant T$ 时，无源开关闭合，有源开关关断，从而 p 和 c 端相连。据此，可以得出 PWM 开关端口电压和电流瞬时量的方程

$$\begin{cases} i_{a}(t)=\begin{cases} i_{c}(t) & 0\leqslant t\leqslant dT \\ 0 & dT\leqslant t\leqslant T \end{cases} \\ i_{p}(t)=\begin{cases} 0 & 0\leqslant t\leqslant dT \\ i_{c}(t) & dT\leqslant t\leqslant T \end{cases} \\ u_{cp}(t)=\begin{cases} u_{ap}(t) & 0\leqslant t\leqslant dT \\ 0 & dT\leqslant t\leqslant T \end{cases} \\ u_{ac}(t)=\begin{cases} 0 & 0\leqslant t\leqslant dT \\ u_{ap}(t) & dT\leqslant t\leqslant T \end{cases} \end{cases} \tag{5-43}$$

由式(5-43)可得端口电压和电流的关系表达式为

$$\begin{cases} i_{a}(t)=d(t)i_{c}(t) \\ u_{cp}(t)=d(t)u_{ap}(t) \end{cases} \tag{5-44}$$

这个方程组描述了 DC-DC 开关型变换器中的整个开关变换过程。对此方程组进行平均化处理后，得到端口电压和电流平均量的方程为

$$\begin{cases} i_{a}=di_{c} \\ u_{cp}=du_{ap} \end{cases} \tag{5-45}$$

如果对电压电流和占空比函数在稳态工作点附近进行小信号扰动，代入方程可得 PWM 开关的小信号方程

$$\begin{cases} \hat{i}_{a}=D\hat{i}_{c}+I_{c}\hat{d} \\ \hat{u}_{cp}=D\hat{u}_{ap}+U_{ap}\hat{d} \end{cases} \tag{5-46}$$

(D,I_{c},U_{ap})是 PWM 开关的稳态工作点，满足 $I_{a}=DI_{c}$ 和 $U_{cp}=DU_{ap}$。

5.3.3　PWM 开关的等效电路模型

由式(5-44)可知，三端 PWM 开关的电流、电压分别等效为受占空比控制的受控电流源和受控电压源，因为包含时间函数的乘积项 $d(t)i_{c}(t)$和 $d(t)u_{ap}(t)$，所以这是一个非线性平均模型。此模型同样为大信号模型，因为对信号的波动范围没有限制条件，由此可得三端 PWM 开关的大信号等效电路，如图 5-8 所示。

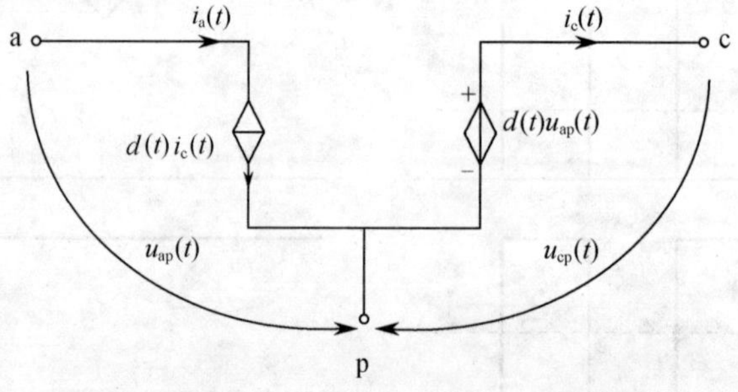

图 5-8　PWM 开关的大信号等效电路模型

根据式(5-45),在大信号模型的基础之上进行平均化后的 PWM 开关等效电路图如图 5-9 所示。而对于小信号扰动,根据式(5-46)的小信号模型,可以得到 PWM 开关的小信号等效电路模型,如图 5-10 所示。如果用一个变压器替换受控源,控制信号从公共端移到有源端,就得到了 PWM 开关的小信号等效电路的另一种形式,如图 5-11 所示。在稳态条件下,PWM 开关的大信号和小信号等效电路模型均可以简化为同一个变压器等效电路模型,如图 5-12 所示。

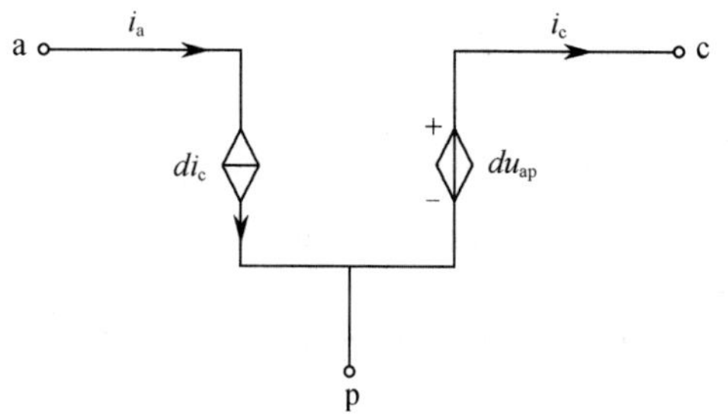

图 5-9　PWM 开关的平均等效电路

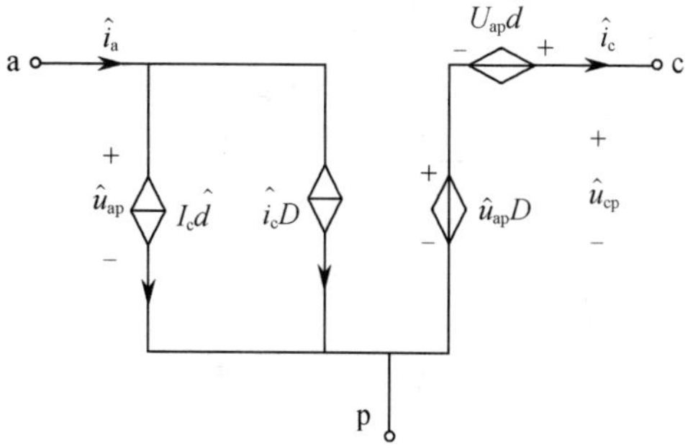

图 5-10　PWM 开关的小信号等效电路

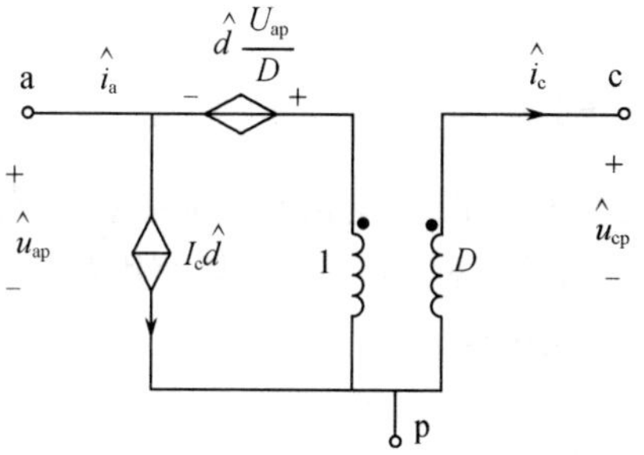

图 5-11　PWM 开关的包含变压器的小信号等效电路

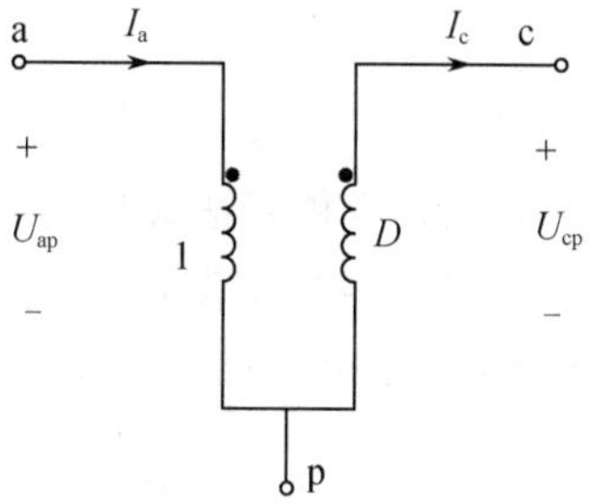

图 5-12　PWM 开关的稳态等效电路

以上总结了 PWM 开关的大信号、小信号和稳态模型的等效电路,后续将以 Boost 电路为例阐述使用 PWM 开关的等效电路对开关型变换器进行建模。

5.3.4　开关型变换器的 PWM 开关模型

首先,把 PWM 变换器所划出的 3 个端口与等效电路模型的 3 个端口一一对应进行替换,然后进行直流分析以确定稳态工作点。分析时,不考虑电抗元件和小信号源,然后使用小信号 PWM 开关模型进行稳态工作点附近的小信号分析。通过小信号分析,可以得出最常用的控制-输出传递函数、输入-输出传递函数和输入-输出阻抗传递函数。下面举例说明。

将图 5-12 所示的等效电路代入图 5-13 所示的 Boost 电路中,得到三端 Boost 等效模型,如图 5-14所示。根据稳态关系 $I_a = DI_c$ 和 $U_{cp} = DU_{ap}$,代入电路可得稳态关系表达式

$$\begin{cases} U_o = \dfrac{1}{D'}U_s \\ I_L = \dfrac{1}{RD'^2}U_s \end{cases} \tag{5-47}$$

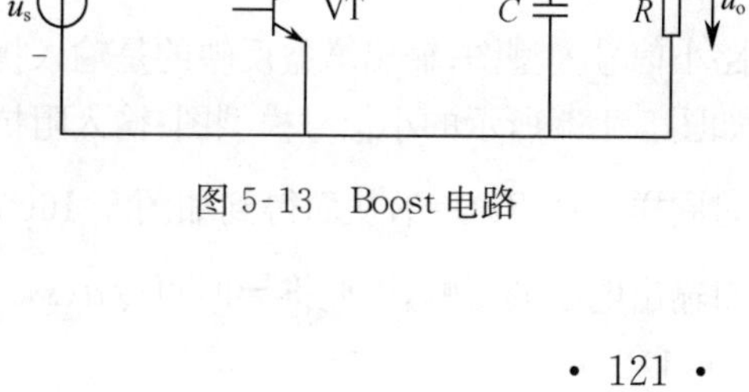

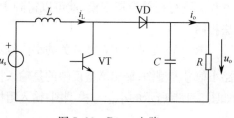

图 5-13　Boost 电路

式中，$D'=1-D$。

若开关管用可控电流源描述，二极管用可控电压源描述，即用图 5-9 所示 PWM 开关的平均等效电路模型代入电路进行替换，可以得到如下变换器平均模型，如图 5-15 所示。

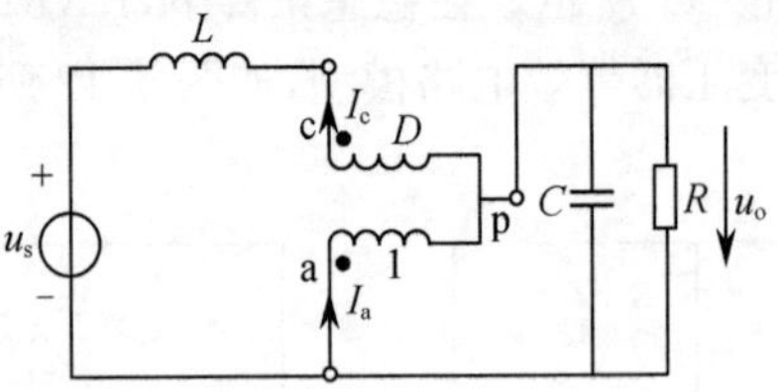

图 5-14 代入 PWM 开关稳态模型的等效电路

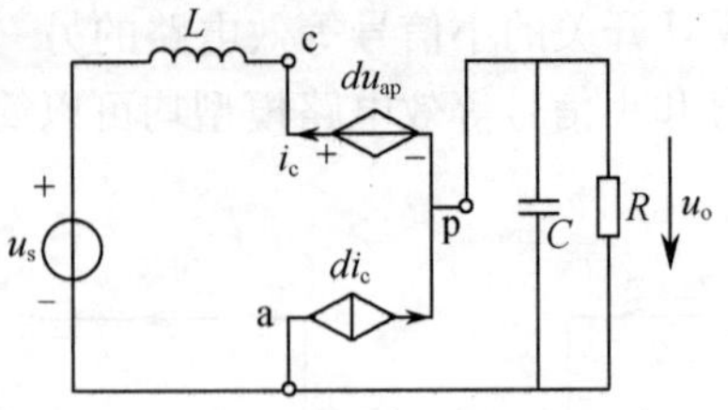

图 5-15 代入 PWM 开关平均等效电路模型的电路

按照 PWM 开关的端口关系平均表达式 $\begin{cases} i_a = di_c \\ u_{cp} = du_{ap} \end{cases}$，代入参数，对整个电路进行计算，就可以得到 Boost 变换器的状态方程

$$\begin{bmatrix} \dot{i}_L \\ \dot{u}_o \end{bmatrix} = \begin{bmatrix} 0 & -\dfrac{1-d}{L} \\ \dfrac{1-d}{C} & -\dfrac{1}{RC} \end{bmatrix} \begin{bmatrix} i_L \\ u_o \end{bmatrix} + \begin{bmatrix} \dfrac{1}{L} \\ 0 \end{bmatrix} u_s \tag{5-48}$$

此平均状态方程表达式与使用状态空间平均法所得出的完全相同。需要特别指出的是，在考虑电容和电感的等效串联电阻后所得出的状态方程[见式(5-49)]与使用状态空间平均法所得出的状态方程[见式(5-50)]在系数矩阵上稍有不同：

$$\begin{bmatrix} \dot{i}_L \\ \dot{u}_o \end{bmatrix} = \begin{bmatrix} -\dfrac{R_L + (1-d)^2 \dfrac{RR_C}{R+R_C}}{L} & -\dfrac{(1-d)R}{L(R+R_C)} \\ \dfrac{(1-d)R}{C(R+R_C)} & -\dfrac{1}{C(R+R_C)} \end{bmatrix} \begin{bmatrix} i_L \\ u_o \end{bmatrix} + \begin{bmatrix} \dfrac{1}{L} \\ 0 \end{bmatrix} u_s \tag{5-49}$$

$$\begin{bmatrix} \dot{i}_L \\ \dot{u}_o \end{bmatrix} = \begin{bmatrix} -\dfrac{R_L + (1-d) \dfrac{RR_C}{R+R_C}}{L} & -\dfrac{(1-d)R}{L(R+R_C)} \\ \dfrac{(1-d)R}{C(R+R_C)} & -\dfrac{1}{C(R+R_C)} \end{bmatrix} \begin{bmatrix} i_L \\ u_o \end{bmatrix} + \begin{bmatrix} \dfrac{1}{L} \\ 0 \end{bmatrix} u_s \tag{5-50}$$

式中，R_L 和 R_C 分别表示电感和电容的等效串联电阻。

对平均方程进行小信号线性化处理后，可以得到变换器的小信号模型，对此电路列出状态方程后进行拉普拉斯变换，就可以得到主要变量之间的小信号传递函数，结果与状态空间平均法相同。

图 5-16 是使用 PWM 开关的小信号等效电路替换后的 Boost 变换器。图 5-16a 是 Boost 电路小信号模型图；输出增益反映的是输入扰动对输出的影响，因此推导时可令 $\hat{d}(s)=0$，从而得到如图 5-16b 所示的小信号模型图；输入阻抗反映的是输入电流扰动对输入电压的影响，因此推导时同样可令 $\hat{d}(s)=0$，从而得到如图 5-16b 所示小信号模型图；输出阻抗反映的是输出电流扰动对输出电压的影响，因此推导时可令 $\hat{d}(s)=0$ 和 $\hat{u}_s(s)=0$，从而得到到如图 5-16c 所示的小信号

模型图;控制增益反映的是控制变量$\hat{d}(s)$对输出的影响,因此在推导时可令$\hat{u}_s(s)=0$,从而可得到如图 5-16d 所示的小信号模型图。

PWM 开关法从电路的等效电路而非方程出发对变换过程进行阐述,是一种面向电路的方法,更适合 Pspice、Saber 等电路仿真环境中对代入 PWM 开关的变换器等效电路进行仿真分析而非对电路进行解析分析。

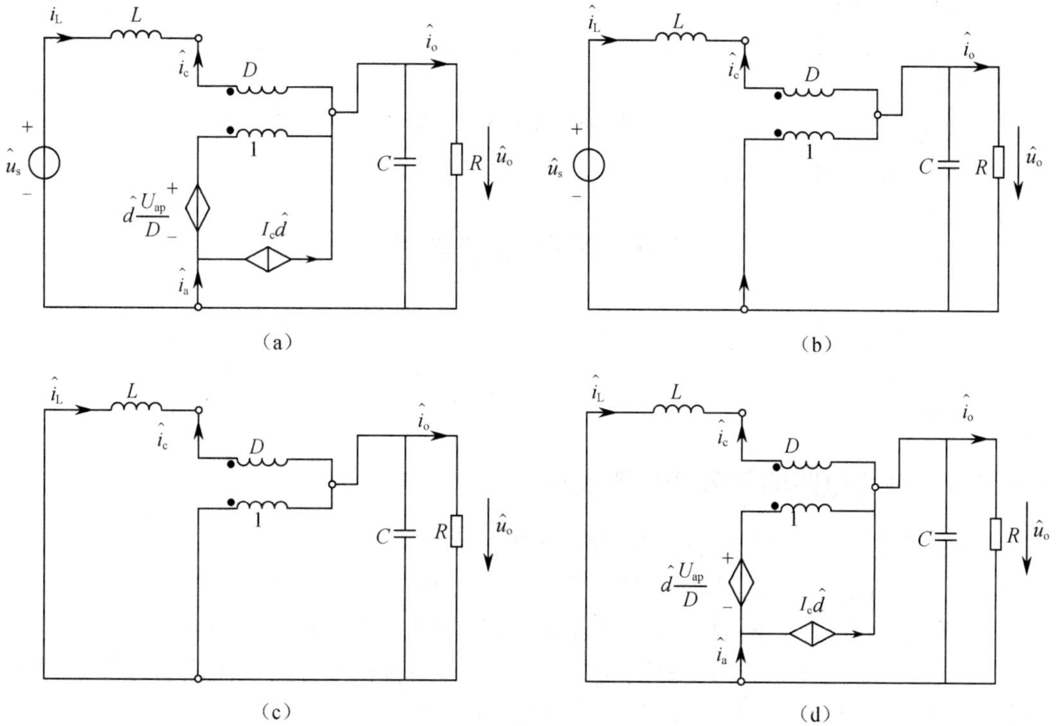

图 5-16　Boost 电路 PWM 开关小信号模型

由以上推导可得:

输出增益(见图 5-16b)

$$\left.\frac{\hat{u}_o(s)}{\hat{u}_s(s)}\right|_{\hat{d}(s)=0}=\frac{\dfrac{1}{D'}}{\dfrac{s^2LC}{D'^2}+s\dfrac{L}{RD'^2}+1} \tag{5-51}$$

控制增益(见图 5-16d)

$$\left.\frac{\hat{u}_o(s)}{\hat{d}(s)}\right|_{\hat{u}_s(s)=0}=\frac{\dfrac{U_s}{D'^2}\left(1-s\dfrac{L}{RD'^2}\right)}{\dfrac{s^2LC}{D'^2}+s\dfrac{L}{RD'^2}+1} \tag{5-52}$$

开环输入阻抗(见图 5-16b)

$$\left.\frac{\hat{u}_s(s)}{\hat{i}_L(s)}\right|_{\hat{d}(s)=0}=\frac{RD'^2\left(\dfrac{s^2LC}{D'^2}+s\dfrac{L}{RD'^2}+1\right)}{1+sRC} \tag{5-53}$$

开环输出阻抗(见图 5-16c)

$$\left.\frac{\hat{u}_o(s)}{\hat{i}_0(s)}\right|_{\hat{d}(s)=0,\hat{u}_s(s)=0}=\frac{sL}{s^2LC+D'^2} \tag{5-54}$$

用 PWM 开关法来分析开关型变换器就如同用晶体管模型来分析电子放大器电路一样，PWM 开关被当作一个三端非线性器件，就如同晶体管代表了放大器中的非线性特性一样。因此，就如同为了研究放大器的小信号特性无须线性化系统的整个方程一样，在 PWM 变换器的小信号分析中采用本方法也无须线性化系统的所有方程，用此模型建立的开关型变换器模型可以方便地应用于电力电子通用设计程序中进行变换器的闭环分析设计而无须特别设计程序，因而简化了设计。

当变换器工作在不连续导通模式时，根据 PWM 三端开关及其端口的电流、电压波形，可得另一模型，其分析方法与连续导通模式类似。

5.4 等效变压器法

等效变压器法是平均值等效电路法的一种，即利用等效变压器替代 PWM 开关型变换器中功率开关管的等效描述方法。通过这种方法得到的电路等效模型，可以更形象、更深刻地反映电路的性质。

5.4.1 开关电路的等效变压器描述

以 Buck 变换器为例，引入等效变压器描述法。

如图 5-17a 所示，当 VT_1 导通时，开关函数 $s(t)=1$，此时开关 VT_1' 断开，开关函数 $s'(t)=0$。反之，当 VT_1' 导通时，开关函数 $s'(t)=1$，此时 VT_1 断开，开关函数 $s(t)=0$，显然，$s(t)+s'(t)=1$。进一步研究 VT_1、VT_1' 交替工作过程中发现，用自耦变压器来代替 VT_1、VT_1'，则两者可等效，如图 5-17b 所示。在等效变压器等值电路中，自耦变压器的匝比 $n(t)/n'(t)$ 是时变的，且能以开关函数 $s(t)$、$s'(t)$ 直接描述。显然，在上述 Buck 变换器中，$n(t)=s'(t)$、$n'(t)=s(t)$、$n(t)+n'(t)=1$。

为进一步简化分析，当开关频率足够高时，忽略 PWM 谐波分量，并以一个开关周期中 $s(t)$、$s'(t)$ 变化的平均值——PWM 占空比 d、d' 来替代时变匝比，即 $n(t)=d'$，$n'(t)=d$，从而获得等效变压器描述的 Buck 变换器平均模型，如图 5-17c 所示，进一步考虑直流稳态工作点，即 $n(t)=D'$，$n'(t)=D$，则其等效变压器直流模型电路图如图 5-17d 所示。

对于 PWM DC-AC(AC-DC) 变换器，同样也可以用等效变压器替换桥路中的开关元件，图 5-18 示出了电压源型 PWM DC-AC 变换器等效变压器变换，图中 d_a、d_b、d_c、d_a'、d_b'、d_c' 为对应开关的 PWM 占空比。

要证明电压型 PWM DC-AC 变换器等效变压器模型电路与原理电路等效，只要证明其外特性等效即可。由图 5-18a 并考虑原理电路的低频特性，得

$$i_{dc}=i_a d_a+i_b d_b+i_c d_c \tag{5-55}$$

$$u_a=u_{dc}d_a \tag{5-56}$$

$$u_b=u_{dc}d_b \tag{5-57}$$

$$u_c=u_{dc}d_c \tag{5-58}$$

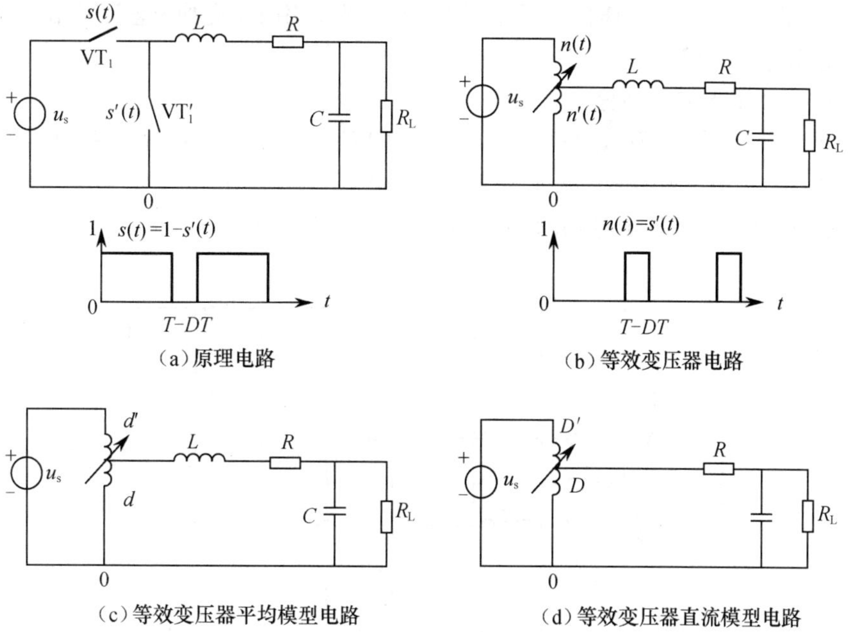

（a）原理电路　（b）等效变压器电路

（c）等效变压器平均模型电路　（d）等效变压器直流模型电路

图 5-17　Buck 型变换器等效变压器电路

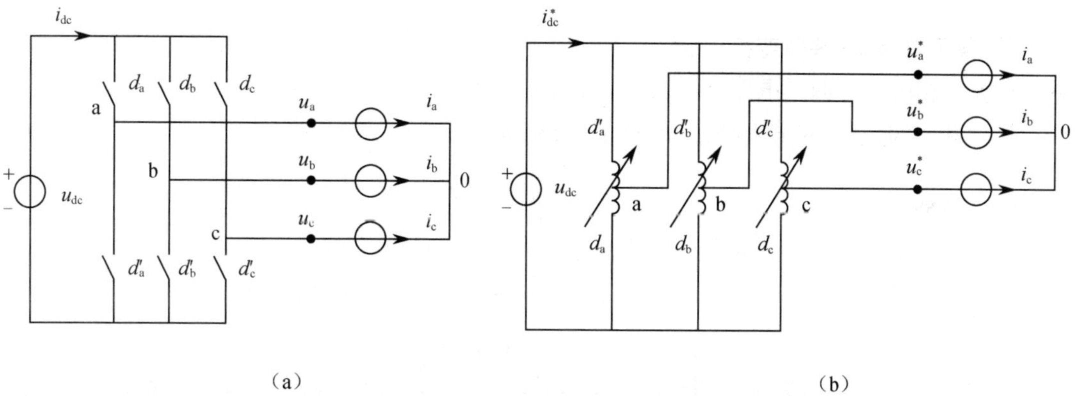

（a）　（b）

图 5-18　电压型 PWM DC-AC 变换器等效变压器变换

而从图 5-18b 易得

$$i_{dc}^{*}=i_{a}d_{a}+i_{b}d_{b}+i_{c}d_{c} \tag{5-59}$$

$$u_{a}^{*}=u_{dc}d_{a} \tag{5-60}$$

$$u_{b}^{*}=u_{dc}d_{b} \tag{5-61}$$

$$u_{c}^{*}=u_{dc}d_{c} \tag{5-62}$$

5.4.2　三相 VSR 等效变压器 *dq* 模型电路

在三相 VSR 的数学模型中，VSR 交流侧均为时变交流量，不利于控制系统设计，为此可通过坐标变换将三相对称静止坐标系 *abc* 转换成以电网基波频率同步旋转的 *dq* 坐标系。经过坐标变换，三相对称静止坐标系中的基波正弦量转化为同步旋转坐标系中的直流量，从而简化了控制系统的设计。在分析时，采用这种思想，首先采用 dq 变换，建立三相 VSR 的 dq 模型，进而建立动态等效模型。

1. 三相 VSR 子电路的划分

图 5-19 给出了三相 VSR 原理电路及子电路的划分。为获得 dq 坐标系中三相 VSR 等效变压器模型电路，可将三相 VSR 原理电路分成 5 个子电路进行分析。如果能求得各子电路的 dq 等效电路，则只需要将各子电路的 dq 等效电路恰当连接起来，就可以建立三相 VSR 等效变压器 dq 模型电路。

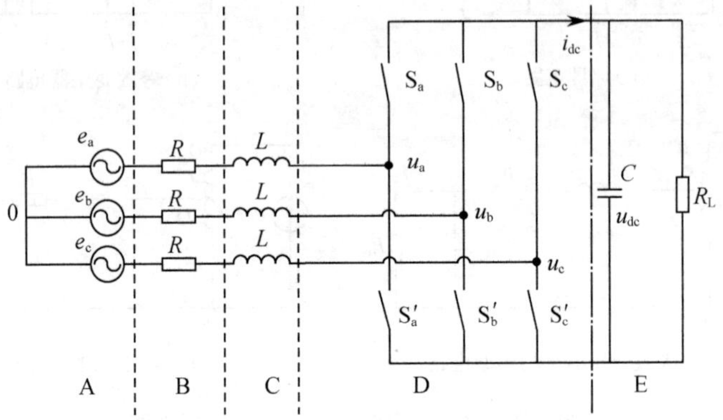

图 5-19　三相 VSR 原理电路及子电路划分

2. 各子电路 dq 等效变换

(1) 三相电动势源子电路——A 子电路 dq 变换

设三相 VSR 交流电动势 $\boldsymbol{E}_{abc}$、电流 $\boldsymbol{I}_{abc}$ 分别为

$$\boldsymbol{E}_{abc}=\begin{bmatrix} e_a \\ e_b \\ e_c \end{bmatrix}=\sqrt{\frac{2}{3}}e_m\begin{bmatrix} \cos(\omega t+\varphi_1) \\ \cos(\omega t-120^\circ+\varphi_1) \\ \cos(\omega t+120^\circ+\varphi_1) \end{bmatrix} \tag{5-63}$$

$$\boldsymbol{I}_{abc}=\begin{bmatrix} i_a \\ i_b \\ i_c \end{bmatrix}=\sqrt{\frac{2}{3}}i_m\begin{bmatrix} \cos(\omega t+\varphi_0) \\ \cos(\omega t-120^\circ+\varphi_0) \\ \cos(\omega t+120^\circ+\varphi_0) \end{bmatrix} \tag{5-64}$$

式中，φ_1 为电网电动势初始相位角；φ_0 为三相 VSR 网侧电流初始相位角；$\sqrt{\frac{2}{3}}e_m$、$\sqrt{\frac{2}{3}}i_m$ 为 $\boldsymbol{E}_{abc}$、$\boldsymbol{I}_{abc}$的峰值。

坐标旋转变换满足“等功率”原则，从而将三相静止对称坐标系 abc 变换成同步旋转坐标系 dq。若旋转坐标系 q 轴与静止坐标系 a 轴间初始相角为 φ，则正交旋转变换矩阵 $\boldsymbol{C}_{3s2r}$ 为

$$\boldsymbol{C}_{3s2r}=\sqrt{\frac{2}{3}}\times\begin{bmatrix} \cos(\omega t+\varphi) & \cos(\omega t-120^\circ+\varphi) & \cos(\omega t+120^\circ+\varphi) \\ \sin(\omega t+\varphi) & \sin(\omega t-120^\circ+\varphi) & \sin(\omega t+120^\circ+\varphi) \\ \frac{1}{\sqrt{2}} & \frac{1}{\sqrt{2}} & \frac{1}{\sqrt{2}} \end{bmatrix} \tag{5-65}$$

由于 $\boldsymbol{C}_{3s2r}$是正交变换矩阵，则

$$\boldsymbol{C}_{3s2r}^{-1}=\boldsymbol{C}_{3s2r}^{\mathrm{T}}=\sqrt{\frac{2}{3}}\times\begin{bmatrix}\cos(\omega t+\varphi) & \sin(\omega t+\varphi) & \frac{1}{\sqrt{2}}\\ \cos(\omega t-120^\circ+\varphi) & \sin(\omega t-120^\circ+\varphi) & \frac{1}{\sqrt{2}}\\ \cos(\omega t+120^\circ+\varphi) & \sin(\omega t+120^\circ+\varphi) & \frac{1}{\sqrt{2}}\end{bmatrix} \tag{5-66}$$

因此，经坐标变换后得

$$\boldsymbol{E}_{dq0}=[e_q, e_d, e_0]^{\mathrm{T}}=\boldsymbol{C}_{3s2r}\boldsymbol{E}_{abc}=e_m\begin{bmatrix}\cos(\varphi_1-\varphi)\\ -\sin(\varphi_1-\varphi)\\ 0\end{bmatrix} \tag{5-67}$$

$$\boldsymbol{I}_{dq0}=[i_q, i_d, i_0]^{\mathrm{T}}=\boldsymbol{C}_{3s2r}\boldsymbol{I}_{abc}=i_m\begin{bmatrix}\cos(\varphi_0-\varphi)\\ -\sin(\varphi_0-\varphi)\\ 0\end{bmatrix} \tag{5-68}$$

式中，e_m、i_m 为 $\boldsymbol{E}_{dp0}$、$\boldsymbol{I}_{dq0}$ 的峰值；e_0、i_0 为三相电动势、电流零轴分量。

三相电动势源子电路 dq 变换如图 5-20 所示。

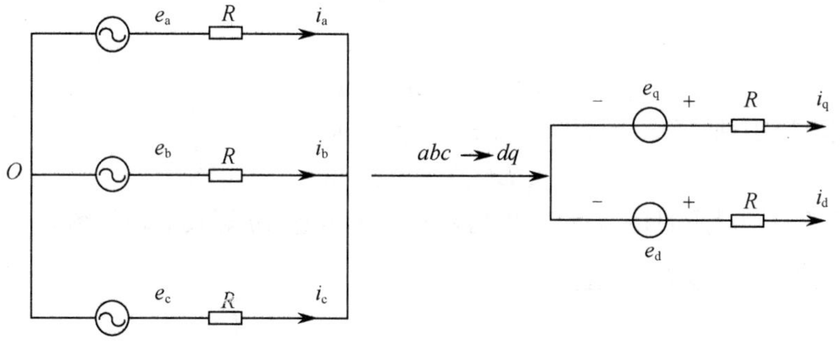

(a) 三相电动势源电路　　(b) 电动势源子电路dq等效电路

图 5-20　三相电动势源子电路 dq 变换

(2) 三相电阻子电路——B 子电路变换

设三相静止对称坐标系 abc 中的三相对称电路的电阻电压为

$$\boldsymbol{U}_{Rabc}=[u_{Ra}, u_{Rb}, u_{Rc}]^{\mathrm{T}} \tag{5-69}$$

经过坐标变换后，两相同步旋转坐标系 dq 中的电阻电压为

$$\boldsymbol{U}_{Rdq0}=[u_{Rd}, u_{Rq}, u_{R0}]^{\mathrm{T}}=\boldsymbol{C}_{3s2r}\boldsymbol{U}_{Rabc}=\boldsymbol{C}_{3s2r}R\boldsymbol{I}_{abc}=R\boldsymbol{I}_{dq0} \tag{5-70}$$

式中，u_{R0} 为三相电阻电压的零轴分量。

因此，三相电阻子电路的 dq 变换等效电路如图 5-21 所示。

(3) 三相电感子电路——C 子电路变换

设三相静止对称坐标系 abc 中，三相对称电感电压为

$$\boldsymbol{U}_{Labc}=[u_{La}, u_{Lb}, u_{Lc}]^{\mathrm{T}} \tag{5-71}$$

经过坐标变换后，两相同步旋转坐标 dq 中的电感电压为

$$\boldsymbol{U}_{Ldq0}=[u_{Lq}, u_{Ld}, u_{L0}]^{\mathrm{T}} \tag{5-72}$$

式中，u_{L0} 为三相电感电压的零轴分量。

$$L(\boldsymbol{I}_{abc})'=\boldsymbol{U}_{Labc} \tag{5-73}$$

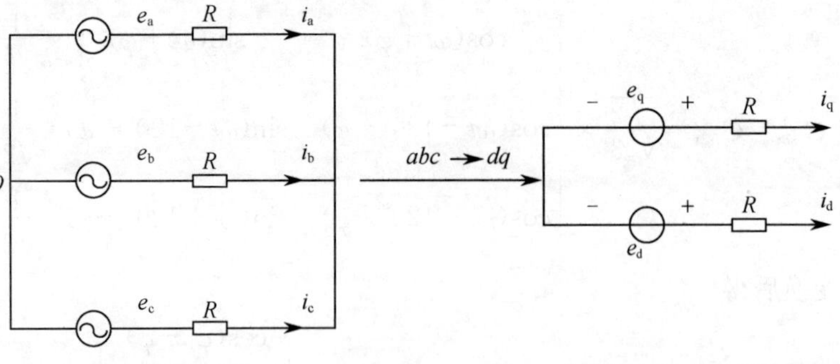

(a) 三相电阻电路　　(b) 电阻子电路dq等效电路

图 5-21　三相电阻子电路 dq 变换

引入旋转坐标变换，则

$$\boldsymbol{I}_{abc}=\boldsymbol{C}_{3s2r}^{-1}\boldsymbol{I}_{dq0} \tag{5-74}$$

将式(5-74)代入式(5-73)并化简得

$$L(\boldsymbol{I}_{dq0})'=-L\boldsymbol{C}_{3s2r}^{-1}(\boldsymbol{C}_{3s2r}^{-1})^{-1}\boldsymbol{I}_{dq0}+\boldsymbol{C}_{3s2r}^{-1}\boldsymbol{U}_{Labc}$$

写成 dq 分量形式

$$\begin{cases}L(i_q)'=-\omega Li_d+u_{Lq}\\L(i_d)'=\omega Li_q+u_{Ld}\end{cases} \tag{5-75}$$

由于三相电流零轴分量 $i_0=(i_a+i_b+i_c)/3=0$，所以

$$L(i_0)'=u_{L0}=0 \tag{5-76}$$

根据式(5-75)并对照回转器特性，即可获得三相电感 dq 等效电路如图 5-22 所示。

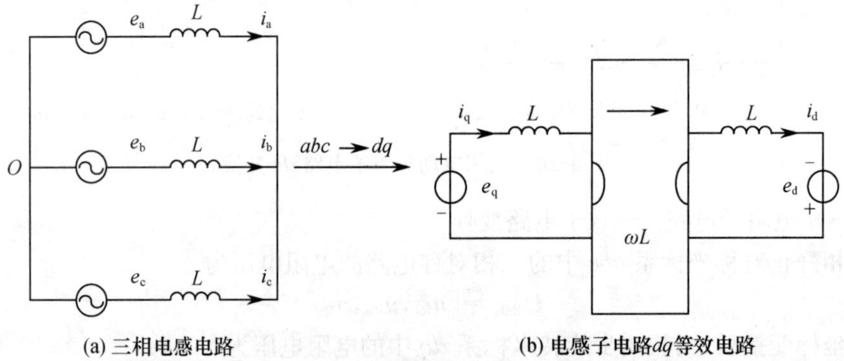

(a) 三相电感电路　　(b) 电感子电路dq等效电路

图 5-22　三相电感子电路 dq 变换

(4) 三相逆变桥子电路——D 子电路变换

根据前面讲述的电压型 PWM DC-AC 变换器等效变压器模型电路(见图 5-18b)，其开关函数模型中开关函数可由 PWM 占空比进行描述，对于三相对称系统，可采用开关函数的基波分量分析 VSR 的低频特性，若开关函数基波矩阵为 $\boldsymbol{D}=[d_a,d_b,d_c]^T$，且设

$$\boldsymbol{D}=\begin{bmatrix}d_a\\d_b\\d_c\end{bmatrix}=\sqrt{\frac{2}{3}}d_m\begin{bmatrix}\cos(\omega t+\varphi_2)\\\cos(\omega t-120°+\varphi_2)\\\cos(\omega t+120°+\varphi_2)\end{bmatrix} \tag{5-77}$$

式中，φ_2 为开关函数基波分量的初始相位角；$\sqrt{\frac{2}{3}}d_m$ 为开关函数的基波峰值。

由电压逆变桥 PWM 的调制原理得

$$\boldsymbol{U}_{abc}=u_{dc}\boldsymbol{D} \qquad i_{dc}=\boldsymbol{D}^T\boldsymbol{I}_{abc} \tag{5-78}$$

引入旋转坐标变换后为

$$\boldsymbol{C}_{3s2r}\boldsymbol{U}_{abc}=u_{dc}(\boldsymbol{C}_{3s2r}\boldsymbol{D})=\boldsymbol{U}_{dq0} \tag{5-79}$$

$$i_{dc}=\boldsymbol{D}^T\boldsymbol{I}_{abc}=\boldsymbol{D}^T\boldsymbol{C}_{3s2r}^{-1}\boldsymbol{I}_{dq0}=(\boldsymbol{C}_{3s2r}\boldsymbol{D})^T\boldsymbol{I}_{dq0} \tag{5-80}$$

解得同步旋转坐标系 dq 中的电压型逆变桥交流侧电压和直流侧电流为

$$\begin{cases} u_q=d_m\cos(\varphi_2-\varphi)u_{dc} \\ u_d=-d_m\sin(\varphi_2-\varphi)u_{dc} \\ i_{dc}=d_m\cos(\varphi_2-\varphi)i_q-d_m\sin(\varphi_2-\varphi)i_d \end{cases} \tag{5-81}$$

由式(5-81)不难建立三相电压型 PWM 逆变桥 dq 坐标系等效变压器模型电路，如图 5-23b所示。

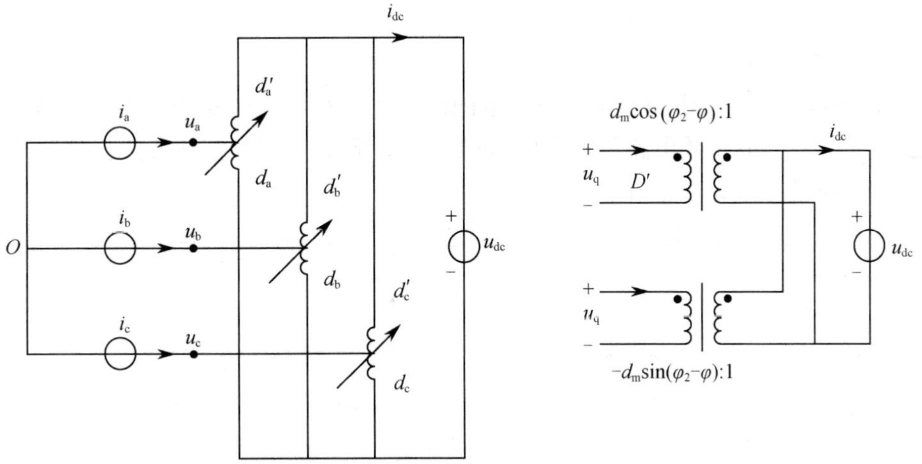

(a) 三相电压型逆变桥坐标系 abc 等效变压器模型电路

(b) 三相电压型逆变桥坐标系 dq 等效变压器模型电路

图 5-23　三相电压逆变桥 dq 变换

(5) R_LC 直流子电路——E 子电路变换

由于 R_LC 直流子电路拓扑结构及参数保持不变。

3. 三相 VSR dq 等效电路的重构

将上述分解的 3 组 VSR 子电路，依据电流、电压等效原则进行恰当连接，从而获得三相 VSR 等效变压器 dq 模型电路，如图 5-24 所示。

$$\begin{aligned} e_q&=e_m\cos(\varphi_1-\varphi) \qquad & e_d&=-e_m\sin(\varphi_1-\varphi) \\ n_q&=d_m\cos(\varphi_2-\varphi) \qquad & n_d&=-d_m\sin(\varphi_2-\varphi) \end{aligned} \tag{5-82}$$

值得注意的是，三相 VSR 等效变压器 dq 模型电路只考虑了开关函数的基波分量，因而只是一种低频等效模型电路。

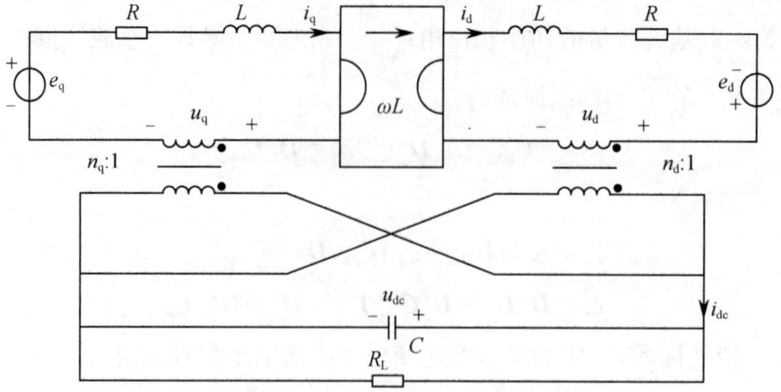

图 5-24　三相 VSR 等效变压器 dq 变换

5.4.3　三相 VSR 等效电路简化

1. 三相 VSR 等效变压器 dq 模型电路的简化

对于三相 VSR 等效变压器 dq 模型电路，有两种简化方法，这两种简化方法均取决于旋转变换矩阵中 $\boldsymbol{C}_{3s2r}$ 初始相角 φ 的选择。

（1）当选择 $\varphi=\varphi_1$ 时

即旋转变换矩阵 $\boldsymbol{C}_{3s2r}$ 中的初始相角与电网电动势的初始相角相等。在这种情况下，$e_d=-\sin(\varphi_1-\varphi)=0$，因而等效电路得到简化，如图 5-25 所示。此时，简化电路比原等效电路（见图 5-23）少了电动势 e_d，且 $e_q=e_m\cos(\varphi_1-\varphi)=e_m$。

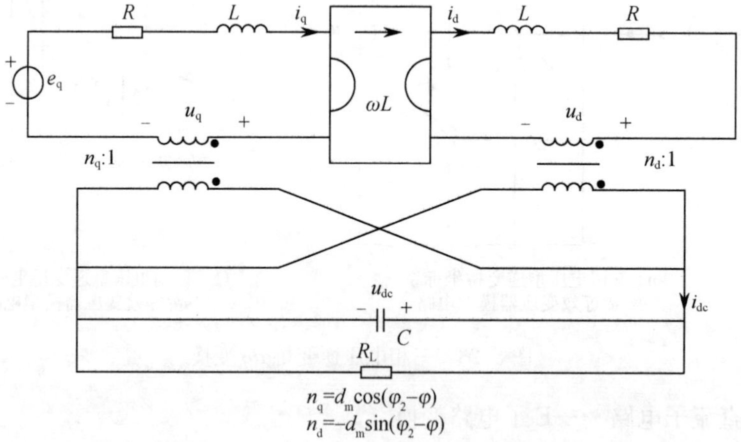

图 5-25　$\varphi=\varphi_1$ 时三相 VSR 简化等效电路

（2）当选择 $\varphi=\varphi_2$ 时

即旋转变换矩阵 $\boldsymbol{C}_{3s2r}$ 中的初始相角与开关函数基波分量的初始相角相等。在这种情况下，由于 $n_d=-d_m\sin(\varphi_2-\varphi)=0$，因而等效电路得到简化，如图 5-26 所示。此时简化电路比原等效电路（见图 5-24）少了一个等效变压器。

2. $\varphi=\varphi_1$ 简化时三相 VSR 等效受控源模型电路构成

当 $\varphi=\varphi_1$ 时，三相 VSR 简化等效模型电路如图 5-25 所示。为了便于电路分析，将变压器回转器等分别以受控源等效，如图 5-27 所示。

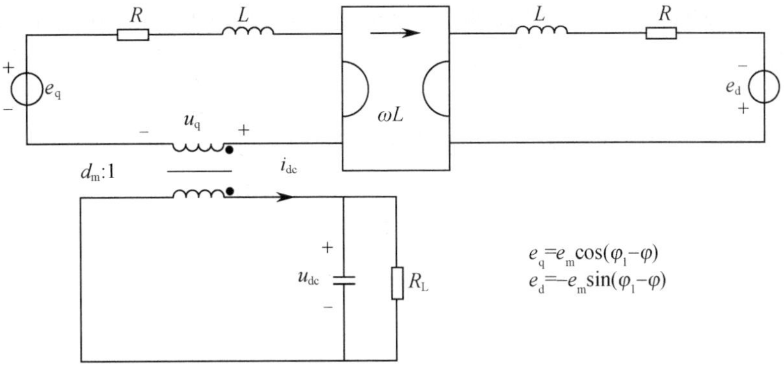

图 5-26　$\varphi=\varphi_2$ 时三相 VSR 简化等效电路

将图 5-27 等效受控源电路代入图 5-25 中，可得 $\varphi=\varphi_1$ 简化时的三相 VSR 受控源等效模型电路，如图 5-28 所示。

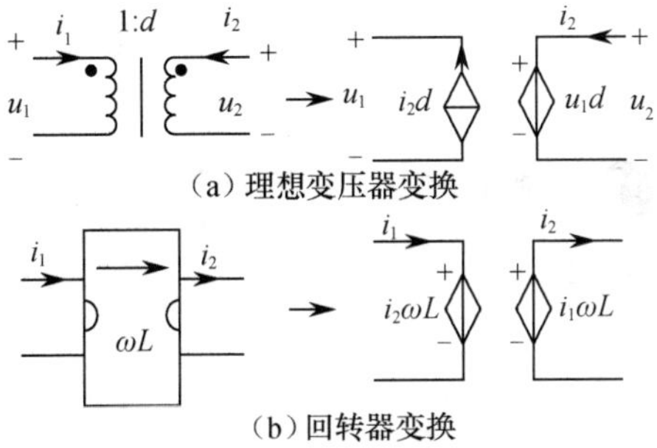

图 5-27　变压器、回转器等效受控源变换

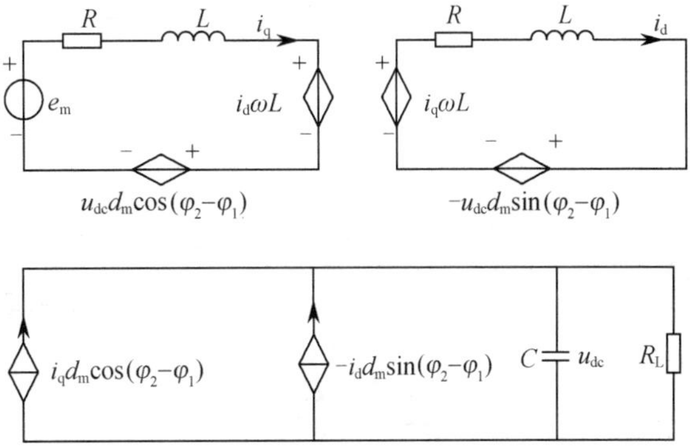

图 5-28　$\varphi=\varphi_1$ 简化时三相 VSR 等效受控源模型电路

3. 简化时三相 VSR 微偏线性化等效受控源模型电路

由图 5-28 可以看出，当 $\varphi=\varphi_1$ 时三相 VSR 受控源等效模型电路中，由于含有变量乘积，因而呈现明显的非线性特性，这给控制系统的动态分析造成困难。为此，可以采用微偏线性化方法对模型进行线性化。由于微偏线性化方法主要是讨论稳态工作点附近微偏扰动时的系统线性特性，因此，必须先求出稳态工作点微偏扰动时的三相 VSR 受控源线性化等效模型电路。

5.5　典型的开关型变换器线性模型

基于功率半导体器件的功率变换器应用广泛，可以单独或与电机一起使一种电能变换成其他形式的能。因为与功率变换器上的其他零件相比，半导体器件有足够快的响应速度，为了理解整个系统的瞬态行为，功率变换器或许可以建模为一个线性或非线性的带有时间延迟的增益单元。本节中典型的功率变换器，如三相二极管/晶闸管整流器，PWM Boost 整流器，二、四象限的 DC/DC 变换器，PWM 逆变器，矩阵变换器等都建模为含有电机的模型。

5.5.1　三相二极管/晶闸管整流器

图 5-29 所示的三相晶闸管全控桥整流器，通过调节导通角 α 可获得可调的直流电压。如

果图 5-29 中的滤波电感足够大，那么通过电感的电流是连续的。如果电感的内阻可被忽略，那么电路可以由图 5-30 所示的等效电路代表。其中，电阻上的压降代表由交流电源内部电感 L_s 造成的整流器重叠角产生的压降。在图 5-30 所示电路中，由 L_s 产生的电压降不会造成系统的损耗，只是表达了因交流电源内部电感的存在而产生的输出电压随输出电流下降的特征。图 5-30 中，ω_e 代表交流电源角频率。图 5-29 中的直流输出电压是导通角 α 的余弦函数，因此导通角与输出电压之间是非线性的。然而，如果导通角通过图 5-31 中的反余弦函数表得到，整流器的输出电压将会与控制命令 U_c 成正比。

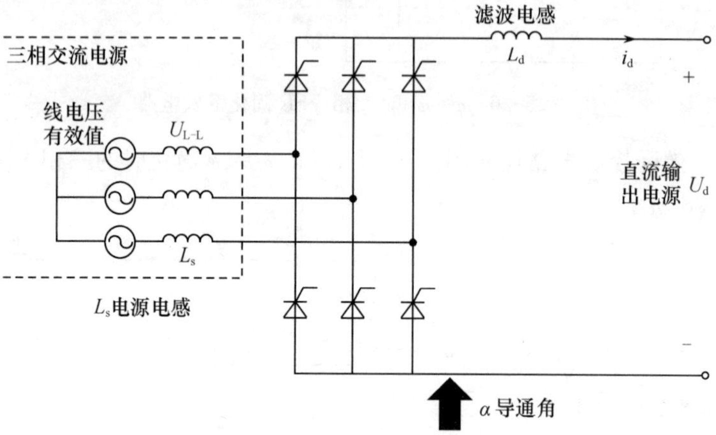

图 5-29　晶闸管三相整流器

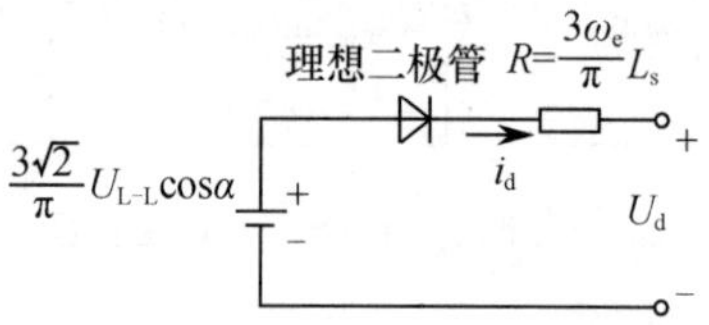

图 5-30　三相整流器的等效电路

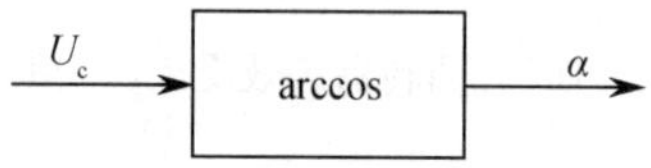

图 5-31　避免线性化的导通角产生器

在这种情况下，输出电压 U_d 可按照控制命令 U_c 与输出电流 I_d 来表达，如

$$u_d = U_c \frac{3\sqrt{2}}{\pi} U_{L-L} e^{\frac{-2\pi}{12\omega_e}s} - \frac{3\omega_e L_s}{\pi} I_d \tag{5-83}$$

式中，I_d 是直流输出电流 i_d 的拉普拉斯变换。$e^{\frac{-2\pi}{12\omega_e}s}$ 代表平均延迟时间，是交流电源周期的 1/12。延迟函数可以近似表示为一阶低通滤波器，式(5-83)可以简化为

$$u_d \approx U_c \frac{3\sqrt{2}}{\pi} U_{L-L} \frac{1}{1+T_d s} - \frac{3\omega_e L_s}{\pi} I_d \tag{5-84}$$

式中，$T_d = \frac{\pi}{6\omega_e}$(s)。在二极管整流器中，当导通角 $\alpha=0$ 时，输出电压可以表示为

$$u_d = \frac{3\sqrt{2}}{\pi} U_{L-L} - \frac{3\omega_e L_s}{\pi} \langle i_d \rangle \tag{5-85}$$

式中，$\langle i_d \rangle$ 是直流输出电流 i_d 的平均值。然而如果电流 i_d 不连续，那么输出电压被描述为一个非线性方程，并且得不到简单的输出电压解析表达式。

5.5.2 PWM 升压型整流器

PWM 整流器如图 5-32 所示。这种整流器能提供升压直流输出，且直流输出电压通常大于交流电源的线电压峰值，还可以调节输入功率因数。使用 PWM Boost 整流器，输入交流电压的总谐波失真(THD)抑制后符合 IEEE 519 标准。由于能量的双向流动性，图 5-32 中的整流器有时还作为逆变器使用，它把直流电能输送到交流电网。此外，如果需要，直流输出电压也可以改变。为保持位移功率函数(DPF)为 1，直流母线电压应大于交流电源的线电压峰值 $\sqrt{3}U_m$(U_m 为交流电源相电压的峰值)。如果是由交流发电机供电，由于交流发电机有内部电感，所以可以不需要电感 L_{inter}。但如果升压整流器连接在公用电网上，电网的内部电感小于整流器自身电感几个百分点，此时就应该加一个电感 L_{inter} 来抑制电流谐波对电网的影响并防止公用电网电压波形畸变，如图 5-32 所示。如果 THD 固定不变，那么电感 L_{inter} 的电感量与 Boost 整流器的开关频率成反比。在 PWM Boost 整流器中，如果直流母线作为输入，交流电网作为输出，那么在图 5-33 的等效电路中，交流电压输出可根据直流母线电压 U_d 表示为

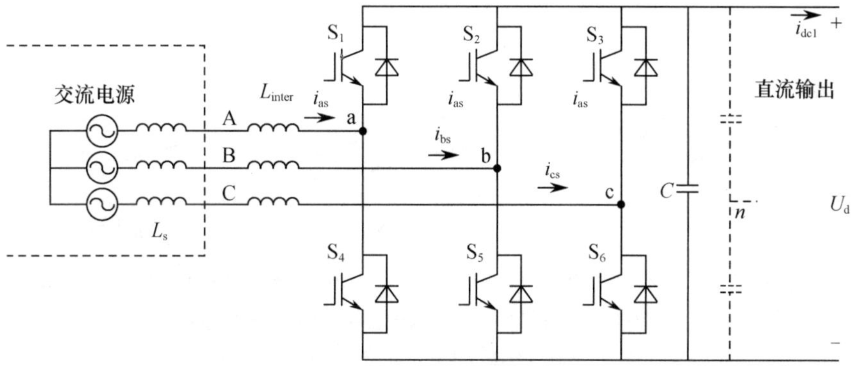

图 5-32 PWM 升压整流电路

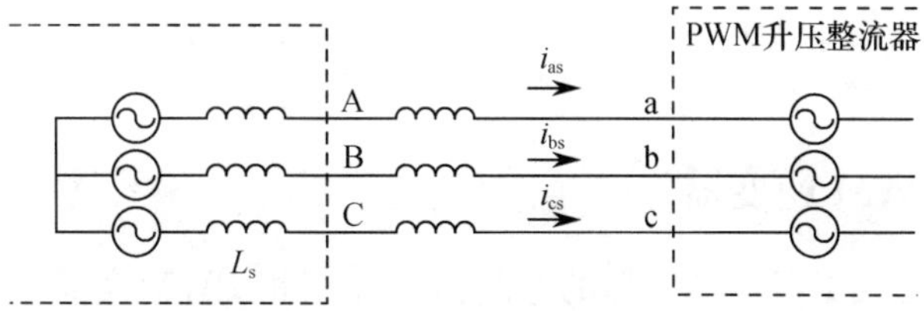

图 5-33 PWM 升压电路的等效电路

$$\left.\begin{aligned} u_{an} &= m\frac{U_d}{2}\sin(\omega_e t+\varphi) \\ u_{bn} &= m\frac{U_d}{2}\sin\left(\omega_e t+\frac{2\pi}{3}+\varphi\right) \\ u_{cn} &= m\frac{U_d}{2}\sin\left(\omega_e t-\frac{2\pi}{3}+\varphi\right) \end{aligned}\right\} \tag{5-86}$$

式中，m 是调制指数，定义为相电压峰值 U_m 与直流母线电压的 1/2 的比值，$m\equiv\dfrac{U_m}{U_d/2}$。图 5-32虚线框内，$n$ 点是直流母线的中心点，用来定义极电压。φ 是交流电源和 Boost 整流器输出交流电压的相位差。PWM 调制指数 m 可在 $0\sim4/\pi$ 之间变化。通过调节每半个 PWM

周期内的 PWM，可以改变调制指数 m 和 φ。

在图 5-32 中，三相平衡电源可表示为

$$\left.\begin{aligned} u_{as} &= U_m \sin(\omega_e t) \\ u_{bs} &= U_m \sin\left(\omega_e t + \frac{2\pi}{3}\right) \\ u_{cs} &= U_m \sin\left(\omega_e t - \frac{2\pi}{3}\right) \end{aligned}\right\} \tag{5-87}$$

式中，ω_e 是交流电源电压角频率。如果忽略 Boost 整流器的损耗，交流电源的功率和直流母线电压的功率之间的关系为

$$U_d\left(C\frac{dU_d}{dt}+i_{dcl}\right)=u_{an}i_{as}+u_{bn}i_{bs}+u_{cn}i_{cs}=u_{as}i_{as}+u_{bs}i_{bs}+u_{cs}i_{cs} \tag{5-88}$$

式中，C 代表直流母线电容，i_{dcl} 代表从直流母线流出的电流，如图 5-32 所示。稳态时，通过调节 Boost 整流器交流输出电压 u_{an}、u_{bn}、u_{cn}，可以控制位移功率因数超前或滞后，如图 5-34 所示。

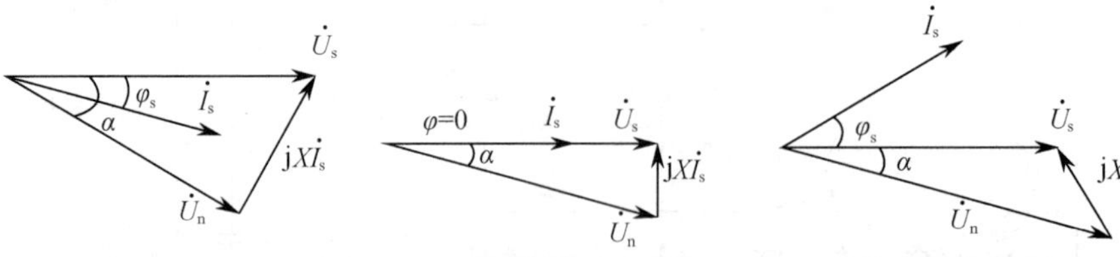

（a）滞后功率因数　　（b）同相功率因数　　（c）超前功率因数

图 5-34　在输出功率和交流电源电压恒定时，不同位移功率因数的 PWM 整流器相量图

（$\dot{U}_s$，$\dot{U}_n$，$\dot{I}_s$ 分别是交流电源电压（包括内部电感造成的电压降）的相量、PWM Boost 整流器交流电压相量和交流电源输出电流相量）

从图 5-34 可以看出，给定输出功率在滞后、同相和超前 3 种模式中，以滞后功率因数模式运行时 Boost 整流器的交流电压值 $|U_n|$ 最小。因此，即使直流母线电压比交流电源线电压的峰值小，通过保持位移功率因数滞后，PWM 整流器仍能工作。

5.5.3　三相 PWM 逆变器

如图 5-35 所示，三相 PWM 逆变器的电路拓扑和三相 PWM 整流器一样，只是输入和输出是颠倒的。逆变器将直流电作为输入并将其转换为交流电。与 PWM 整流器一样，能量可以双向流动。逆变器合成变压变频的交流电如图 5-35 所示。如果逆变器交流负载的功率因数滞后，通过 PWM 减小低次谐波电流，输出电流的 THD 可以最小化。受直流输入电压的限制，交流输出电压的大小是有限的。直流电压 U_d 可提供的相电压最大峰值为 $2U_d/\pi$。逆变器可合成 $0\sim2U_d/\pi$ 范围内的交流相电压。在 $U_d/\sqrt{3}\sim2U_d/\pi$ 范围内，随着相电压的增加，低次谐波的控制变得越来越困难。在极端的情况下，相电压为 $2U_d/\pi$，那么输出电压是 6 阶波形，5 次谐波的大小是基波的 1/5，7 次谐波的大小是基波的 1/7，11 次谐波的大小是基波的 1/11，等等。在 $0\sim U_d/\sqrt{3}$ 的范围内，如果忽略更高次谐波成分，输出电压可表达为式(5-89)。在开关频率的每半个周期，可以控制调制指数 m 和角频率 ω。

$$\left.\begin{aligned}u_{as}&=m\frac{U_d}{2}\sin(\omega t)\\u_{bs}&=m\frac{U_d}{2}\sin\left(\omega t+\frac{2\pi}{3}\right)\\u_{cs}&=m\frac{U_d}{2}\sin\left(\omega t-\frac{2\pi}{3}\right)\end{aligned}\right\}\tag{5-89}$$

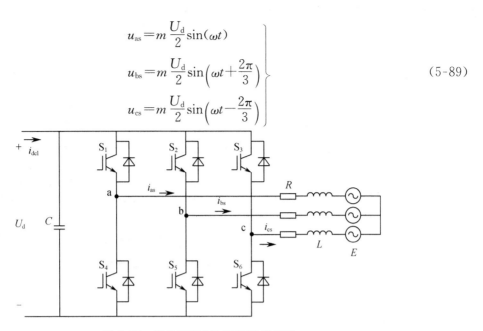

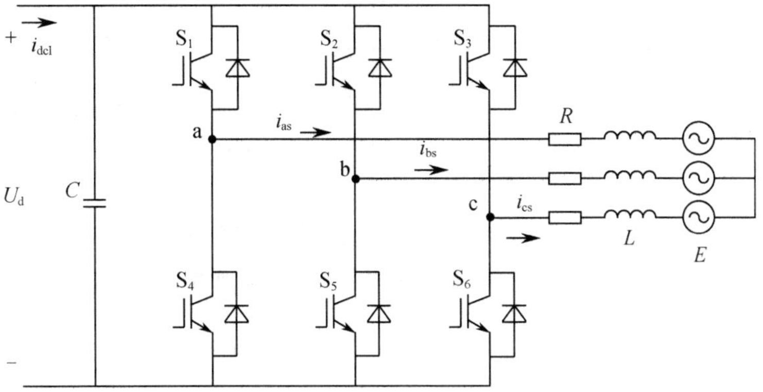

图 5-35 带有 PWM 的 VVVF 逆变器

如果忽略逆变器自身损耗，那么逆变器输入和输出功率有如下关系

$$U_d\left(i_{dcl}-C\frac{dU_d}{dt}\right)=u_{as}i_{as}+u_{bs}i_{bs}+u_{cs}i_{cs}\tag{5-90}$$

5.5.4 矩阵式变换器

矩阵式变换器(Matrix Converter，MC)作为一种新型的交-交变频电源，不需要直流环节就可以把任意形式的交流电转换成另一种任意形式的交流电，在电压和电流坐标平面可以四象限运行。在瞬时功率平衡的条件下，输入功率因数和输出功率因数可以单独调节。在一个开关周期内(可能小于几百微妙)，一个作为电压源，另一个可作为电流源。一般情况下，交流电压源通常作为输入，交流电流源作为输出。如果矩阵变换器输入接在公用电网上，那么可以在交流输入线之间嵌入 LC 滤波器。矩阵变换器的电路图可以绘制成图 5-36，带有滤波器的交流电源可以近似为电压源。如果矩阵变换器上接一个交流电机，由于电机内部电感的存在，交流电机可近似为一个电流源。在图 5-37 中，因为开关要能双向电压阻断和双向电流导通，所以矩阵变换器的开关通常由两只 IGBT 及二极管实现。

如果忽略矩阵变换器自身和输入/输出谐波损耗，则满足式(5-91)瞬时功率平衡。假设功率因数为 1，为满足输出电压和输入电流没有低次谐波的要求，输出相电压的最大值应该限制在输入相电压峰值的$\sqrt{3}/2$倍以内。如果输入位移功率因数 $\cos\varphi_s$ 不为 1，那么最大值应该限制在$\sqrt{3}/2\cos\varphi_s$。如果允许矩阵变换器的输入和输出有低次谐波，输出电压大于输入电压也是可能的。

$$u_{A'n}i_{as}+u_{B'n}i_{bs}+u_{C'n}i_{cs}=u_{an}i_{an}+u_{bn}i_{bn}+u_{cn}i_{cn}\tag{5-91}$$

1. 单相矩阵式交-交变频电路

以相电压输入的单相矩阵式交-交变频电路及其工作波形如图 5-38 所示，其中粗线表示输出电压 u_o 的基波分量，S_{UA}、S_{UB}、S_{UC}都必须是双向可控电子开关。

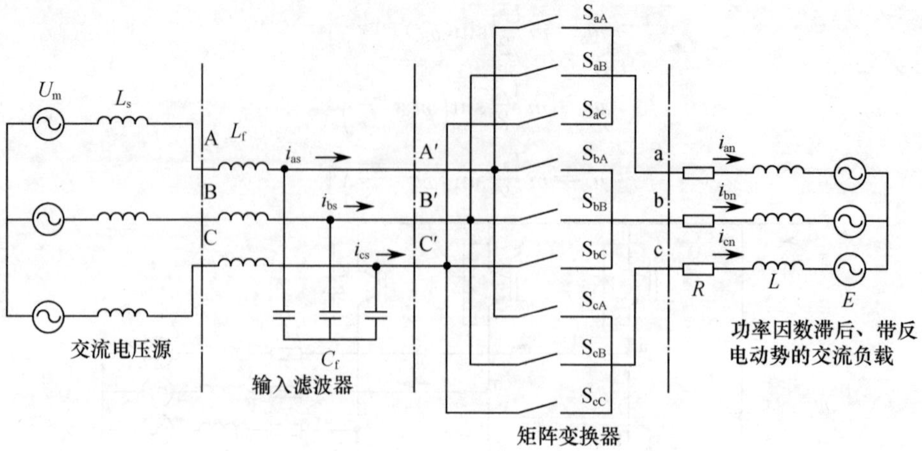

图 5-36　带有交流电源和滤波器的矩阵变换器电源电路

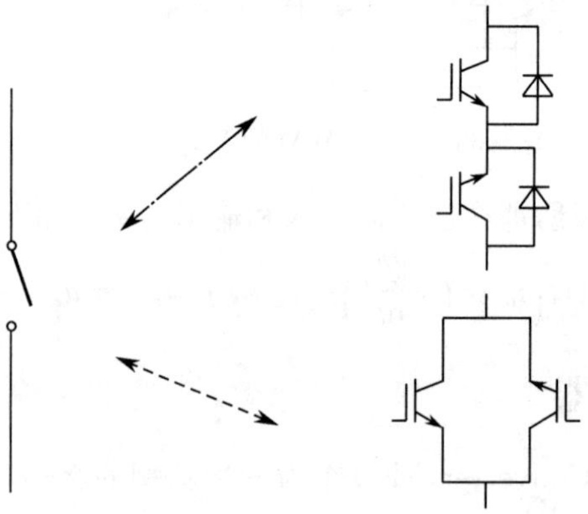

图 5-37　用于 IGBT 和二极管实现交流开关的两种形式

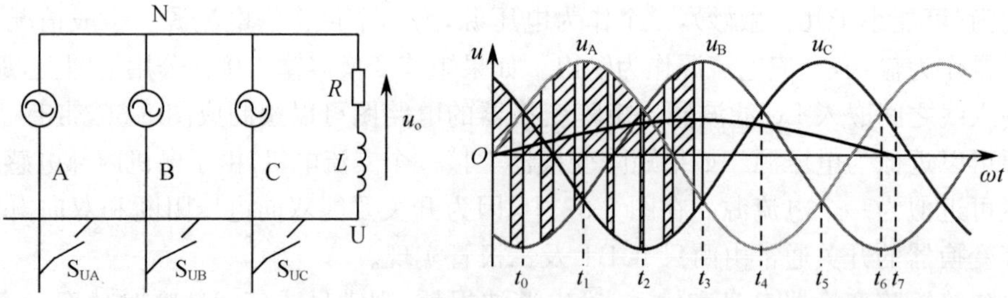

（a）　　　　　　　　（b）

图 5-38　3 输入 1 输出的矩阵式交-交变频电路及其工作波形

由图 5-38a 可得，输出电压 u_o 为

$$u_o = S_{UA}u_A + S_{UB}u_B + S_{UC}u_C \tag{5-92}$$

式中，S_{UA}、S_{UB}、S_{UC} 为三相双向开关的开关函数，即导通时取值为 1，关断时取值为 0。

从图 5-38b 可以看出，相电压输入的单相矩阵式交-交变频电路的输出电压 u_o 的基波幅值小于等于相电压幅值的 0.5 倍。

为了提高输出电压的幅值，可采用线电压输入方式，其电路拓扑如图 5-39a 所示。这时，在给定电压的正半波，若 U_{AB}最高，则 S_{UA}和 S_{VB}斩波，而续流回路有两个：S_{UC}和 S_{VC}续流，S_{UB}和 S_{VA}续流。两种续流回路得到的结果是不一样的。若采用 S_{UC}和 S_{VC}续流，则在给定电压的正半波，输出脉冲波只有一种极性（S_{UA}和 S_{VB}导通时为正，S_{UC}和 S_{VC}导通时为零），称为单极性控制方式。若采用 S_{UB}和 S_{VA}续流，则在给定电压的正半波，输出正弦 PWM 波有两种极性（S_{UA}和 S_{VB}导通时为正，S_{UB}和 S_{VA}导通时为负），称为双极性控制方式。图 5-39b 给出单极性控制方式下的工作波形。

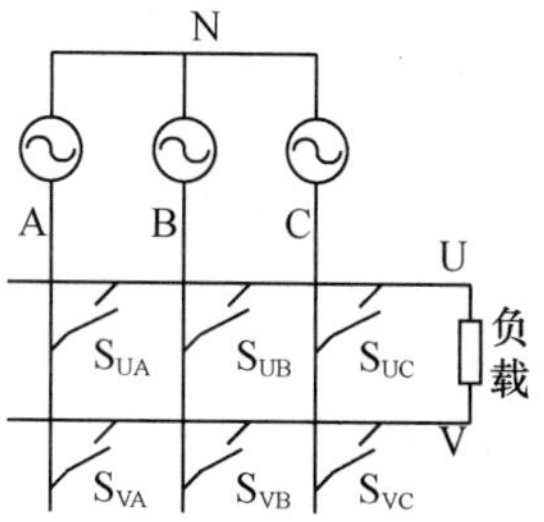

（a）交-交变频电路

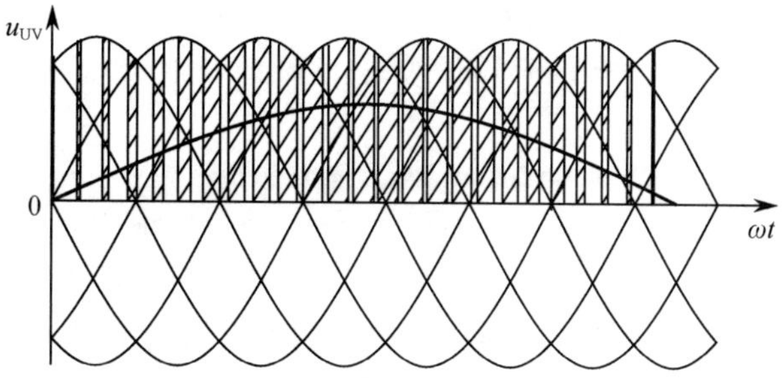

（b）工作波形

图 5-39　线电压输入的单相矩阵式交-交变频电路及其工作波形图

从图 5-39b 所示的波形可以看出，线电压输入的矩阵式交-交变频电路的输出电压 u_o的基波幅值最大可达输入线电压的交点处的电压，即$\sqrt{3}U_m/2$，与相电压输入的矩阵式交-交变频电路相比，输出电压更高。

2. 三相矩阵式交-交变频电路

对如图 5-38a 所示的单相矩阵式交-交变频电路，利用一组开关 S_{UA}、S_{UB}和 S_{UC}的通断组合就可以得到单相交流电压 u_U。把 3 个相同结构的单相矩阵式交-交变频电路用同一组三相交流电压供电，就得到如图 5-40a 所示的电路。若 3 个单相矩阵式交-交变频电路输出三相对称的交流电，且负载对称时，即可将中性线去掉，得到如图 5-40b 所示的三相矩阵式交-交变频电路。

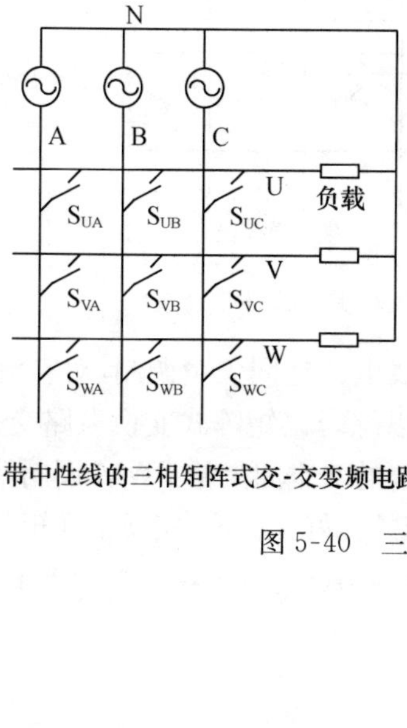

（a）带中性线的三相矩阵式交-交变频电路

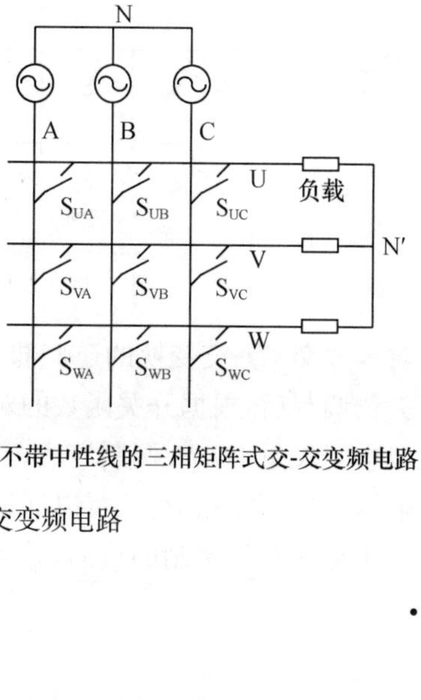

（b）不带中性线的三相矩阵式交-交变频电路

图 5-40　三相矩阵式交-交变频电路

由图 5-40 可知，并利用上述同样的开关函数描述，即得到输出相电压为

$$\begin{cases} u_{\mathrm{UN}}=S_{\mathrm{UA}}u_{\mathrm{A}}+S_{\mathrm{UB}}u_{\mathrm{B}}+S_{\mathrm{UC}}u_{\mathrm{C}} \\ u_{\mathrm{VN}}=S_{\mathrm{VA}}u_{\mathrm{A}}+S_{\mathrm{VB}}u_{\mathrm{B}}+S_{\mathrm{VC}}u_{\mathrm{C}} \\ u_{\mathrm{WN}}=S_{\mathrm{WA}}u_{\mathrm{A}}+S_{\mathrm{WB}}u_{\mathrm{B}}+S_{\mathrm{WC}}u_{\mathrm{C}} \end{cases} \tag{5-93}$$

式中，S_{ij} ($i\in$(U,V,W)，$j\in$(A,B,C))为对应双向开关的开关函数，导通时取值为 1，关断时取值为 0。

$$\begin{cases} u_{\mathrm{UV}}=u_{\mathrm{UN}}-u_{\mathrm{VN}}=(S_{\mathrm{UA}}-S_{\mathrm{VA}})u_{\mathrm{A}}+(S_{\mathrm{UB}}-S_{\mathrm{VB}})u_{\mathrm{B}}+(S_{\mathrm{UC}}-S_{\mathrm{VC}})u_{\mathrm{C}} \\ u_{\mathrm{VW}}=u_{\mathrm{VN}}-u_{\mathrm{WN}}=(S_{\mathrm{VA}}-S_{\mathrm{WA}})u_{\mathrm{A}}+(S_{\mathrm{VB}}-S_{\mathrm{WB}})u_{\mathrm{B}}+(S_{\mathrm{VC}}-S_{\mathrm{WC}})u_{\mathrm{C}} \\ u_{\mathrm{WU}}=u_{\mathrm{WN}}-u_{\mathrm{UN}}=(S_{\mathrm{WA}}-S_{\mathrm{UA}})u_{\mathrm{A}}+(S_{\mathrm{WB}}-S_{\mathrm{UB}})u_{\mathrm{B}}+(S_{\mathrm{WC}}-S_{\mathrm{UC}})u_{\mathrm{C}} \end{cases} \tag{5-94}$$

写成矩阵形式为

$$\begin{bmatrix} u_{\mathrm{UV}} \\ u_{\mathrm{VW}} \\ u_{\mathrm{WU}} \end{bmatrix}=\begin{bmatrix} S_{\mathrm{UA}}-S_{\mathrm{VA}} & S_{\mathrm{UB}}-S_{\mathrm{VB}} & S_{\mathrm{UC}}-S_{\mathrm{VC}} \\ S_{\mathrm{VA}}-S_{\mathrm{WA}} & S_{\mathrm{VB}}-S_{\mathrm{WB}} & S_{\mathrm{VC}}-S_{\mathrm{WC}} \\ S_{\mathrm{WA}}-S_{\mathrm{UA}} & S_{\mathrm{WB}}-S_{\mathrm{UB}} & S_{\mathrm{WC}}-S_{\mathrm{UC}} \end{bmatrix}\times\begin{bmatrix} u_{\mathrm{A}} \\ u_{\mathrm{B}} \\ u_{\mathrm{C}} \end{bmatrix} \tag{5-95}$$

通常情况下，矩阵式变换器的输入侧为三相电压源，而输出侧为三相感性负载(如电动机等)。所以，矩阵式变换器必须遵循两个法则：一是三相输入端中任意两相之间不能短路；二是对任意一相输出而言，连接到同一相输出的 3 个双向开关中，有且只有一个开关可以导通，而另外两个开关必须关断。用开关函数表示为

$$S_{i\mathrm{A}}+S_{i\mathrm{B}}+S_{i\mathrm{C}}=1 \quad i\in(\mathrm{U},\mathrm{V},\mathrm{W}) \tag{5-96}$$

3. 三相矩阵变换器的等效交-直-交结构

前南斯拉夫学者 Huber 和美国教授 Borojevic 两人在 1989 年提出将交-交变换等效(虚拟)为交-直-交结构变换，如图 5-41 所示。采用一个虚拟的中间直流环节将矩阵式变换器等效为传统的整流器-逆变器结构，只是其中的整流器和逆变器都为虚拟的。采用成熟的 PWM 整流和 PWM 逆变合成技术，既能够控制输出电压波形，又能够控制输入电流波形，且输入功率因数可控。

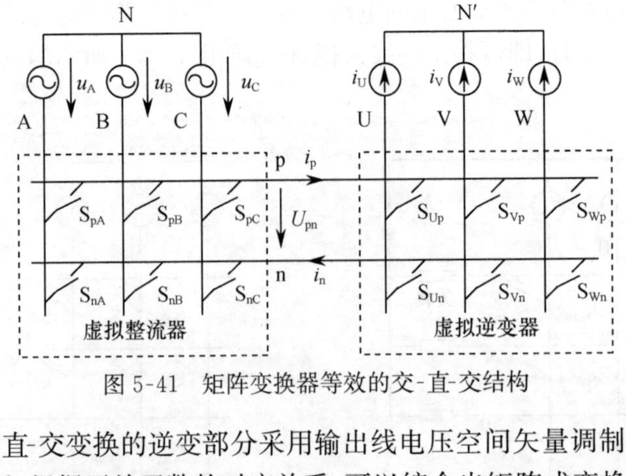

图 5-41　矩阵变换器等效的交-直-交结构

经过对等效交-直-交变换的逆变部分采用输出线电压空间矢量调制，对整流部分采用相电流空间矢量调制后，根据开关函数的对应关系，可以综合出矩阵式变换电路交-交直接变换控制所需双空间矢量 PWM 调制方式。这种相互嵌套的双空间矢量 PWM 调制策略既可以保证输出线电压的良好正弦形，又可以保证输入相电流的良好正弦形，实现了在矩阵式变换器控制策略上运用空间矢量调制的目的，并且使矩阵式变换器具有双 PWM 变换器的效果。

5.6 三相四桥臂逆变器的数学建模举例

5.6.1 不同坐标系下三相四桥臂逆变器的数学模型

三相四桥臂逆变器是在传统逆变器的拓扑结构上增添一个臂对，使它具有带不对称负载和非线性负载的功能。下面建立三相四桥臂逆变器在三相平衡负载、不平衡负载和非线性负载等多种负载情况下的数学模型。三相四桥臂逆变器的系统框图如图 5-42 所示。

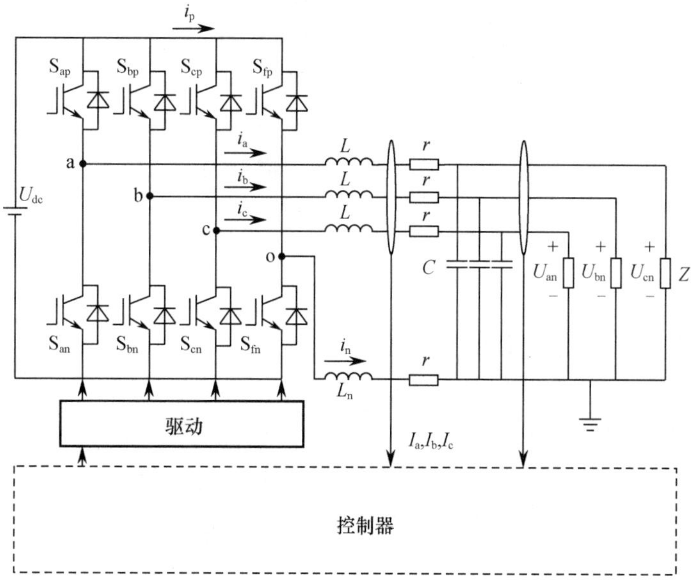

图 5-42 三相四桥臂逆变器的系统框图

从图 5-42 可以看出，其基本工作原理是把静止 abc 坐标系下的电压 U_{an}、U_{bn}、U_{cn} 进行坐标变换得到旋转 dq 坐标系下的电压 U_d、U_q、U_0，将其与参考电压进行对比，可以得到误差信号，同时将旋转坐标系下的占空比 d_d、d_q、d_0 通过反坐标变换得到静止坐标系下的占空比 d_a、d_b、d_c，由静止 abc 坐标系下的 3D SVM 进行开环控制并且驱动开关管工作。三相四桥臂逆变器第四臂对的中点通过电感 L_n 与负载中性点相连，中性电感 L_n 的作用主要是消除中性电流的开关纹波。其中，U_{dc} 和 i_p 分别表示直流母线电压和电流，i_a、i_b、i_c 和 i_n 分别表示各个臂对通过滤波电感的相电流，r 表示线性等效阻尼电阻，U_{an}、U_{bn}、U_{cn} 分别表示 A、B、C 相的输出电压。S_j(j=ap, bp, cp, fp, an, bn, cn, fn)表示各个臂对的开关函数，当 $S_j=1$ 时，表示此臂对开通；当 $S_j=0$ 时，表示此臂对关断。

$$\begin{cases} S_{an}=S_{ap}-S_{an} \\ S_{bn}=S_{bp}-S_{bn} \\ S_{cn}=S_{cp}-S_{cn} \end{cases}$$

运用开关周期平均运算，得到 A、B、C 相的占空比分别为 d_{an}、d_{bn}、d_{cn}。利用基尔霍夫电流定律分析可得

$$\begin{cases} i_n=-i_a-i_b-i_c=-(i_a+i_b+i_c) \\ i_p=d_a i_a+d_b i_b+d_c i_c+d_d i_d=d_{an} i_a+d_{bn} i_b+d_{cn} i_c \end{cases} \tag{5-97}$$

$$\begin{cases}U_{dc}d_{an}=L\dfrac{di_a}{dt}+ri_a+U_{an}-L_n\dfrac{di_n}{dt}-ri_n\\U_{dc}d_{bn}=L\dfrac{di_b}{dt}+ri_b+U_{bn}-L_n\dfrac{di_n}{dt}-ri_n\\U_{dc}d_{cn}=L\dfrac{di_c}{dt}+ri_c+U_{cn}-L_n\dfrac{di_n}{dt}-ri_n\end{cases} \tag{5-98}$$

式(5-98)利用矩阵方程可以表示为

$$U_{dc}\begin{bmatrix}d_{an}\\d_{bn}\\d_{cn}\end{bmatrix}=L\begin{bmatrix}\dfrac{di_a}{dt}\\\dfrac{di_b}{dt}\\\dfrac{di_c}{dt}\end{bmatrix}+r\begin{bmatrix}i_a\\i_b\\i_c\end{bmatrix}+\begin{bmatrix}U_{an}\\U_{bn}\\U_{cn}\end{bmatrix}-L_n\begin{bmatrix}\dfrac{di_n}{dt}\\\dfrac{di_n}{dt}\\\dfrac{di_n}{dt}\end{bmatrix}-r\begin{bmatrix}i_n\\i_n\\i_n\end{bmatrix} \tag{5-99}$$

当负载为空载时，建立三相四桥臂逆变器的数学模型为

$$\begin{bmatrix}i_a\\i_b\\i_c\end{bmatrix}=C\frac{d}{dt}\begin{bmatrix}U_{an}\\U_{bn}\\U_{cn}\end{bmatrix} \tag{5-100}$$

将式(5-97)代入式(5-99)，进一步推导可知

$$U_{dc}\begin{bmatrix}d_{an}\\d_{bn}\\d_{cn}\end{bmatrix}=L\begin{bmatrix}\dfrac{di_a}{dt}\\\dfrac{di_b}{dt}\\\dfrac{di_c}{dt}\end{bmatrix}+\begin{bmatrix}U_{an}\\U_{bn}\\U_{cn}\end{bmatrix}+L_n\begin{bmatrix}1&1&1\\1&1&1\\1&1&1\end{bmatrix}\begin{bmatrix}\dfrac{di_a}{dt}\\\dfrac{di_b}{dt}\\\dfrac{di_c}{dt}\end{bmatrix}+r\begin{bmatrix}2&1&1\\1&2&1\\1&1&2\end{bmatrix}\begin{bmatrix}i_a\\i_b\\i_c\end{bmatrix} \tag{5-101}$$

由式(5-99)可以看出，如果三相四桥臂逆变器数学模型的中性电感等于零和等效阻尼电阻等于零，即当通过中性电感的电流为零时，这时的三相四桥臂逆变器相当于普通的三相逆变器，在静止坐标系下可以等效为 3 个独立的单相逆变器分别进行控制。由式(5-101)可以看出，如果考虑中性电感 L_n 和等效阻尼电阻 r 的影响，可以建立静止坐标系下三相四桥臂逆变器的平均大信号模型，如图 5-43 所示。

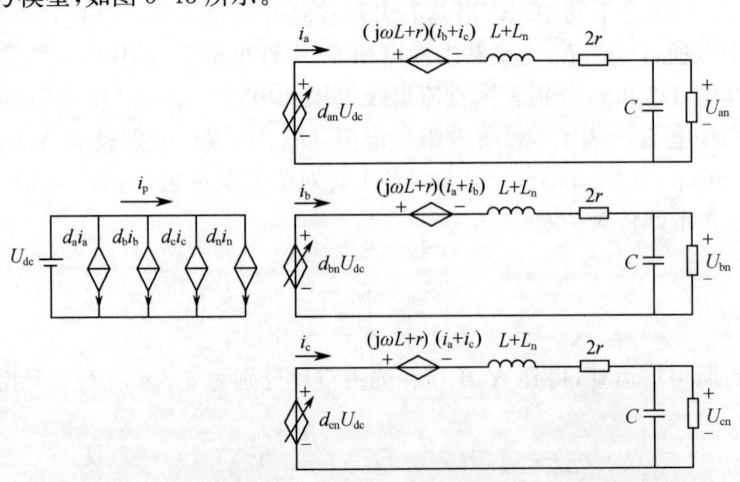

图 5-43　静止坐标系下三相四桥臂逆变器的平均大信号模型

由图 5-43 可以看出，静止坐标系下三相四桥臂逆变器 A、B、C 各相臂对之间依然相互耦合，是一个典型的三输入和三输出系统。

虽然在静止坐标系下三相四桥臂逆变器的数学模型比较直观，物理意义十分清晰，但是由于各相臂对之间依然相互耦合，不利于控制器的设计。

由静止坐标系变换到旋转坐标系的变换矩阵为

$$[X_d \quad X_q \quad X_0]^T = \boldsymbol{T}_1 [X_a \quad X_b \quad X_c]^T$$

$$\boldsymbol{T}_1 = \frac{2}{3}\begin{bmatrix} \cos\omega t & \cos\left(\omega t - \frac{2}{3}\pi\right) & \cos\left(\omega t + \frac{2}{3}\pi\right) \\ \sin\omega t & \sin\left(\omega t - \frac{2}{3}\pi\right) & \sin\left(\omega t + \frac{2}{3}\pi\right) \\ \frac{1}{2} & \frac{1}{2} & \frac{1}{2} \end{bmatrix}$$

由旋转坐标系变换到静止坐标系的变换矩阵为

$$[X_a \quad X_b \quad X_c]^T = \boldsymbol{T}_1^{-1} [X_d \quad X_q \quad X_0]^T$$

$$\boldsymbol{T}_1^{-1} = \frac{2}{3}\begin{bmatrix} \cos\omega t & -\sin\omega t & 1 \\ \cos\left(\omega t - \frac{2}{3}\pi\right) & -\sin\left(\omega t - \frac{2}{3}\pi\right) & 1 \\ \cos\left(\omega t + \frac{2}{3}\pi\right) & -\sin\left(\omega t + \frac{2}{3}\pi\right) & 1 \end{bmatrix}$$

式中，$\omega = 2\pi f$，$f = 50\text{Hz}$。

将各相输出电流与电压 i_a、i_b、i_c、U_{an}、U_{bn}、U_{cn} 以及占空比 d_{an}、d_{bn}、d_{cn} 进行坐标变换可得

$$\begin{bmatrix} d_d \\ d_q \\ d_0 \end{bmatrix} = \boldsymbol{T}_1 \begin{bmatrix} d_{an} \\ d_{bn} \\ d_{cn} \end{bmatrix}; \quad \begin{bmatrix} i_d \\ i_q \\ i_0 \end{bmatrix} = \boldsymbol{T}_1 \begin{bmatrix} i_a \\ i_b \\ i_c \end{bmatrix}; \quad \begin{bmatrix} U_d \\ U_q \\ U_0 \end{bmatrix} = \boldsymbol{T}_1 \begin{bmatrix} U_{an} \\ U_{bn} \\ U_{cn} \end{bmatrix}$$

式中，d_d、d_q、d_0 表示旋转坐标系下各相桥臂的占空比，U_d、U_q、U_0、i_d、i_q、i_0 分别表示 A、B、C 各相在旋转坐标系下的相电压和相电流。

$$i_n = \begin{bmatrix} -1 & 0 & 0 \\ 0 & -1 & 0 \\ 0 & 0 & -1 \end{bmatrix} \begin{bmatrix} i_a \\ i_b \\ i_c \end{bmatrix} = \begin{bmatrix} -1 & 0 & 0 \\ 0 & -1 & 0 \\ 0 & 0 & -1 \end{bmatrix} \boldsymbol{T}_1^{-1} \begin{bmatrix} i_d \\ i_q \\ i_0 \end{bmatrix} = -3i_0$$

同时

$$\boldsymbol{T}_1 \begin{bmatrix} \frac{di_a}{dt} \\ \frac{di_b}{dt} \\ \frac{di_c}{dt} \end{bmatrix} = \boldsymbol{T}_1 \frac{d}{dt} \begin{bmatrix} i_a \\ i_b \\ i_c \end{bmatrix} = \frac{d}{dt} \begin{bmatrix} i_d \\ i_q \\ i_0 \end{bmatrix} - \frac{dT_1}{dt} \begin{bmatrix} i_a \\ i_b \\ i_c \end{bmatrix} = \frac{d}{dt} \begin{bmatrix} i_d \\ i_q \\ i_0 \end{bmatrix} - \begin{bmatrix} 0 & -\omega & 0 \\ \omega & 0 & 0 \\ 0 & 0 & 0 \end{bmatrix} \begin{bmatrix} i_d \\ i_q \\ i_0 \end{bmatrix}$$

在式(5-97)、式(5-99)和式(5-100)的两边同时乘以变换矩阵 $\boldsymbol{T}_1$ 后，可得

$$i_p = \begin{bmatrix} d_d \\ d_q \\ d_0 \end{bmatrix}^T (\boldsymbol{T}_1^{-1})^T \boldsymbol{T}_1^{-1} \begin{bmatrix} i_d \\ i_q \\ i_0 \end{bmatrix} = \frac{3}{2} d_d i_d + \frac{3}{2} d_q i_q + 3 d_0 i_0 \tag{5-102}$$

$$
L\frac{\mathrm{d}}{\mathrm{d}t}\begin{bmatrix} i_d \\ i_q \\ i_0 \end{bmatrix} = L\begin{bmatrix} 0 & -\omega & 0 \\ \omega & 0 & 0 \\ 0 & 0 & 0 \end{bmatrix}\begin{bmatrix} i_d \\ i_q \\ i_0 \end{bmatrix} + U_{dc}\begin{bmatrix} d_d \\ d_q \\ d_0 \end{bmatrix} - r\begin{bmatrix} i_d \\ i_q \\ i_0 \end{bmatrix} - \begin{bmatrix} U_d \\ U_q \\ U_0 \end{bmatrix} - 3L_n\frac{\mathrm{d}}{\mathrm{d}t}\begin{bmatrix} 0 \\ 0 \\ i_0 \end{bmatrix} - 3r\begin{bmatrix} 0 \\ 0 \\ i_0 \end{bmatrix}
\tag{5-103}
$$

结合式(5-102)、式(5-103)可得

$$
\frac{\mathrm{d}}{\mathrm{d}t}\begin{bmatrix} U_d \\ U_q \\ U_0 \\ i_d \\ i_q \\ i_0 \end{bmatrix} = \begin{bmatrix} 0 & -\omega & 0 & \frac{1}{C} & 0 & 0 \\ \omega & 0 & 0 & 0 & \frac{1}{C} & 0 \\ 0 & 0 & 0 & 0 & 0 & \frac{1}{C} \\ -\frac{1}{L} & 0 & 0 & -\frac{r}{L} & -\omega & 0 \\ 0 & -\frac{1}{L} & 0 & \omega & -\frac{r}{L} & 0 \\ 0 & 0 & -\frac{1}{L+3L_n} & 0 & 0 & -\frac{4r}{L+L_n} \end{bmatrix}\begin{bmatrix} U_d \\ U_q \\ U_0 \\ i_d \\ i_q \\ i_0 \end{bmatrix} + \begin{bmatrix} 0 & 0 & 0 \\ 0 & 0 & 0 \\ 0 & 0 & 0 \\ \frac{U_{dc}}{L} & 0 & 0 \\ 0 & \frac{U_{dc}}{L} & 0 \\ 0 & 0 & \frac{U_{dc}}{L+3L_n} \end{bmatrix}\begin{bmatrix} d_d \\ d_q \\ d_0 \end{bmatrix}
\tag{5-104}
$$

由式(5-104)可以看出，在旋转坐标系下对三相四桥臂逆变器进行控制器设计时，第四臂对与第一、二、三个臂对之间基本实现解耦控制，可以单独进行设计，从而简化了控制器的设计。三相四桥臂逆变器被解耦为 d、q、0 三通道控制信号，其中 0 通道可以完全独立于其他两个通道进行设计。但是 d、q 通道之间依然存在耦合项，分别是 ωCU_q、$-\omega CU_d$、$-\omega Li_q$、ωLi_d。d 通道和 q 通道的电感电流被表示为受控电压源的形式加载到 q 通道和 d 通道上，d 通道和 q 通道的输出电压被表示为受控电流源的形式加载到 q 通道和 d 通道上。三相四桥臂逆变器在旋转坐标系下的平均大信号模型如图 5-44 所示。

5.6.2 不平衡负载下三相四桥臂逆变器的数学模型

当通过中性电感的电流为零时，三相四桥臂逆变器完全相当于普通的三相逆变器进行工作。但是当三相负载分配不均匀或者某相负载发生故障无法正常工作时，就会导致三相负载不平衡的情况产生。不平衡负载电流将会产生零序电流分量和负序电流分量在系统内流动，使三相电流输出波形发生改变。因此，建立不平衡负载下三相四桥臂逆变器的数学模型意义重大。

依据对称分量法，任意三相不平衡相量均可以分解为 3 组平衡的相量，即正序分量、负序

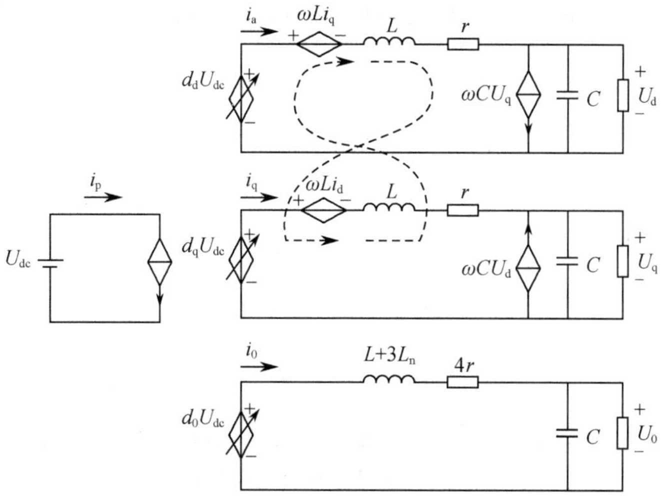

图 5-44 旋转坐标系下三相四桥臂逆变器的平均大信号模型

分量和零序分量。三相四桥臂逆变器不平衡负载电流在静止 abc 坐标系下的数学模型为

$$\begin{bmatrix} I_a \\ I_b \\ I_c \end{bmatrix} = I_{pm} \begin{bmatrix} \cos(\omega t+\varphi_p) \\ \cos\left(\omega t-\frac{2}{3}\pi+\varphi_p\right) \\ \cos\left(\omega t+\frac{2}{3}\pi+\varphi_p\right) \end{bmatrix} + I_{nm} \begin{bmatrix} \cos(\omega t+\varphi_n) \\ \cos\left(\omega t+\frac{2}{3}\pi+\varphi_n\right) \\ \cos\left(\omega t-\frac{2}{3}\pi+\varphi_n\right) \end{bmatrix} + I_{0m} \begin{bmatrix} \cos(\omega t+\varphi_0) \\ \cos(\omega t+\varphi_0) \\ \cos(\omega t+\varphi_0) \end{bmatrix}$$

式中，I_{pm}、I_{nm}、I_{0m} 分别表示正序、负序、零序分量的电流峰值，I_a、I_b、I_c 分别表示 A、B、C 相的输出电流，φ_p、φ_n、φ_0 分别表示正序、负序、零序分量的初相角。

对各个输入变量、输出变量进行坐标变换，三相不平衡正序电流分量变换为直流量，负序电流分量变换为双倍基波频率的交流量，零序电流分量变换为单倍基波频率的交流量。三相不平衡负载电流在旋转坐标系下的数学模型为

$$\begin{bmatrix} I_d \\ I_q \\ I_0 \end{bmatrix} = \boldsymbol{T}_1 \begin{bmatrix} I_a \\ I_b \\ I_c \end{bmatrix} = I_{pm} \begin{bmatrix} \cos\varphi_p \\ -\sin\varphi_p \\ 0 \end{bmatrix} + I_{nm} \begin{bmatrix} \cos(2\omega t+\varphi_n) \\ -\sin(2\omega t-\varphi_n) \\ 0 \end{bmatrix} + I_{0m} \begin{bmatrix} 0 \\ 0 \\ \cos(\omega t+\varphi_0) \end{bmatrix} \tag{5-105}$$

式中，I_d、I_q、I_0 分别表示旋转坐标系下各相的输出电流。

由式(5-105)可以看出，在旋转坐标系下，三相不平衡电流的正序和负序分量仅仅投射在 d 轴和 q 轴，而其零序分量只投射在 0 轴。因此，在 0 轴上零序分量可以单独进行控制。而正序分量需要对 d、q 轴的单倍谐波分量进行抑制，负序分量需要对 d、q 轴的双倍谐波分量进行有效抑制，控制器设计相对复杂。

5.6.3 非线性负载下三相四桥臂逆变器的数学模型

实际生活中会出现多种非线性负载形式，包括输入端具有电子电路供电的开关型电源的所有装置，例如变频调速装置、电弧炉、电石炉、荧光灯、整流设备等。非线性负载会使输出电流发生严重畸变，导致电流谐波分量成倍增加，电能质量下降。因此，逆变器必须具备承载非线性负载的能力，建立非线性负载情况下三相四桥臂逆变器的数学模型十分必要。

静止坐标系下的三相非线性负载电流包含两部分，一部分是基波频率交流量，另一部分为

含有一定成分谐波的谐波电流。三相非线性电流在静止坐标系下的数学模型为

$$\begin{bmatrix} I_a \\ I_b \\ I_c \end{bmatrix} = \begin{bmatrix} I_{a\_f} \\ I_{b\_f} \\ I_{c\_f} \end{bmatrix} + \begin{bmatrix} I_{a\_h} \\ I_{b\_h} \\ I_{c\_h} \end{bmatrix} = I_{m\_1} \begin{bmatrix} \cos(\omega t + \varphi_p) \\ \cos\left(\omega t - \dfrac{2}{3}\pi + \varphi_p\right) \\ \cos\left(\omega t + \dfrac{2}{3}\pi + \varphi_p\right) \end{bmatrix} +$$

$$\sum_{n=3,5,7\cdots} \left(I_{m\_n} \begin{bmatrix} \cos(n\omega t + \varphi_n) \\ \cos\left(n\omega t - \dfrac{2}{3}\pi \mathrm{sign}(n) + \varphi_n\right) \\ \cos\left(n\omega t + \dfrac{2}{3}\pi \mathrm{sign}(n) + \varphi_n\right) \end{bmatrix} \right) \tag{5-106}$$

式中，I_{a_f}、I_{b_f}、I_{c_f}表示 A、B、C 三相输出电流的基波分量，I_{a_h}、I_{b_h}、I_{c_h}表示 A、B、C 三相输出电流的谐波分量，I_{m_1}表示基波电流的幅值，I_{m_n}表示谐波电流的幅值。

$$\mathrm{sign}(n) = \begin{cases} +1, & （正序）n=7,13,19\cdots \\ -1, & （负序）n=5,11,17\cdots \\ 0, & （零序）n=3,9,15\cdots \end{cases}$$

通过式(5-106)可以看出，在静止坐标系下非线性负载的基波电流分量没有改变，而所有的谐波分量均为奇数次谐波分量。谐波分量分为 3 类，分别是：正序谐波电流分量，谐波次数为 7、13、19 次等；负序谐波电流分量，谐波次数为 5、11、17 次等；零序谐波电流分量，谐波次数为 3、9、15 次等。将各相基波电流分量和谐波电流分量进行坐标变换，可以得到非线性负载电流在旋转坐标系下的数学模型。旋转坐标系下基波电流分量与静止坐标系下基波电流分量相同。

负载正序、负序、零序谐波电流在旋转坐标系下的数学模型为

$$\begin{bmatrix} I_{d\_hp} \\ I_{q\_hp} \\ I_{0\_hp} \end{bmatrix} = \sum_{n=7,13,19\cdots} \left(I_{m\_n} \begin{bmatrix} \cos(n-1)\omega t + \varphi_n \\ -\sin(n-1)\omega t + \varphi_n \\ 0 \end{bmatrix} \right) \tag{5-107}$$

$$\begin{bmatrix} I_{d\_hn} \\ I_{q\_hn} \\ I_{0\_hn} \end{bmatrix} = \sum_{n=5,11,17\cdots} \left(I_{m\_n} \begin{bmatrix} \cos(n+1)\omega t + \varphi_n \\ -\sin(n+1)\omega t + \varphi_n \\ 0 \end{bmatrix} \right) \tag{5-108}$$

$$\begin{bmatrix} I_{d\_hz} \\ I_{q\_hz} \\ I_{0\_hz} \end{bmatrix} = \sum_{n=3,9,15\cdots} \left(I_{m\_n} \begin{bmatrix} 0 \\ 0 \\ \cos(n\omega t + \varphi_n) \end{bmatrix} \right) \tag{5-109}$$

通过式(5-107)、式(5-108)、式(5-109)可以看出，在旋转坐标系下三相非线性负载电流的正序谐波电流分量在 d、q 轴上投影为$(n-1)\omega$ 次的谐波分量，负序谐波电流分量在 d、q 轴上投影为$(n+1)\omega$ 次的谐波分量，零序谐波电流分量仅投影在 0 轴上，并且数值没有改变。综上所述，即在旋转坐标系下非线性负载电流的所有奇数次谐波，全部投影在 d 轴、q 轴的偶数次谐波分量和 0 轴的 3 倍次谐波分量。

第 6 章　脉宽调制技术

6.1　概　　述

脉宽调制(Pulse Width Modulation,PWM)技术就是利用功率器件的导通和关断把电源电压变成一定形状的电压脉冲序列,以实现变频、变压并有效地控制和消除谐波的一种技术。正弦脉宽调制(Sinusoid PWM,SPWM)技术多采用规则采样技术求取三角载波与所希望的调制函数相比较的直接数学方程式。空间矢量 PWM(Space Vector PWM,SVPWM)是一种使三相输出电压尽可能地沿着预定轨迹运行的方法。和传统的 SPWM 相比,SVPWM 技术具有电压利用率高,易于数字实现和优化等优点,因而在电力电子逆变、整流变换以及交流传动领域有着广泛的应用。

本章以电压型逆变电路的 PWM 控制,简要介绍 SPWM 技术的调制原理和控制方式,然后以二维 SVPWM 技术为基础,分别向空间和平面拓展介绍三维 SVPWM 技术和三电平 SVPWM技术,详细介绍空间矢量分布及调制原理。

6.2　SPWM 技术

6.2.1　电压正弦控制技术

图 6-1 所示的一系列等幅不等宽的矩形脉冲波,就是所希望逆变电路输出的 SPWM 波形。由于每个脉冲的幅值相等,所以逆变电路可由恒定的直流电源供电。当逆变电路各功率开关器件都是在理想状态下工作时,驱动相应功率的开关器件的信号也应为与图 6-1 形状一致的一系列脉冲波形。

实现电压控制 PWM 控制的方法主要有计算控制法、调制控制法、跟踪控制法等。

1. 计算控制法

根据逆变电路期望输出的正弦波频率、幅值和半个周期内的脉冲数,将等效 PWM 波形中各脉冲的宽度和间隔准确计算出来,按照计算结果控制逆变电路中各开关器件的通断,就可以得到所需要的 PWM 波形,这种方法称之为计算法。可以看出,计算法是很烦琐的,当需要输出的正弦波的频率、幅值或相位发生变化时,结果都要变化。

2. 调制控制法

调制控制法即把希望输出的波形作为调制信号,把接受调制的信号作为载波信号,通过对信号波的调制得到所期望的 PWM 波形。通常采用等腰三角波或锯齿波作为载波,其中等腰三角波应用最多。在调制信号波为正弦波时,所得到的就是 SPWM 波形,这种情况应用最广。当调制信号不是正弦波而是其他所需要的波形时,也能得到与之等效的 PWM 波。

3. 跟踪控制法

跟踪控制法不是用信号波作为载波进行调制,而是把希望输出的电流或电压波形作为指

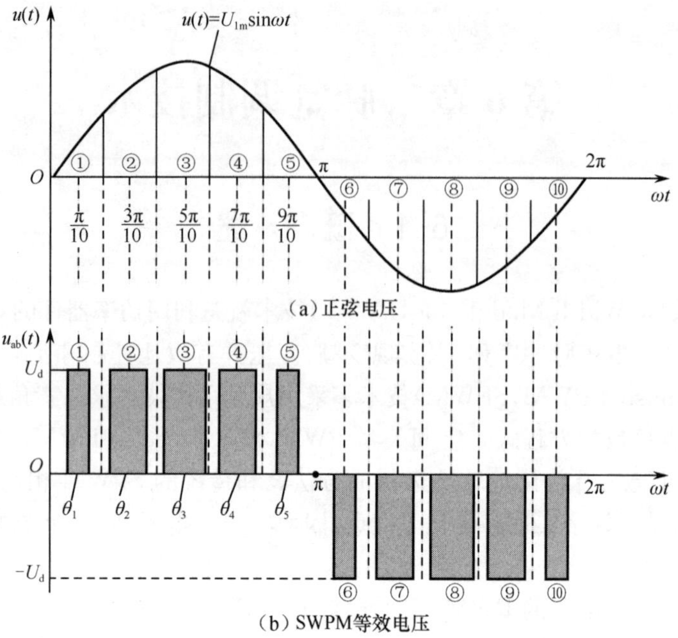

图 6-1　用 SWPM 电压等效正弦电压

令信号，把实际电流或电压信号波形作为反馈信号，通过两者的瞬间值比较来决定逆变电路各功率开关器件的通断，使实际的输出跟踪指令信号变化。因此这种方法称为跟踪控制法。

6.2.2　电流正弦控制技术

目前，实现电流控制 PWM 逆变器的方法很多，大致有 PI 控制、滞环控制及无差拍控制几种，均具有控制简单、动态响应快和电压利用率高的特点。

1. **PI 控制方法**

PI 控制器通常用来提供高的直流增益以消除稳态误差和提供可控的高频响应衰减。在直流电动机的电流环控制中，PI 控制器是经常使用的，交流电流调节器中 PI 控制器的使用也是从直流系统中借鉴过来的。其实现类型大致有以下几类。

(1) 静止坐标系中三相 PI 调节器

图 6-2 所示为静止坐标系中的 PI 电流调节器。每相中都有这样的一个 PI 调节器，电流给定值与检测值的误差作为 PI 控制器的输入，输出侧产生一个与三角载波进行比较的电压指令 IR。比较的结果送比较器，然后再给出逆变器相应桥臂的开关信号。这样，逆变器的桥臂切换被强制在三角波的频率上，输出电压正比于 PI 控制器输出的电压指令信号。这种调节器的使用，可以在一定频率范围内减小输出电流的跟踪误差。但是，与直流调速系统中相应的 PI 控制器相比，它的稳态效果还是有很大的不同。在直流情况下，由于积分作用，使得稳态响应具有零电流误差的特征；而对于交流调节器，稳态时需要具有参考频率的正弦输出。显然，PI 控制器中的积分作用并不会使电流误差为零，这是这种调节器的一大弊病。这个问题的解决，依赖于同步旋转参考坐标系的应用。既然定子电流在不同参考坐标系中表现出不同的频率，当选择同步旋转坐标系时，定子电流在其中的稳态电流表现为直流，这样应用 PI 控制器就可以使稳态误差为零，从控制的要求来说无疑是相当有效的。

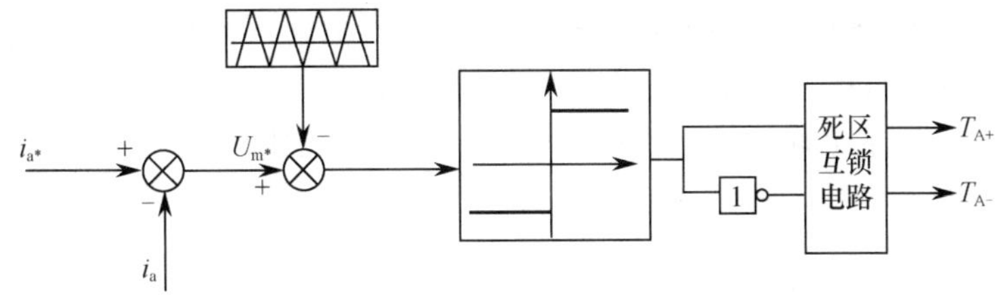

图 6-2　静止坐标系中的 PI 电流调节器

这种三相电流调节器的另一个问题在于，用 3 个 PI 控制器的目的是试图调节 3 个独立的状态，可是实际上只有两个独立状态（三相电流之和为零）。这个问题的解决，一种方法是可以只用两个 PI 调节器，同时根据三相电流关系调节第三相，这在许多情况下是可行的。

(2) dq 同步坐标系下 PI 调节器

另一种方法可以通过合成零序电流并将其反馈至 3 个调节器，使相互解耦，达到独立调节的目的。当然，也可以在 dq 同步旋转坐标系下考虑问题，同样只需两个 PI 调节器，并同时可以解决稳态误差问题，因而不失为较佳的解决方法。下面就介绍这一方法。在矢量控制系统中，尤其是对控制系统性能要求较高的场合，一般多采用这种 PI 调节方式解决电流稳态误差问题，而不是三相 PI 调节方式。图 6-3 所示为其控制原理图，它是通过两个 PI 调节器分别对同步旋转坐标系中电流矢量的两个分量进行调节控制的。这一方法的实现依赖于磁场定向控制技术，并且要求给出磁通矢量的空间位置 θ。需要指出的是，PWM 控制可以采取多种方式，如优化 PWM、SPWM 技术等，可以达到提高电压利用率、优化开关模式等目的，而且这些 PWM 控制方法的数字化实现也不复杂。

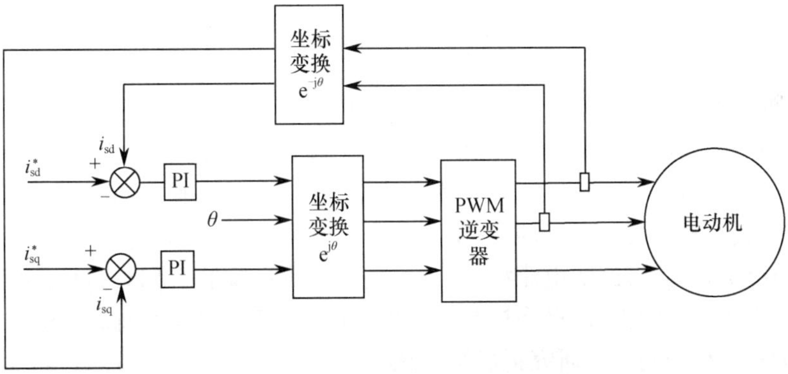

图 6-3　同步旋转坐标系下定子电流 PI 控制器

2. 滞环定子电流控制法

图 6-4 所示为最简单的滞环定子电流控制原理示意图。其中，i_a^*、i_b^*、i_c^* 分别为定子三相电流参考值，i_a、i_b、i_c 为定子三相电流检测值，对应相电流的差值 Δi_a、Δi_b、Δi_c 分别为对应各相滞环电流控制器的输入信号，各相滞环控制器的输出构成 VSI 对应相臂功率开关器件的通、断控制信号。虽然这种控制器非常简单，并且可以对定子电流的幅值进行良好的控制，使其误差得以限制在滞环宽度的两倍以内，但是这种控制器最大的缺点是开关频率不固定，它随着滞环宽度和电动机运行条件的变化而变化，导致逆变器开关动作的随机性过大，不利于逆变器的保护，造成系统可靠性降低。当希望减小定子电流误差，即环宽减小时，逆变器的开关频率将增

高,这无疑加大了损耗,降低了运行效率。针对以上缺点,对滞环控制器做了一些相应的改进措施:①通过变滞环宽度的方法,降低开关频率,但仍没有解决开关频率不固定的不足;②采用固定开关频率的控制器,通常也称为 delta 调制器,其最简单形式如图 6-5 所示。

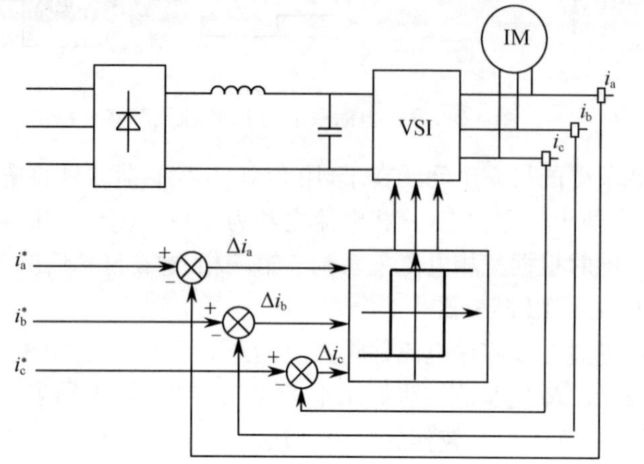

图 6-4 滞环定子电流控制器原理示意图

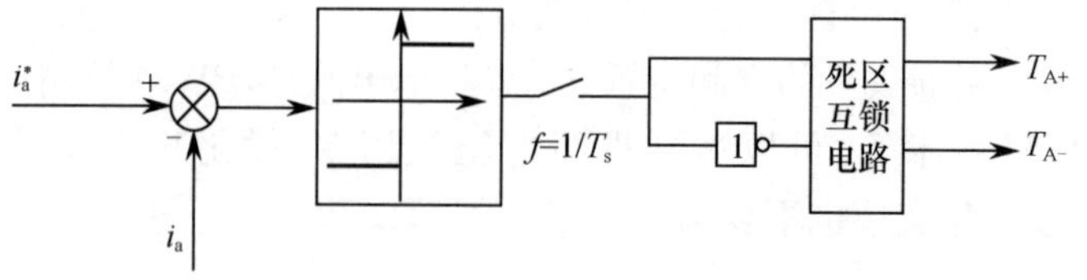

图 6-5 带 delta 调制器的一相滞环定子电流控制器

delta 调制器通过将比较器的输出锁定在 $f=1/T_a$ 的频率上,把连续的信号转换为 PWM 的数字信号。具体实现上可以电流误差信号作为调制信号,采用定时采样开关的办法直接控制滞环的接入与切断。经过改进后的滞环比较器,具有成本低廉、对电机参数变化的鲁棒性强、动态性能优良等特点;其主要局限在于电流谐波较大,除非是采用高开关频率来抑制电流纹波。一般情况下,要获得好的电流波形,开关频率常需要高于 20kHz,而这通常对逆变器来讲是不希望发生的。总的来说,滞环控制器的优点还是很突出的,目前对如何进一步改进,设计性能更佳的滞环型控制器的研究仍然很活跃。

3. 预测控制法

所谓预测法,即根据定子电流误差和相应的性能指标(如 VSI 功率器件开关次数最少、减小定子电流纹波、电磁转矩脉动小等),在一个恒定控制周期 T_e 内通过选择合适的定子电压矢量,使定子电流尽快地跟踪参考信号。通常根据参考电流矢量和性能指标要求,可以定出一个如图 6-6 所示的矢量平面,图中闭曲线表示使得满足该性能指标的电流允许误差范围。预测法就是要在每个控制周期内对相应位置的电流矢量预测可能的电流轨迹。众所周知,VSI 有 6 个非零电压矢量和 2 个零电压矢量,这样每点的电流轨迹将会有 7 种(6 种非零矢量轨迹和 1 种零矢量轨迹)。能够使得电流矢量轨迹在允许误差范围内的电压矢量即为预测法所决定的下一周期的电压矢量。

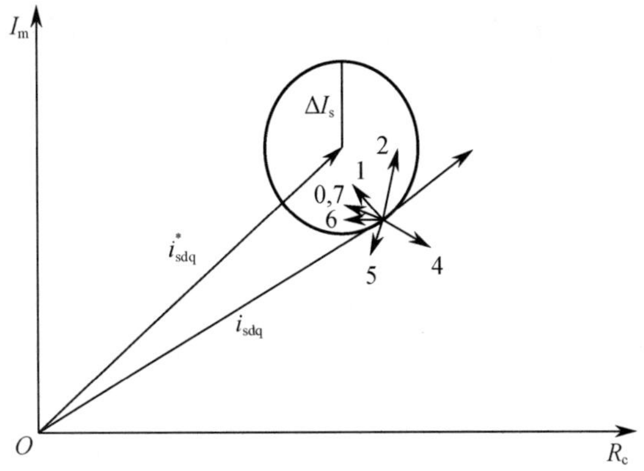

图 6-6　预测法中的电流误差区域

以转子磁通定向控制为例，定子电流的微分方程为

$$\frac{d}{dt}i_s = A_{11}i_s + A_{12}\Psi_\tau + B_1 u_s \tag{6-1}$$

则

$$\frac{d}{dt}i_s = -\left(\frac{R_s}{\sigma L_s}+\frac{1-\sigma}{\sigma\tau_r}\right)Ii_s + \frac{L_m}{\sigma L_s L_r}\left(\frac{1}{\tau_r}-\omega J\right)\Psi_r + \frac{1}{\sigma L_s}Iu_s \tag{6-2}$$

因为相应于定子电流 i_{sd} 磁通分量的控制，转子回路为一惯性环节，所以可近似认为在较短控制周期 T_a 的时间间隔内转子磁链 Ψ_r 为恒值。基于此，记定子电流参考信号为 i_s^*，定子电压参考信号为 u_s^*，则相应的定子电流动态方程为

$$\frac{d}{dt}i_s^* = -\left(\frac{R_s}{\sigma L_s}+\frac{1-\sigma}{\sigma\tau_r}\right)Ii_s^* + \frac{L_m}{\sigma L_s L_r}\left(\frac{1}{\tau_r}I-\omega J\right)\Psi_r + \frac{1}{\sigma L_s}Iu_s^* \tag{6-3}$$

式(6-3)减去式(6-2)，可得定子电流误差方程为

$$\frac{d}{dt}(i_s^*-i_s) = -\left(\frac{R_s}{\sigma L_s}+\frac{1-\sigma}{\sigma\tau_r}\right)I(i_s^*-i_s) + \frac{L_m}{\sigma L_s}I(u_s^*-u_s) \tag{6-4}$$

从式(6-4)可得参考定子电压的表达式为

$$u_s^* = \frac{u_s + \sigma L_s I/L_m + \frac{d}{dt}(i_s^*-i_s) + \left(R_s+\frac{1-\sigma}{\tau_r}L_s\right)(i_s^*-i_s)}{L_m} \tag{6-5}$$

式(6-5)是根据实际定子电流 i_s、实际定子电压 u_s 和参考电流 i_s^* 求取参考定子电压 u_s^* 的基础。一般情况下，u_s、i_s 采用本次控制周期起始的值。然而并非电机端头所加的实际定子电压，预测的任务在于根据选择 VSI 的开关模式，即选择合适 $u_i(i=0,1,\cdots,7)$的作用顺序，以满足性能指标的要求。比如要求电磁转矩脉动小。

转子磁场定向控制中电磁转矩与 i_{sq}成正比，因此，电磁转矩的脉动特性决定于 i_{sq}的控制特性。为此，可以规定 i_{sq}的上、下限为 b_2、b_1，控制 i_{sq}使之保持在 b_2、b_1 确定的范围内，可以达到控制电磁转矩脉动幅度的目的。

若记式(6-2)为

$$\sigma L_s I\frac{d}{dt}i_s = u_s - e_s \tag{6-6}$$

则 i_{sq}控制的约束可表达为

$$
\begin{cases}
\sigma L_s \dfrac{d}{dt} i_{sq} - (u_{sq} - e_{sq}) < 0 & i_{sq} = b_2 \\
\sigma L_s \dfrac{d}{dt} i_{sq} - (u_{sq} - e_{sq}) > 0 & i_{sq} = b_1
\end{cases}
\tag{6-7}
$$

式(6-7)表达了定子电流预测控制中关于电磁转矩脉动的约束条件。图 6-7 即为电流预测 PWM 控制。预测法并不局限于同步坐标系，任何其他坐标系也同样适用，而且预测法还能做到减少开关损耗、降低开关频率、减少谐波损耗等优化目的。从控制意义上讲，预测法是一种实时的优化算法，从理论上讲很有吸引力，但需要在每个采样周期内对每个开关状态计算将来可能的电流轨迹，计算量太大，实现起来难度很大。

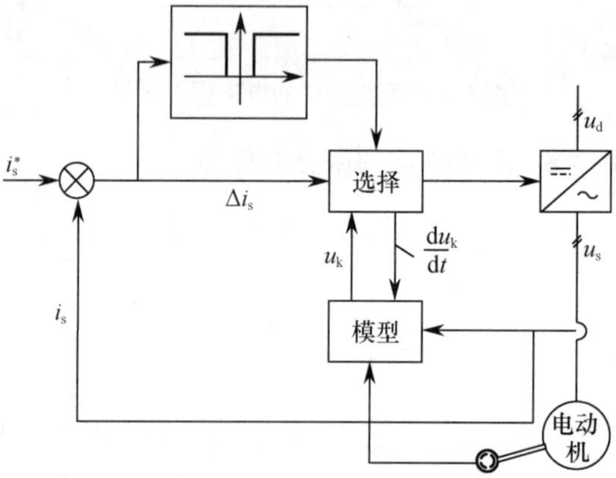

图 6-7　电流预测 PWM 控制

4. 无差拍控制法

为了解决在有限采样频率下实现电流的有效控制，A. Kawamura 等人提出了无差拍控制的思想。在电流无差拍控制中用到了电机模型，根据选取模型的精度不同，派生出几种效果很好的 PWM 控制方法。这种控制思想和后面所述磁通闭环 PWM 是非常类似的。不过这里得到的电压矢量可以是任意的，因为电流和电压之间的关系受电机参数决定，要比磁通和电压之间的关系复杂。最后计算所得任意电压矢量可用合成的方法来求得。在全数字化交流电机控制系统中，这种方法用得越来越多。

6.3　SVPWM 技术

SPWM 技术是从电源角度出发的，目的在于生成一个可以调频调压的三相对称正弦波供电电源，控制原则是尽可能降低输出电压的谐波分量，使其逼近正弦波形。SVPWM 技术则是把逆变器和“电动机”作为一个整体，目的在于使交流电动机产生圆形旋转磁场。它是以三相对称正弦波电源(其电压和频率值均为电动机的额定值)供电时交流电动机产生的理想磁链圆为基准，通过选择逆变电路的不同开关模式，使电动机的实际磁链尽可能逼近理想磁链圆。这种以圆形旋转磁场为目标来控制逆变电路工作的控制方法称为磁链跟踪控制。SVPWM 是一种基于空间旋转矢量的等效，SPWM 是基于时域信号的等效。SVPWM 的调制过程是在矢量空间中完成的，而 SPWM 的调制过程是在三相 *abc* 坐标系下完成的，SVPWM 更具有一致性和整体性。SVPWM 作为一种优化的 PWM 技术，它具有能够减少谐波、改善波形质量、提高直流电压利用率等特点，同时易于数字化实现。

以三相桥式逆变电路为例，负载 Z_U、Z_V、Z_W 为三相交流异步电动机三相定子绕组，在电动机中它们沿圆周交错分布，在空间上互差 120°接成星形或三角形(图 6-8 中为星形)。定子三相绕组的相电压为 u_{UN}、u_{VN}、u_{WN}。Z_U、Z_V、Z_W 三相对称时，则有 $u_{UN}+u_{VN}+u_{WN}=0$。由于输出的三相电压期望值是对称的正弦波，可以将它进行由时间坐标到空间坐标的变化，所形成的合成矢量是一个圆形。

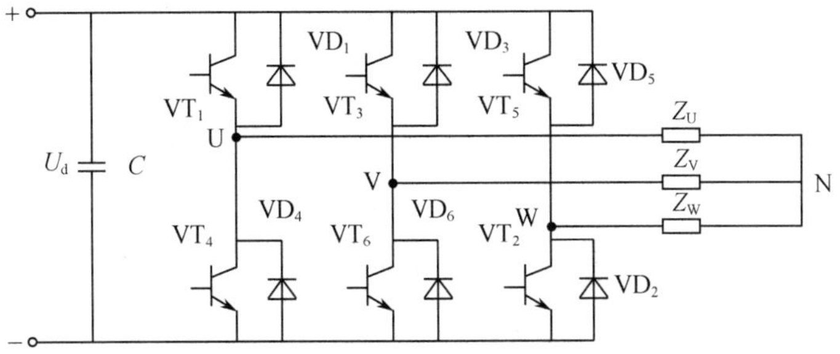

图 6-8　空间电压矢量控制逆变电路

3 组桥臂各组在任意时刻都有且仅有一个开关管导通，6 个开关管导通或阻断状态组合出来 8 个离散的电压输出模式。如果定义各相上臂导通(输出接母线正端)为"1"，各相下臂导通(输出接母线负端)为"0"，那么各个矢量编号与对应开关逻辑如图 6-9 所示。

可以看出，在这 8 个矢量中有 2 个零矢量，即 3 组桥臂都输出"1"的 $\boldsymbol{U}_7$ 以及 3 组桥臂都输出"0"的 $\boldsymbol{U}_0$(分别对应 3 个上管或下管将电动机定子绕组短接的情况，这两种情况的电路工作状态不一样，对负载而言则是等价的)。此外，另外 6 个矢量编号为 $\boldsymbol{U}_1$、$\boldsymbol{U}_2$、$\boldsymbol{U}_3$、$\boldsymbol{U}_4$、$\boldsymbol{U}_5$、$\boldsymbol{U}_6$(对应开关逻辑为 100、110、010、011、001、101)，按照空间位置 U 相绕组 0°、V 相绕组 120°、W 相绕组 240°的坐标，从 0°开始均匀分布在矢量空间平面。很明显，相邻矢量对应的电路工作状态之间只有一组桥臂开关状态改变，因而，零矢量 $\boldsymbol{U}_0$ 与矢量 $\boldsymbol{U}_1$、$\boldsymbol{U}_3$、$\boldsymbol{U}_5$ 相邻，零矢量 $\boldsymbol{U}_7$ 与矢量 $\boldsymbol{U}_2$、$\boldsymbol{U}_4$、$\boldsymbol{U}_6$ 相邻。

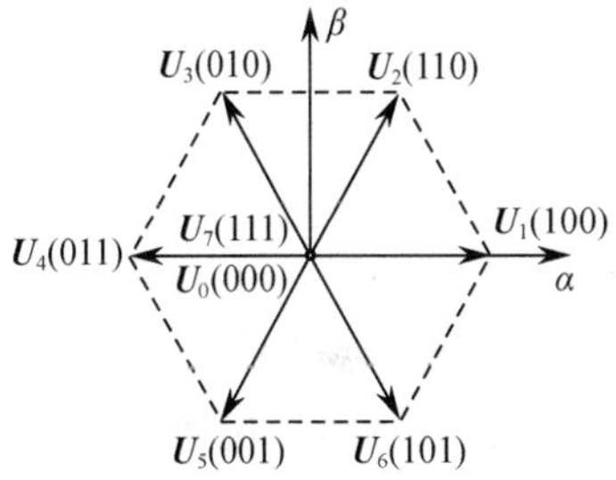

图 6-9　开关组合提供的空间电压矢量

由以上结论可知，由于每个有效工作(非零)矢量在一个时间周期 T_0 内只作用一次的方式只能生成正六边形的旋转磁场，与正弦波供电时所产生的圆形旋转磁场相差甚远，这样会导致转矩与转速的脉动。要降低谐波含量，就必须获得更多边的多边形(一般为正多边形)的旋转磁场来逼近圆形旋转磁场，这样就必须构造出更多的空间位置不同的空间电压矢量以供选择，但三相方波逆变器输出只有 8 个基本电压矢量，应可以利用这 8 个基本矢量合成出其他多种不同的矢量。按空间矢量平行四边形合成法则，用相邻的两个有效工作矢量合成期望的输出矢量，这就是 SVPWM 的基本思想。

6.4　三相 VSR 的空间矢量控制

6.4.1　三相 VSR 的一般数学模型

三相 VSR 拓扑结构如图 6-10 所示。所谓三相 VSR 一般数学模型就是根据三相电压型

PWM 整流器(VSR)拓扑结构，在三相静止坐标系 abc 中利用电路基本定律(基尔霍夫电压、电流定律)对 VSR 所建立的一般数学描述。其中 e_a、e_b、e_c 为电网电动势，L 为网侧滤波电感，R_l 为线路的等效电阻，R_S 为功率开关管损耗电阻，C 为直流侧稳压电容，R_L 为负载电阻，e_L 为直流电动势，u_{dc} 为直流侧两端电压值(或可认为是电容 C 两端的电压值)。采用开关函数 S_k 来描述三相 VSR 的数学模型，定义 S_k 为单极性二值逻辑开关函数，当为 1 时，表示上桥臂开通、下桥臂关断；当为 0 时，表示上桥臂关断、下桥臂开通。如式(6-8)所示。

$$S_k=\begin{cases}1 & \text{上桥臂导通、下桥臂关断}\\ 0 & \text{上桥臂关断、下桥臂导通}\end{cases}\quad (k=\mathrm{a,b,c}) \tag{6-8}$$

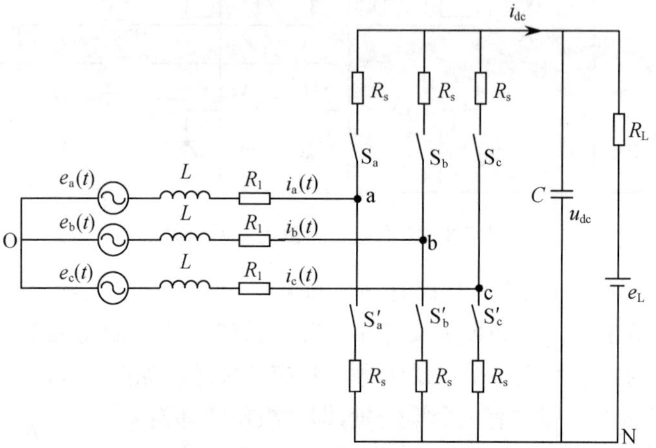

图 6-10　三相 VSR 拓扑结构图

为了三相 VSR 一般数学模型的建立，通常做以下假设：

① 电源(电网电动势)为三相对称的纯正弦波电动势；

② 网侧滤波电感 L 是线性的，且不考虑饱和；

③ 开关管为理想开关，无导通关断延时，无损耗；

④ 为描述 VSR 能量的双向传输，三相 VSR 其直流侧负载由电阻 R_L 和直流电动势 e_L 串联表示。

如图 6-10 所示，当直流电动势 $e_L=0$ 时，直流侧为纯电阻负载，此时三相 VSR 只能运行于整流模式；当 $e_L>u_{dc}$ 时，三相 VSR 既可运行于整流模式又可运行于有源逆变模式，当运行于有源逆变模式时，三相 VSR 将 e_L 所发电能向电网侧输送，有时也称这种模式为再生发电模式；当 $e_L<u_{dc}$ 时，三相 VSR 也只能运行于整流模式。

将 R_s 同 R_l 合并，且令 $R=R_l+R_s$，采用基尔霍夫电压定律建立三相 VSR a 相回路方程

$$L\frac{\mathrm{d}i_a}{\mathrm{d}t}+Ri_a=e_a-(u_{aN}+u_{NO}) \tag{6-9}$$

当 S_a 导通而 S'_a 关断时，$S_a=1$，且 $u_{aN}=u_{dc}$；当 S_a 关断而 S'_a 导通时，开关函数 $S_a=0$，且 $u_{aN}=0$。由于 $u_{aN}=u_{dc}S_a$，式(6-9)改写成

$$L\frac{\mathrm{d}i_a}{\mathrm{d}t}+Ri_a=e_a-(u_{dc}S_a+u_{NO}) \tag{6-10}$$

同理，可得 b 相、c 相方程如下

$$L\frac{\mathrm{d}i_b}{\mathrm{d}t}+Ri_b=e_b-(u_{dc}S_b+u_{NO}) \tag{6-11}$$

$$L\frac{\mathrm{d}i_c}{\mathrm{d}t}+Ri_c=e_c-(u_{dc}S_c+u_{NO}) \tag{6-12}$$

考虑三相对称系统，则

$$e_a+e_b+e_c=0 \qquad i_a+i_b+i_c=0 \tag{6-13}$$

联立式(6-10)～式(6-13)，得

$$u_{NO}=-\frac{u_{dc}}{3}\sum_{k=a,b,c}S_k \tag{6-14}$$

在图 6-10 中任何瞬间总有 3 个开关管导通，其开关模式共有 $2^3=8$ 种，因此直流侧电流可描述为

$$\begin{aligned}i_{dc}&=i_aS_a\overline{S}_b\overline{S}_c+i_bS_b\overline{S}_c\overline{S}_a+i_cS_c\overline{S}_b\overline{S}_a+(i_a+i_b)S_aS_b\overline{S}_c+\\&\quad(i_a+i_c)S_aS_c\overline{S}_b+(i_b+i_c)S_cS_b\overline{S}_a+(i_a+i_b+i_c)S_aS_bS_c\\&=i_aS_a+i_bS_b+i_cS_c\end{aligned} \tag{6-15}$$

另外，对直流侧电容正极节点处，应用基尔霍夫电流定律，得

$$C\frac{\mathrm{d}u_{dc}}{\mathrm{d}t}=i_aS_a+i_bS_b+i_cS_c-\frac{u_{dc}-e_L}{R_L} \tag{6-16}$$

联立式(6-10)～式(6-16)，并考虑引入状态变量 $\boldsymbol{X}$，且 $\boldsymbol{X}=[i_a,i_b,i_c,u_{dc}]^{\mathrm{T}}$，则采用单极性二值逻辑开关函数描述的三相 VSR，一般数学模型的状态变量表达式为

$$\boldsymbol{ZX}=\boldsymbol{AX}+\boldsymbol{BE} \tag{6-17}$$

式中

$$\boldsymbol{A}=\begin{bmatrix}-R & 0 & 0 & -\left(S_a-\frac{1}{3}\sum\limits_{k=a,b,c}S_k\right)\\ 0 & -R & 0 & -\left(S_b-\frac{1}{3}\sum\limits_{k=a,b,c}S_k\right)\\ 0 & 0 & -R & -\left(S_c-\frac{1}{3}\sum\limits_{k=a,b,c}S_k\right)\\ S_a & S_b & S_c & -\frac{1}{R_L}\end{bmatrix} \tag{6-18}$$

$$\boldsymbol{Z}=\begin{bmatrix}L & 0 & 0 & 0\\ 0 & L & 0 & 0\\ 0 & 0 & L & 0\\ 0 & 0 & 0 & C\end{bmatrix} \tag{6-19}$$

$$\boldsymbol{B}=\begin{bmatrix}1 & 0 & 0 & 0\\ 0 & 1 & 0 & 0\\ 0 & 0 & 1 & 0\\ 0 & 0 & 0 & \frac{1}{R_L}\end{bmatrix} \tag{6-20}$$

$$\boldsymbol{E}=[e_a,e_b,e_c,e_L]^{\mathrm{T}} \tag{6-21}$$

6.4.2 三相 VSR 空间电压矢量分布

三相 VSR 空间电压矢量描述了三相 VSR 交流侧相电压(u_{aO}，u_{bO}，u_{cO})在复平面上的空间

分布，由式(6-10)～式(6-14)，易得

$$u_{aO}=\left[S_a-\frac{1}{3}(S_a+S_b+S_c)\right]u_{dc} \tag{6-22}$$

$$u_{bO}=\left[S_b-\frac{1}{3}(S_a+S_b+S_c)\right]u_{dc} \tag{6-23}$$

$$u_{cO}=\left[S_c-\frac{1}{3}(S_a+S_b+S_c)\right]u_{dc} \tag{6-24}$$

式中，S_a、S_b、S_c 为三相单极性二值逻辑开关函数(见式(6-8))。

将 $2^3=8$ 种开关函数组合代入式(6-22)～式(6-24)，即得到相应的三相 VSR 交流侧电压值，见表 6-1。

表 6-1　不同开关组合时的电压值

S_a	S_b	S_c	u_{aO}	u_{bO}	u_{cO}	$\boldsymbol{U}_k$
0	0	0	0	0	0	$\boldsymbol{U}_0$
0	0	1	$-\frac{1}{3}u_{dc}$	$-\frac{1}{3}u_{dc}$	$\frac{2}{3}u_{dc}$	$\boldsymbol{U}_5$
0	1	0	$-\frac{1}{3}u_{dc}$	$\frac{2}{3}u_{dc}$	$-\frac{1}{3}u_{dc}$	$\boldsymbol{U}_3$
0	1	1	$-\frac{2}{3}u_{dc}$	$\frac{1}{3}u_{dc}$	$\frac{1}{3}u_{dc}$	$\boldsymbol{U}_4$
1	0	0	$\frac{2}{3}u_{dc}$	$-\frac{1}{3}u_{dc}$	$-\frac{1}{3}u_{dc}$	$\boldsymbol{U}_1$
1	0	1	$\frac{1}{3}u_{dc}$	$-\frac{2}{3}u_{dc}$	$\frac{1}{3}u_{dc}$	$\boldsymbol{U}_6$
1	1	0	$\frac{1}{3}u_{dc}$	$\frac{1}{3}u_{dc}$	$-\frac{2}{3}u_{dc}$	$\boldsymbol{U}_2$
1	1	1	0	0	0	$\boldsymbol{U}_7$

通过分析表 6-1 可知，三相 VSR 不同开关组合时的交流侧电压可以用一个模为 $2u_{dc}/3$ 的空间电压矢量在复平面上表示出来。由于三相 VSR 开关的有限组合，因而其空间电压矢量只有 $2^3=8$ 条，如图 6-11 所示。其中，$\boldsymbol{U}_0$(000)，$\boldsymbol{U}_7$(111)由于模为零而称为零矢量。

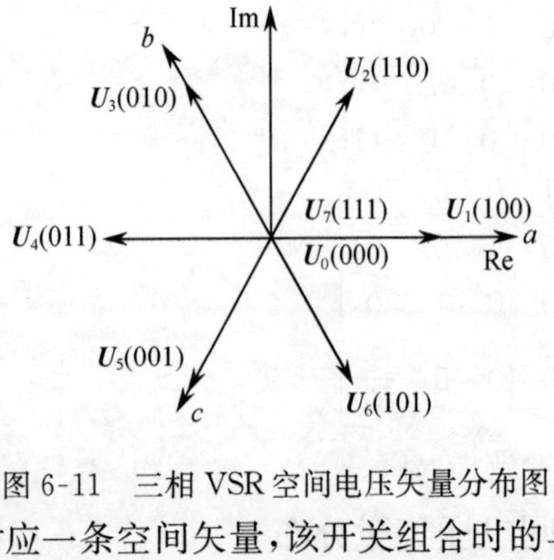

图 6-11　三相 VSR 空间电压矢量分布图

显然，某一开关组合就对应一条空间矢量，该开关组合时的与 u_{aO}、u_{bO}、u_{cO} 即为该空间矢量在三相坐标轴(a,b,c)上的投影。

分析表明，复平面上三相 VSR 空间电压矢量 $\boldsymbol{U}_k$ 可定义为

$$\begin{cases}\boldsymbol{U}_k=\dfrac{2}{3}u_{\mathrm{dc}}\mathrm{e}^{\frac{\mathrm{j}(k-1)\pi}{3}} & (k=1,\cdots,6)\\ \boldsymbol{U}_{0,7}=0\end{cases}\tag{6-25}$$

式(6-25)可表达成开关函数形式，即

$$\boldsymbol{U}_k=\frac{2}{3}u_{\mathrm{dc}}(\mathrm{S_a}+\mathrm{S_b}\mathrm{e}^{\frac{\mathrm{j}2\pi}{3}}+\mathrm{S_c}\mathrm{e}^{\frac{-\mathrm{j}2\pi}{3}})\tag{6-26}$$

对于任意给定的三相基波电压瞬时值 u_{aO}、u_{bO}、u_{cO}，若考虑三相为平衡系统，即 $u_{\mathrm{aO}}+u_{\mathrm{bO}}+u_{\mathrm{cO}}=0$，则可在复平面内定义电压的空间矢量

$$\boldsymbol{U}=\frac{2}{3}(u_{\mathrm{aO}}+u_{\mathrm{bO}}\mathrm{e}^{\frac{\mathrm{j}2\pi}{3}}+u_{\mathrm{cO}}\mathrm{e}^{\frac{-\mathrm{j}2\pi}{3}})\tag{6-27}$$

式(6-27)表明：u_{aO}、u_{bO}、u_{cO} 是角频率为 ω 的三相对称正弦波电压，那么矢量 $\boldsymbol{U}$ 即模为相电压峰值，且以角频率 ω 按逆时针方向匀速旋转的空间矢量，而在 $\boldsymbol{U}$ 三相坐标轴 abc 上的投影就是对称的三相正弦量。

实际上，对于对称的三相 VSR 拓扑结构，有

$$\begin{aligned}\boldsymbol{U}&=\frac{2}{3}(u_{\mathrm{aO}}+u_{\mathrm{bO}}\mathrm{e}^{\frac{\mathrm{j}2\pi}{3}}+u_{\mathrm{cO}}\mathrm{e}^{\frac{-\mathrm{j}2\pi}{3}})\\&=\frac{2}{3}[(u_{\mathrm{aN}}+u_{\mathrm{NO}})+(u_{\mathrm{bN}}+u_{\mathrm{NO}})\mathrm{e}^{\frac{\mathrm{j}2\pi}{3}}+(u_{\mathrm{cN}}+u_{\mathrm{NO}})\mathrm{e}^{\frac{-\mathrm{j}2\pi}{3}}]\\&=\frac{2}{3}(u_{\mathrm{aN}}+u_{\mathrm{bN}}\mathrm{e}^{\frac{\mathrm{j}2\pi}{3}}+u_{\mathrm{cN}}\mathrm{e}^{\frac{-\mathrm{j}2\pi}{3}})\end{aligned}\tag{6-28}$$

可见，三相 VSR 间电压矢量控制与相电压参考点(见图 6-10 中的 O 点或 N 点)的选择无关。

6.4.3 三相 VSR 空间电压矢量的合成

按照传统的 SVPWM 计算方法，如图 6-12 所示，$|\boldsymbol{U}_\alpha|$、$|\boldsymbol{U}_\beta|$ 为空间矢量 $\boldsymbol{U}^*$ 在 α、β 轴上的坐标值，$\tan\theta=|\boldsymbol{U}_\alpha|/|\boldsymbol{U}_\beta|$。通常情况下，由 $\tan\theta$ 确定 $\boldsymbol{U}^*$ 在空间矢量上的角度，进而通过反正切函数及正弦函数求出矢量作用的时间 T_1、T_2。下面介绍一种电压空间矢量的简单算法，可直接采用参考电压来判断扇区和作用时间。

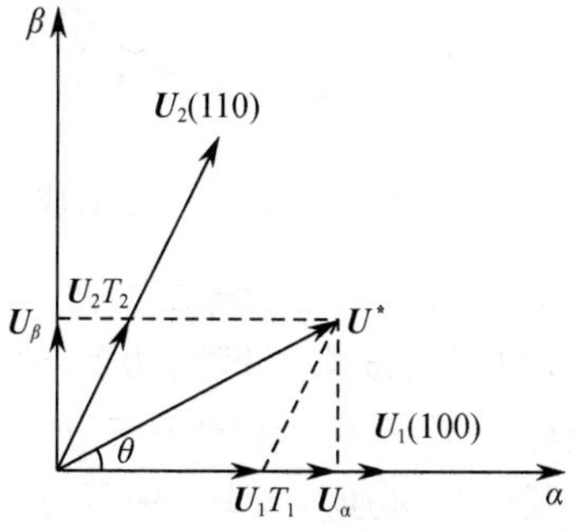

图 6-12　U^* 在 $\alpha\beta$ 坐标系的分布

1. 扇区的确定

根据空间电压矢量 $\boldsymbol{U}^*$ 在 $\alpha\beta$ 坐标系的分量 $\boldsymbol{U}_\alpha$、$\boldsymbol{U}_\beta$ 定义 3 个参考量 $\boldsymbol{A}$、$\boldsymbol{B}$、$\boldsymbol{C}$，分别为

$$\begin{cases} \boldsymbol{A}=\boldsymbol{U}_\beta \\ \boldsymbol{B}=\dfrac{\sqrt{3}}{2}\boldsymbol{U}_\alpha-\dfrac{1}{2}U_\beta \\ \boldsymbol{C}=-\dfrac{\sqrt{3}}{2}\boldsymbol{U}_\alpha-\dfrac{1}{2}\boldsymbol{U}_\beta \end{cases} \tag{6-29}$$

定义函数

$$\mathrm{sign}x=\begin{cases} 1 & x>0 \\ 0 & x<0 \end{cases} \tag{6-30}$$

根据 $N=\mathrm{sign}(\boldsymbol{A})+2\mathrm{sign}(\boldsymbol{B})+4\mathrm{sign}(\boldsymbol{C})$ 计算得到系数 N，N 与 $\boldsymbol{U}^*$ 所属扇区的关系如表 6-2所示。

表 6-2　N 与 $\boldsymbol{U}^*$ 所属扇区的对应关系表

N	3	1	5	4	6	2
所属扇区	Ⅰ	Ⅱ	Ⅲ	Ⅳ	Ⅴ	Ⅵ

2. 矢量作用时间的确定

上述分析表明：三相 VSR 空间电压矢量共有 8 条，除 2 条零矢量外，其余 6 条非零矢量对称均匀分布在复平面上。对于任一给定的空间电压矢量 $\boldsymbol{U}^*$，均由 8 条三相 VSR 空间电压矢量合成，如图 6-13 所示。

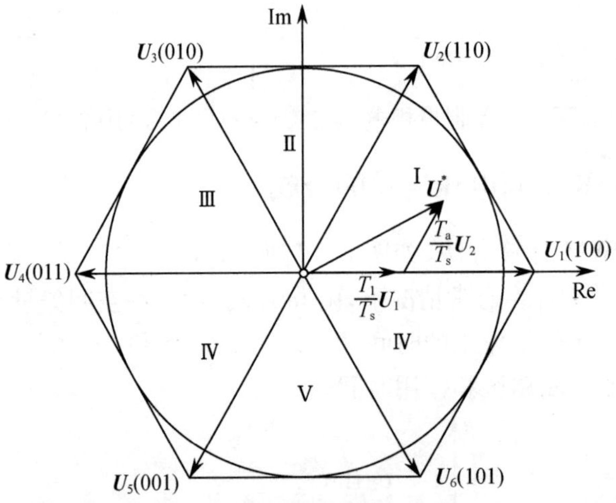

图 6-13　空间电压矢量及合成

图 6-13 中，6 条模为 $2u_{dc}/3$ 的空间电压矢量将复平面均分成 6 个扇形区域 Ⅰ ～ Ⅵ，对于任一扇形区域中的电压矢量 $\boldsymbol{U}^*$，均可由该扇形区两边的 VSR 空间电压矢量来合成。如果 $\boldsymbol{U}^*$ 在复平面上匀速旋转，就对应得到了三相对称的正弦量。实际上，由于开关频率和矢量组合的限制，$\boldsymbol{U}^*$ 的合成矢量只能以某一步进速度旋转，从而使矢量端点运动轨迹为一多边形准圆轨迹。显然，PWM 开关频率越高，多边形准圆轨迹就越接近圆。

图 6-13 中，若 $\boldsymbol{U}^*$ 在 Ⅰ 区时，则 $\boldsymbol{U}^*$ 可由 $\boldsymbol{U}_1$、$\boldsymbol{U}_2$ 和 $\boldsymbol{U}_{0,7}$ 合成，依据平行四边形法则，有

$$\frac{T_1}{T_s}\boldsymbol{U}_1+\frac{T_2}{T_s}\boldsymbol{U}_2=\boldsymbol{U}^* \tag{6-31}$$

式中，T_1、T_2 为矢量在一个开关周期中的持续时间；T_s 为 PWM 开关周期。

令零矢量$\boldsymbol{U}_{0,7}$的持续时间为$T_{0,7}$，则

$$T_1+T_2+T_{0,7}=T_s \tag{6-32}$$

令$\boldsymbol{U}^*$与$\boldsymbol{U}_1$间的夹角为θ，由正弦定律算得

$$\frac{|\boldsymbol{U}^*|}{\sin\dfrac{2\pi}{3}}=\frac{\left|\dfrac{T_2}{T_s}\boldsymbol{U}_2\right|}{\sin\theta}=\frac{\left|\dfrac{T_1}{T_s}\boldsymbol{U}_1\right|}{\sin\left(\dfrac{\pi}{3}-\theta\right)} \tag{6-33}$$

又因为$|\boldsymbol{U}_1|=|\boldsymbol{U}_2|=2u_{dc}/3$，则联立式(6-32)和式(6-33)，易得

$$\begin{cases}T_1=mT_s\sin\left(\dfrac{\pi}{3}-\theta\right)\\T_2=mT_s\sin\theta\\T_{0,7}=T_s-T_1-T_2\end{cases} \tag{6-34}$$

式中，m为PWM调制系数，并且

$$m=\frac{\sqrt{3}}{u_{dc}}|\boldsymbol{U}^*| \tag{6-35}$$

对于零矢量的选择，主要考虑选择$\boldsymbol{U}_0$或$\boldsymbol{U}_7$应使开关状态变化尽可能少，以降低开关损耗。在一个开关周期中，令零矢量插入时间为$T_{0,7}$，若其中插入$\boldsymbol{U}_0$的时间$T_0=kT_{0,7}$，则$\boldsymbol{U}_7$的时间为$T_0=(1-k)T_{0,7}$，其中$0\leqslant k\leqslant 1$。

实际上，对于三相VSR某一给定的电压空间矢量$\boldsymbol{U}^*$，常有几种合成方法，以下讨论均考虑$\boldsymbol{U}^*$在VSR空间矢量Ⅰ区域的合成。

方法一：

该方法将零矢量$\boldsymbol{U}_0$均匀地分布在$\boldsymbol{U}^*$矢量的起点、终点上，然后依次由$\boldsymbol{U}_1$、$\boldsymbol{U}_2$按三角形方法合成，如图6-14a所示。另外，再从该合成法的开关函数波形上（见图6-14b）分析，一个开关周期中，VSR上桥臂功率管共开关4次，由于开关函数波形不对称，因此PWM谐波分量主要集中在开关频率的整数倍频f_s及$2f_s$上，而在频率f_s处的谐波幅值较大。

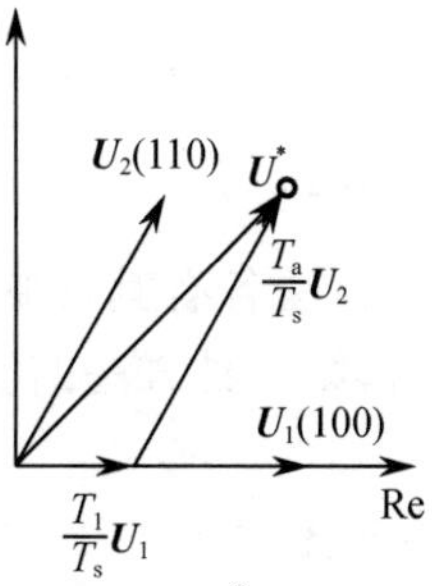

（a）U^*合成

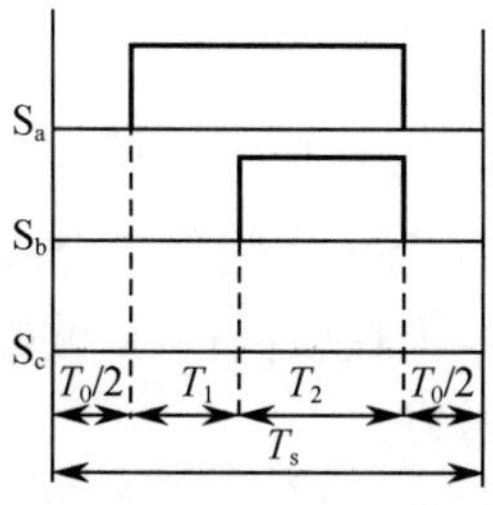

（b）开关函数波形

图6-14　$\boldsymbol{U}^*$合成方法一

方法二：

矢量合成仍然将零矢量$\boldsymbol{U}_0$均匀地分布在$\boldsymbol{U}^*$矢量的起点、终点上，与方法一不同的是，除零矢量外，$\boldsymbol{U}^*$依次由$\boldsymbol{U}_1$、$\boldsymbol{U}_2$合成，并从$\boldsymbol{U}^*$矢量中点截出两个三角形，如图6-15a所示。另外，由图6-15b的PWM开关函数波形分析，一个开关周期中VSR上桥臂功率管共开关4次，且波形对称，因而其PWM谐波分量仍主要分布在开关频率的整数倍频率附近，且谐波幅值比方法一有所降低。

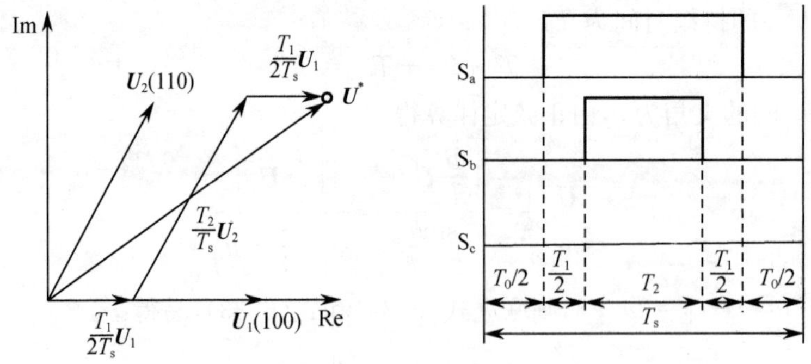

（a）U^*合成　　（b）开关函数波形

图 6-15　$\boldsymbol{U}^*$ 合成方法二

方法三：

将零矢量周期分成 3 段，其中 $\boldsymbol{U}^*$ 矢量的起点、终点上均匀地分布 $\boldsymbol{U}_0$ 矢量，而在 $\boldsymbol{U}^*$ 矢量中点处分布 $\boldsymbol{U}_7$ 矢量，且 $T_7=T_0$。除零矢量外，$\boldsymbol{U}^*$ 矢量合成与方法二类似，即均以 $\boldsymbol{U}^*$ 矢量中点截出两三角形，$\boldsymbol{U}^*$ 的合成矢量如图 6-16a 所示。从开关函数波形（见图 6-16b）可以看出，在一个 PWM 开关周期，该方法使 VSR 桥臂功率管开关 5 次且波形对称，其 PWM 谐波仍主要分布在开关频率的整数倍频率附近，并且在频率 f_s 附近处的谐波幅值降低十分明显。

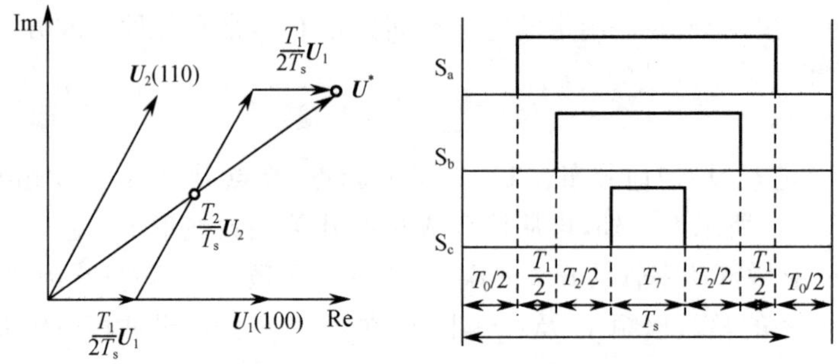

（a）U^*合成　　（b）开关函数波形

图 6-16　$\boldsymbol{U}^*$ 合成方法三

通过上述分析说明，VSR 空间矢量合成的不同方法各有其优缺点。从开关次数来看，第二种方法开关次数较少，损耗较低；从谐波幅值来看，第三种方法谐波相对较低；但从算法的简单性上看，第一种方法较好。

当 $\boldsymbol{U}^*$ 位于其他扇区时，计算方法一样，定义如下 $\boldsymbol{A}$、$\boldsymbol{B}$、$\boldsymbol{C}$ 三个变量

$$\begin{cases}\boldsymbol{A}=\dfrac{\sqrt{3}T_s}{2u_{dc}}(\boldsymbol{U}_\beta-\sqrt{3}\boldsymbol{U}_\alpha)\\[2ex]\boldsymbol{B}=\dfrac{\sqrt{3}T_s}{2u_{dc}}(\boldsymbol{U}_\beta+\sqrt{3}\boldsymbol{U}_\alpha)\\[2ex]\boldsymbol{C}=-\dfrac{\sqrt{3}T_s}{u_{dc}}\boldsymbol{U}_\beta\end{cases}\tag{6-36}$$

则相应 T_1 和 T_2 也可以用来表示，其对应关系如表 6-3 所示。

表 6-3　$\boldsymbol{T_1}$、$\boldsymbol{T_2}$ 与 $\boldsymbol{A}$、$\boldsymbol{B}$、$\boldsymbol{C}$ 的对应关系表

所属扇区	Ⅰ	Ⅱ	Ⅲ	Ⅳ	Ⅴ	Ⅵ
T_1	$-\boldsymbol{A}$	$\boldsymbol{B}$	$\boldsymbol{C}$	$\boldsymbol{A}$	$-\boldsymbol{B}$	$-\boldsymbol{C}$
T_2	$\boldsymbol{C}$	$\boldsymbol{A}$	$\boldsymbol{B}$	$\boldsymbol{C}$	$-\boldsymbol{A}$	$\boldsymbol{B}$

在动态调节过程中，当 $T_1+T_2>T_s$ 时出现过调制现象，需要重新定义矢量的作用时间

$$\begin{cases} T_1=T_1\dfrac{T_s}{T_1+T_2} \\ T_2=T_2\dfrac{T_s}{T_1+T_2} \end{cases} \tag{6-37}$$

3. **开关矢量的确定**

为了保证系统在各种情况下，每次切换都只涉及一只开关，电压空间矢量采用七段空间矢量合成方式：每个矢量均以(000)开始和结束，中间零矢量为(111)，非零矢量保证每次只切换一只开关，由于后三段矢量及其作用时间与前三段时间关于零矢量(111)对称，如表 6-4 所示。以第Ⅰ扇区为例，围成第Ⅰ扇区相邻两个向量分别为 $\boldsymbol{U}_1$(100)和 $\boldsymbol{U}_2$(110)，这里采用零矢量对称的插法，则三相桥臂导通情况可用图 6-17 所示。

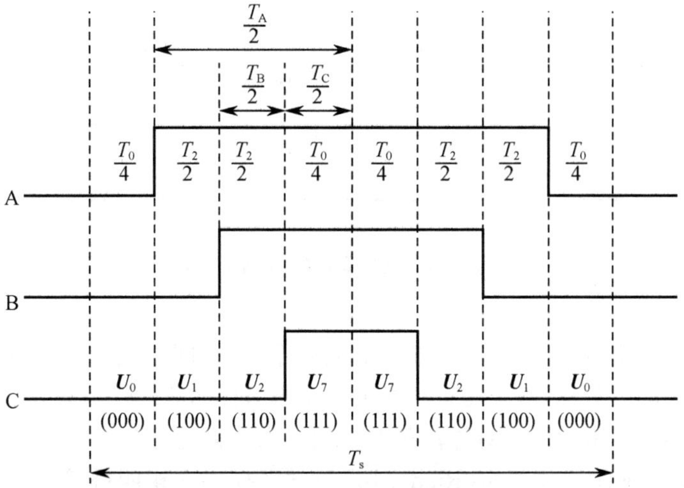

图 6-17　第Ⅰ扇区三相桥臂分配时间

转换顺序为：000→100→110→111→111→110→100→000。其他扇区矢量的转换顺序见表 6-4。

表 6-4　作用于三相桥臂矢量的转换顺序表

扇区	作用于三相桥臂矢量的转换顺序表						
Ⅰ	000	100	110	111	110	100	000
Ⅱ	000	110	010	111	010	110	000
Ⅲ	000	010	011	111	011	010	000
Ⅳ	000	011	001	111	001	011	000
Ⅴ	000	001	101	111	101	001	000
Ⅵ	000	101	110	111	100	101	000

由以上对矢量扇区、矢量作用时间和开关矢量的分析可知，通过判断给定空间电压矢量在不同的扇区，选用适当的开关矢量，计算出矢量作用时间，即可合成所需要的电压空间矢量。定义

$$\begin{cases} T_a=(T_s-T_1-T_2)/4 \\ T_b=T_a+T_1/2 \\ T_c=T_b+T_2/2 \end{cases} \tag{6-38}$$

其他扇区各相桥臂的导通时间列于表 6-5。

表 6-5 各相在不同扇区中的导通时间分配表

扇区	相序		
	A	B	C
Ⅰ	$\frac{T_0}{4}+\frac{T_1}{2}+\frac{T_2}{2}$	$\frac{T_0}{4}+\frac{T_2}{2}$	$\frac{T_0}{4}$
Ⅱ	$\frac{T_0}{4}+\frac{T_2}{2}$	$\frac{T_0}{4}+\frac{T_1}{2}+\frac{T_2}{2}$	$\frac{T_0}{4}$
Ⅲ	$\frac{T_0}{4}$	$\frac{T_0}{4}+\frac{T_1}{2}+\frac{T_2}{2}$	$\frac{T_0}{4}+\frac{T_2}{2}$
Ⅳ	$\frac{T_0}{4}$	$\frac{T_0}{4}+\frac{T_2}{2}$	$\frac{T_0}{4}+\frac{T_1}{2}+\frac{T_2}{2}$
Ⅴ	$\frac{T_0}{4}+\frac{T_2}{2}$	$\frac{T_0}{4}$	$\frac{T_0}{4}+\frac{T_1}{2}+\frac{T_2}{2}$
Ⅵ	$\frac{T_0}{4}+\frac{T_1}{2}+\frac{T_2}{2}$	$\frac{T_0}{4}$	$\frac{T_0}{4}+\frac{T_2}{2}$

6.5 三维 SVPWM 技术

在某些特定的逆变电源应用场合，如航空电源系统、不间断电源系统等，其三相负载是变化的，有的对称，有的不对称，甚至还有一些负载是不对称的非线性负载，此时三相三桥臂逆变器已不能输出对称电压来满足不对称负载的控制要求。为此可考虑采用三相四桥臂逆变器的拓扑结构，如图 6-18 所示。1997 年 Richard Z 等学者提出三相四桥臂逆变器的 3D-SVPWM (Three Dimensional Space Vector PWM，三维空间矢量调制)策略。该逆变器是在三相三桥臂逆变器的基础上增加了一个桥臂，负载中性点通过滤波电感与第四桥臂中点相连，当负载平衡时，第四桥臂没有电流流过，当负载不平衡时，由零序电压引起的零序电流将流过第四桥臂。正是由于四桥臂逆变器为零序电流提供了泄放通路，从而使得四桥臂逆变器具有带不平衡负载的能力。四桥臂逆变器比三桥臂逆变器多一个臂对，相当于增加一个控制自由度，变成 3 个自由度，使三相四桥臂逆变器的控制变得更加复杂，普通的二维 SVPWM 已经无法满足这种逆变器控制的需求。因此，既要保留原来空间电压矢量控制的优点，又要使控制的设计尽量简单，容易操作。下面具体阐述用于三相四桥臂逆变器的三维空间矢量脉宽调制(3D-SVPWM)开环调制策略。

6.5.1 基于静止 $\alpha\beta\gamma$ 坐标系的 3D-SVPWM

基于静止 $\alpha\beta\gamma$ 坐标系的 3D-SVPWM 是在传统 2D-SVPWM 基础上拓展而来的，二者的基

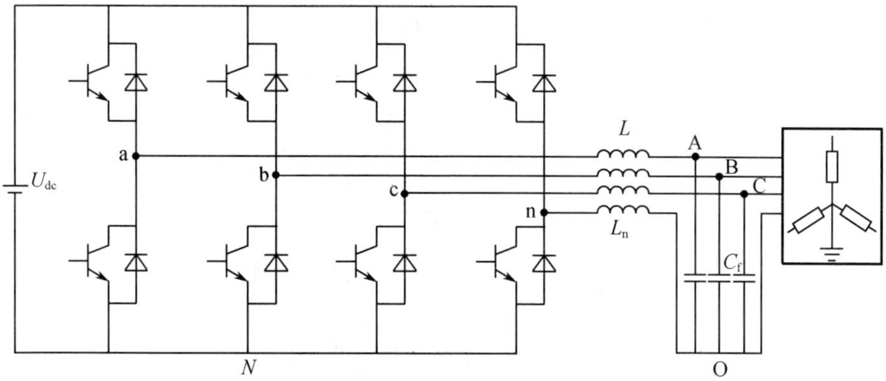

图 6-18 三相四桥臂逆变电源拓扑结构

本原理是一致的。三相四桥臂逆变器由于第四臂对的作用,使其输出电压可以单独进行控制。在三相四桥臂逆变器中,共有 16 种开关状态,为了方便说明,对开关状态作出如下定义:设定某种开关状态为 $S_aS_bS_cS_n$,$S_z(z=a,b,c,n)$表示第 z 个臂对的开关状态。当 $S_z=1$ 时,表示上桥臂导通下桥臂关断;反之,当 $S_z=0$ 时,表示上桥臂关断下桥臂导通。可以得到 16 种开关状态与输出电压关系,如表 6-6 所示。

表 6-6 三相四桥臂逆变器开关状态与输出电压关系

	1111	1101	1011	0111	1001	0101	0011	1110
U_{an}	0	0	0	$-U_{dc}$	0	$-U_{dc}$	$-U_{dc}$	$-U_{dc}$
U_{bn}	0	0	$-U_{dc}$	0	$-U_{dc}$	0	$-U_{dc}$	$-U_{dc}$
U_{cn}	0	$-U_{dc}$	0	0	$-U_{dc}$	$-U_{dc}$	0	$-U_{dc}$
	0000	0010	0100	1000	0110	1010	1100	1110
U_{an}	0	0	0	U_{dc}	0	U_{dc}	U_{dc}	U_{dc}
U_{bn}	0	0	U_{dc}	0	U_{dc}	0	U_{dc}	U_{dc}
U_{cn}	0	U_{dc}	0	0	U_{dc}	U_{dc}	0	U_{dc}

将这 16 个开关电压矢量在静止 $\alpha\beta\gamma$ 空间坐标系中描绘出来,可以得到如图 6-19 所示的三相四桥臂逆变器开关电压矢量图。从图中可以看出,16 个开关电压矢量位于同一个空间六棱柱内。3D-SVPWM 就是运用 $\alpha\beta\gamma$ 坐标系下的开关电压矢量来合成参考电压矢量 $\boldsymbol{U}_{ref}$,在原理上与 2D-SVPWM 相类似,将静止坐标系下的参考电压 $\boldsymbol{U}_{ref}$ 进行坐标变换,就可以得到静止 $\alpha\beta\gamma$ 坐标系下的参考电压 $\boldsymbol{U}_{\gamma}$。

这种基于静止 $\alpha\beta\gamma$ 坐标系的 3D-SVPWM 虽然能够完成空间参考电压矢量的合成,但是存在一定的缺陷。这种方法需要坐标变换,增加计算的复杂程度。从静止 abc 坐标系变换到静止 $\alpha\beta\gamma$ 坐标系下的开关电压矢量的物理意义不清晰,很难直观地表示参考电压矢量的位置,这个缺点在多电平逆变器应用中更加明显。基于静止 $\alpha\beta\gamma$ 坐标系的 3D-SVPWM 需要判断参考电压矢量所在的三棱柱和四面体,涉及大量的三角计算、比较判断等。实际上,基于 $\alpha\beta\gamma$ 坐标系的计算更多的是基于对 2D-SVPWM 继承而不是实用的考虑。

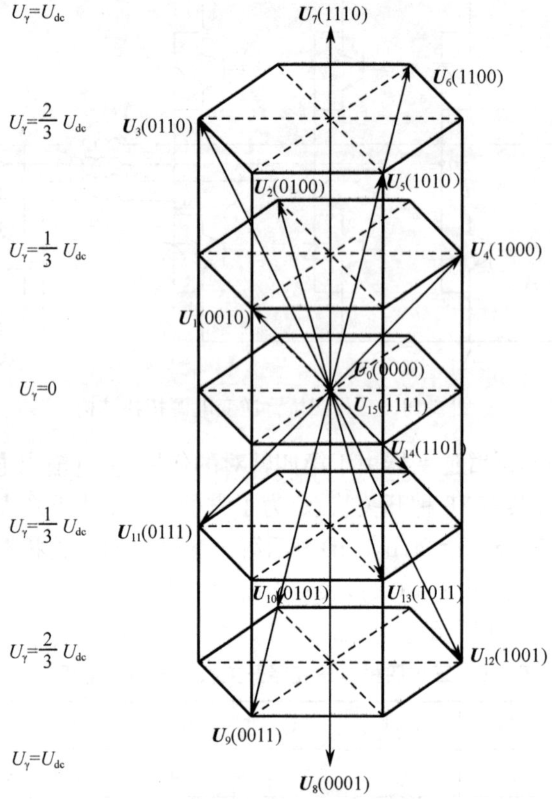

图 6-19　三相四桥臂逆变器的开关电压矢量图

6.5.2　基于静止 *abc* 坐标系的 3D-SVPWM

针对静止 $\alpha\beta\gamma$ 坐标系下 3D-SVPWM 的缺点，采用静止 *abc* 坐标系下的 3D-SVPWM，这种方法不需要坐标变换，计算相对简单。同时，各个开关电压矢量的物理意义十分明确。这种方法的实现步骤主要包括：首先对参考电压矢量的运动轨迹进行分析，获取控制变量，并且确定矢量所在的四面体。然后根据参考电压矢量所在的四面体确定合适的 3 个非零开关电压矢量和零矢量进行合成，计算开关电压矢量相对应的占空比。最后对所选择的开关电压矢量进行排序组合，确定 4 个臂对的开关时刻表，生成相应的脉冲波，作用于逆变器开关管。

1. 三相四桥臂逆变器的开关电压矢量

由于三相四桥臂逆变器增加了额外的臂对，使得逆变器各相的输出电压可以单独进行控制。其中，U_{an}、U_{bn}、U_{cn} 为逆变器的输出相电压。

A、B、C 相的输出电压为

$$U_{abc}=\begin{bmatrix}U_a-U_n\\U_b-U_n\\U_c-U_n\end{bmatrix}=U_{dc}\begin{bmatrix}S_a-S_n\\S_b-S_n\\S_c-S_n\end{bmatrix}\tag{6-39}$$

根据三相四桥臂逆变器不同的开关组合，计算可以得到 16 种开关电压矢量，静止 *abc* 坐标系下的开关电压矢量表如表 6-7 所示。表中矢量都是母线电压 U_{dc} 通过归一化计算得到的，状态矢量 $\boldsymbol{S}_q(q=1,2,\cdots,16)$ 和开关电压矢量 $\boldsymbol{U}_q(q=1,2,\cdots,16)$ 都是列矢量。

表 6-7　静止坐标系下的开关电压矢量表

状态	S_a	S_b	S_c	S_n	开关电压矢量	U_{an}	U_{bn}	U_{cn}
$\boldsymbol{S}_0$	0	0	0	0	$\boldsymbol{U}_0$	0	0	0
$\boldsymbol{S}_1$	0	0	0	1	$\boldsymbol{U}_1$	0	0	1
$\boldsymbol{S}_2$	0	0	1	0	$\boldsymbol{U}_2$	0	1	0
$\boldsymbol{S}_3$	0	0	1	1	$\boldsymbol{U}_3$	0	1	1
$\boldsymbol{S}_4$	0	1	0	0	$\boldsymbol{U}_4$	1	0	0
$\boldsymbol{S}_5$	0	1	0	1	$\boldsymbol{U}_5$	1	0	1
$\boldsymbol{S}_6$	0	1	1	0	$\boldsymbol{U}_6$	1	1	0
$\boldsymbol{S}_7$	0	1	1	1	$\boldsymbol{U}_7$	1	1	1
$\boldsymbol{S}_8$	1	0	0	0	$\boldsymbol{U}_8$	−1	−1	−1
$\boldsymbol{S}_9$	1	0	0	1	$\boldsymbol{U}_9$	−1	−1	0
$\boldsymbol{S}_{10}$	1	0	1	0	$\boldsymbol{U}_{10}$	−1	0	−1
$\boldsymbol{S}_{11}$	1	0	1	1	$\boldsymbol{U}_{11}$	−1	0	0
$\boldsymbol{S}_{12}$	1	1	0	0	$\boldsymbol{U}_{12}$	0	−1	−1
$\boldsymbol{S}_{13}$	1	1	0	1	$\boldsymbol{U}_{13}$	0	−1	0
$\boldsymbol{S}_{14}$	1	1	1	0	$\boldsymbol{U}_{14}$	0	0	−1
$\boldsymbol{S}_{15}$	1	1	1	1	$\boldsymbol{U}_{15}$	0	0	0

根据表 6-7,将合成的 16 个开关电压矢量绘制在三维静止 *abc* 坐标系中,就得到如图 6-20 所示的静止 *abc* 坐标系下的开关电压矢量空间分布图。可以看出,所有的开关电压矢量均位于两个边长为 1 的正方体的顶点上,开关电压矢量 $\boldsymbol{U}_1 \sim \boldsymbol{U}_8$ 构成的立方体位于全正的空间区域,$\boldsymbol{U}_9 \sim \boldsymbol{U}_{16}$ 构成的正方体位于全负的空间区域。以状态 5 为例进行说明,这时 S_a、S_b、S_c、S_n 分别为 0、1、0、0;U_{an}、U_{bn}、U_{cn} 分别为 1、0、0;这个状态表示 b 臂对上开关管导通,其余臂对上开关管均关断;开关电压矢量为 $\boldsymbol{U}_5$,在图 6-20 中位于坐标(1,0,0)处。

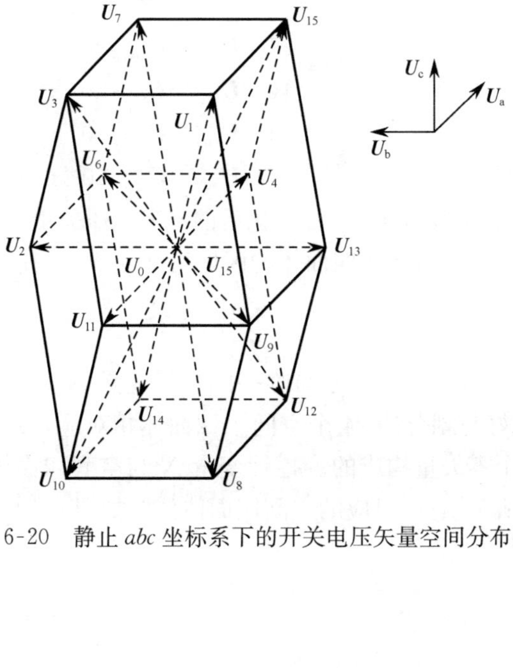

图 6-20　静止 *abc* 坐标系下的开关电压矢量空间分布图

从图 6-20 可以看出，有 6 个平面平行于坐标轴，平面方程分别为 $\boldsymbol{U}_a=\pm1$，$\boldsymbol{U}_b=\pm1$ 和 $\boldsymbol{U}_c=\pm1$。这 6 个平面围成一个边长为 2 的大立方体，将这个 12 面体包含在其中。这个大立方体具有明确的物理意义，它表示三相四桥臂逆变器的输出电压要小于或者等于直流母线电压。

其余 6 个面与坐标平面的夹角为 45°，平面方程分别为 $\boldsymbol{U}_a-\boldsymbol{U}_b=\pm1$，$\boldsymbol{U}_b-\boldsymbol{U}_c=\pm1$ 和 $\boldsymbol{U}_a-\boldsymbol{U}_c=\pm1$。这 6 个平面也具有明确的物理意义，它们表示三相四桥臂逆变器的输出线电压也要小于或者等于直流母线电压。

2. 开关电压矢量的确定

对于静止 abc 坐标系下的开关电压矢量空间分布图 6-20，用平面 $\boldsymbol{U}_a=0$、$\boldsymbol{U}_b=0$、$\boldsymbol{U}_c=0$ 和 $\boldsymbol{U}_a-\boldsymbol{U}_b=0$、$\boldsymbol{U}_b-\boldsymbol{U}_c=0$、$\boldsymbol{U}_a-\boldsymbol{U}_c=0$ 将这个空间 12 面体分割为 24 个小的空间四面体，每一个小的空间四面体均由 3 个非零开关电压矢量和 2 个零矢量构成，这样仅需要判断出参考电压矢量所在的空间四面体就可以推测出对应的开关电压矢量进行有效合成。例如，在静止 abc 坐标系下，某一时刻参考电压矢量的坐标为($\boldsymbol{U}_a$，$\boldsymbol{U}_b$，$\boldsymbol{U}_c$)，同时有 $\boldsymbol{U}_a<0$、$\boldsymbol{U}_b<0$、$\boldsymbol{U}_c<0$、$\boldsymbol{U}_a-\boldsymbol{U}_b<0$、$\boldsymbol{U}_b-\boldsymbol{U}_c<0$、$\boldsymbol{U}_a-\boldsymbol{U}_c<0$，就能判断出它所在的小空间四面体，进一步合成它的 3 个非零开关电压矢量为 $\boldsymbol{U}_8$、$\boldsymbol{U}_9$ 及 $\boldsymbol{U}_{11}$。

定义 k_1 到 k_6 这 6 个变量，分别表示 6 个平面的划分方向，仅仅确定这 6 个变量是 0 或 1 就可以判断出参考电压矢量所在的位置。这 6 个变量分别为

$$k_1=\begin{cases}1 & \boldsymbol{U}_{\text{aref}}\geqslant0\\0 & \boldsymbol{U}_{\text{aref}}<0\end{cases}\tag{6-40}$$

$$k_2=\begin{cases}1 & \boldsymbol{U}_{\text{bref}}\geqslant0\\0 & \boldsymbol{U}_{\text{bref}}<0\end{cases}\tag{6-41}$$

$$k_3=\begin{cases}1 & \boldsymbol{U}_{\text{cref}}\geqslant0\\0 & \boldsymbol{U}_{\text{cref}}<0\end{cases}\tag{6-42}$$

$$k_4=\begin{cases}1 & \boldsymbol{U}_{\text{aref}}-\boldsymbol{U}_{\text{bref}}\geqslant0\\0 & \boldsymbol{U}_{\text{aref}}-\boldsymbol{U}_{\text{bref}}<0\end{cases}\tag{6-43}$$

$$k_5=\begin{cases}1 & \boldsymbol{U}_{\text{bref}}-\boldsymbol{U}_{\text{cref}}\geqslant0\\0 & \boldsymbol{U}_{\text{bref}}-\boldsymbol{U}_{\text{cref}}<0\end{cases}\tag{6-44}$$

$$k_6=\begin{cases}1 & \boldsymbol{U}_{\text{aref}}-\boldsymbol{U}_{\text{cref}}\geqslant0\\0 & \boldsymbol{U}_{\text{aref}}-\boldsymbol{U}_{\text{cref}}<0\end{cases}\tag{6-45}$$

式中，$\boldsymbol{U}_{\text{aref}}$、$\boldsymbol{U}_{\text{bref}}$、$\boldsymbol{U}_{\text{cref}}$ 为直流母线电压 U_{dc} 归一化后的参考电压矢量。

定义一个指向参考电压矢量所在四面体的区域指针变量 N，其数学表达式为

$$N=1+\sum_{p=1}^{6}k_p\cdot2^{p-1}\tag{6-46}$$

将变量 $k_p(p=1,2,3,4,5,6)$ 的符号与唯一的指针变量 N 联系在一起，通过计算可以得到 24 个不同的 N 值，刚好与划分的 24 个空间小四面体相对应，每一个小四面体均是由 3 个非零开关电压矢量和 2 个零矢量构成的。指针变量 N 与空间四面体中 3 个非零开关电压矢量的对应关系如表 6-8 所示，它所对应的空间四面体位置如图 6-21 所示。

表 6-8 指针变量 N 与非零开关电压矢量的对应关系

N	$\boldsymbol{U}_{d1}$	$\boldsymbol{U}_{d2}$	$\boldsymbol{U}_{d3}$	N	$\boldsymbol{U}_{d1}$	$\boldsymbol{U}_{d2}$	$\boldsymbol{U}_{d3}$
1	$\boldsymbol{U}_8$	$\boldsymbol{U}_9$	$\boldsymbol{U}_{11}$	41	$\boldsymbol{U}_8$	$\boldsymbol{U}_{12}$	$\boldsymbol{U}_{13}$
5	$\boldsymbol{U}_1$	$\boldsymbol{U}_9$	$\boldsymbol{U}_{11}$	42	$\boldsymbol{U}_4$	$\boldsymbol{U}_{12}$	$\boldsymbol{U}_{13}$
7	$\boldsymbol{U}_1$	$\boldsymbol{U}_3$	$\boldsymbol{U}_{11}$	46	$\boldsymbol{U}_4$	$\boldsymbol{U}_5$	$\boldsymbol{U}_{13}$
8	$\boldsymbol{U}_1$	$\boldsymbol{U}_3$	$\boldsymbol{U}_7$	48	$\boldsymbol{U}_4$	$\boldsymbol{U}_5$	$\boldsymbol{U}_7$
9	$\boldsymbol{U}_8$	$\boldsymbol{U}_9$	$\boldsymbol{U}_{13}$	49	$\boldsymbol{U}_8$	$\boldsymbol{U}_{10}$	$\boldsymbol{U}_{14}$
13	$\boldsymbol{U}_1$	$\boldsymbol{U}_9$	$\boldsymbol{U}_{13}$	51	$\boldsymbol{U}_2$	$\boldsymbol{U}_{10}$	$\boldsymbol{U}_{14}$
14	$\boldsymbol{U}_1$	$\boldsymbol{U}_5$	$\boldsymbol{U}_{13}$	52	$\boldsymbol{U}_2$	$\boldsymbol{U}_6$	$\boldsymbol{U}_{14}$
16	$\boldsymbol{U}_1$	$\boldsymbol{U}_5$	$\boldsymbol{U}_7$	56	$\boldsymbol{U}_2$	$\boldsymbol{U}_6$	$\boldsymbol{U}_7$
17	$\boldsymbol{U}_8$	$\boldsymbol{U}_{10}$	$\boldsymbol{U}_{11}$	57	$\boldsymbol{U}_8$	$\boldsymbol{U}_{12}$	$\boldsymbol{U}_{14}$
19	$\boldsymbol{U}_2$	$\boldsymbol{U}_{10}$	$\boldsymbol{U}_{11}$	58	$\boldsymbol{U}_4$	$\boldsymbol{U}_{12}$	$\boldsymbol{U}_{14}$
23	$\boldsymbol{U}_2$	$\boldsymbol{U}_3$	$\boldsymbol{U}_{11}$	60	$\boldsymbol{U}_4$	$\boldsymbol{U}_6$	$\boldsymbol{U}_{14}$
24	$\boldsymbol{U}_2$	$\boldsymbol{U}_3$	$\boldsymbol{U}_7$	64	$\boldsymbol{U}_4$	$\boldsymbol{U}_6$	$\boldsymbol{U}_7$

6.5.3 3D-SVPWM 算法的实现

1. 开关电压矢量占空比的计算

通过上面的分析可以得到每个空间四面体对应 3 个非零开关电压矢量,依据伏秒平衡定理可以计算出每个非零开关电压矢量的占空比,剩下的时间则由零矢量作用。参考电压矢量与当前时刻对应的开关电压矢量的关系为

$$\boldsymbol{U}_{\mathrm{ref}}=\begin{bmatrix}\boldsymbol{U}_{\mathrm{aref}}\\ \boldsymbol{U}_{\mathrm{bref}}\\ \boldsymbol{U}_{\mathrm{cref}}\end{bmatrix}=\begin{bmatrix}U_{\mathrm{d1\_a}} & U_{\mathrm{d2\_a}} & U_{\mathrm{d3\_a}}\\ U_{\mathrm{d1\_b}} & U_{\mathrm{d2\_b}} & U_{\mathrm{d3\_b}}\\ U_{\mathrm{d1\_c}} & U_{\mathrm{d2\_c}} & U_{\mathrm{d3\_c}}\end{bmatrix}\begin{bmatrix}d_1\\ d_2\\ d_3\end{bmatrix} \tag{6-47}$$

式中,$\boldsymbol{U}_{\mathrm{ref}}$ 为参考电压矢量,$\boldsymbol{U}_{i\mathrm{ref}}$($i=\mathrm{a,b,c}$)为静止坐标系下参考电压在 a、b、c 轴的投影值,$U_{\mathrm{d}x\_\mathrm{a}}$($x=1,2,3$)、$U_{\mathrm{d}x\_\mathrm{b}}$($x=1,2,3$)、$U_{\mathrm{d}x\_\mathrm{c}}$($x=1,2,3$)为静止坐标系下开关电压矢量在 a、b、c 轴的投影值,d_1、d_2、d_3 为 3 个非零开关电压矢量所对应的占空比。

即

$$\boldsymbol{U}_{\mathrm{ref}}=\boldsymbol{M}_{\mathrm{d}}\boldsymbol{d} \tag{6-48}$$

式中,$\boldsymbol{M}_{\mathrm{d}}=\begin{bmatrix}U_{\mathrm{d1\_a}} & U_{\mathrm{d2\_a}} & U_{\mathrm{d3\_a}}\\ U_{\mathrm{d1\_b}} & U_{\mathrm{d2\_b}} & U_{\mathrm{d3\_b}}\\ U_{\mathrm{d1\_c}} & U_{\mathrm{d2\_c}} & U_{\mathrm{d3\_c}}\end{bmatrix}$,$\boldsymbol{d}=\begin{bmatrix}d_1\\ d_2\\ d_3\end{bmatrix}$。

对式(6-47)进行相应的变换,可以得到 3 个非零开关电压矢量的占空比为

$$\begin{bmatrix}d_1\\ d_2\\ d_3\end{bmatrix}=\begin{bmatrix}U_{\mathrm{d1\_a}} & U_{\mathrm{d2\_a}} & U_{\mathrm{d3\_a}}\\ U_{\mathrm{d1\_b}} & U_{\mathrm{d2\_b}} & U_{\mathrm{d3\_b}}\\ U_{\mathrm{d1\_c}} & U_{\mathrm{d2\_c}} & U_{\mathrm{d3\_c}}\end{bmatrix}^{-1}\boldsymbol{U}_{\mathrm{ref}} \tag{6-49}$$

即

$$\boldsymbol{U}_{\mathrm{ref}}=\boldsymbol{M}_{\mathrm{d}}^{-1}\boldsymbol{d} \tag{6-50}$$

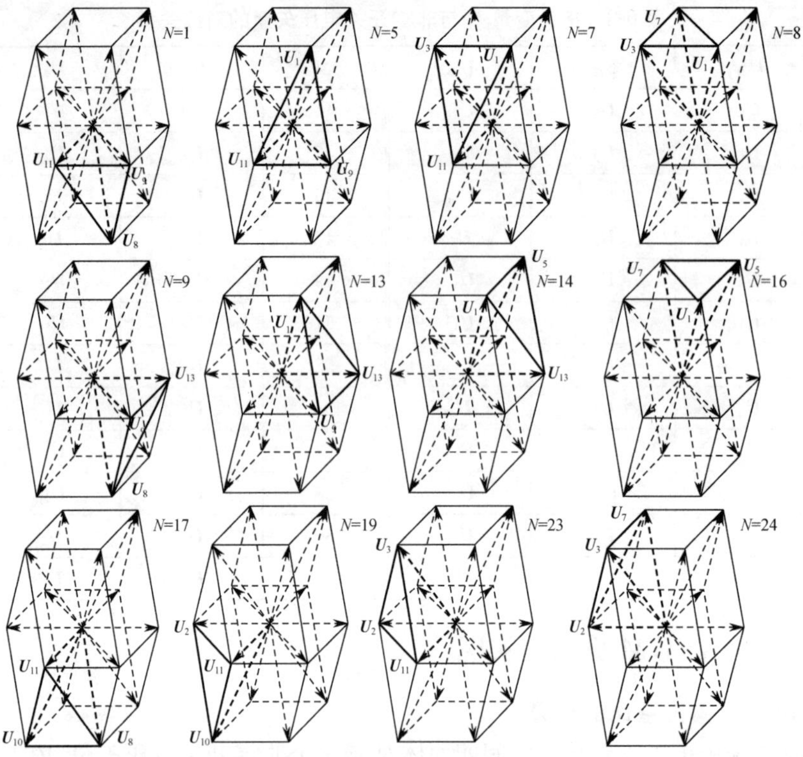

(a) 指针变量N=1到N=24时对应的空间四面体

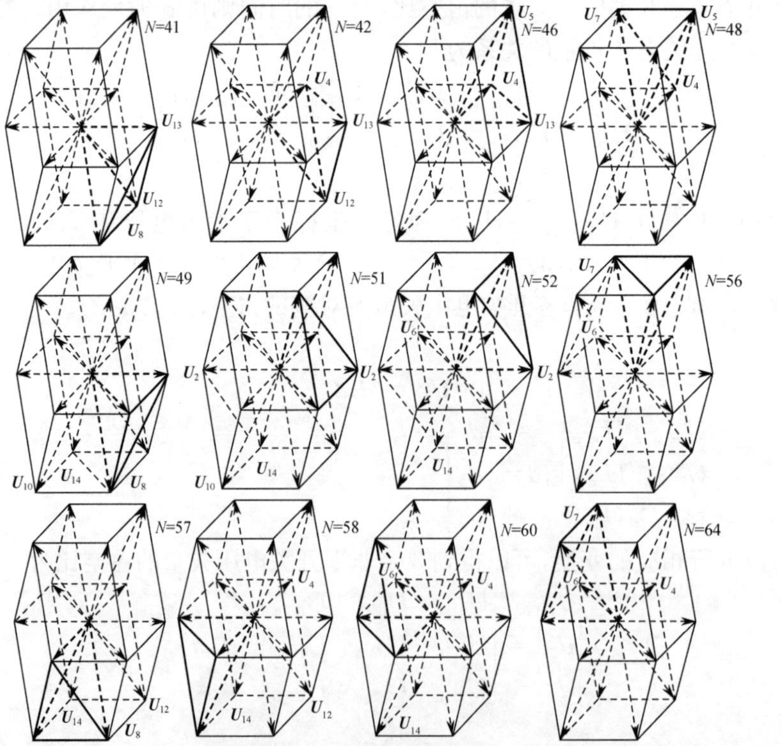

(b) 指针变量N=41到N=64时对应的空间四面体

图 6-21　指针变量 N 与空间四面体的对应关系

式中，$\boldsymbol{M}_{\mathrm{d}}^{-1}=\begin{bmatrix} U_{\mathrm{d1\_a}} & U_{\mathrm{d2\_a}} & U_{\mathrm{d3\_a}} \\ U_{\mathrm{d1\_b}} & U_{\mathrm{d2\_b}} & U_{\mathrm{d3\_b}} \\ U_{\mathrm{d1\_c}} & U_{\mathrm{d2\_c}} & U_{\mathrm{d3\_c}} \end{bmatrix}^{-1}$。

3 个非零开关电压矢量的占空比 d_1、d_2、d_3 确定之后，就可以得到另外两个零矢量 $\boldsymbol{U}_0$ 和 $\boldsymbol{U}_{15}$ 的占空比 d_0 为

$$d_0=1-d_1-d_2-d_3 \tag{6-51}$$

例如，当 $N=64$ 时，这时 3 个非零开关电压矢量分别为 $\boldsymbol{U}_4$、$\boldsymbol{U}_6$、$\boldsymbol{U}_7$，根据式(6-49)可以计算出它们的占空比为

$$\begin{bmatrix} d_1 \\ d_2 \\ d_3 \end{bmatrix}=\begin{bmatrix} 1 & 1 & 1 \\ 0 & 1 & 1 \\ 0 & 0 & 1 \end{bmatrix}^{-1}\boldsymbol{U}_{\mathrm{ref}}=\begin{bmatrix} 1 & -1 & 0 \\ 0 & 1 & -1 \\ 0 & 0 & 1 \end{bmatrix}\boldsymbol{U}_{\mathrm{ref}}=\begin{bmatrix} U_{\mathrm{aref}}-U_{\mathrm{bref}} \\ U_{\mathrm{bref}}-U_{\mathrm{cref}} \\ U_{\mathrm{cref}} \end{bmatrix} \tag{6-52}$$

可以得到计算非零开关电压矢量作用时间的转换矩阵 $\boldsymbol{M}_{\mathrm{d}}$ 和 $\boldsymbol{M}_{\mathrm{d}}^{-1}$ 如表 6-9 所示。

表 6-9　用于计算非零矢量作用时间的转换矩阵 $\boldsymbol{M}_{\mathrm{d}}$ 和 $\boldsymbol{M}_{\mathrm{d}}^{-1}$

N	$\boldsymbol{U}_{\mathrm{d1}},\boldsymbol{U}_{\mathrm{d2}},\boldsymbol{U}_{\mathrm{d3}}$	$\boldsymbol{M}_{\mathrm{d}}$	$\boldsymbol{M}_{\mathrm{d}}^{-1}$
1	$\boldsymbol{U}_8,\boldsymbol{U}_9,\boldsymbol{U}_{11}$	$\begin{bmatrix} -1 & -1 & -1 \\ -1 & -1 & 0 \\ -1 & 0 & 0 \end{bmatrix}$	$\begin{bmatrix} 0 & 0 & -1 \\ 0 & -1 & 1 \\ -1 & 1 & 0 \end{bmatrix}$
5	$\boldsymbol{U}_1,\boldsymbol{U}_9,\boldsymbol{U}_{11}$	$\begin{bmatrix} 0 & -1 & -1 \\ 0 & -1 & 0 \\ 1 & 0 & 0 \end{bmatrix}$	$\begin{bmatrix} 0 & 0 & 1 \\ 0 & -1 & 0 \\ -1 & 1 & 0 \end{bmatrix}$
7	$\boldsymbol{U}_1,\boldsymbol{U}_3,\boldsymbol{U}_{11}$	$\begin{bmatrix} 0 & 0 & -1 \\ 0 & 1 & 0 \\ 1 & 1 & 0 \end{bmatrix}$	$\begin{bmatrix} 0 & -1 & 1 \\ 0 & 1 & 0 \\ -1 & 0 & 0 \end{bmatrix}$
8	$\boldsymbol{U}_1,\boldsymbol{U}_3,\boldsymbol{U}_7$	$\begin{bmatrix} 0 & 0 & 1 \\ 0 & 1 & 1 \\ 1 & 1 & 1 \end{bmatrix}$	$\begin{bmatrix} 0 & -1 & 1 \\ -1 & 1 & 0 \\ 1 & 0 & 0 \end{bmatrix}$
9	$\boldsymbol{U}_8,\boldsymbol{U}_9,\boldsymbol{U}_{13}$	$\begin{bmatrix} -1 & -1 & 0 \\ -1 & -1 & -1 \\ -1 & 0 & 0 \end{bmatrix}$	$\begin{bmatrix} 0 & 0 & -1 \\ -1 & 0 & 1 \\ 1 & -1 & 0 \end{bmatrix}$
13	$\boldsymbol{U}_1,\boldsymbol{U}_9,\boldsymbol{U}_{13}$	$\begin{bmatrix} 0 & -1 & 0 \\ 0 & -1 & -1 \\ 1 & 0 & 0 \end{bmatrix}$	$\begin{bmatrix} 0 & 0 & 1 \\ -1 & 0 & 0 \\ 1 & -1 & 0 \end{bmatrix}$
14	$\boldsymbol{U}_1,\boldsymbol{U}_5,\boldsymbol{U}_{13}$	$\begin{bmatrix} 0 & 1 & 0 \\ 0 & 0 & -1 \\ 1 & 1 & 0 \end{bmatrix}$	$\begin{bmatrix} -1 & 0 & 1 \\ 1 & 0 & 0 \\ 0 & -1 & 0 \end{bmatrix}$

续表

N	$\boldsymbol{U}_{d1},\boldsymbol{U}_{d2},\boldsymbol{U}_{d3}$	$\boldsymbol{M}_d$	$\boldsymbol{M}_d^{-1}$
16	$\boldsymbol{U}_1,\boldsymbol{U}_5,\boldsymbol{U}_7$	$\begin{bmatrix}0&1&1\\0&0&1\\1&1&1\end{bmatrix}$	$\begin{bmatrix}-1&0&1\\1&-1&0\\0&1&0\end{bmatrix}$
17	$\boldsymbol{U}_8,\boldsymbol{U}_{10},\boldsymbol{U}_{11}$	$\begin{bmatrix}-1&-1&-1\\-1&0&0\\-1&-1&0\end{bmatrix}$	$\begin{bmatrix}0&-1&0\\0&1&-1\\-1&0&1\end{bmatrix}$
19	$\boldsymbol{U}_2,\boldsymbol{U}_{10},\boldsymbol{U}_{11}$	$\begin{bmatrix}0&-1&-1\\1&0&0\\0&-1&0\end{bmatrix}$	$\begin{bmatrix}0&1&0\\0&0&-1\\-1&0&1\end{bmatrix}$
23	$\boldsymbol{U}_2,\boldsymbol{U}_3,\boldsymbol{U}_{11}$	$\begin{bmatrix}0&0&-1\\1&1&0\\0&1&0\end{bmatrix}$	$\begin{bmatrix}0&1&-1\\0&0&1\\-1&0&0\end{bmatrix}$
24	$\boldsymbol{U}_2,\boldsymbol{U}_3,\boldsymbol{U}_7$	$\begin{bmatrix}0&0&1\\1&1&1\\0&1&1\end{bmatrix}$	$\begin{bmatrix}0&1&-1\\-1&0&1\\1&0&0\end{bmatrix}$
41	$\boldsymbol{U}_8,\boldsymbol{U}_{12},\boldsymbol{U}_{13}$	$\begin{bmatrix}-1&0&0\\-1&-1&-1\\-1&-1&0\end{bmatrix}$	$\begin{bmatrix}-1&0&0\\1&0&-1\\0&-1&1\end{bmatrix}$
42	$\boldsymbol{U}_4,\boldsymbol{U}_{12},\boldsymbol{U}_{13}$	$\begin{bmatrix}1&0&0\\0&-1&-1\\0&-1&0\end{bmatrix}$	$\begin{bmatrix}1&0&0\\0&0&-1\\0&-1&1\end{bmatrix}$
46	$\boldsymbol{U}_4,\boldsymbol{U}_5,\boldsymbol{U}_{13}$	$\begin{bmatrix}1&1&0\\0&0&-1\\0&1&0\end{bmatrix}$	$\begin{bmatrix}1&0&-1\\0&0&1\\0&-1&0\end{bmatrix}$
48	$\boldsymbol{U}_4,\boldsymbol{U}_5,\boldsymbol{U}_7$	$\begin{bmatrix}1&1&1\\0&0&1\\0&1&1\end{bmatrix}$	$\begin{bmatrix}1&0&-1\\0&-1&1\\0&1&0\end{bmatrix}$
49	$\boldsymbol{U}_8,\boldsymbol{U}_{10},\boldsymbol{U}_{14}$	$\begin{bmatrix}-1&-1&0\\-1&0&0\\-1&-1&-1\end{bmatrix}$	$\begin{bmatrix}0&-1&0\\-1&1&0\\1&0&-1\end{bmatrix}$
51	$\boldsymbol{U}_2,\boldsymbol{U}_{10},\boldsymbol{U}_{14}$	$\begin{bmatrix}0&-1&0\\1&0&0\\0&-1&-1\end{bmatrix}$	$\begin{bmatrix}0&1&0\\-1&0&0\\1&0&-1\end{bmatrix}$

续表

N	$\boldsymbol{U}_{d1},\boldsymbol{U}_{d2},\boldsymbol{U}_{d3}$	$\boldsymbol{M}_d$	$\boldsymbol{M}_d^{-1}$
52	$\boldsymbol{U}_2,\boldsymbol{U}_6,\boldsymbol{U}_{14}$	$\begin{bmatrix}0&1&0\\1&1&0\\0&0&-1\end{bmatrix}$	$\begin{bmatrix}-1&1&0\\1&0&0\\0&0&-1\end{bmatrix}$
56	$\boldsymbol{U}_2,\boldsymbol{U}_6,\boldsymbol{U}_7$	$\begin{bmatrix}0&1&1\\1&1&1\\0&0&1\end{bmatrix}$	$\begin{bmatrix}-1&1&0\\1&0&-1\\0&0&1\end{bmatrix}$
57	$\boldsymbol{U}_8,\boldsymbol{U}_{12},\boldsymbol{U}_{14}$	$\begin{bmatrix}-1&0&0\\-1&-1&0\\-1&-1&-1\end{bmatrix}$	$\begin{bmatrix}-1&0&0\\1&-1&0\\0&1&-1\end{bmatrix}$
58	$\boldsymbol{U}_4,\boldsymbol{U}_{12},\boldsymbol{U}_{14}$	$\begin{bmatrix}1&0&0\\0&-1&0\\0&-1&-1\end{bmatrix}$	$\begin{bmatrix}1&0&0\\0&-1&0\\0&1&-1\end{bmatrix}$
60	$\boldsymbol{U}_4,\boldsymbol{U}_6,\boldsymbol{U}_{14}$	$\begin{bmatrix}1&1&0\\0&1&0\\0&0&-1\end{bmatrix}$	$\begin{bmatrix}1&-1&0\\0&1&0\\0&0&-1\end{bmatrix}$
64	$\boldsymbol{U}_4,\boldsymbol{U}_6,\boldsymbol{U}_7$	$\begin{bmatrix}1&1&1\\0&1&1\\0&0&1\end{bmatrix}$	$\begin{bmatrix}1&-1&0\\0&1&-1\\0&0&1\end{bmatrix}$

根据表 6-9 所示的数据可以推导出指针变量 N 与矢量组、占空比的对应关系，如表 6-10 所示。

表 6-10　指针变量 N 与矢量组、占空比的对应关系

N	$\boldsymbol{U}_{d1}$	$\boldsymbol{U}_{d2}$	$\boldsymbol{U}_{d3}$	d_1	d_2	d_3
1	$\boldsymbol{U}_8$	$\boldsymbol{U}_9$	$\boldsymbol{U}_{11}$	$-\boldsymbol{U}_{cref}$	$-\boldsymbol{U}_{bref}+\boldsymbol{U}_{cref}$	$-\boldsymbol{U}_{aref}+\boldsymbol{U}_{bref}$
5	$\boldsymbol{U}_1$	$\boldsymbol{U}_9$	$\boldsymbol{U}_{11}$	$\boldsymbol{U}_{cref}$	$-\boldsymbol{U}_{bref}$	$-\boldsymbol{U}_{aref}+\boldsymbol{U}_{bref}$
7	$\boldsymbol{U}_1$	$\boldsymbol{U}_3$	$\boldsymbol{U}_{11}$	$-\boldsymbol{U}_{bref}+\boldsymbol{U}_{cref}$	$-\boldsymbol{U}_{bref}$	$-\boldsymbol{U}_{aref}$
8	$\boldsymbol{U}_1$	$\boldsymbol{U}_3$	$\boldsymbol{U}_7$	$-\boldsymbol{U}_{bref}+\boldsymbol{U}_{cref}$	$-\boldsymbol{U}_{aref}+\boldsymbol{U}_{bref}$	$\boldsymbol{U}_{aref}$
9	$\boldsymbol{U}_8$	$\boldsymbol{U}_9$	$\boldsymbol{U}_{13}$	$-\boldsymbol{U}_{cref}$	$-\boldsymbol{U}_{aref}+\boldsymbol{U}_{cref}$	$\boldsymbol{U}_{aref}-\boldsymbol{U}_{bref}$
13	$\boldsymbol{U}_1$	$\boldsymbol{U}_9$	$\boldsymbol{U}_{13}$	$\boldsymbol{U}_{cref}$	$-\boldsymbol{U}_{aref}$	$\boldsymbol{U}_{aref}-\boldsymbol{U}_{bref}$
14	$\boldsymbol{U}_1$	$\boldsymbol{U}_5$	$\boldsymbol{U}_{13}$	$-\boldsymbol{U}_{aref}+\boldsymbol{U}_{cref}$	$\boldsymbol{U}_{aref}$	$-\boldsymbol{U}_{bref}$
16	$\boldsymbol{U}_1$	$\boldsymbol{U}_5$	$\boldsymbol{U}_7$	$-\boldsymbol{U}_{aref}+\boldsymbol{U}_{cref}$	$\boldsymbol{U}_{aref}-\boldsymbol{U}_{bref}$	$\boldsymbol{U}_{bref}$
17	$\boldsymbol{U}_8$	$\boldsymbol{U}_{10}$	$\boldsymbol{U}_{11}$	$-\boldsymbol{U}_{bref}$	$\boldsymbol{U}_{bref}-\boldsymbol{U}_{cref}$	$-\boldsymbol{U}_{aref}+\boldsymbol{U}_{cref}$
19	$\boldsymbol{U}_2$	$\boldsymbol{U}_{10}$	$\boldsymbol{U}_{11}$	$\boldsymbol{U}_{bref}$	$-\boldsymbol{U}_{cref}$	$-\boldsymbol{U}_{aref}+\boldsymbol{U}_{cref}$
23	$\boldsymbol{U}_2$	$\boldsymbol{U}_3$	$\boldsymbol{U}_{11}$	$\boldsymbol{U}_{bref}-\boldsymbol{U}_{cref}$	$\boldsymbol{U}_{cref}$	$-\boldsymbol{U}_{aref}$
24	$\boldsymbol{U}_2$	$\boldsymbol{U}_3$	$\boldsymbol{U}_7$	$\boldsymbol{U}_{bref}-\boldsymbol{U}_{cref}$	$-\boldsymbol{U}_{aref}+\boldsymbol{U}_{cref}$	$\boldsymbol{U}_{aref}$
41	$\boldsymbol{U}_8$	$\boldsymbol{U}_{12}$	$\boldsymbol{U}_{13}$	$-\boldsymbol{U}_{aref}$	$\boldsymbol{U}_{aref}-\boldsymbol{U}_{cref}$	$-\boldsymbol{U}_{bref}+\boldsymbol{U}_{cref}$

续表

N	$\boldsymbol{U}_{d1}$	$\boldsymbol{U}_{d2}$	$\boldsymbol{U}_{d3}$	d_1	d_2	d_3
42	$\boldsymbol{U}_4$	$\boldsymbol{U}_{12}$	$\boldsymbol{U}_{13}$	$\boldsymbol{U}_{aref}$	$-\boldsymbol{U}_{cref}$	$-\boldsymbol{U}_{bref}+\boldsymbol{U}_{cref}$
46	$\boldsymbol{U}_4$	$\boldsymbol{U}_5$	$\boldsymbol{U}_{13}$	$\boldsymbol{U}_{aref}-\boldsymbol{U}_{cref}$	$\boldsymbol{U}_{cref}$	$-\boldsymbol{U}_{bref}$
48	$\boldsymbol{U}_4$	$\boldsymbol{U}_5$	$\boldsymbol{U}_7$	$\boldsymbol{U}_{aref}-\boldsymbol{U}_{cref}$	$-\boldsymbol{U}_{bref}+\boldsymbol{U}_{cref}$	$\boldsymbol{U}_{bref}$
49	$\boldsymbol{U}_8$	$\boldsymbol{U}_{10}$	$\boldsymbol{U}_{14}$	$-\boldsymbol{U}_{bref}$	$-\boldsymbol{U}_{aref}+\boldsymbol{U}_{bref}$	$\boldsymbol{U}_{aref}-\boldsymbol{U}_{cref}$
51	$\boldsymbol{U}_2$	$\boldsymbol{U}_{10}$	$\boldsymbol{U}_{14}$	$\boldsymbol{U}_{bref}$	$-\boldsymbol{U}_{aref}$	$\boldsymbol{U}_{aref}-\boldsymbol{U}_{cref}$
52	$\boldsymbol{U}_2$	$\boldsymbol{U}_6$	$\boldsymbol{U}_{14}$	$-\boldsymbol{U}_{aref}+\boldsymbol{U}_{bref}$	$\boldsymbol{U}_{aref}$	$-\boldsymbol{U}_{cref}$
56	$\boldsymbol{U}_2$	$\boldsymbol{U}_6$	$\boldsymbol{U}_7$	$-\boldsymbol{U}_{aref}+\boldsymbol{U}_{bref}$	$\boldsymbol{U}_{aref}-\boldsymbol{U}_{cref}$	$\boldsymbol{U}_{cref}$
57	$\boldsymbol{U}_8$	$\boldsymbol{U}_{12}$	$\boldsymbol{U}_{14}$	$-\boldsymbol{U}_{aref}$	$\boldsymbol{U}_{aref}-\boldsymbol{U}_{bref}$	$\boldsymbol{U}_{bref}-\boldsymbol{U}_{cref}$
58	$\boldsymbol{U}_4$	$\boldsymbol{U}_{12}$	$\boldsymbol{U}_{14}$	$\boldsymbol{U}_{aref}$	$-\boldsymbol{U}_{bref}$	$\boldsymbol{U}_{bref}-\boldsymbol{U}_{cref}$
60	$\boldsymbol{U}_4$	$\boldsymbol{U}_6$	$\boldsymbol{U}_{14}$	$\boldsymbol{U}_{aref}-\boldsymbol{U}_{bref}$	$\boldsymbol{U}_{bref}$	$-\boldsymbol{U}_{cref}$
64	$\boldsymbol{U}_4$	$\boldsymbol{U}_6$	$\boldsymbol{U}_7$	$\boldsymbol{U}_{aref}-\boldsymbol{U}_{bref}$	$\boldsymbol{U}_{bref}-\boldsymbol{U}_{cref}$	$\boldsymbol{U}_{cref}$

2. 开关电压矢量的排序

当 3 个非零开关电压矢量确定之后，就需要确定各个开关电压矢量的排列顺序，也就是决定开关电压矢量的作用顺序。采用一种开关电压矢量对称排列的方式，仅需要增加一个零矢量。这种方式的优点是在一个周期内，对于 A、B、C 臂对而言，每个开关管只需要工作 2/3 的时间，开关损耗小。例如，当指针变量 $N=23$ 时，这时对应的 3 个非零开关电压矢量分别为 $\boldsymbol{U}_2$、$\boldsymbol{U}_3$、$\boldsymbol{U}_{11}$，它们的排列方式如图 6-22 所示。

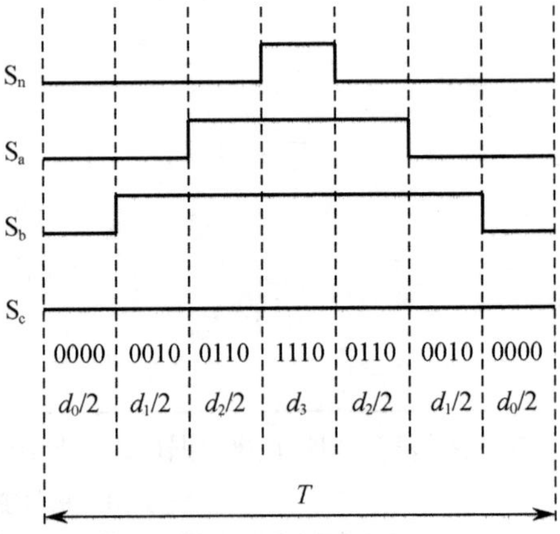

图 6-22　$N=23$ 时的开关排序

假设 d_a、d_b、d_c、d_n 分别为各个臂对上开关管导通时间对开关周期的占空比。如图 6-22 所示，可以得到 $N=23$ 时各个臂对的占空比为

$$\begin{cases} d_n=d_3 \\ d_a=d_2+d_3 \\ d_b=d_1+d_2+d_3 \\ d_c=0 \end{cases} \tag{6-53}$$

将式(6-53)写成矩阵形式

$$[d_n \quad d_a \quad d_b \quad d_c]^T=\boldsymbol{S}_d\cdot\boldsymbol{d}=\begin{bmatrix} 0 & 0 & 1 \\ 0 & 1 & 1 \\ 1 & 1 & 1 \\ 0 & 0 & 0 \end{bmatrix}\cdot\boldsymbol{d} \tag{6-54}$$

$\boldsymbol{S}_d$ 是由非零开关电压矢量对应的开关函数构成的，因为 N 有 24 个不同的取值，$\boldsymbol{S}_d$ 也会产生不同的 24 个变换矩阵，如表 6-11 所示。

表 6-11　开关管占空比计算矩阵 S_d

N	S_d	N	S_d	N	S_d	N	S_d
1	$\begin{bmatrix}1&1&1\\0&0&0\\0&0&1\\0&1&1\end{bmatrix}$	14	$\begin{bmatrix}0&0&1\\0&1&1\\0&0&0\\1&1&1\end{bmatrix}$	41	$\begin{bmatrix}1&1&1\\0&1&1\\0&0&0\\0&0&1\end{bmatrix}$	52	$\begin{bmatrix}0&0&1\\0&1&1\\1&1&1\\0&0&0\end{bmatrix}$
5	$\begin{bmatrix}0&1&1\\0&0&0\\0&0&1\\1&1&1\end{bmatrix}$	16	$\begin{bmatrix}0&0&0\\0&1&1\\0&0&1\\1&1&1\end{bmatrix}$	42	$\begin{bmatrix}0&1&1\\1&1&1\\0&0&0\\0&0&1\end{bmatrix}$	56	$\begin{bmatrix}0&0&0\\0&1&1\\1&1&1\\0&0&1\end{bmatrix}$
7	$\begin{bmatrix}0&0&1\\0&0&0\\0&1&1\\1&1&1\end{bmatrix}$	17	$\begin{bmatrix}1&1&1\\0&0&0\\0&1&1\\0&0&1\end{bmatrix}$	46	$\begin{bmatrix}0&0&1\\1&1&1\\0&0&0\\0&1&1\end{bmatrix}$	57	$\begin{bmatrix}1&1&1\\0&1&1\\0&0&1\\0&0&0\end{bmatrix}$
8	$\begin{bmatrix}0&0&0\\0&0&1\\0&1&1\\1&1&1\end{bmatrix}$	19	$\begin{bmatrix}0&1&1\\0&0&0\\1&1&1\\0&0&1\end{bmatrix}$	48	$\begin{bmatrix}0&0&0\\1&1&1\\0&0&1\\0&1&1\end{bmatrix}$	58	$\begin{bmatrix}0&1&1\\1&1&1\\0&0&1\\0&0&0\end{bmatrix}$
9	$\begin{bmatrix}1&1&1\\0&0&1\\0&0&0\\0&1&1\end{bmatrix}$	23	$\begin{bmatrix}0&0&1\\0&0&0\\1&1&1\\0&0&1\end{bmatrix}$	49	$\begin{bmatrix}1&1&1\\0&0&1\\0&1&1\\0&0&0\end{bmatrix}$	60	$\begin{bmatrix}0&0&1\\1&1&1\\0&1&1\\0&0&0\end{bmatrix}$
13	$\begin{bmatrix}0&1&1\\0&0&1\\0&0&0\\1&1&1\end{bmatrix}$	24	$\begin{bmatrix}0&0&0\\0&0&1\\1&1&1\\0&1&1\end{bmatrix}$	51	$\begin{bmatrix}0&1&1\\0&0&1\\1&1&1\\0&0&0\end{bmatrix}$	64	$\begin{bmatrix}0&0&0\\1&1&1\\0&1&1\\0&0&1\end{bmatrix}$

由表 6-11 可以得出，当占空比确定之后，就可以作用于三相四桥臂逆变器开关管生成对应的 PWM 脉冲波形。

6.5.4　3D-SVPWM 的仿真验证

设置三相四桥臂逆变器的开关频率为 10kHz，直流母线电压 $\boldsymbol{U}_d=500\text{V}$，在 MATLAB/Simulink 软件中搭建 3D-SVPWM 的仿真模型，输入端加载的是三相正弦电压信号。可以得到各个臂对的调制波形如图 6-23 所示，PWM 脉冲相电压输出波形如图 6-24 所示。

由图 6-23 可以看出，前 3 个臂对的调制波形都是注入了 3 次谐波之后的马鞍波形，它是以正弦波为调制波，等腰三角形为载波，二者共同作用所形成的。第四臂对的调制波形则由三角波组成，由于它仅仅含有载波，无调制波。从图 6-24 可以看出，PWM 脉冲相电压输出波形共含有 7 个不同的电压状态。

当逆变器承接三相不平衡负载时，三相电流和电压输出波形如图 6-25 和图 6-26 所示。从图 6-25 可以看出，由于负载差距较大，导致三相输出电流的幅值也相差较大。由于此时仅对三相四桥臂逆变器进行了 3D-SVPWM 控制。从图 6-26 可以看出，随着负载的变化电压幅值也在不断变化，难以达到电压对称输出的目标。因此，必须对三相四桥臂逆变器的控制器进行设计，以完成相应的闭环控制。

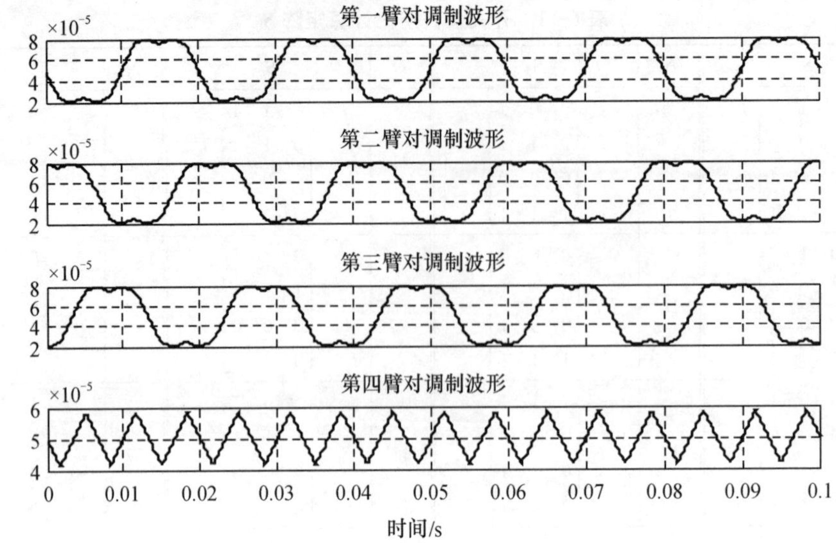

图 6-23　各个臂对的调制波形

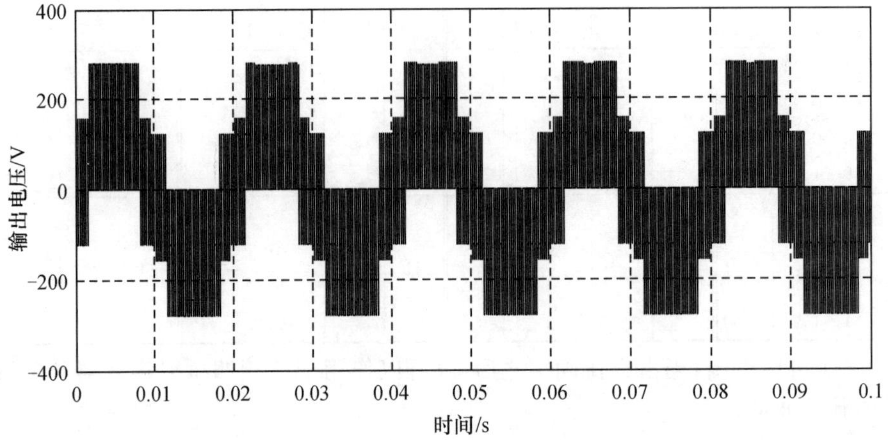

图 6-24　PWM 脉冲相电压输出波形

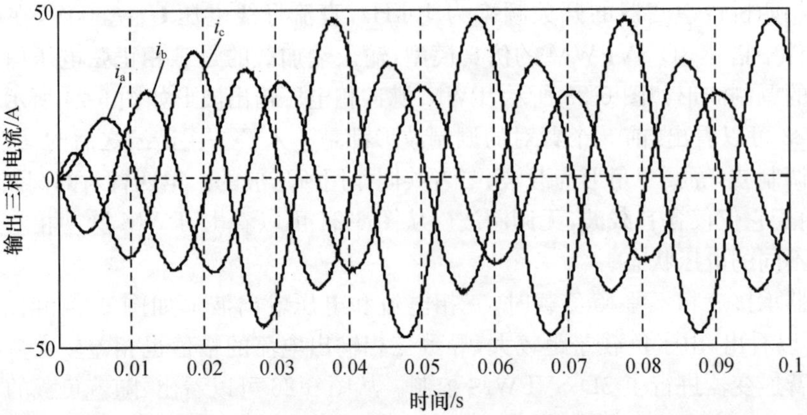

图 6-25　三相电流输出波形

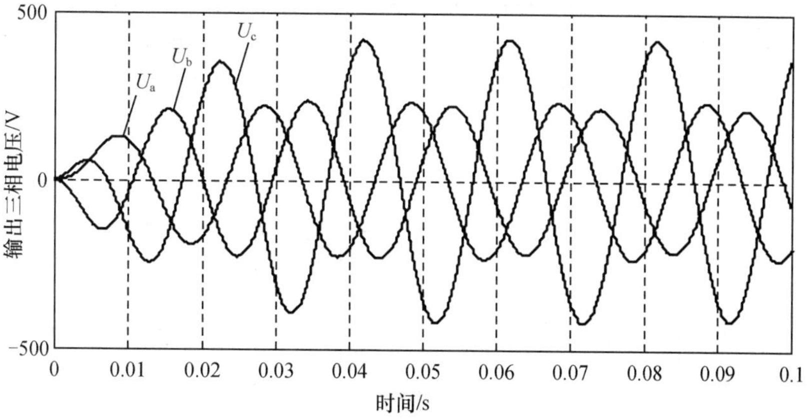

图 6-26 三相电压输出波形

6.6 三电平 SVPWM 技术

三电平逆变器的关键技术之一是 PWM 控制信号的发生。三电平 SVPWM 算法具有更适合向多电平 PWM 拓展等优点，因此三电平 SVPWM 控制算法一直以来都是三电平逆变器研究的热点。

6.6.1 三电平空间矢量概述

对于普遍意义上的空间矢量调制方法，其“空间”一词仅具有数学上的意义，并无实际物理意义。普遍意义上的电压空间矢量方法是从数学角度出发，将三相变换器的各相电压定义在互差120°的平面坐标系上，并将三相输出电压 U_a、U_b、U_c 转换到复平面上合成空间矢量 $\boldsymbol{U}_s$，并定义

$$\boldsymbol{U}_s=\frac{2}{3}(U_a+U_b e^{j\frac{2\pi}{3}}+U_c e^{-j\frac{2\pi}{3}}) \tag{6-55}$$

如图 6-27 为三电平逆变器主电路，实际上三电平空间矢量与两电平空间矢量概念上是一致的。若以图 6-27 中的负载中心点 N 为电位参考点，则三电平逆变器的三相瞬时输出相电压可定义为

$$\begin{cases} u_{an}=\dfrac{1}{2}\left[S_a-\dfrac{1}{3}(S_a+S_b+S_c)\right]U_{dc} \\ u_{bn}=\dfrac{1}{2}\left[S_b-\dfrac{1}{3}(S_a+S_b+S_c)\right]U_{dc} \\ u_{cn}=\dfrac{1}{2}\left[S_c-\dfrac{1}{3}(S_a+S_b+S_c)\right]U_{dc} \end{cases} \tag{6-56}$$

式中，S_a、S_b、S_c 为三相输出的开关变量，其具体定义为

$$S_x=\begin{cases} 1 & 当(S_{x1},S_{x2},S_{x3},S_{x4})=(1,1,0,0)，输出电压 U_{dc}/2 \\ 0 & 当(S_{x1},S_{x2},S_{x3},S_{x4})=(0,1,1,0)，输出电压 0 \\ -1 & 当(S_{x1},S_{x2},S_{x3},S_{x4})=(0,0,1,1)，输出电压 U_{dc}/2 \end{cases} \tag{6-57}$$

式中，x=a,b,c；1 对应开关器件开通；0 对应开关器件关断。

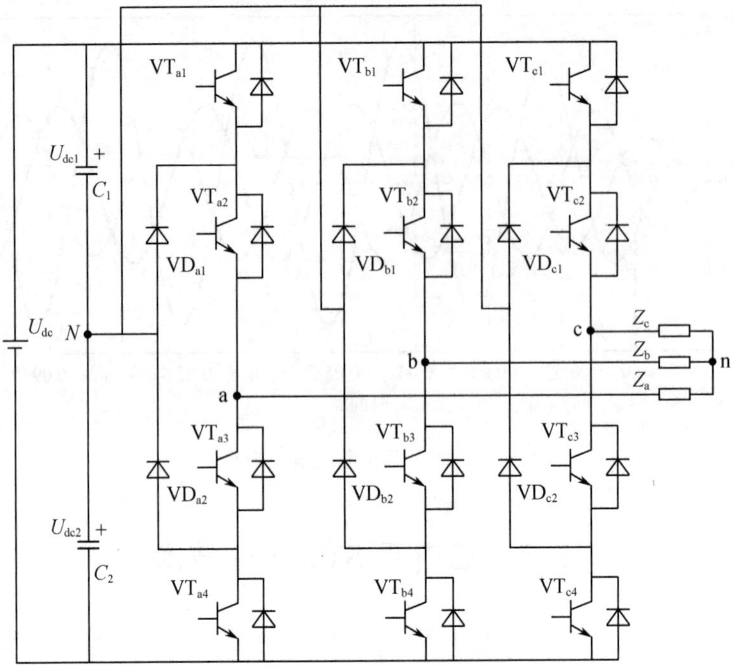

图 6-27　三电平逆变器主电路拓扑结构

对于三相三电平逆变器，由于每相具有 3 种开关状态，因此共有 $3^3=27$ 种开关组合，对应 27 组不同的开关状态组合，其电压空间矢量可以根据式(6-55)表示为

$$\begin{aligned} U_k &= \frac{2}{3}(U_{an}+U_{bn}e^{j\frac{2\pi}{3}}+U_{cn}e^{-j\frac{2\pi}{3}}) \\ &= \frac{1}{3}U_{dc}(S_a+S_b e^{j\frac{2\pi}{3}}+S_c e^{-j\frac{2\pi}{3}}) \\ &= \frac{1}{6}U_{dc}[(2S_a-S_b-S_c)+j\sqrt{3}(S_b-S_c)] \end{aligned} \tag{6-58}$$

由式(6-58)可以画出三相三电平逆变器的空间矢量分布图，如图 6-28 所示。图中的 27 种开关状态组合形成 27 个电压矢量，在下面的论述中可用 3 个桥臂的开关状态码来标记空间矢量，如 11-1、001 等。

从图 6-28 中看出，三电平逆变器的同一矢量位置可能对应不同的开关状态组成的矢量，即存在一定的冗余，因此可将 27 个电压矢量进一步归纳为 19 个基本空间矢量。根据电压矢量幅值的不同，可把 19 个空间电压矢量分为 4 类：零矢量、小矢量、中矢量、大矢量，对应于表 6-12。其中，小矢量的幅值为 $U_{dc}/3$，中矢量的幅值为在 $U_{dc}/3$，大矢量的幅值为 $2U_{dc}/3$。27 个矢量的顶点可构成如图 6-28 所示的六边形空间矢量图。三电平逆变器的 27 个矢量远多于两电平逆变器的 8 个矢量，而矢量选择范围的拓展使得合成时过渡更自然，即能更好地逼近参考矢量，因此输出谐波分量更少，并能获得更好的逆变控制性能。

图 6-28 中，6 个大矢量将矢量空间划分成 A～F 这 6 个大区域。而在每个大区域之中，又由其包含的各矢量的顶点组成 4 个小区域，因此共有 24 个小区域。空间矢量调制的控制思想就是当参考电压矢量位于某一个小区域时，可选择该区域中离参考电压矢量最近的 3 个矢量来合成，这种方法称之为最近三矢量法。

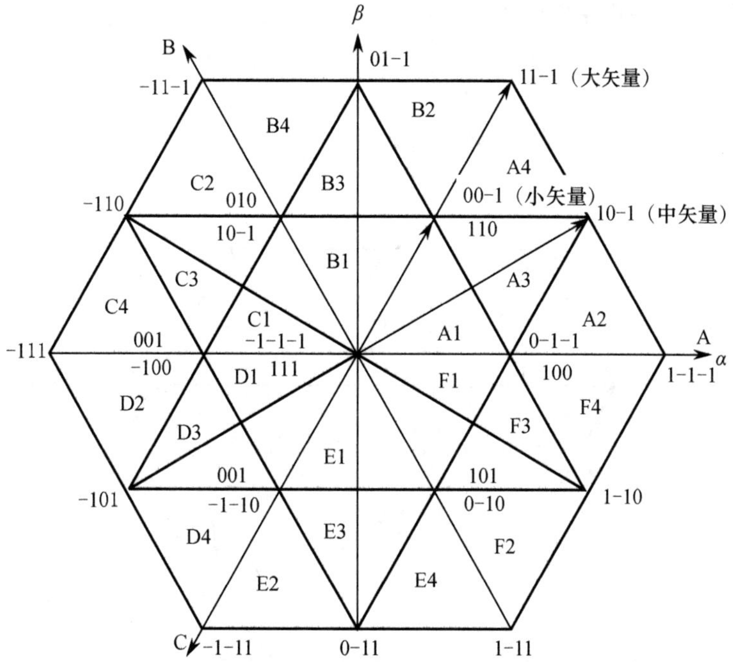

图 6-28　三电平空间电压矢量分布图

表 6-12　矢量分类表

零矢量	000,111,-1-1-1
小矢量	100,110,010,011,001,101; 0-1-1,00-1,-10-1,-100,-1-10,0-10
中矢量	10-1,01-1,-110,-101,0-11,1-10
大矢量	1-1-1,11-1,-11-1,-111 -1-11,1-11

6.6.2　查表式 SVPWM 矢量发生

1. 矢量选择

假定 A、B、C 三相参考电压如下

$$\begin{cases} U_a = U_m \sin\omega t \\ U_b = U_m \sin\left(\omega t - \dfrac{2}{3}\pi\right) \\ U_c = U_m \sin\left(\omega t - \dfrac{4}{3}\pi\right) \end{cases} \tag{6-59}$$

则由式(6-55)可将参考空间电压矢量 $\boldsymbol{U}_{ref}$ 定义为

$$\begin{aligned} \boldsymbol{U}_{ref} &= \frac{2}{3}(U_a + U_b e^{j\frac{2\pi}{3}} + U_c e^{-j\frac{2\pi}{3}}) \\ &= U_m(\cos\omega t + j\sin\omega t) \\ &= \boldsymbol{U}_\alpha + j\boldsymbol{U}_\beta \\ &= U_m e^{j\omega t} \end{aligned} \tag{6-60}$$

在图 6-29 所示的三电平空间电压矢量图中，参考矢量 $\boldsymbol{U}_{\text{ref}}$ 是以角速度 ω 旋转的一个圆形轨迹。对于任一个 $\boldsymbol{U}_{\text{ref}}$，只需知道 $\boldsymbol{U}_{\text{ref}}$ 的幅值和相角，就能判断出 $\boldsymbol{U}_{\text{ref}}$ 处于哪个区域，然后选择离参考电压矢量最近的 3 个电压矢量即所谓的“最近三矢量”进行矢量合成。对于参考电压矢量 $\boldsymbol{U}_{\text{ref}}$，也可以看作是由 α、β 轴合成得到的，如图 6-30 所示。

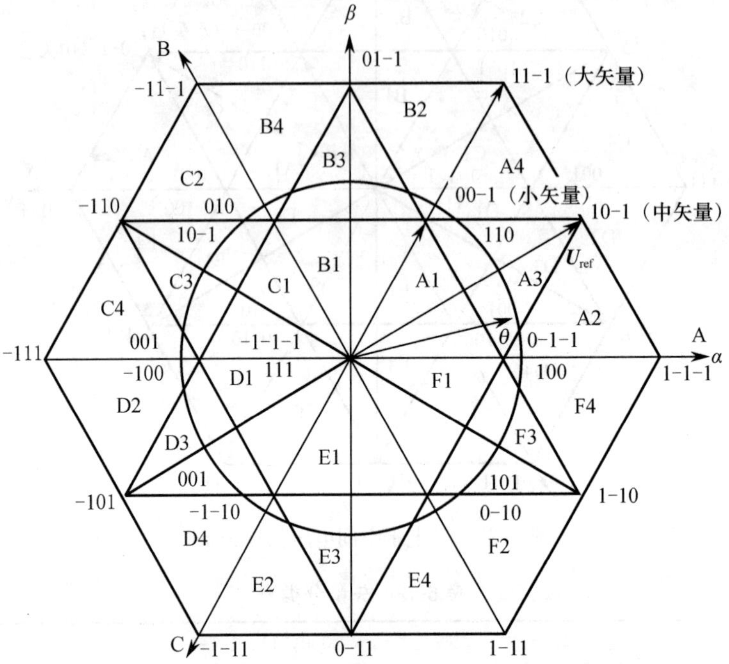

图 6-29　参考电压矢量在空间矢量图中的轨迹

当参考电压矢量 $\boldsymbol{U}_{\text{ref}}$ 位于某一个小区域时，可选择该区域中“最近三矢量”来合成。所谓的“最近三矢量”，即 $\boldsymbol{U}_{\text{ref}}$ 所在小三角形区域 3 个顶点代表的矢量。如图 6-29 所示的参考电压矢量 $\boldsymbol{U}_{\text{ref}}$，其“最近三矢量”为 00-1/110，10-1，0-1-1/100。

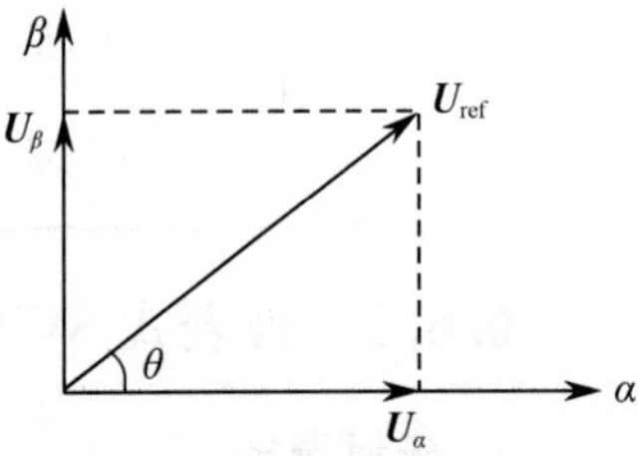

图 6-30　$\boldsymbol{U}_\alpha$、$\boldsymbol{U}_\beta$ 合成 $\boldsymbol{U}_{\text{ref}}$

2. 矢量合成

(1) 根据 $|\boldsymbol{U}_{\text{ref}}|$ 和 θ 判断区域和矢量合成

先根据参考电压矢量 $\boldsymbol{U}_{\text{ref}}$ 与 α 轴的夹角 θ 的大小，判断参考电压矢量 $\boldsymbol{U}_{\text{ref}}$ 位于 A～F 哪个区域，然后根据 θ 和 $|\boldsymbol{U}_{\text{ref}}|$ 共同来判断属于该区域的哪个小区间。若以图 6-29 所示的 A 区域为例，如图 6-31a 所示，由 a 轴将 A 区域分成两个分区：$\theta=0°\sim30°$ 为第一分区；$\theta=30°\sim60°$ 为第二分区。当 $\boldsymbol{U}_{\text{ref}}$ 在第一分区时，如图 6-31b 所示，则应用正弦定理可得

$$\begin{cases}\dfrac{|\boldsymbol{U}_1^*|}{\sin\dfrac{\pi}{3}}=\dfrac{\dfrac{U_{\text{dc}}}{3}}{\sin\left(\dfrac{2\pi}{3}-\theta\right)}\\[2ex]\dfrac{|\boldsymbol{U}_2^*|}{\sin\dfrac{2\pi}{3}}=\dfrac{\dfrac{U_{\text{dc}}}{3}}{\sin\left(\dfrac{\pi}{3}-\theta\right)}\end{cases}\tag{6-61}$$

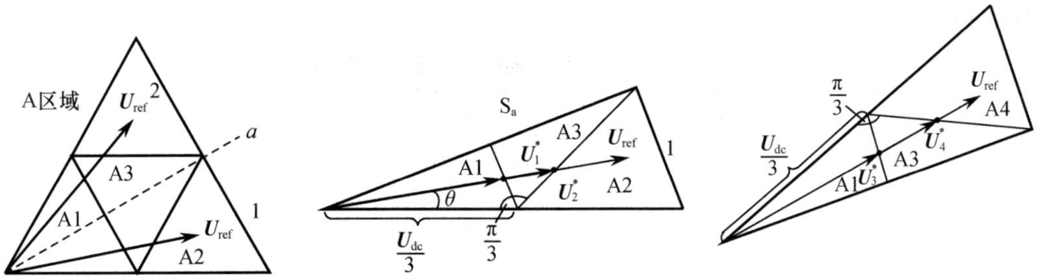

（a）　　　　　　　　（b）　　　　　　　　（c）

图 6-31　利用 θ 和 $|\boldsymbol{U}_{ref}|$ 判断 U_{ref} 所在区域

由式(6-61)可以求出两个交点处的长度 $|\boldsymbol{U}_1^*|$ 和 $|\boldsymbol{U}_2^*|$。当 $|\boldsymbol{U}_{ref}|<|\boldsymbol{U}_1^*|$ 时，处于 A1 区间；当 $|\boldsymbol{U}_1^*|<|\boldsymbol{U}_{ref}|<|\boldsymbol{U}_2^*|$ 时，处于 A3 区间；当 $|\boldsymbol{U}_{ref}|>|\boldsymbol{U}_2^*|$ 时，处于 A2 区间。同理，当 $\boldsymbol{U}_{ref}$ 在第 2 分区时，如图 6-31c 所示，也可以应用正弦定理算出两个交点，而这两个交点可以划分 3 个区间，即：A1、A3、A4。

确定参考电压矢量 $\boldsymbol{U}_{ref}$ 所在的小区域后，就可判断由哪 3 个矢量来合成，采用伏秒平衡原则即可求取 3 个矢量的合成时间 T_1、T_2、T_3，即

$$\begin{cases}\boldsymbol{U}_1\cdot T_1+\boldsymbol{U}_2\cdot T_2+\boldsymbol{U}_3\cdot T_3=\boldsymbol{U}_{ref}\cdot T_s\\ T_1+T_2+T_3=T_s\end{cases}\tag{6-62}$$

具体计算时，可以在参考矢量和合成矢量组成的小三角形中运用正弦定理。下面以 A1 区域为例进行“最近三矢量”合成时间的求解

$$\frac{U_{ref}}{\sin\frac{2\pi}{3}}=\frac{\frac{T_{0-1-1}}{T_s}U_{\frac{0-1-1}{100}}}{\sin\left(\frac{\pi}{3}-\theta\right)}=\frac{\frac{T_{00-1}}{T_s}U_{\frac{00-1}{110}}}{\sin\theta}\tag{6-63}$$

通过计算可得

$$\begin{cases}T_{0-1-1}=\dfrac{2\sqrt{3}|\boldsymbol{U}_{ref}|}{U_{dc}}T_s\sin\left(\dfrac{\pi}{3}-\theta\right)\\ T_{00-1}=\dfrac{2\sqrt{3}|\boldsymbol{U}_{ref}|}{U_{dc}}T_s\sin\theta\\ T_{000}=T_s-T_{0-1-1}-T_{00-1}\end{cases}\tag{6-64}$$

定义空间矢量调制比

$$m=\frac{\sqrt{3}|\boldsymbol{U}_{ref}|}{U_{dc}}\tag{6-65}$$

则式(6-65)可改写为

$$\begin{cases}T_{0-1-1}=2m\sin\left(\dfrac{\pi}{3}-\theta\right)T_s\\ T_{110}=2m\sin\theta T_s\\ T_{000}=\left[1-2m\sin\left(\dfrac{\pi}{3}+\theta\right)\right]T_s\end{cases}\tag{6-66}$$

同理可得 A 区域其他几个分区的矢量合成时间，此处仅给出 A 区域的推导结果，

见表 6-13。

表 6-13　A 区域空间电压矢量作用时间

区域 A	矢量作用时间计算	区域 A	矢量作用时间计算
A1	$\begin{cases} T_{0\text{-}1\text{-}1}=2m\sin\left(\frac{\pi}{3}-\theta\right)T_s \\ T_{100}=2m\sin\theta T_s \\ T_{000}=\left[1-2m\sin\left(\frac{\pi}{3}+\theta\right)\right]T_s \end{cases}$	A3	$\begin{cases} T_{0\text{-}1\text{-}1}=(1-2m\sin\theta)T_s \\ T_{110}=\left[1-2m\sin\left(\frac{\pi}{3}-\theta\right)\right]T_s \\ T_{10\text{-}1}=\left[2m\sin\left(\frac{\pi}{3}+\theta\right)-1\right]T_s \end{cases}$
A2	$\begin{cases} T_{0\text{-}1\text{-}1}=2\left[1-m\sin\left(\frac{\pi}{3}+\theta\right)\right]T_s \\ T_{1\text{-}1\text{-}1}=\left[2m\sin\left(\frac{\pi}{3}-\theta\right)-1\right]T_s \\ T_{10\text{-}1}=2m\sin\theta T_s \end{cases}$	A4	$\begin{cases} T_{00\text{-}1}=2\left[1-m\sin\left(\frac{\pi}{3}+\theta\right)\right]T_s \\ T_{11\text{-}1}=(2m\sin\theta-1)T_s \\ T_{10\text{-}1}=2m\sin\left(\frac{\pi}{3}-\theta\right)T_s \end{cases}$

（2）根据 $\boldsymbol{U}_\alpha$、$\boldsymbol{U}_\beta$ 判断区域和矢量时间计算

在 $\alpha\beta$ 坐标系中，利用 α、β 轴可将矢量空间分为 4 个区域，图 6-32 所示为其中的一个区域，而每个区域又可分为 7 个分区，图中分别标为 A1，A2，A3，A4，B1-1，B2-1，B3-1。

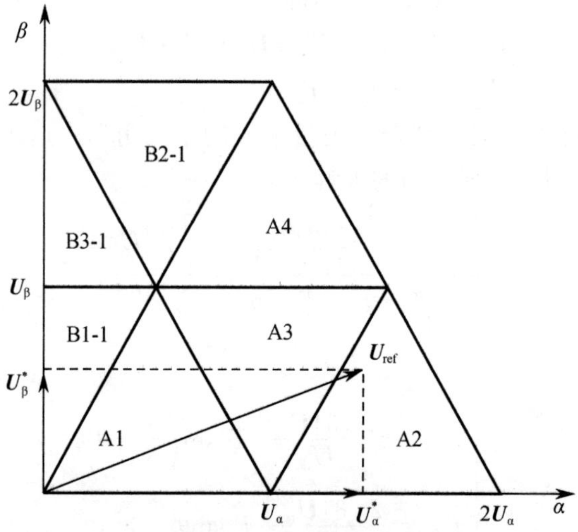

图 6-32　利用 $\boldsymbol{U}_\alpha$、$\boldsymbol{U}_\beta$ 判断 $\boldsymbol{U}_{\text{ref}}$ 所在区域

由图 6-32 可知

$$\boldsymbol{U}_{\text{ref}}=\boldsymbol{U}_\alpha^*+\text{j}\boldsymbol{U}_\beta^* \tag{6-67}$$

下面给出 4 个区域判断规则。

规则 1：$\boldsymbol{U}_\beta^*\geqslant\boldsymbol{U}_\beta$（包含区域有 A4、B2-1、B3-1）

规则 2：$\boldsymbol{U}_\alpha^*+\dfrac{\boldsymbol{U}_\beta^*}{\sqrt{3}}\geqslant\boldsymbol{U}_\alpha$（包含区域有 A2、A3、A4、B2-1）

规则 3：$\boldsymbol{U}_\alpha^*-\dfrac{\boldsymbol{U}_\beta^*}{\sqrt{3}}\geqslant\boldsymbol{U}_\alpha$（包含区域有 A2）

规则 4：$\boldsymbol{U}_\alpha^8-\dfrac{\boldsymbol{U}_\beta^*}{\sqrt{3}}\geqslant 0$（包含区域有 A1、A2、A3、A4）

具体判断规则和矢量分区关系表(其中√表示满足,×表示不满足)如表 6-14 所示。

表 6-14 判断规则和矢量分区关系

	规则 1	规则 2	规则 3	规则 4		规则 1	规则 2	规则 3	规则 4
A1	×	×	×	√	B2-1	√	√	×	×
A2	×	√	×	√	B3-1	√	×	×	×
A3	×	√	√	√	B1-1	×	×	×	×
A4	√	√	×	√					

当确定了参考电压矢量所在区域后,就可以通过查表得到各矢量合成的时间计算公式。此处仍以 A1 区域为例推导各合成矢量作用时间的计算公式。将式(6-62)分解到 $\alpha\beta$ 坐标系下,则有

$$0 \cdot T_{000} + \boldsymbol{U}_{0\text{-}1} \cdot T_{0\text{-}1\text{-}1}\begin{bmatrix}1\\0\end{bmatrix} + \boldsymbol{U}_{110} \cdot T_{110}\begin{bmatrix}\cos\dfrac{\pi}{3}\\ \sin\dfrac{\pi}{3}\end{bmatrix} = \boldsymbol{U}_{\text{ref}} \cdot T_{\text{s}}\begin{bmatrix}\cos\theta\\ \sin\theta\end{bmatrix} \tag{6-68}$$

即

$$\frac{1}{3}U_{\text{dc}}T_{0\text{-}1\text{-}1}\begin{bmatrix}1\\0\end{bmatrix} + \frac{1}{3}U_{\text{dc}}T_{110}\begin{bmatrix}\dfrac{1}{2}\\ \dfrac{\sqrt{3}}{2}\end{bmatrix} = T_{\text{s}}\begin{bmatrix}U_\alpha\\ U_\beta\end{bmatrix} \tag{6-69}$$

则各合成矢量作用时间的计算公式为

$$\begin{cases} T_{0\text{-}1\text{-}1} = \left(\dfrac{3U_\alpha}{U_{\text{dc}}} - \dfrac{\sqrt{3}U_\beta}{U_{\text{dc}}}\right)T_{\text{s}} \\ T_{110} = \dfrac{\sqrt{3}U_\beta}{U_{\text{dc}}}T_{\text{s}} \\ T_{000} = \left[1 - \left(\dfrac{3U_\alpha}{U_{\text{dc}}} + \dfrac{\sqrt{3}U_\beta}{U_{\text{dc}}}\right)\right]T_{\text{s}} \end{cases} \tag{6-70}$$

类似分析可得出参考电压矢量位于区域 A 中各区域的计算公式(见表 6-15),同理也可得出其他各区域的时间计算公式,此处不再赘述。

表 6-15 参考电压矢量位于区域 A 中各区域的计算公式

区域 A	矢量作用时间计算	区域 A	矢量作用时间计算
A1	$\begin{cases} T_{0\text{-}1\text{-}1} = \left(\dfrac{3U_\alpha}{U_{\text{dc}}} - \dfrac{\sqrt{3}U_\beta}{U_{\text{dc}}}\right)T_{\text{s}} \\ T_{110} = \dfrac{2\sqrt{3}U_\beta}{U_{\text{dc}}}T_{\text{s}} \\ T_{000} = \left[1 - \left(\dfrac{3U_\alpha}{U_{\text{dc}}} + \dfrac{\sqrt{3}U_\beta}{U_{\text{dc}}}\right)\right]T_{\text{s}} \end{cases}$	A3	$\begin{cases} T_{0\text{-}1\text{-}1} = \left(1 - \dfrac{2\sqrt{3}U_\beta}{U_{\text{dc}}}\right)T_{\text{s}} \\ T_{110} = \left[1 - \left(\dfrac{3U_\alpha}{U_{\text{dc}}} - \dfrac{\sqrt{3}U_\beta}{U_{\text{dc}}}\right)\right]T_{\text{s}} \\ T_{10\text{-}1} = \left[\left(\dfrac{3U_\alpha}{U_{\text{dc}}} + \dfrac{\sqrt{3}U_\beta}{U_{\text{dc}}}\right) - 1\right]T_{\text{s}} \end{cases}$
A2	$\begin{cases} T_{0\text{-}1\text{-}1} = \left[2 - \left(\dfrac{3U_\alpha}{U_{\text{dc}}} + \dfrac{\sqrt{3}U_\beta}{U_{\text{dc}}}\right)\right]T_{\text{s}} \\ T_{1\text{-}1\text{-}1} = \left[\left(\dfrac{\sqrt{3}U_\alpha}{U_{\text{dc}}} - \dfrac{\sqrt{3}U_\beta}{U_{\text{dc}}}\right) - 1\right]T_{\text{s}} \\ T_{10\text{-}1} = \dfrac{2\sqrt{3}U_\beta}{U_{\text{dc}}}T_{\text{s}} \end{cases}$	A4	$\begin{cases} T_{00\text{-}1} = \left[2 - \left(\dfrac{3U_\alpha}{U_{\text{dc}}} + \dfrac{\sqrt{3}U_\beta}{U_{\text{dc}}}\right)\right]T_{\text{s}} \\ T_{11\text{-}1} = \left(\dfrac{2\sqrt{3}U_\beta}{U_{\text{dc}}} - 1\right)T_{\text{s}} \\ T_{10\text{-}1} = \left(\dfrac{3U_\alpha}{U_{\text{dc}}} - \dfrac{\sqrt{3}U_\beta}{U_{\text{dc}}}\right)T_{\text{s}} \end{cases}$

3. 矢量分配

当通过参考电压矢量位置查表计算得到各合成矢量的作用时间后，还需对矢量或开关状态的输出顺序进行合理分配，以确保在满足上面介绍的基本控制规律的基础上，尽可能地使输出波形对称，减小PWM谐波含量。

在三电平PWM调制方法中，最常用的是七段式对称输出方式。这种矢量输出方法在一个开关周期中，矢量的输出选择是对称的，小矢量的两个冗余开关状态作用时间等分分配，以便于中点电位平衡控制，并且将参考电压矢量的最近矢量作为输出的起始矢量，以尽量避免边缘窄脉冲情况的出现。

此处以A1区为例进行具体分析。对如图6-31a所示A区的4个区域再划分，把A1、A3通过虚线a进一步划分为两个区域。当参考电压矢量位于A1的右半边时，最近的矢量为0-1-1/100，计算可得此矢量的作用时间较长，使其位于区域外侧，因此开关状态的输出顺序为0-1-1/100→00-1→000→100→000→00→1-0-1-1。输出脉冲如图6-33a所示，其中$t_0=t_7=T_{0-1-1}/2$，$t_1=T_{00-1}/2$，$t_2=T_{000}/2$。可见，当每次开关矢量变化时，只有一相桥臂的两个互补开关器件发生了变化，从而减少了开关损耗。当参考电压矢量位于A1的左半边时，情况相似，开关状态顺序为00-1-000-100-110-100-000-00-1，输出脉冲如图6-33b所示。

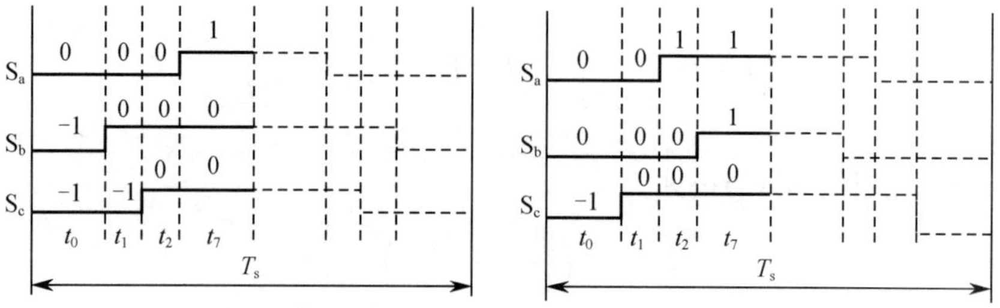

图6-33 A1区开关状态输出顺序

按上述规律可总结出各区间的矢量的输出顺序，表6-16是一个A区矢量输出顺序表，B、C、D、E、F区的电压矢量分配表的生成与A区类似。具体实现时，可以先将各个区域的电压矢量分配关系表制成表格存于微处理器的内存中，然后用查询表的方法实现PWM信号的发送。

表6-16 A区电压矢量输出顺序表

区域 \ 开关状态 \ 顺序			1	2	3	4	5	6	7
A区	A1	右	0-1-1	00-1	000	100	000	00-1	0-1-1
		左	00-1	000	100	110	100	000	00-1
	A2		0-1-1	1-1-1	10-1	100	10-1	1-1-1	0-1-1
	A3	右	0-1-1	00-1	10-1	100	10-1	00-1	0-1-1
		左	00-1	10-1	100	110	100	10-1	00-1
	A4		00-1	10-1	11-1	110	11-1	10-1	00-1

第7章　开关型变换器控制

7.1　概　　述

开关型变换器的主要任务是通过控制使系统完成既定的电能变换，并输出期望的电流、电压或功率。就开关型变换器系统的控制而言，最简单的控制方法莫过于开环控制，因为开环控制不存在闭环控制所带来的输出量检测产生的电路复杂性问题。相对于闭环控制来说，开环控制最大的不足正是没有输出量的反馈，因而无法克服系统参数变化或扰动对系统输出的影响，无法满足高性能开关型变换器系统的指标要求。为克服系统参数变化或扰动对系统输出的影响，必须引入闭环控制，其典型的控制结构如图7-1所示。

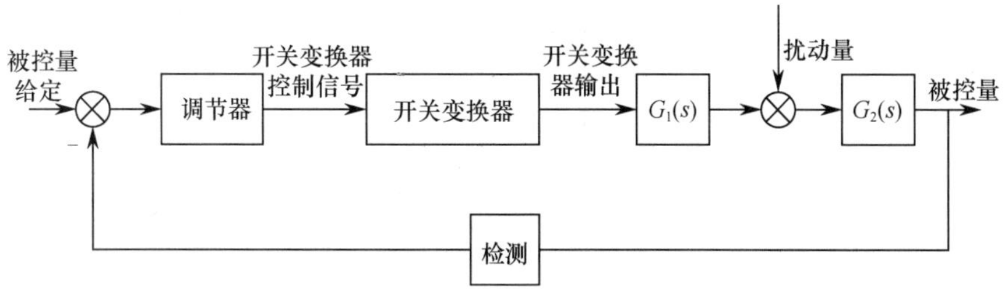

图7-1　开关型变换器系统闭环控制结构图

图7-1中，开关型变换器系统被控量的检测反馈信号与期望输出的给定信号相比较，其差值经过调节器调节后作为开关型变换器的控制信号，调节开关变换器输出相应的电压、电流或功率。通常，电力电子变换器的输出和被控量存在一定的扰动，扰动量会直接影响开关型变换器。

实际上，开关型变换器系统的控制主要包括对给定信号的跟随（随动性）和对扰动信号的抑制（抗扰性）两个方面。而对于不同的开关型变换器系统，其控制性能对随动性和抗扰性的要求则有所不同。随着对开关型变换器系统性能要求的逐渐提高，开环控制和传统的单环控制方案在一些场合已无法满足控制系统的性能要求，由此出现了多环控制以改善系统的性能。然而由于多环控制中可供选择的内环反馈变量并不唯一，如何选取出最佳的反馈变量是控制系统设计的首要任务，最佳反馈变量的选取实际上就是控制系统的结构确立问题；为了取得对被控量的高精度检测和快速跟踪能力，调节器的形式同样十分重要。因而，如何确立控制系统结构和调节器结构是开关型变换器系统控制设计需要解决的关键问题；当控制系统结构和调节器结构都确定后，最后需要确定调节器的参数，即对调节器进行整定。

对于不同的开关型变换器系统及控制要求，其控制系统的设计过程也有所不同。考虑到逆变器的控制系统分别体现了电力电子变换器控制的随动性和抗扰性，因此将逆变器作为研究对象来讨论开关型变换器系统的控制设计具有典型性。一般来说，为了使开关型变换器系统获得较好的控制性能，常采用多环控制，本章将以逆变器的多环控制为例，讨论控制系统的结构选择、调节器设计和参数整定的基本方法。

本章重点在于通过逆变器系统控制结构和调节器结构的确定过程，加深对开关型变换器系统的控制系统理解，从而将这种一般性的方法推广到其他开关型变换器系统中。

7.2 单相无源逆变器

单相无源逆变器主电路结构如图 7-1 所示，图中 U_d 为直流母线电压，S_1、S_2、S_3 和 S_4 为反并二极管的功率开关器件，滤波电感 L 与滤波电容 C 构成逆变电源输出低通滤波器，r_L 为包含滤波电感的导通电阻、开关器件的导通电阻、逆变全桥的死区效应以及线路阻抗等综合因素的等效串联电阻，u_{ab}为逆变全桥输出电压，u_o 为逆变电源输出电压，i_L 为流过滤波电感的电流，i_C 为流过滤波电容的电流，i_o 为负载电流，R_o 为负载电阻。

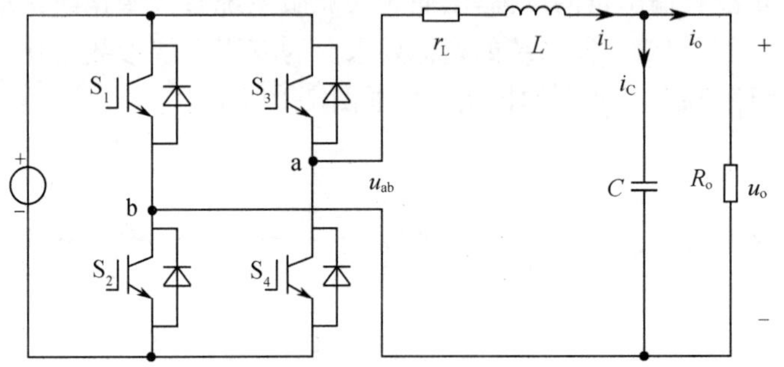

图 7-2　单相无源逆变器主电路

7.2.1 逆变桥等效模型

对如图 7-2 所示单相无源逆变器，当采用 SPWM 控制时，功率器件 S_2、S_3 导通且 S_1、S_4 关断时，逆变全桥的输出电压 u_{ab}为 U_d；当功率器件 S_1、S_4 导通且 S_2、S_3 关断时，逆变全桥的输出电压 u_{ab}为$-U_d$。取 S 作为逆变全桥开关变量，$S=1$ 时表示功率器件 S_2、S_3 导通且 S_1、S_4 关断；$S=0$ 时表示功率器件 S_1、S_4 导通且 S_2、S_3 关断，则逆变全桥的开关变量和输出电压可表示为

$$S=\begin{cases}1 & S_2,S_3\text{ 导通},S_1,S_4\text{ 关断}\\0 & S_1,S_4\text{ 导通},S_2,S_3\text{ 关断}\end{cases}\tag{7-1}$$

$$u_{ab}=U_d(2S-1)\tag{7-2}$$

在单相 SPWM 无源逆变器中，逆变全桥的开关信号由调制波信号和三角载波信号相比较产生。当载波频率远大于调制波频率并且载波幅度大于调制波幅度时，逆变全桥输出的 SPWM 脉冲电压中包含调制波的所有等量信息以及集中在开关频率及其倍数处的高频谐波分量。如图 7-3所示为两态 SPWM 产生过程，其中 u_s 为调制波信号，u_c 为三角载波信号，U_c 为载波信号幅度值，T_s 为载波信号的周期，T_{on}为每个开关周期中 $S=1$ 的时间。当调制波信号 u_s 的频率远低于载波信号 u_c 的频率时，可以认为在每个开关周期内调制信号保持不变，因此有

$$T_{on}=\frac{U_c+u_s}{2U_c}T_s\tag{7-3}$$

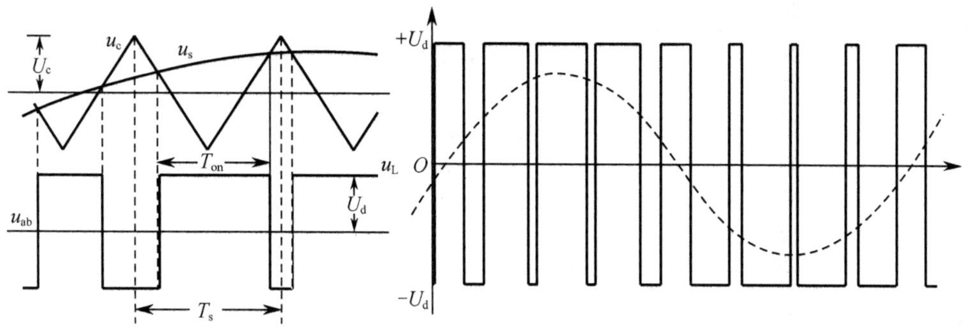

图 7-3　两态 SPWM 产生过程示意图

单相无源逆变器主电路中每个功率器件都工作于“开”和“关”两种状态，逆变电源是一个非线性系统，而在每一个开关周期内，开关器件导通和关断期间，系统又具有连续性，对于此类系统，通常采用状态空间平均法将其等效为线性系统。在系统截止频率远小于开关频率时，可以用一个开关周期内状态变量的平均值代替其瞬时值，得到系统的线性状态空间平均模型，进而可以利用线性系统理论对状态空间平均模型进行分析和研究。由于逆变电源输出滤波器的截止频率通常设计为开关频率的 1/5～1/10，因此可以利用状态空间平均的思想对其进行建模。

开关变量 S 在一个开关周期内的平均值为

$$\overline{S}=\frac{T_{on}}{T_s}=\frac{U_c+u_s}{2U_c} \tag{7-4}$$

由式(7-2)和式(7-4)可知逆变全桥的输出电压为

$$u_{ab}=U_d(2\overline{S}-1)=\frac{U_d}{U_c}u_s \tag{7-5}$$

因此，当调制波信号的频率以及逆变电源输出滤波器截止频率相对于载波频率足够低，并且调制波信号的幅度小于载波信号幅度时，单相无源逆变器的逆变全桥完全可以等效为一个比例环节，其比例系数为 $k=U_d/U_c$。

7.2.2　输出滤波器模型

1. 固定负载时输出滤波器模型

当逆变电源输出接固定负载 R_L 时，令状态向量为 $\boldsymbol{x}=[u_o \quad i_L]^T$，输出向量为 $\boldsymbol{y}=[u_o]$，输入向量为 $\boldsymbol{z}=[u_{ab}]$，可以得到逆变电源输出滤波器模型为

$$\begin{cases}\dot{\boldsymbol{x}}=\boldsymbol{Ax}+\boldsymbol{Bz}\\ \boldsymbol{y}=\boldsymbol{Cx}\end{cases} \tag{7-6}$$

式中，$\boldsymbol{A}=\begin{bmatrix}-\frac{1}{R_oC} & \frac{1}{C}\\ -\frac{1}{L} & -\frac{r_L}{L}\end{bmatrix}$，$\boldsymbol{B}=\begin{bmatrix}0\\ \frac{1}{L}\end{bmatrix}$，$\boldsymbol{C}=[1 \quad 0]$。因此，当逆变电源输出为固定负载时，从逆变全桥输出到逆变电源输出之间的传递函数模型可以表示为

$$u_o=G_F(s)u_{ab} \tag{7-7}$$

式中，传递函数 $G_F(s)$ 可以表示为

$$G_F(s)=-\frac{R_o}{R_oLCs^2+(r_LR_oC+L)s+(R_o-r_L)}$$

$$=k_F\cdot\frac{\omega_n^2}{s^2+2\xi\omega_ns+\omega_n^2}\tag{7-8}$$

式中，系数 k_F、ξ、ω_n 分别为 $k_F=\frac{R_o}{R_o-r_L}$，$\xi=\frac{r_LR_oC+L}{2\sqrt{R_oLC(R_o-r_L)}}$，$\omega_n=\sqrt{\frac{R_o-r_L}{R_oLC}}$，固定负载时，逆变电源的输出滤波器模型如图 7-4 所示。

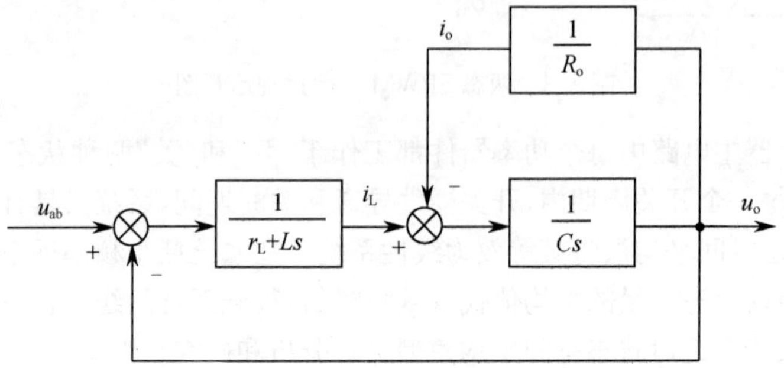

图 7-4　固定负载时逆变电源输出滤波器模型

当逆变电源空载时，有 $R_o=\infty$，则

$$G_{F\infty}(s)=-\frac{\omega_n^2}{s^2+2\xi\omega_ns+\omega_n}\tag{7-9}$$

式中，系数 k_F、ξ、ω_n 分别为 $k_F=1$，$\xi=\frac{r_L}{2\sqrt{L/C}}$，$\omega_n=\sqrt{\frac{1}{LC}}$。

2. 负载作为扰动时输出滤波器模型

在实际应用过程中，逆变电源的输出负载可能时刻改变，逆变电源输出电流因此也会不断变化，因此，可以将输出电流作为逆变电源的扰动量对滤波器进行建模。令状态向量为 $\boldsymbol{x}=[u_o\quad i_L]^T$，输出向量为 $\boldsymbol{y}=[u_o]$，输入向量为 $\boldsymbol{z}=[u_{ab}]$，扰动向量为 $\boldsymbol{r}=[i_o]$，可以得到逆变电源输出滤波器模型为

$$\begin{cases}\dot{\boldsymbol{x}}=\boldsymbol{A}_r\boldsymbol{x}+\boldsymbol{B}_r\boldsymbol{z}+\boldsymbol{D}_r\boldsymbol{r}\\ \boldsymbol{y}=\boldsymbol{C}_r\boldsymbol{x}\end{cases}\tag{7-10}$$

式中，$\boldsymbol{A}_r=\begin{bmatrix}0 & \frac{1}{C}\\ -\frac{1}{L} & -\frac{r_L}{L}\end{bmatrix}$，$\boldsymbol{B}_r=\begin{bmatrix}0\\ \frac{1}{L}\end{bmatrix}$，$\boldsymbol{C}_r=[1\quad 0]$，$\boldsymbol{D}_r=\begin{bmatrix}-\frac{1}{C}\\ 0\end{bmatrix}$。因此，当逆变电源输出电流为 i_o 时，从逆变全桥输出到逆变电源输出之间的传递函数模型为

$$u_o=G_{F1}(s)\cdot u_{ab}+G_{F2}(s)\cdot i_o\tag{7-11}$$

式中，传递函数 $G_{F1}(s)$、$G_{F2}(s)$ 分别为

$$G_{F1}(s)=-\frac{1}{LCs^2+r_LCs-1}\tag{7-12}$$

$$G_{F2}(s)=-\frac{Ls+r_L}{LCs^2+r_LCs-1}\tag{7-13}$$

负载作为输出电流扰动时，逆变电源的输出滤波器模型如图 7-5 所示。

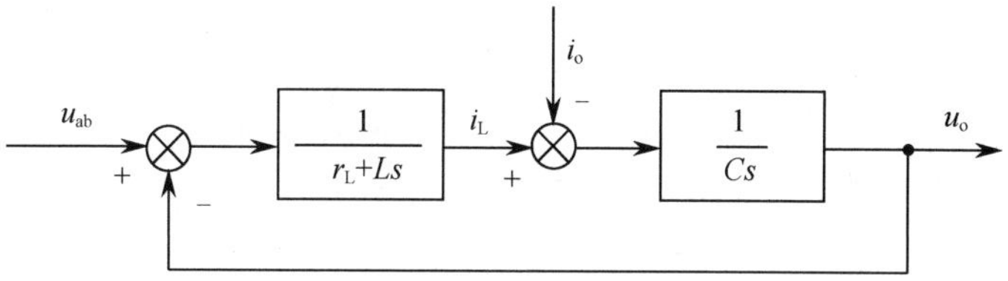

图 7-5　负载作为扰动时逆变电源输出滤波器模型

7.2.3　单相无源逆变器模型

通过上述对逆变电源输出滤波器模型的分析，结合逆变电源的逆变全桥模型，可以得到逆变电源的状态空间平均模型。

1. 固定负载时逆变电源模型

当逆变电源输出负载为 R_L 时（见图 7-6），逆变电源输出传递函数模型为

$$u_o = G_I(s)u_s \tag{7-14}$$

其传递函数可以表示为

$$G_I(s) = \frac{U_d}{U_c} \cdot G_F(s) = -\frac{R_oU_d/U_c}{R_oLCs^2+(r_LR_oC+L)s+(R_o-r_L)} \tag{7-15}$$

当逆变电源空载时，传递函数为

$$G_{I\infty}(s) = -\frac{U_d/U_c}{LCs^2+r_LCs+1} \tag{7-16}$$

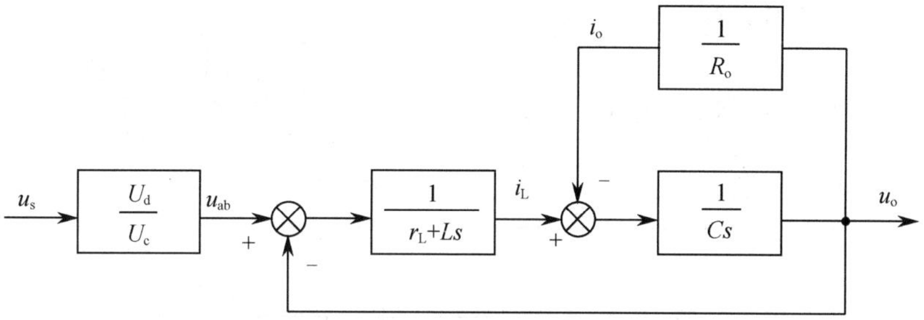

图 7-6　固定负载时逆变电源模型

2. 负载作为扰动时逆变电源模型

逆变电源输出电流作为扰动时（见图 7-7），逆变电源输出传递函数模型为

$$u_o = G_{I1}(s) \cdot u_s + G_{I2}(s) \cdot i_o \tag{7-17}$$

式中，传递函数 $G_{I1}(s)$，$G_{I2}(s)$分别为

$$G_{I1}(s) = -\frac{U_d/U_c}{LCs^2+r_LCs-1} \tag{7-18}$$

$$G_{I2}(s) = -\frac{(Ls+r_L)U_d/U_c}{LCs^2+r_LCs-1} \tag{7-19}$$

7.2.4　单相无源逆变器闭环控制模型

在许多场合下，电网提供的 50Hz 工频电源不能满足负载的特殊需要，例如感应加热需要

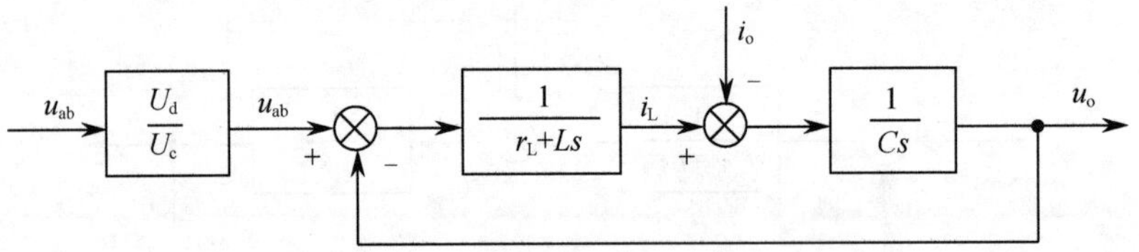

图 7-7　负载作为扰动时逆变电源模型

中频甚至高频的交流电源，感应电动机变频需要在一定范围内可以任意变频、变压等。无源逆变器要为负载提供期望的电压波形，其电压单闭环控制系统结构如图 7-8 所示。在系统性能要求不高的场合，单闭环控制结构完全可以满足系统要求，其调节器设计可以选择零极点校正、最少拍、重复控制等方法。

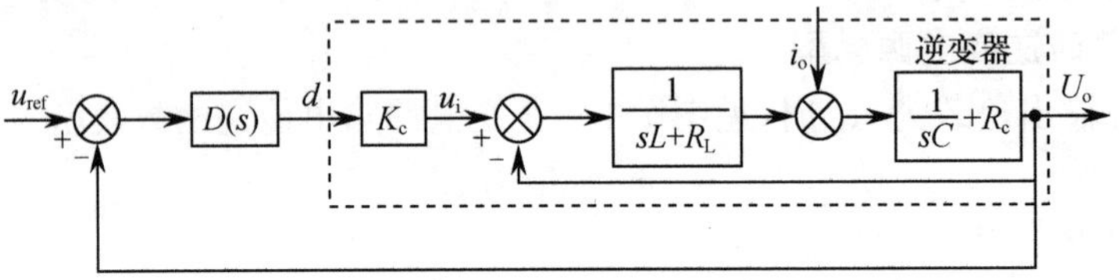

图 7-8　电压单闭环控制系统结构框图

双闭环控制工作原理如图 7-9 所示，电压外环以理想的正弦波为参考电压，输出电压与参考电压比较后经 PI 调节作为电流内环 PWM 驱动信号驱动逆变器。采用电感电流内环控制，一方面可以抑制系统过电流，增强系统安全性，另一方面也可以通过电流的有效控制使得系统模型简化，易于电压外环的控制。

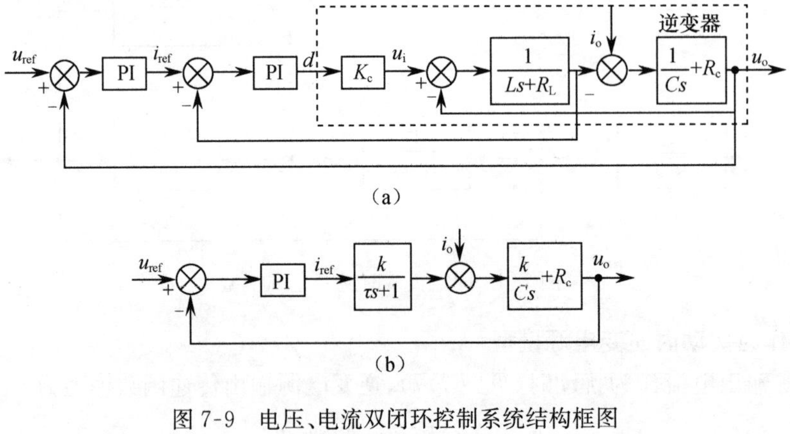

图 7-9　电压、电流双闭环控制系统结构框图

另外，还有一些方案采用了多环路的控制方案，如采用输出电流前馈（见图 7-10）、电容电流前馈、电压给定前馈（见图 7-11）、电流环电压解耦等。采用负载电流前馈的原因是负载电流 i_o 作为逆变器的外部扰动信号，处在电感电流环之外，不能很好地抑制负载扰动，动态性能不够理想。为改善抗负载扰动性能，电流内环引入负载电流前馈。电容电流瞬时控制，使得输出电压 u_o 因 i_o 的微分作用而提前得到校正，带负载能力更强。

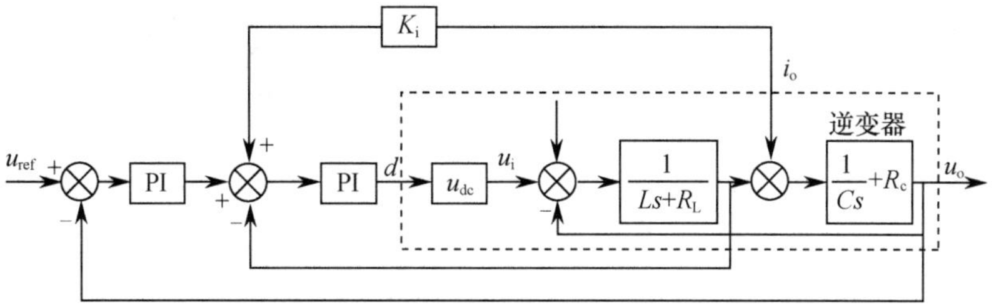

图 7-10 带输出电流前馈的双闭环系统控制结构框图

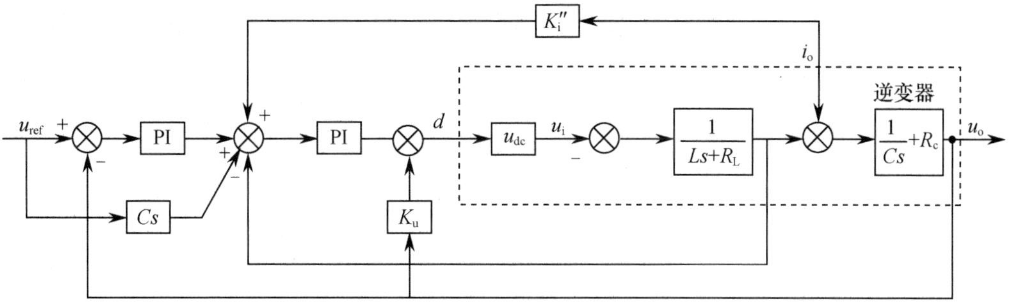

图 7-11 带给定电压前馈的双闭环系统控制结构框图

7.3 有源逆变器

网侧滤波器是有源逆变器的一个重要组成部分，其主要作用是滤除高频开关器件所产生的电压和电流纹波，性能优良的网侧滤波器应具有较强的纹波抑制能力以及较小的阻抗。在有源逆变器中，目前主要有 L 形输出滤波器和 LCL 形输出滤波器两种。L 形滤波器使用单电感作为滤波器件，具有结构简单和控制特性好等优点，但是单电感滤波对开关纹波的滤除效果有限，若要获得较好的滤波效果就需要增大电感量，而增大电感量后逆变电源输出电流将在滤波电感上产生较大的压降，因此需要直流电源具有更高的电压。同时，增加电感量也会增大滤波电感的阻抗，从而增加了滤波器的损耗。

鉴于 L 形输出滤波器的上述缺陷，近年来 LCL 形输出滤波器开始广泛应用于中大功率有源逆变器。LCL 形滤波器的基本思想是为高频开关纹波电流提供低阻抗通路，在滤波器中增加电容支路起到对高频分量的旁路作用，从而减少有源逆变器注入电网的纹波电流。

7.3.1 有源逆变器 L 形滤波器

L 形滤波器使用单电感作为滤波器件，由于具有结构简单和控制性能好等优点，在中小功率的单相有源逆变器中应用广泛。使用 L 形输出滤波器的单相有源逆变器如图 7-12 所示，u_{ab}为逆变桥输出电压，有功功率通过输出电感 L 注入电网。L 形滤波器有源逆变器电感电流波形如图 7-13 所示，i_L^* 为参考电流信号，i_L 为电感电流。对于单极性有源逆变器，逆变桥输出只有 $+U_d$ 和 $-U_d$ 两种状态。

当逆变桥输出为 $+U_d$ 时，电感电流 i_L 上升，上升时间为 t_{on}，此时输出电感两端的电压为直流电压和电网电压之差，有

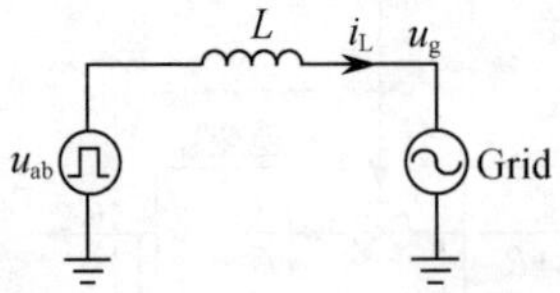

图 7-12　L 形滤波器有源逆变器

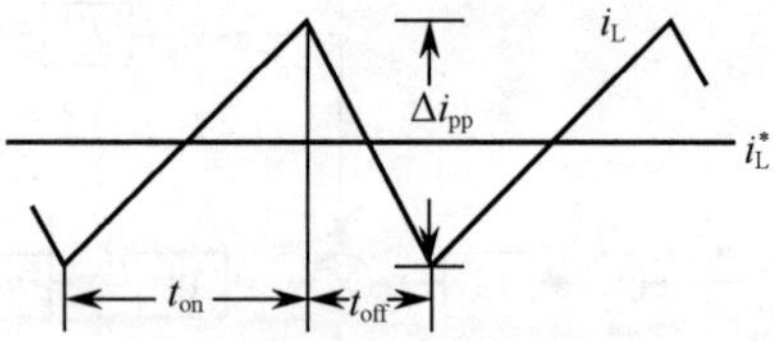

图 7-13　L 形滤波器电感电流波形

$$\left(\frac{\mathrm{d}i_L}{\mathrm{d}t}\right)_{on}=\frac{U_d-u_g}{L} \tag{7-20}$$

当逆变桥输出为$-U_d$时，电感电流i_L下降，下降时间为t_{off}，此时输出电感两端的电压为直流电压和电网电压之和，有

$$\left(\frac{\mathrm{d}i_L}{\mathrm{d}t}\right)_{off}=-\frac{U_d+u_g}{L} \tag{7-21}$$

因此，电流纹波峰峰值为

$$\Delta i_{pp}=\left(\frac{\mathrm{d}i_L}{\mathrm{d}t}\right)_{on}t_{on}=-\left(\frac{\mathrm{d}i_L}{\mathrm{d}t}\right)_{off}t_{off} \tag{7-22}$$

由于纹波电流的周期为$T_s=t_{on}+t_{off}$，因此有

$$T_s=\frac{2U_d}{U_d+u_g}t_{on} \tag{7-23}$$

把式(7-23)代入式(7-22)即可求得纹波电流峰峰值为

$$\Delta i_{pp}=\frac{T_s}{2LU_d}(U_d^2-u_g^2) \tag{7-24}$$

当幅度为U_g、角频率为ω_0时，电网电压为

$$u_g=U_g\sin(\omega_0 t) \tag{7-25}$$

把式(7-25)代入式(7-24)，得

$$\Delta i_{pp}=\frac{T_sU_d}{2L}(1-m^2\sin^2(\omega_0 t)) \tag{7-26}$$

式中，$m=\dfrac{U_g}{U_d}$为有源逆变器的调制比，因此，纹波电流与调制比的关系如图 7-14 所示。

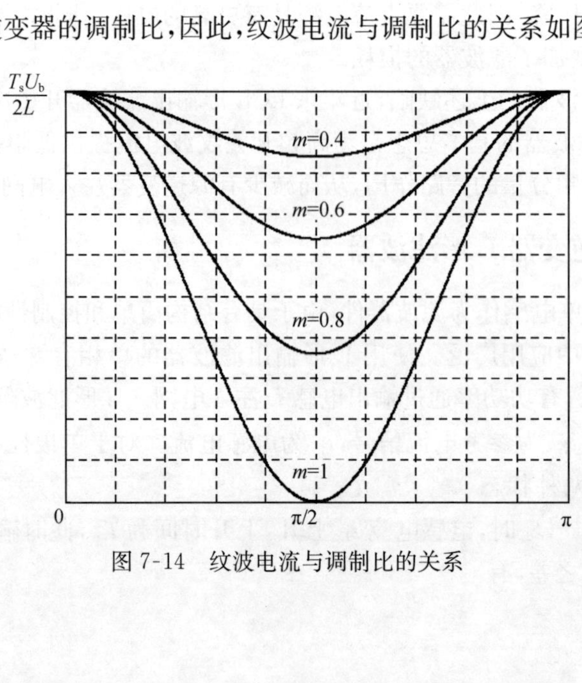

图 7-14　纹波电流与调制比的关系

纹波电流峰峰值的最大值为

$$\Delta i_{ppmax}=\frac{T_s U_d}{2L} \tag{7-27}$$

通过上述分析可知，L 形滤波器有源逆变器的输出最大纹波电流峰峰值只与开关周期、直流电源电压和滤波电感的电感量有关。在滤波器设计时，只要知道了 T_s 和 U_d，根据对有源逆变器的纹波性能要求选择合适的 Δi_{ppmax}，就可以确定滤波电感 L 的值。

7.3.2　有源逆变器 LCL 形滤波器

LCL 形滤波器的基本思想是为高频开关纹波电流提供低阻抗通路，在滤波器中增加电容支路起到对高频分量的旁路作用，从而减少注入电网的纹波电流。因此 LCL 形滤波器可以较好地抑制开关纹波电流，减轻有源逆变器对电网的谐波污染。LCL 形滤波器如图 7-15 所示，其中 R_1 和 R_2 分别代表电感 L_1 和 L_2 的串联等效电阻，u_{ab} 为逆变桥输出电压。

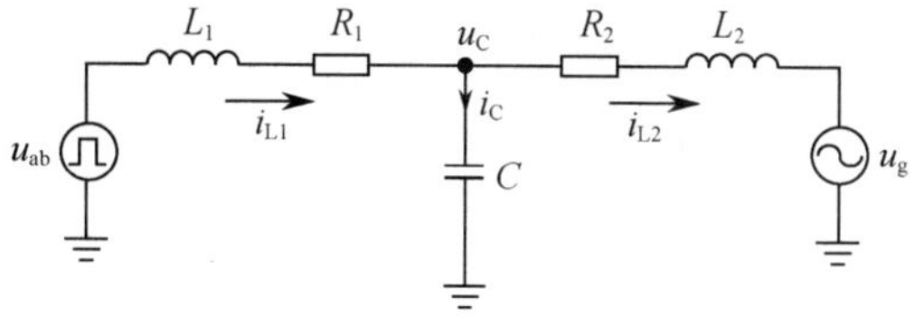

图 7-15　LCL 形滤波器

LCL 形滤波器结构如图 7-16 所示。

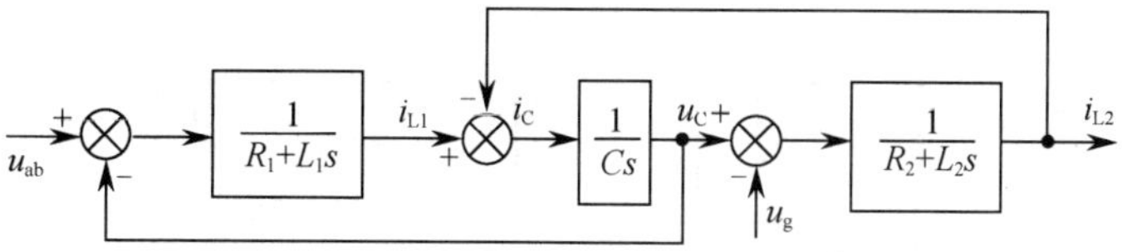

图 7-16　LCL 形滤波器结构框图

LCL 形滤波器满足约束关系

$$\begin{cases} u_{ab}=L_1 s i_{L1}+R_1 i_{L1}+u_c \\ u_c=L_2 s i_{L2}+R_2 i_{L2}+u_g \\ u_c=(i_{L1}-i_{L2})/Cs \end{cases} \tag{7-28}$$

因此，电感电流 i_{L1} 与逆变桥输出电压和电网电压间的传递函数为

$$i_{L1}=\frac{L_2Cs^2+R_2Cs+1}{L_1L_2Cs^3+(R_1L_2+R_2L_1)Cs^2+(R_1R_2C+L_1+L_2)s+(R_1+R_2)}u_{ab}-\frac{1}{L_1L_2Cs^3+(R_1L_2+R_2L_1)Cs^2+(R_1R_2C+L_1+L_2)s+(R_1+R_2)}u_g \tag{7-29}$$

电感电流 i_{L2} 与逆变桥输出电压和电网电压间的传递函数为

$$i_{L2}=\frac{1}{L_1L_2Cs^3+(R_1L_2+R_2L_1)Cs^2+(R_1R_2C+L_1+L_2)s+(R_1+R_2)}u_{ab}-\frac{L_1Cs^2+R_1Cs+1}{L_1L_2Cs^3+(R_1L_2+R_2L_1)Cs^2+(R_1R_2C+L_1+L_2)s+(R_1+R_2)}u_g \tag{7-30}$$

因此，LCL 形滤波器是一个典型的双输入单输出三阶线性系统，当把电网电压 u_g 作为扰动量时，并网电流与逆变桥输出电压间的传递函数为

$$\frac{i_{L2}}{u_{ab}}=\frac{1}{L_1L_2Cs^3+(R_1L_2+R_2L_1)Cs^2+(R_1R_2C+L_1+L_2)s+(R_1+R_2)} \tag{7-31}$$

当把逆变桥输出电压 u_{ab} 当作扰动量时，并网电流与电网电压间的传递函数为

$$\frac{i_{L2}}{u_g}=\frac{L_1Cs^2+R_1Cs+1}{L_1L_2Cs^3+(R_1L_2+R_2L_1)Cs^2+(R_1R_2C+L_1+L_2)s+(R_1+R_2)} \tag{7-32}$$

当忽略电感的等效串联电阻 R_1 和 R_2 时，并网电流与逆变桥输出电压间的传递函数为

$$\frac{i_{L2}}{u_{ab}}=\frac{1}{L_1L_2Cs^3+(L_1+L_2)s} \tag{7-33}$$

令 $L_1+L_2=L, L_1/L=\alpha$，则有

$$\frac{i_{L2}}{u_{ab}}=\frac{1}{\alpha(1-\alpha)L^2Cs^3+Ls} \tag{7-34}$$

当滤波电感 $L=2\text{mH}$、滤波电容 $C=20\mu\text{F}$、系数 $\alpha=0.5$ 时，相同电感值时 L 形与 LCL 形滤波器 Bode 图如图 7-17 所示。L 形滤波器的谐波衰减率在整个频谱范围内都为 −20dB/十倍频程，而具有相同电感量的 LCL 形滤波器，在小于谐振频率时与 L 形滤波器具有相同的频率特性，但是当大于谐振频率后，LCL 形滤波器的衰减率为 −60dB/十倍频程，要远高于 L 形滤波器，因此 L 形滤波器滤波效果更好。

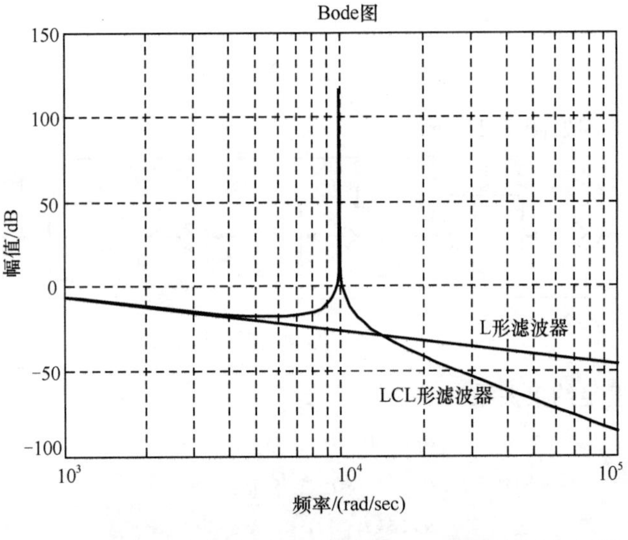

图 7-17　相同电感值时 L 形滤波器与 LCL 形滤波器 Bode 图

7.3.3　有源逆变器并网功率调节

有源逆变器的输出电压经过滤波器滤波后接入电网，其等效电路如图 7-18 所示，其中 $R+\text{j}X$ 为线路阻抗。

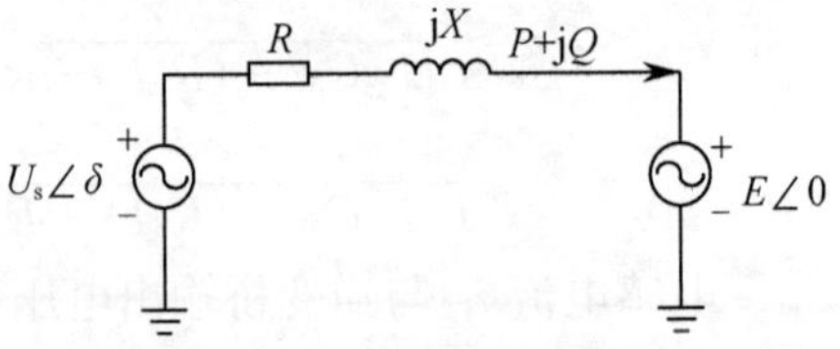

图 7-18　有源逆变器并网等效电路

逆变器输送到电网的功率为

$$\overline{S}=P+\text{j}Q=\dot{U}\dot{I}^*=E\left(\frac{U_s\angle\delta-E\angle 0}{R+\text{j}X}\right)$$

$$=\left(\frac{EU_s}{Z}\cos(\theta-\delta)\frac{E^2}{Z}\cos\theta\right)+\text{j}\left(\frac{EU_s}{Z}\sin(\theta-\delta)\frac{E^2}{Z}\sin\theta\right) \tag{7-35}$$

式中

$$Z=\sqrt{R^2+X^2} \qquad \theta=\arctan\frac{X}{R}$$

因此，有源逆变器输送给电网的有功和无功功率为

$$P=\frac{EU_s}{Z}\cos(\theta-\delta)-\frac{E^2}{Z}\cos\theta \tag{7-36}$$

$$Q=\frac{EU_s}{Z}\sin(\theta-\delta)-\frac{E^2}{Z}\sin\theta \tag{7-37}$$

因此，在有源逆变器并网功率调节过程中，可以通过控制逆变器输出电压的幅值与相位来控制逆变器输送给电网的有功功率和无功功率。有源逆变器并网功率表达式可以描述为

$$P=\frac{E}{R^2+X^2}[R(U_s\cos\delta-E)+XU_s\sin\delta] \tag{7-38}$$

$$Q=\frac{E}{R^2+X^2}[X(U_s\cos\delta-E)+RU_s\sin\delta] \tag{7-39}$$

1. 当线路阻抗 $X\gg R$ 时

当线路阻抗 $X\gg R$ 时，意味着 R 可以被忽略掉。如果功率角 δ 很小，则有如下式成立

$$\delta\approx\frac{XP}{U_sE} \tag{7-40}$$

$$U_s-E\approx\frac{XQ}{E} \tag{7-41}$$

上式表明，有源逆变器输出的有功功率主要取决于功率角 δ 的大小，有源逆变器输出的无功功率主要取决于电压差(U_s-E)的大小。即可以通过单独调节功率角 δ 调节有功功率 P，通过单独调节电压幅值调节无功功率 Q。而功率角 δ 本身又是与频率 f 有关的，为角频率的积分，因此也可以通过调节频率 f 来调节功率角 δ 进而调节有功功率 P。以上叙述中，关于调节有功功率 P、无功功率 Q 的论述就是基于经典的频率、电压下垂控制策略。下面给出经典的下垂控制策略

$$f-f_0=-k_P(P-P_0) \tag{7-42}$$

$$U_s-U_{s0}=-k_Q(Q-Q_0) \tag{7-43}$$

式中，f_0 和 U_{s0} 分别为额定频率和额定逆变器输出电压(一般为电网电压)，P_0 和 Q_0 分别为额定有功功率和无功功率。

2. 当线路阻抗 $R\gg X$ 时

当线路阻抗 $R\gg X$ 时，如果功率角很小，则有下式成立

$$\delta\approx\frac{-R_2Q}{U_sE} \tag{7-44}$$

$$U_s-E\approx\frac{R_2P}{E} \tag{7-45}$$

上式表明，有源逆变器输出的无功功率主要取决于功率角 δ 的大小，有源逆变器输出的有功功率主要取决于电压差(U_s-E)的大小。即可以通过单独调节功率角 δ 调节无功功率 Q，通过单独调节电压幅值调节有功功率 P。

7.4 逆变器控制设计

在逆变器设计中,为了保持逆变器输出电压、电流的稳定,通常需要加入闭环控制器对逆变器的输出进行控制。常用的控制器有 PID 控制器、重复控制器、状态反馈控制器等。

7.4.1 PID 控制

在逆变器设计中,通常采用电压外环、电流内环都为 PID 控制的双环控制策略,以保证输出为电压稳定,如图 7-19 所示。

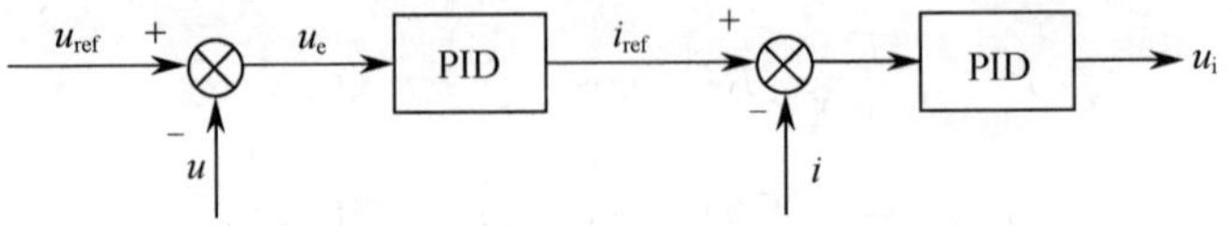

图 7-19 电压跟随型逆变器的控制器

PID 控制由比例环节、积分环节和微分环节 3 个部分构成,具有结构简单、易于实现等优点。PID 控制器是一种线性控制器,控制原理如图 7-20 所示。在 PID 的调节下,控制器对误差信号分别进行比例、积分、微分 3 种运算,其结果的加权和构成系统控制信号,传递给被控对象加以控制。

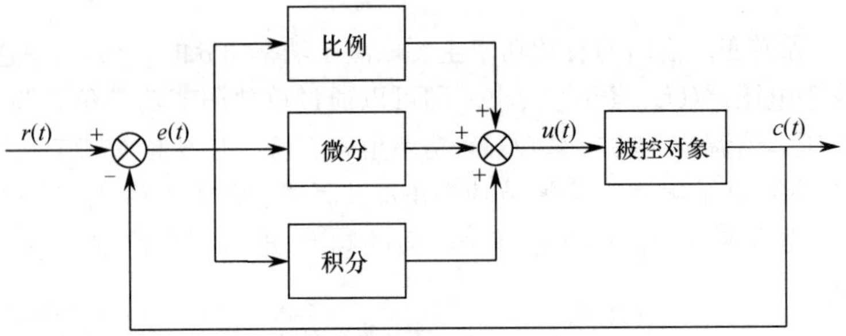

图 7-20 PID 控制系统原理图

PID 控制器的数学描述形式为

$$u(t) = K_p e(t) + K_i \int_0^t e(t)\mathrm{d}t + K_d \frac{\mathrm{d}e(t)}{\mathrm{d}t} \tag{7-46}$$

式中,K_p、K_i、K_d 分别称为比例系数、积分系数、微分系数。比例控制能加快系统的响应速度,提高系统的调节精度,但不能消除稳态误差。积分控制能够消除残差,但可能使瞬态响应变差。微分控制可以改善系统的动态性能,减少了过冲,改善瞬态响应的影响。

比例控制是一种最简单的控制方式,其控制器的输出与输入误差信号成比例关系。当仅有比例控制时,系统输出存在稳态误差。

在积分控制中,控制器的输出与输入误差信号的积分成正比关系。对一个有差系统,在控制器中引入积分项对误差进行时间积分,随着时间的增加,积分项会增大。这样,即使误差很小,积分项也会随着时间的增加而加大,积分项推动控制器的输出增大使稳态误差进一步减小,直到等于零。因此,比例+积分(PI)控制器,可以使系统在进入稳态后无稳态误差。

在微分控制中,控制器的输出与输入误差信号的微分(即误差的变化率)成正比关系。当系统中存在较大惯性组件(环节)或滞后组件时,其变化总是落后于误差的变化。在这样的系统中,比例控制只能放大误差的幅值,而"微分项"能预测误差变化的趋势。因此,比例+微分(PD)控制器能够提前抑制误差的控制作用等于零,甚至为负值,从而避免了被控量的严重超调。所以对有较大惯性或滞后的被控对象,比例+微分(PD)控制器能改善系统在调节过程中的动态特性。

7.4.2 重复控制

在实际应用中,由于死区效应、整流性负载等诸多因素的存在,导致电网电压电流存在周期性扰动,电压输出波形产生畸变,普通的线性控制方法已经无法满足实际需求。重复控制通过叠加"过去的控制偏差"来对被控对象进行控制,能够消除输出电压波形中存在的各次谐波,从而抑制周期性干扰并提高系统控制品质。重复控制存在固有的延迟环节,控制会有一个周期的推后,因此需要与其他的线性控制方法相互结合进行更好的控制。

1. 重复控制器的原理

重复控制是建立在内模原理基础上的一种控制方法,内模原理的本质是将作用于外部信号的动态模型植入控制系统中以构成高精度的反馈控制系统。内模的作用相当于一个具有记忆功能的控制信号保持器,当误差逐渐减小到零时,重复控制依然存在良好的控制性能。

在逆变器的控制中,系统为了能够对正弦信号实现无静态误差的跟踪,需要在系统的传递函数内嵌入一个与指令相同频率的正弦信号模型。该模型的数学表达式为

$$G(s)=\frac{\omega^2}{s^2+\omega^2} \tag{7-47}$$

式中,ω 为正弦信号的角频率。

当指令信号和扰动信号均沿着角频率 ω 做正弦变化时,含有式(7-47)所示的内模系统一定是零静态误差的。但是逆变器在实际运行过程中,会出现非线性负载或者电压不稳定的情况,负载电流就会产生畸变,正弦性质将不再保持,输出波形就会含有基波和各种高次谐波。为每个谐波都设置一个内模会让控制变得十分复杂,因此式(7-47)仅适合于当负载为线性且电压稳定运行时的理想情况。

尽管扰动的频率可能各不相同,但是它们在每一个周期内输出波形均会重复出现。因此重复信号发生器可以设计为

$$G(s)=\frac{1}{1-e^{-Ls}} \tag{7-48}$$

式中,L 为输出信号的基波周期,即

$$L=NT \tag{7-49}$$

式中,N 为每个基波周期输出信号的采样次数,T 为采样周期。

将式(7-48)表示为框图形式,可以得到 s 域中的重复信号发生器,如图 7-21 所示。$e(s)$ 表示输入信号,$c(s)$表示输出信号。

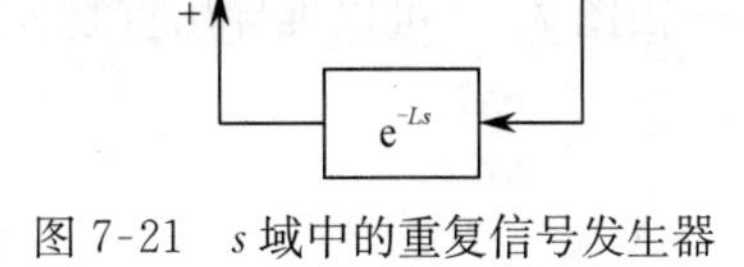

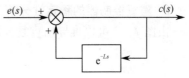

图 7-21　s 域中的重复信号发生器

整个系统相当于一个周期延迟正反馈环节,当输入信号 $e(s)$产生时,输出信号 $c(s)$就会对电流跟踪误差信号进行累加,只要输入信号不等于零,输出信号的幅值就会逐渐变化,直到系统的输出误差等于零。这时,输出信号

$c(s)$依然存在，只是波形不再发生变化，会继续输出与上一个周期相同的波形。

周期延迟正反馈环节很难用模拟信号的方式实现，而用数字方式实现则十分简单，对式(7-48)进行离散化处理，重复信号发生器离散化后的数学模型为

$$G(z)=\frac{1}{1-z^{-N}} \tag{7-50}$$

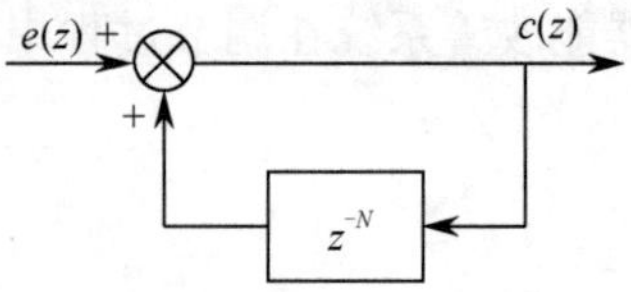

图 7-22　z 域中的重复信号发生器

z 域中的重复信号发生器如图 7-22 所示，其中 N 为每个周期的采样次数，以 N 个单拍延时环节的串联实现周期延时，这就意味着数字信号发生器必须预留出 N 个存储单元以实现重复信号发生器的控制。

2. 重复控制器的 $Q(z)$ 滤波器及改进型内模

图 7-22 所示的重复信号发生器相当于一个以基波周期为步长的积分环节，这种积分环节仅仅可以实现理论上的零静态误差，但是在实际系统中它的稳定性和鲁棒性根本无法保证。因为这种重复信号发生器，在计算时会出现 N 个在单位圆上的开环极点，相当于开环系统处于一种临界振荡的状态，只要控制对象在设计过程中出现很小的误差，或者系统的参数发生变化，整个系统将会失去稳定性。改进型重复信号发生器如图 7-23 所示。

图 7-23 中，$Q(z)$可以是一个低通滤波器，也可以是一个小于 1 的常数。改进后的控制器实质上就是将单独的积分环节变换为一个"准积分"环节以提高系统的稳定性，但是系统将不能够实现零稳态误差的功能。

在改进型重复信号发生器的基础上增加周期延迟环节 z^{-N}和补偿器 $C(z)$，就会形成一个完整的重复控制系统，如图 7-24 所示。

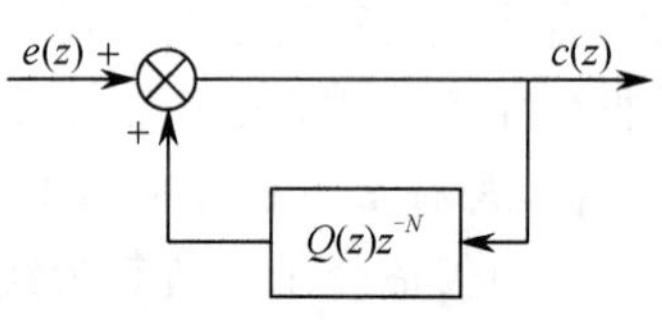

图 7-23　改进型重复信号发生器

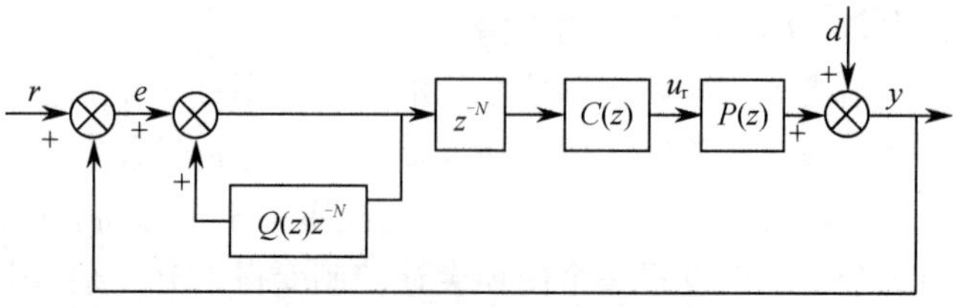

图 7-24　重复控制系统示意图

图 7-24 中，$P(z)$为被控对象，r 为输入参考电压，e 为参考电压与反馈电压的误差值，d 为系统扰动。重复控制器对误差所在的位置具有记忆功能，即使当误差很小甚至等于零时，输出变量依然能够保持良好的特性。经过周期延迟正反馈、补偿器、内模积分等环节之后，在下一个基波周期后会产生输出变量 u_r，最终减小误差。

图 7-24 所示的重复控制系统依然存在一个问题，就是前向通道和重复控制器直接相连，当输入信号突然增大或者减少时，重复控制器就会限制输出信号对输入信号的跟踪速率。为了解决这个问题，可以给输入信号增加一条前馈通路，这种结构被称为"嵌入式结构"。嵌入式重复控制系统结构框图如图 7-25 所示。

3. 重复控制器的稳定性分析

由图 7-25 可以推导出重复控制器输入信号和输出信号的关系为

$$\frac{u_r(z)}{e(z)}=\frac{z^{-N}K_r S(z)}{1-Q(z)z^{-N}} \tag{7-51}$$

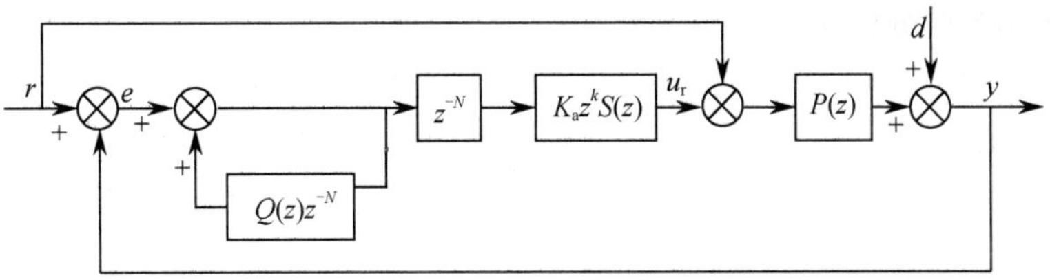

图 7-25　嵌入式重复控制系统结构框图

误差 e 的数学表达式为

$$e(z)=r(z)-[r(z)+u_r(z)]P(z)-d(z) \tag{7-52}$$

结合式(7-50)与式(7-51)，可以得到系统误差与输入信号的关系为

$$e(z)=\frac{[1-P(z)][z^N-Q(z)]}{z^N-Q(z)+z^kK_rS(z)P(z)}u_r(z)+\frac{Q(z)-z^N}{z^N-Q(z)+z^kK_rS(z)P(z)}d(z) \tag{7-53}$$

由式(7-53)可以得到整个系统的特征方程为

$$z^N-Q(z)+z^kK_rS(z)P(z)=0 \tag{7-54}$$

利用小增益原理可以推导出系统稳定的充分条件为

$$|Q(e^{j\omega T})-K_re^{jk\omega T}S(e^{j\omega T})P(e^{j\omega T})|<1,\omega\in[0,\pi/T] \tag{7-55}$$

式中，T 表示采样周期，令 $z=e^{j\omega T}$。

将式(7-55)的频域响应函数描绘在同一个复平面内，可以得到稳定条件的几何意义如图 7-26所示。其含义为：当角频率 ω 在 0 到 π/T 之间变化时，以 $Q(e^{j\omega T})$的末端为圆心形成的单位圆必须将 $K_re^{jk\omega T}S(e^{j\omega T})P(e^{j\omega T})$经过的轨迹包围在内。图 7-26 可以清晰地看出 $Q(z)$提高系统稳定性和鲁棒性的原理。令 $Q(z)=1$，式(7-53)所形成的单位圆的圆心就是(1,0)，圆的左侧会与虚轴 Im 相切在一起，并且刚好经过圆心。在低频段和中频段，相位补偿的误差比较小，幅值补偿的效果也比较好，所以会很好地满足系统稳定的条件。但是在中频段和高频段，无法保证谐振峰值的减小一定会满足系统的要求，$K_re^{jk\omega T}S(e^{j\omega T})P(e^{j\omega T})$经过的轨迹处于第二象限和第四象限，很容易超出单位圆所处的范围，整个系统的稳定性就会被破坏。$Q(z)$的存在有效地解决这个问题，令 $Q(z)=0.95$，整个单位圆就会向左移动 0.05，将第一象限和第三象限的一小部分面积涵盖在内，由于这些区域的存在，使得 $K_re^{jk\omega T}S(e^{j\omega T})P(e^{j\omega T})$的增益可以最多减少到 0.05，在这个范围内就可以使系统保持稳定状态。有了 $Q(z)$之后，使得单位圆整体向左移动，保证了当高频相位对消的效果产生一定的误差时，也可以满足系统稳定性的要求，因此，有效地提高了系统的稳定性和鲁棒性。

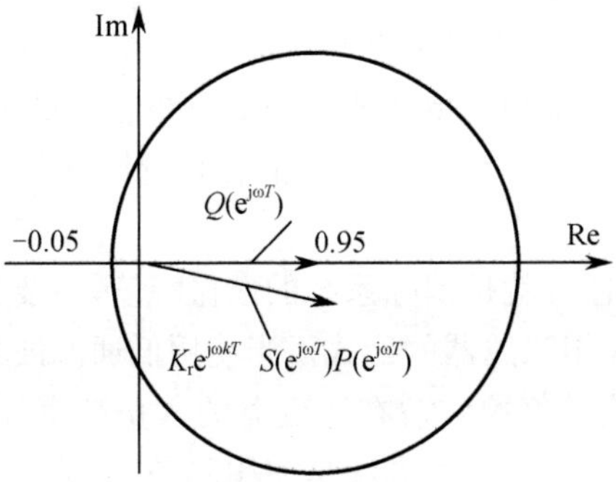

图 7-26　稳定条件的几何意义

4. 重复控制器的分析和设计

通过对大信号模型进行解耦控制，三相四桥臂逆变器可以被看成3个独立的单相逆变器进行控制。可以看出，三相四桥臂逆变器 d 通道和 q 通道的被控对象是一致的，0通道的被控对象与其他两个通道的被控对象不一致。系统参数假定为：系统的开关频率为10kHz，输出电压频率为50Hz，A、B、C各臂对地滤波电感为1.8mH，第四臂对地滤波电感为0.05mH，各臂对地滤波电容为30μF，等效阻尼电阻为0.6Ω，负载为20Ω。

经过Tustin变换，其数学表达式为

$$s=\frac{2}{T}\cdot\frac{1-z^{-1}}{1+z^{-1}} \tag{7-56}$$

d、q 轴逆变器经过离散化后的数学表达式为

$$P_{\mathrm{dq}}(z)=\frac{0.04z^2+0.08z+0.04}{z^2-1.66z+0.83}=\frac{0.04(z+1)^2}{z^2-1.66z+0.83} \tag{7-57}$$

0轴逆变器经过离散化后的数学表达式为

$$P_0(z)=\frac{0.036z^2+0.072z+0.036}{z^2-1.60z+0.76}=\frac{0.036(z+1)^2}{z^2-1.60z+0.76} \tag{7-58}$$

这两个经过离散化后的数学表达式的设计思路相同，区别在于两种情况的参数设置不同。为了方便，下面详尽地介绍0轴逆变器参数的设置过程，d、q 轴逆变器的设计可以通过0轴逆变器类推得到。

(1) 周期延迟系数 N

周期延迟系数 N 的数学表达式为

$$N=\frac{T_{\mathrm{s}}}{T} \tag{7-59}$$

式中，T_{s} 为输出电压的基波周期，得 $N=200$。

(2) 积分系数 $Q(z)$ 的选取

通过前面的分析可以得出，只要令 $Q(z)=1$，就可以保证重复控制器的稳态误差为零。重复控制系统要保持稳定，必须令 $Q(z)<1$，将稳态误差和稳定性两个因素综合考虑。$Q(z)$ 可以取一个稍微小于1的常数，$Q(z)$ 也可以是零相移低通滤波器，设计就会相对复杂。因此，一般情况下 $Q(z)$ 选择略小于1的常数。积分系数的选择原则：积分系数 $Q(z)$ 越小，系统的鲁棒性能越好，稳态误差越大；积分系数 $Q(z)$ 越大，稳态误差越小，电压输出波形质量越好，但是系统越容易产生振荡。

(3) 补偿器 $C(z)$ 和超前环节 z^k 的确定

设置补偿器 $C(z)$ 的目标主要体现在两个方面：一方面是相位补偿，另一方面是幅值补偿。补偿器的设计主要是在被控对象相频特性的基础上增添合适的滤波器，使得被控对象在中频段和低频段的增益接近于1。图7-27表示系统的相频特性，可以看出被控对象的谐振峰值明显偏高。

重复控制器设计的首要任务就是消除系统的谐振峰值，主要有两种方式：一种方式是增加低通滤波器，另一种方式是采用陷波器的形式。当使用低通滤波器时，必须对滤波器的参数进行合理的设置，目的是使被控对象的增益在逆变器的截止频率处降低到－20dB～－30dB，才能够抵消掉它原有的谐振峰值。另一种方法是使用陷波器，陷波器可以对某些特定的频率进行衰减，并且速率很快，对其他频段的影响很小，因此可以对这个函数进行合理的设计，使它的

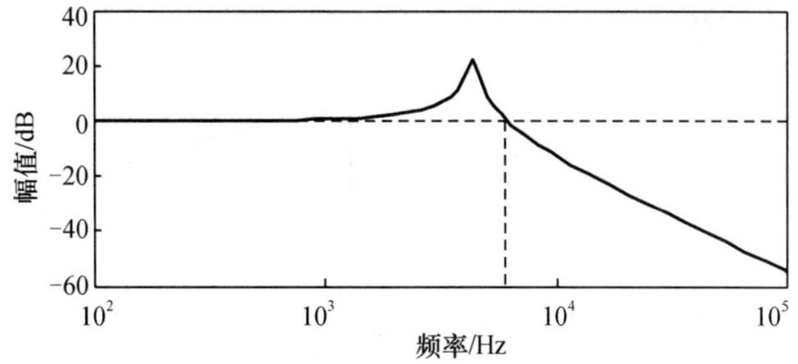

(a) 被控对象的幅值特性

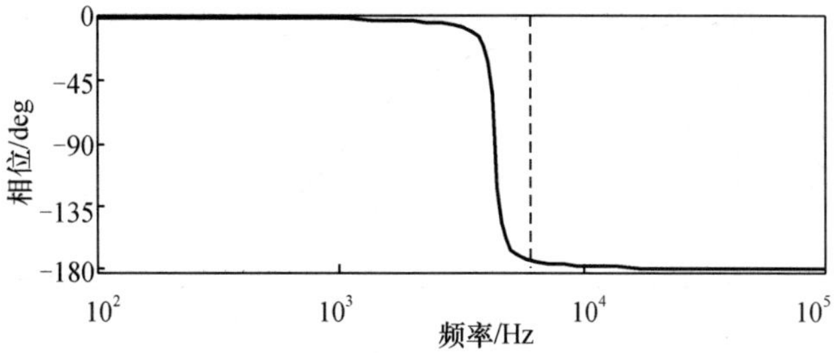

(b) 被控对象的相位特性

图 7-27　系统的相频特性

最大衰减点与逆变器的谐振点刚好重合，使被控对象的谐振峰值尽可能地抵消。

陷波器对特定次谐波具有抑制作用，但是这种滤波器对高频段几乎没有抑制能力，可以将陷波器和二阶滤波器相互结合构成一个完整的滤波器。二阶滤波器的主要目的是对高频段进行衰减，不用考虑谐振峰值的对消问题，因此可以提高二阶滤波器的截止频率，甚至可以与逆变器的截止频率相等。令低通滤波器的截止频率等于逆变器的截止频率，阻尼系数 $\zeta=0.707$。经过 Tustin 变换，二阶滤波器的数学表达式为

$$S_2(z)=\frac{0.037z^2+0.074z+0.037}{z^2-1.387z+0.535}=\frac{0.037(z+1)^2}{z^2-1.387z+0.535} \tag{7-60}$$

图 7-28 所示为系统和二阶滤波器的幅频特性，从图中可以看出，二阶滤波器在低频段的衰减几乎为零，而在高频段的衰减速率比较快，弥补了陷波器本身的缺点。将二者相互结合，添加超前环节 z^k，令 $k=5$，补偿后系统的相频特性如图 7-29 所示。

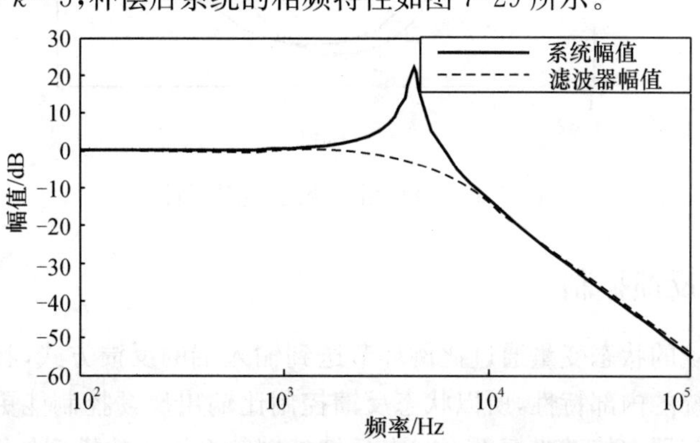

图 7-28　系统和二阶滤波器的幅频特性

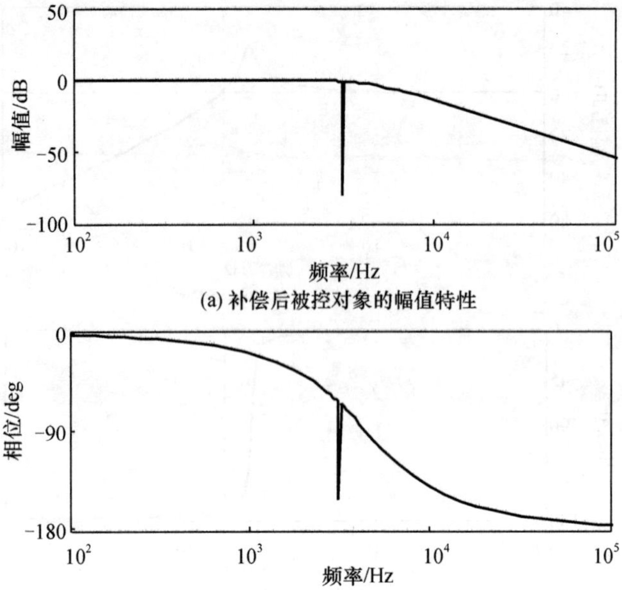

(a) 补偿后被控对象的幅值特性

(b) 补偿后被控对象的

图 7-29　补偿后系统的相频特性

（4）稳定性校验

如图 7-30 所示为补偿后系统的奈奎斯特图，可以看出，整个图是从(1，j0)点出发最终回到原点(0，0)，由于图中不包含(−1，j0)点，所以系统趋于稳定。

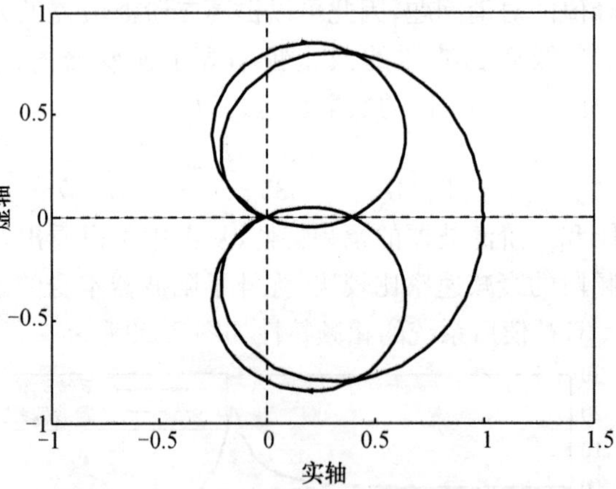

图 7-30　补偿后系统的奈奎斯特图

7.4.3　状态反馈控制

状态反馈指系统的状态变量通过比例环节送到输入端的反馈方式，状态反馈中的状态变量能较好地反映系统的内部特性，所以状态反馈控制比输出反馈控制能更好地改善系统的性能。三相四桥臂逆变器在旋转坐标系下状态反馈控制的系统等效模型如图 7-31 所示。

图 7-31 中，u_d、u_q、u_0、u_{Cd}、u_{Cq}、u_{C0} 为电源输出电压和电容电压在 d、q、0 轴下的分量，i_{Ld}、i_{Lq}、i_{L0}、i_{fd}、i_{fq}、i_{f0} 为通过电感和负载的电流在 d、q、0 轴下的分量。状态变量是电容电压 $\boldsymbol{u}_C$ 和

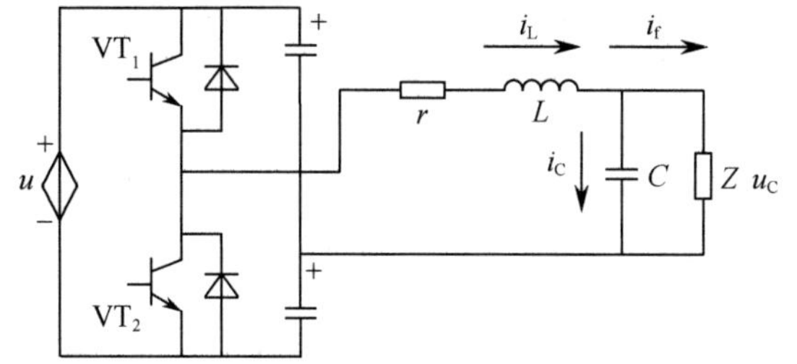

（a）*d*、*q*通道状态反馈模型

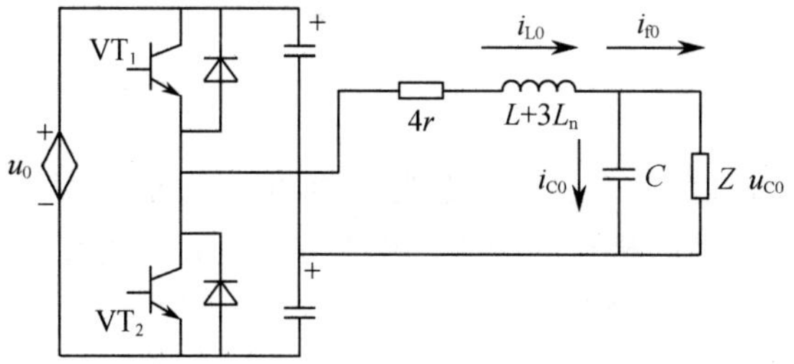

（b）0通道状态反馈模型

图 7-31　系统等效模型

电感电流 $\boldsymbol{i}_{\mathrm{L}}$，输入变量是系统输出电压 $\boldsymbol{u}$ 和负载电流 $\boldsymbol{i}_{\mathrm{f}}$。逆变器在负载情况下的状态空间模型为

$$\begin{cases}\boldsymbol{x}(k+1)=\boldsymbol{A}_1\boldsymbol{x}(k)+\boldsymbol{B}_1\boldsymbol{u}(k)\\ \boldsymbol{y}(k)=\boldsymbol{C}_1\boldsymbol{x}(k)\end{cases} \tag{7-61}$$

式中

$$\boldsymbol{C}_1=(0\quad 1\quad 0\quad 1\quad 0\quad 1)$$

$$\boldsymbol{x}=(i_{\mathrm{Ld}}\quad u_{\mathrm{Cd}}\quad i_{\mathrm{Lq}}\quad u_{\mathrm{Cq}}\quad i_{\mathrm{L0}}\quad u_{\mathrm{C0}})^{\mathrm{T}}$$

$$\boldsymbol{u}=(u_{\mathrm{d}}\quad i_{\mathrm{fd}}\quad u_{\mathrm{q}}\quad i_{\mathrm{fq}}\quad u_0\quad i_{\mathrm{f0}})^{\mathrm{T}}$$

$$\boldsymbol{A}_1=\begin{bmatrix}-\frac{r}{L} & -\frac{1}{L} & 0 & 0 & 0 & 0\\ \frac{1}{C} & 0 & 0 & 0 & 0 & 0\\ 0 & 0 & -\frac{r}{L} & -\frac{1}{L} & 0 & 0\\ 0 & 0 & \frac{1}{C} & 0 & 0 & 0\\ 0 & 0 & 0 & 0 & -\frac{4r}{L+3L_{\mathrm{n}}} & -\frac{1}{L+3L_{\mathrm{n}}}\\ 0 & 0 & 0 & 0 & \frac{1}{C} & 0\end{bmatrix}$$

$$
\boldsymbol{B}_1=\begin{bmatrix} \frac{1}{L} & 0 & 0 & 0 & 0 & 0 \\ 0 & -\frac{1}{C} & 0 & 0 & 0 & 0 \\ 0 & 0 & \frac{1}{L} & 0 & 0 & 0 \\ 0 & 0 & 0 & -\frac{1}{C} & 0 & 0 \\ 0 & 0 & 0 & 0 & \frac{1}{L+3L_\mathrm{n}} & 0 \\ 0 & 0 & 0 & 0 & 0 & -\frac{1}{C} \end{bmatrix}
$$

可将状态空间模型设计为一个全阶状态观测器，但是一般情况下无法立即测量经过负载的电流，所以不利于状态反馈时极点的配置。解决方案是利用通过滤波电容的电流 i_C 代替通过滤波电感的电流 i_L，可以进行及时测量，故可建立空载情况下的状态空间模型为

$$
\begin{cases} \boldsymbol{x}(k+1)=\boldsymbol{A}_2\boldsymbol{x}(k)+\boldsymbol{B}_2\boldsymbol{u}(k) \\ \boldsymbol{y}(k)=\boldsymbol{C}_2\boldsymbol{x}(k) \end{cases} \tag{7-62}
$$

式中

$$
\boldsymbol{A}_1=\boldsymbol{A}_2
$$

$$
\boldsymbol{C}_1=\boldsymbol{C}_2
$$

$$
\boldsymbol{x}=(i_\mathrm{Cd} \quad u_\mathrm{Cd} \quad i_\mathrm{Cq} \quad u_\mathrm{Cq} \quad i_\mathrm{C0} \quad u_\mathrm{C0})^\mathrm{T}
$$

$$
\boldsymbol{B}_2=\begin{bmatrix} \frac{1}{L} & 0 & 0 & 0 & 0 & 0 \\ 0 & 0 & 0 & 0 & 0 & 0 \\ 0 & 0 & \frac{1}{L} & 0 & 0 & 0 \\ 0 & 0 & 0 & 0 & 0 & 0 \\ 0 & 0 & 0 & 0 & \frac{1}{L+3L_\mathrm{n}} & 0 \\ 0 & 0 & 0 & 0 & 0 & 0 \end{bmatrix}
$$

二阶系统的极点是由自然角频率 ω 和阻尼比 ζ_1 共同确定的，由前一节分析可以得到这个系统是可观可控的，系统的闭环期望极点为

$$
s_{1,2}=-\zeta_1\omega\pm\mathrm{j}\omega\sqrt{\zeta_1^2-1} \tag{7-63}
$$

设置状态观测器的主要目标是避免对某些物理量进行检测，系统利用状态观测器避免了对电感电流的检测。数字观测器可以及时地预报测量值下一拍的值，即可以使算法提前一拍进行，从而减少算法执行时间对脉宽的影响。同时它可以将逆变器的输出电压和负载电流作为输入变量，系统不需要设置专门的电容电流传感器。

根据负载情况下的状态空间模型，令状态观测器的增益矩阵为 $\boldsymbol{P}$，经过设计之后的全阶状态观测器为

$$
\hat{\boldsymbol{x}}(k+1)=(\boldsymbol{A}-\boldsymbol{PC})\hat{\boldsymbol{x}}(k)+\boldsymbol{Bu}(k)+\boldsymbol{Py}(k) \tag{7-64}
$$

式中，$\hat{\boldsymbol{x}}(k)$ 为状态变量的观测值。

由式(7-64)可以看出,观测值 $\boldsymbol{y}(k)$ 比估计值 $\hat{\boldsymbol{x}}(k+1)$ 滞后一个采样周期,因此,上式的状态观测器又可称为预估观测器。状态观测器的误差方程为

$$\boldsymbol{x}(k+1)-\hat{\boldsymbol{x}}(k+1)=(\boldsymbol{A}-\boldsymbol{PC})(\boldsymbol{x}(k)-\hat{\boldsymbol{x}}(k)) \tag{7-65}$$

误差 $\boldsymbol{e}(k)$ 的数学表达式为

$$\boldsymbol{e}(k)=(\boldsymbol{x}(k)-\hat{\boldsymbol{x}}(k)) \tag{7-66}$$

将式(7-66)代入式(7-65)可得

$$\boldsymbol{e}(k+1)=(\boldsymbol{A}-\boldsymbol{PC})\boldsymbol{e}(k) \tag{7-67}$$

由此可以看出,如果增益矩阵 $\boldsymbol{P}$ 的取值合适,可以获得状态反馈矩阵期望的特征值,从而得到理想的收敛误差。如果矩阵 $(\boldsymbol{A}-\boldsymbol{PC})$ 是稳定矩阵,那么误差向量将从任意初始误差收敛到零。即不管 $\boldsymbol{x}(0)$ 和 $\hat{\boldsymbol{x}}(0)$ 的值是多少,$\hat{\boldsymbol{x}}(k)$ 都要收敛于 $\boldsymbol{x}(k)$。如果矩阵 $(\boldsymbol{A}-\boldsymbol{PC})$ 的特征值配置使误差向量的动态性能进行得相当快,那么任意误差都会快速趋近于零。

结合式(7-65)、式(7-66)和式(7-67)可以得到整个系统状态反馈控制的结构框图,如图 7-32所示。

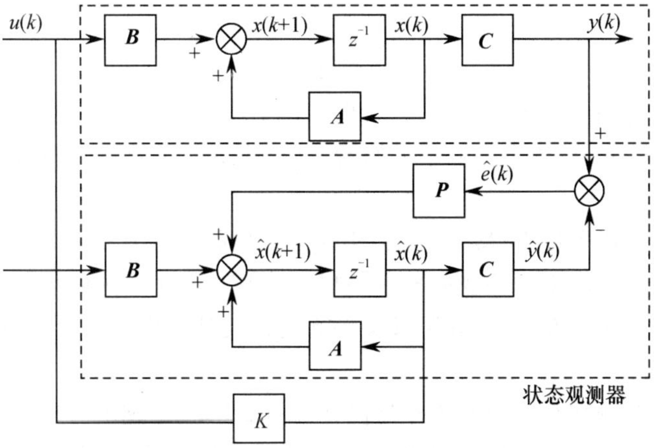

图 7-32　系统状态反馈控制的结构框图

电容电流观测误差为

$$\hat{\boldsymbol{i}}_{\mathrm{C}}(k+1)=\hat{\boldsymbol{i}}(k+1)-\boldsymbol{i}_{\mathrm{f}}(k+1) \tag{7-68}$$

式中,$\boldsymbol{i}_{\mathrm{f}}(k+1)$ 为负载下一拍的电流,显然它是无法实时测量的,需要用当前值来替换。可以得到当前电流代替之后的电容电流观测误差为

$$\hat{\boldsymbol{i}}_{\mathrm{C}}(k+1)=\hat{\boldsymbol{i}}(k+1)-\boldsymbol{i}_{\mathrm{f}}(k) \tag{7-69}$$

如果系统没有设置负载电流的检测装置,式(7-69)中的负载电流项 $\boldsymbol{i}_{\mathrm{f}}(k)$ 也可以忽略。当负载突然发生变化时,这种做法就会使状态观测器的误差增大,输出电压的幅值也会产生大幅度的下降。而系统的负反馈环节会相应地减小误差,这是因为它本身具有比较好的抗干扰能力。

参 考 文 献

[1] 蔡宣三,赵争鸣. 功率电子学科的基本理论初探[J]. 电力电子,2009,(1):5-8.
[2] 徐德鸿,陈治明,李永东,等. 现代电力电子学[M]. 北京:机械工业出版社,2013.
[3] 邱关源. 电网络理论[M]. 北京:科学出版社,1988.
[4] 俎云霄,吕玉琴. 网络分析与综合[M]. 北京:机械工业出版社,2007.
[5] 周庭阳,张红岩. 电网络理论(图论 方程 综合)[M]. 北京:机械工业出版社,2013.
[6] J. Lutz,H. Schlangenotto,U. Scheuermam,R. De Doncker. 功率半导体器件——原理、特性和可靠性[M]. 卞抗,杨莺,刘静,译. 北京:机械工业出版社,2013.
[7] Grzegore Benysek. 功率理论与电能质量[M]. 陶顺,罗超,译. 北京:机械工业出版社,2014.
[8] Hirofumi Akagi, Edson Hirokazu Watanabe, Mauricio Aredes. 瞬时功率理论及其在电力调节中的应用[M]. 徐政,译. 北京:机械工业出版社,2009.
[9] Hua Bai, Chris Mi. 现代电力电子学的瞬态分析[M]. 关晓菡,张晓强,译. 北京:机械工业出版社,2014.
[10] 张兴. 高等电力电子技术[M]. 北京:机械工业出版社,2012.
[11] 邢岩,蔡宣三. 高频功率开关变换技术[M]. 北京:机械工业出版社,2005.
[12] 孙孝峰,顾和荣,王立乔,等. 高频开关型逆变器及其并联并网技术[M]. 北京:机械工业出版社,2011.
[13] 张兴柱. 开关电源功率变换器拓扑与设计[M]. 北京:中国电力出版社,2010.
[14] 周京华,陈亚爱. 高性能级联型多电平变换器原理及应用[M]. 北京:机械工业出版社,2013.
[15] 张兴,张崇巍. PWM 整流器及其控制[M]. 北京:机械工业出版社,2012.
[16] 赵争鸣,袁立强,杨晟. 可控电源的供电电机的设计分析[M]. 北京:机械工业出版社,2012.
[17] 程红,王聪,王俊. 开关变换器建模、控制及其控制器的数字实现[M]. 北京:清华大学出版社,2013.
[18] Santos E C,Jacobina C B,Rocha N,et al. Single-phase to three-phase four-leg converter applied to distributed generation system[J]. IET Power Electronics, 2010, 3(6): 892-903.
[19] 余雷,肖蕙蕙,李山. 三相四桥臂逆变电源控制策略[J]. 重庆理工大学学报(自然科学版),2013, 27(4):72-76.
[20] 林金燕. 不平衡负载和非线性负载下逆变器的研究[D]. 杭州:浙江大学,2007:19-30.
[21] Vechiu I,Camblong H,Tapia G,et al. Control of four leg inverter for hybrid power system applications with unbalanced load[J]. Energy Conversion and Management,2007, 48(7): 2119-2128.

[22] 王恒利,揭贵生,刘计龙,等. 三相逆变器新型积分控制加状态反馈控制[J]. 海军工程大学学报,2014,26(6):6-11.

[23] Steigerwald R L. Characteristics of a current-fed inverter with commutation applied through load neutral point[J]. IEEE Transactions on Industry Applications, 1979, 15(5):538-553.

[24] Quinn C A, Mohan N. Active filtering of harmonic currents in three-phase four-wire systems with three-phase and single-phase nonlinear loads[J]. IEEE Transactions on Industry Applications, 1992, 28(4):829-836.

[25] Jahns T M, Doncker R W, Radun A V, et al. System design considerations for a high-power aerospace resonant link converter[J]. IEEE Transactions on Power Electronics, 1993, 8(4): 663-672.

[26] Caricchi F, Crescimbini F, Lipo T A. Converter topology with load-neutral modulation for trapezoidal-EMF PM motor drives[J]. IEEE Transactions on Power Electronics, 1994, 9(2): 232-239.

[27] Julian A L, Oriti G, Lipo T A. Elimination of common-mode voltage in three-phase sinusoidal power converters[J]. IEEE Transactions on Power Electronics, 1996, 2(5): 1968-1972.

[28] Zhang R, Boroyevich D, Prasad V H, et al. A three-phase inverter with a neutral leg with space vector modulation[J]. IEEE Transactions on Power Electronics, 1997, 2(13):857-863.

[29] 石健将,王文杰,龙江涛,等. 三相四线 PWM 整流器的一种新型零静差控制策略研究[J]. 电工技术学报,2013,28(6):114-126.

[30] 周晨,郑益慧,王听,等. 基于双环控制器的电容分裂式三相四线制 DSTATCOM 控制方法[J]. 电力自动化设备,2014,34(8):114-121.

[31] 陈玲,张兴,杨淑英,等. 带不平衡负载的三相四桥臂逆变器的研究[J]. 合肥工业大学学报(自然科学版),2009(4):486-490.

[32] 黄鹏辉,冯江华,张志学. 三相四桥臂逆变器调制策略[J]. 大功率变流技术,2015,27(3):6-9.

[33] Li X, Deng Z, Chen Z, et al. Analysis and simplification of three-dimensional space vector PWM for three-phase four-leg inverters[J]. IEEE Transactions on Industrial Electronics, 2011, 58(2):450-464.

[34] 韦徵,陈凯,陈铁涵,等. 一种新颖的三相四桥臂逆变器 SVPWM 控制方法实现[J]. 电工技术学报,2013,28(7):199-204.

[35] Min Z, Atkinson D J, Bing J, et al. A near-state three-dimensional space vector modulation for a three-phase four-leg voltage source inverter[J]. IEEE Transactions on Power Electronics, 2014, 29(11):5715-5726.

[36] Golwala H, Chudamani R. New three-dimensional space vector-based switching signal generation technique without null vectors and with reduced switching losses for a grid-connected four-leg inverter[J]. IEEE Transactions on Power Electronics, 2016, 31(2):

1026-1035.
[37] 吴睿,谢少军. 基于abc坐标系空间矢量控制的三相四桥臂电压源型逆变器研究[J]. 电工技术学报, 2005,20(12):47-52.
[38] 杨宏,阮新波,严仰光. 采用SVM控制的四桥臂三相逆变器[J]. 电气传动,2003,14(2):32-34.
[39] 王正仕,林金燕,陈辉明,等. 不平衡非线性负载下分布式供电逆变器的控制[J]. 电力系统自动化,2008,32(1):48-51.
[40] 林金燕,王正仕,陈辉明,等. 一种高性能三相四桥臂逆变器控制器的设计[J]. 中国电机工程学报,2007,27(22):101-105.
[41] Dong C, Junming Z, Zhaoming Q. An improved repetitive control scheme for grid-connected inverter with frequency-adaptive capability[J]. IEEE Transactions on Industrial Electronics, 2013,2(60): 814-823.
[42] Hornic T, Zhong Q C. A current-control strategy for voltage-source inverter in microgrids based on H∞ and repetitive control[J]. IEEE Transactions Power Electron, 2011, 3(26): 943-952.
[43] 温小林. 基于改进重复控制的三相四桥臂逆变器研究[D]. 成都:西南交通大学,2009:23-47.
[44] 董锋斌,黄金锋,傅周兴. 一种三相四桥臂逆变器的数学模型分析[J]. 电力自动化设备,2011,31(6): 98-101.
[45] 费玉玲. 不平衡负载下三相四桥臂逆变器的控制与实现[D]. 武汉:华中科技大学,2011: 9-21.
[46] 林海雪. 三相电压不平衡标准[J]. 大众用电,2006,13(6):39-42.
[47] 刘飞,查晓明,周彦,等. 基于极点配置与重复控制相结合的三相光伏发电系统的并网策略[J]. 电工技术学报,2008,23(12):130-136.
[48] 许津铭,谢少军,唐婷. 基于极点配置的LCL滤波并网逆变器电流控制策略[J]. 电力系统自动化,2014,38(3):95-105.